U0152883

千華 **50**th 築夢踏實

千華公職資訊網　　　千華粉絲團　　　棒學校線上課程

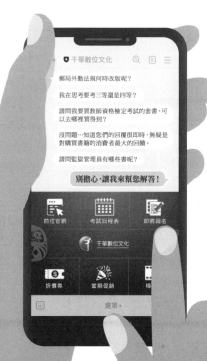

🛡 千華數位文化　🔍 📑 ☰

郵局外勤法規何時改版呢？

我在思考要考三等還是四等？

請問我要買教師資格檢定考試的套書，可以去哪裡買得到？

沒問題…知道您們的回覆很即時，無疑是對購買書籍的消費者最大的回饋。

請問監獄管理員有哪些書呢？

別擔心，讓我來幫您解答！

前往官網　考試日程表　即將報名

千華數位文化

折價券　當期促銷　棒

☰　選單 ▾

真人客服 · 最佳學習小幫手

- 真人線上諮詢服務
- 提供您專業即時的一對一問答
- 報考疑問、考情資訊、產品、優惠、職涯諮詢

盡在 千華LINE@

LINE　加入好友
千華為您線上服務

千華數位文化
Chien Hua Learning Resources Network

經濟部聯合招考

考試資訊 （相關考試資訊以正式簡章為準）

完整考試資訊

https://goo.gl/y8ZQe6

報名日期：約**113.07**

考試日期：約**113.10**

報名資格：具有中華民國國籍，且不得兼具外國國籍。教育部認可之國內外公私立專科以上學校畢業，並符合各甄試類別所訂之學歷科系者，學歷證書載有輔系者得依輔系報考。

薪資待遇：依各所分發之機構規定辦理，約為新台幣3萬5仟元至3萬8仟元間。如有兼任車輛駕駛及初級保養者，屬業務上、職務上之所需，不另支給兼任司機加給。

推薦用書：

種類	書號	書名
套書	25071131	《儀電類》經濟部(台電/中油/台水/台糖)新進人員招考課文版套書
單書	2B331131	國文(論文寫作)
	2B821131	英文
	2B681111	主題式電路學高分題庫
	2B191131	電子學
	2B691131	電工機械(電機機械)致勝攻略
	2B181131	電腦常識(含概論)

千華數位文化
Chien Hua Learning Resources Network

更多好書歡迎至千華網路書店線上購買
www.chienhua.com.tw/BookStore ▶▶▶

目 次

第1單元 電腦基本概念

第2單元 硬體概論

第3單元 軟體概論

第4單元 個人電腦 基本操作概論

(2) 目次

第10單元　模擬試題彙編

第11單元　近年試題彙編

(4)　目次

高分準備原則

電腦常識的考題雖然乍看包羅萬象，但大體上有三大範圍：

一、電腦概論（第1單元、第2單元、第3單元、第4單元）

關於電腦的基本知識，舉凡發展、應用軟體、數字系統、資料庫、程式語言、Microsoft Office 系列、電腦硬體架構、作業系統等等皆包含其中。這一部分通常牽連廣泛，難以一一舉出，尤其在軟體和硬體常識、Windows 及 Office 系列方面，時而會因應時勢出現新考題，時而考得稍細，且所占的分數頗重，應特別留意。

這一類的考題，通常算是計概領域內比較傳統的範圍，新考題也不會考得太過深入，因此只要對電腦概論有所接觸，觀念正確，大抵就沒問題了。

另外，因硬體常識、Windows 及 Office 系列方面實在牽連太廣，占分又重，所以請務必在平時多加累積 Office 系列的實務經驗，並多接觸相關資料。

二、網路概論（第5單元、第6單元、第7單元及第9單元的一部分）

隨著網路日益發達，關於網路的考題也多了起來。各式通訊協定、網路架構、電子商務、網路所需硬體等都屬於網路概論的範圍。

另外，一些網路延伸的相關問題，如網路上的文章引用、下載軟體等著作權相關問題，也都算是屬於網路的範圍內。

這一類的考題占分沒有電腦概論重，但因為網路的範圍較電腦概論靈活許多，也更容易出現新考題，所以比起電腦概論在準備上需要多一點心力，除了熟悉考古題，平日的多看多記也是十分重要的。

三、其他類（第8單元、第9單元）

主要是包含了不屬於電腦概論、網路概論的部分，以及本身就比較特別的領域，如資訊安全等等相關議題。有些名詞常在考題中出現，請務必熟記，而資訊安全、病毒等議題，雖然在歷年考題中所占的比重不一，但因為是近年來越來越熱的議題，因此也有特別注意的必要性。

近年考題趨勢分析

單元主題	近年出題數目	占比 (總題數 340)
第一單元 電腦基本概念	38	11%
第二單元 硬體概論	53	16%
第三單元 軟體概論	72	21%
第四單元 個人電腦基本操作概論	23	7%
第五單元 網路概論	56	16%
第六單元 網路應用	7	2%
第七單元 資通安全	19	6%
第八單元 其他電腦相關常識	17	5%
單元外知識一 數位邏輯閘	17	5%
單元外知識二 演算法	29	9%
單元外知識三 無線網路	7	2%

從近兩三年的出題分析可以得出，主要著重在軟硬體及網路相關硬核知識，此三個科目也是電腦知識的主要核心，內容龐大且與時俱進，因此考生務必首重在此三個單元做學習與知識點的鞏固，至於其他單元，可以依照不同考試的類型作比例上的分配，例如：中央集保及銀行相關，考題會特別著重資通安全，因此，根據自身要考取的單位，大致了解一下考古題的著重項目，進行加強；另外，其他資訊方面，可以關心近期的一些資訊時事，例如，病情的紛擾，以及虛擬貨幣和人工智慧的新發展等訊息，考題中時不時亦會參雜此類相關內容於其中，由於不是很困難的知識，因此這類考題的分數亦必須拿到手，才能輕鬆獲取高分。

第1單元 電腦基本概念

課前提要

這一個單元主要是一些關於電腦的基本概念,每個焦點都有一定的重要性,也是考試時常見的入門題,如果沒拿到分數的話就太可惜囉!

本單元要點

讀完本單元,你將會學到:

1 電腦的定義。

2 電腦的特性:
   (1) 速度快。
   (2) 高儲存量。
   (3) 高準確度。
   (4) 長時間工作能力。

3 電腦的發展。

4 積體電路(Integrated Circuit)電子元件集成晶片。

5 電腦的分類:依資料處理型態、大小、用途區分。

6 電腦的組成:硬體、軟體、韌體的定義。

7 常用單位換算:空間單位、時間單位。

8 數字系統:二進位、八進位、十六進位和十進位的換算。

🔍 焦點掃描

焦點一　何謂電腦

美國社會學家杜佛勒（A.Toffler），曾經將歷史上震撼人類的變遷形容為「波」，第一波是「農業革命」，第二波是「工業革命」，第三波則是資訊革命。

所謂的「資訊革命」（Information Revolution），就是「電腦通訊技術的急速發展，所引起社會形變及生活方式的急劇變化」，簡而言之，就是以電腦為中心所引起的社會和生活的變化。

那麼，到底何謂電腦呢？

電腦，又被稱為電子計算機（這裡的「計算機」和平常使用的掌上型數字計算機並不一樣喔！），是一種根據一系列指令來對數據進行處理的機器，具有處理資料和計算等功能。

電腦的種類很多，用途也很多，幾乎在各領域都有很大的作用，因此才會促成資訊革命的產生。

電腦（電子計算機）和人腦的不同在於：

- 1.速度快
- 2.高儲存量
- 3.高準確度
  （以上三者常被稱為電腦的三大特性）
- 4.長時間工作的能力
  也因以上種種特性，導致了電腦被廣泛的運用。

焦點二 電腦發展史

電腦的發展過程可分以下幾個時期：

代表	時期	說明
第一代電腦	真空管時期	這個時期的代表機型是1940年代的ENIAC，同時ENIAC也是用真空管做出的第一部自動數位計算機。
第二代電腦	電晶體時期	這個時期的電腦，是以電晶體為主要元件所設計出的。此一時期的電腦還沒有作業系統，使用的是組合語言，另外，高階語言FORTRAN、COBOL也是在這個時候發明的。
第三代電腦	積體電路時期	積體電路的全名是Integrated Circuit，通常簡稱為IC，是指將很多電阻、電容、電晶體（有時還會用到電感）等電子元件集成在晶片上的一種高級電子元件。此一時期的電腦開始採用作業系統，另外，BASIC語言也是在這個時候發明的。
第四代電腦	超大型積體電路時期	超大型積體電路的全名是Very-Large Scale Integration Circuit，簡稱為VLSI，也就是「超大規模」的積體電路，積體電路裡的電晶體數目比第三代電腦多。
第五代電腦	智慧型電腦時期	亦即具有所謂的人工智慧（Artificial Intelligence，簡稱為AI）能力之電腦，試圖讓電腦可以模擬人類的一些特質，如學習、思考、溝通、看和聽等等。
第六代電腦	量子電腦	使用量子邏輯進行計算的計算機；與電腦（統稱傳統電腦）不同，量子計算用來儲存數據的對象是量子位元，使用量子演算法來操作數據資料。

實力不斷電 　　　　　　　　　　　　　　　　　　　　□ − ✕

積體電路規模大小分類：根據一個晶片上集成的電子元件數量，積體電路可以分為以下幾類：

1. 小型積體電路：SSI，全名為Small-Scale Integration，幾十個電子元件／1立方公分。
2. 中型積體電路：MSI，全名為Medium-Scale Integration，幾百個電子元件／1立方公分。
3. 大型積體電路：LSI，全名為Large-Scale Integration，幾千個電子元件／1立方公分。
4. 超大型積體電路：VLSI，全名為Very-large-scale integration，幾百萬個電子元件／1立方公分。

　　現在的科技進展神速，電子元件個數早就不只一百萬個，甚至已是上千萬、上億個了，以上的補充，只要有個概念就可以了。

焦點三　電腦的分類

1. 依資料處理型態區分

	類比電腦 （Analog Computer）	數位電腦 （Digital Computer）
資料	連續性的資料	非連續性的資料
例如	速度、溫度、電壓、電流	0與1的資料
準確性	較差	較好
速度	較快	較慢

　　一般的電腦，如個人電腦等，大多屬於數位型電腦。另有一種混合電腦（Hybrid Computer），由類比電腦及數位電腦混合而成，可兼具兩者的功能，但並不常見，故此表不列之。

2. 依大小區分

體積大、速度快、價格高、準確度高、功能強、記憶體容量大

超級電腦 ➡ 大型電腦 ➡ 中型電腦 ➡ 小型電腦 ➡ 微型電腦

體積小、速度慢、價格低、準確度低、功能差、記憶體容量小

依用途 區分	1. 一般用途（通用）電腦：如個人電腦。 2. 特殊用途（專用）電腦：如飛機自動控制，飛彈導航等。
依類型 區分	1. 個人電腦（PC）是數位電腦、一般用途電腦、微型電腦。 2. 攜帶性高的電腦：筆記型電腦（NoteBook，簡稱為 NB）、個人數位助理（PDA）、平板電腦（Tablet personal computer）。 3. 嵌入式（隱藏式）電腦：將 IC 植入一般家電，屬於資訊家電的應用。 例如：手機、電冰箱、冷氣等。

焦點四 電腦的組成

電腦內部包含了硬體（Hardware）、軟體（Software）、韌體（Firmware）等具有不同功能的部分組成，分別介紹如下：

硬體 （Hardware）	電腦中所有物理的零件，如CPU、磁碟、記憶體、光碟機、燒錄機、螢幕、鍵盤、滑鼠等看得到的部分，通通都屬於硬體。

軟體 （Software）	一系列按照特定順序組織的電腦數據和指令的集合。如果對這個比較學術性的定義還是沒概念的話，請想成是所有關機後看不到的部分（而關機後還看得到的部分，像是螢幕、鍵盤、滑鼠等，自然就是硬體啦），如Windows系列作業系統、Word、Excel、PowerPoint等常用到的程式都是軟體。還有，像是程式語言也屬於軟體。
韌體 （Firmware）	又被稱為韌件，是電腦中一種「內建」在硬體裝置中的軟體，通常位於快閃記憶體中，而且可以讓使用者更新。最常見的韌體為個人電腦中的BIOS，將控制用的微程式碼燒在唯讀記憶體（ROM）中也是韌體的一種。

焦點五　行動裝置儲存單位 重要

這個焦點很重要，是不少考題常見的基本題。

由於電腦有容量大、速度快的特性，因此常常會用到很大和很小的計量單位，這些單位在日常生活用到的機會不大，顯得有些陌生，自然也就成為考試的重點之一，而且題型變化小，容易掌握，請務必熟練這些單位。

一般常用的單位，可分為空間（容量）單位、時間單位二類。

1. 空間（容量）單位

8bits	1Byte		
1KB	10^3 Bytes	1024 Bytes	2^{10} Bytes
1MB	10^6Bytes	1024KB	2^{20}Bytes
1GM	10^9Bytes	1024MB	2^{30}Bytes
1TB	10^{12}Bytes	1024GB	2^{40}Bytes
1PB	12^{15}Bytes	1024TB	2^{50}Bytes
1EB	10^{18}Bytes	1024PB	2^{60}Bytes

8bits	1Byte		
1ZB	10^{21}Bytes	1024EB	2^{70}Bytes
1YB	10^{24}Bytes	1024ZB	2^{80}Bytes

電腦最基本的元素是所謂的位元（bit），也就是一個只能表示1或0的最小單位，8個位元則構成一個位元組（byte），而我們一般稱呼電腦的容量就是以byte為單位。

比如說，某個電腦配有8 MB的記憶體，這就是說有8 Mbytes的記憶容量，請到上表中的電腦用法欄比對數字，其中M是2^{20}，因此該容量為$8 \times 2^{20} = 2^3 \times 2^{20} = 2^{23}$ bytes，又因為1 byte=2^3bits，所以也為$8 \times 2^{23} = 2^3 \times 2^{23} = 2^{26}$ bits。

2. 時間單位

英文全名	Milli	Micro	Nano	Pico
縮寫	m	μ	n	p
中文	毫	微	奈	微微
一般用法	10^{-3}	10^{-6}	10^{-9}	10^{-12}
電腦用法	2^{-10}	2^{-20}	2^{-30}	2^{-40}

電腦是一種快速的計算工具，因此一般用來描述時間的單位都會有不夠小的感覺，因此必須用更小的數字單位來描述電腦執行的時間，如上表之m、μ、n、p即是相當小的數量單位。如需換算，算法也和容量的算法一樣，請以上表中的電腦用法欄為依據，比對數字後算出。

3. 行動裝置的發展演進

代表物品	年代	概述
呼叫器 (BB Call)	1950年 左右	由工程師阿爾弗雷德‧J‧格羅斯（Alfred J. Gross）發明，使用單向無線電遠程指令技術；台灣於1975年開放使用，2007年2月1日結束所有呼叫器服務。

代表物品	年代	概述
手機	1973年4月3日	摩托羅拉的馬丁‧勞倫斯‧庫珀（Martin Lawrence Cooper）使用新研發的手機原型機致電給對手貝爾實驗室，亦有人稱這天為手機的生日。
第一台商用手機	1983年6月	摩托羅拉推出世界上第一台可攜式手機，型號為Dyna TAC 8000X，售價3995美元。
個人數位助理（PDA）	1984年	由Psion公司推出的Organiser II，現在PDA已被智慧型手機所取代。
智慧型手機	1992年	由IBM工程師開發，將晶片與無線技術結合並置入手持裝置，2007年開始蓬勃發展，代表產品：蘋果的iPhone、HTC的Hero英雄機。
第一支照相手機	2000年	由夏普公司製造，型號為J-SH04，11萬畫素。
數位音訊播放器（DAP）	2000年左右	前身為可攜式CD播放器，在聲音的類比訊號可轉為數位訊號後，即可儲存於記憶卡或硬碟等設備，因而造就音訊播放器的崛起，代表產品如蘋果公司的IPod。
音樂手機	2000年	內建MP3播放器的手機，始祖為三星的SGH-M188及西門子的6688。
智慧型手錶（環）	2010年之後	將嵌入式系統與手錶結合，使手錶可以提供包含時間以外的各種資訊，如：通話、定位、心律監測、計算機、溫度及高度等。
智慧型眼鏡	2011年	結合通話、攝影拍照、擴增實境及GPS定位等功能的眼鏡，提供使用者日常生活中隨時接收到最新的資訊，代表產品：Google眼鏡（Google Glass）。
螢幕摺疊手機	2019年	多家手機商皆發表，使用柔性OLED的螢幕摺疊手機，例如：摩托羅拉的Motorola Razr、三星的Galaxy Z Flip及華為的Mate X。

焦點六 數字系統

1. 常見之數字系統

數字系統	說明	例如
二進位	數值之字元由0和1組成，逢二必須進一。	101_2，$11111_{(2)}$。
十六進位	數字由0、1、2…9表示，若超過時以A表10、B表11、C表12、D表13、E表14、F表15，依此類推。	$3ABF_{(16)}$、$21CD.F34_{(16)}$、$ACD.4_{(H)}$。

實力不斷電   ▢ — ✕

1. 十六進制之英文為hexadecimal，因此有時將下標標示為H或h。
   十六進位標示法：$A9C_{(16)}$、$A9C_{(H)}$、$A9C_{(h)}$。
2. 八進制之英文為Octal，因此有時將下標標示為O或o。
   八進位標示法：$5234_{(8)}$、$5234_{(O)}$、$5234_{(o)}$。

---

2. 不同進制下之正整數表示

十進位	0	1	2	3	4	5	6	7	8	9
二進位	0	1	10	11	100	101	110	111	1000	1001
八進位	0	1	2	3	4	5	6	7	10	11
十六進位	0	1	2	3	4	5	6	7	8	9

十進位	10	11	12	13	14	15	16	17	18	19
二進位	1010	1011	1100	1101	1110	1111	10000	10001	10010	10011
八進位	12	13	14	15	16	17	20	21	22	23
十六進位	A	B	C	D	E	F	10	11	12	13

3. 數值之意義，及如何轉換到十進位

(1) 假設有一個十進制數值1234.56，其原始意義可以表示成：

$$1234.56_{10}=（1\times10^3+2\times10^2+3\times10^1+4\times10^0+5\times10^{-1}+6\times10^{-2}）_{10}$$

將上式推廣到任何進位數，就可以得到非十進制數值在十進制下的意義。

例如：$1234.56_{(8)}$就為：

$$1234.56_8=（1\times8^3+2\times8^2+3\times8^1+4\times8^0+5\times8^{-1}+6\times8^{-2}）_{10}$$

而二進位數之意義就如同下例：

$$1011.11_2=（1\times2^3+0\times2^2+1\times2^1+1\times2^0+1\times2^{-1}+1\times2^{-2}）_{10}$$

(2) 當進位數在十以下時，例如八進位、九進位、二進位，其表示法較為直接，當進位數在十以上時，例如常用的十六進位，就可能須要多一些的理解。

例如：$A9C.F4_{16}=（10\times16^2+9\times16^1+12\times16^0+15\times16^{-1}+4\times16^{-2}）_{10}$

(3) 二、四、八、十六進位皆可化為十進位，但十進位小數化為二進位時，可能會產生誤差，如$(0.3)_{10}=(？)_2$，即無法完全用二進位來表示。

4. 不同進制間的數值互換

除了由N進位轉回十進位，二進位、四進位、八進位、十六進位等都是屬於2的冪次方，彼此之間有著相當密切的關係。

(1) 四進位、八進位、十六進位至二進位之轉換

由於上述進位都可以化成2的冪次方，也就是說四（2^2）進位的每一個位數（digit）都可以用2個二進位的位數表示，同理可以用3個二進位的位數表示一個八進位（2^3）的一個位數，用4個二進位的位數表示一個十六進位（2^4）的一個位數。

例如：345_8 = 011 100 101

　　　12.32_4 = 01 10.11 10

　　　$1A.FC_{16}$ = 0001 1010.1111 1100

註：二進位前後多餘的0可以省略

　　例如：00011010.11111100 = 11010.111111

(2) 二進位至四進位、八進位、十六進位之轉換

　　將二進位數依小數點為分界，整數部份往左，小數部份往右延伸，視所要轉換之進位數而決定，是以2個（四進位）、3個（八進位）、還是4個（十六進位）為一組，將二進位化成十進位數，且前後不足的位數予以補0。

　　例如：$11100101 = \underline{011}\ \underline{100}\ \underline{101} = 345_8$

　　　　　$110.111 = \underline{01}\ \underline{10}.\underline{11}\ \underline{10} = 12.32_4$

　　　　　$11010.111111 = \underline{0001}\ \underline{1010}.\underline{1111}\ \underline{1100} = 1A.FC_{16}$

　　註：在十六進位下須注意以A代替10、B代替11、……，以下請類推。

5. 二進位數的加法

　　原理和十進位的加法相同，但在進位上的方法略有不同。

$0 + 0 = 0$

$0 + 1 = 1$

$1 + 0 = 1$

$1 + 1 = 1$（且還要進一位）

　　例如：$(0001\ 1100)_2 + (1010\ 1010)_2 = (1100\ 0110)_2$

Ｑ｜精選試題

( )　**1** 在復仇者聯盟中出現的角色「幻視」，它的原始架構是由鋼鐵人所撰寫的程式及電影中的心靈寶石所結合而成，試問最有可能是以下哪種技術的應用？
(A)虛擬實境
(B)ERP
(C)電腦輔助工程
(D)AI人工智慧。

( )　**2** 下列何者是電子計算機的特性：
(A)儲存量大
(B)速度快
(C)準確性高
(D)以上皆是。

( )　**3** 有關計算機的描述何者為非？
(A)處理資料的工具
(B)俗稱電腦
(C)亦稱資訊工程
(D)具有計算能力。

( )　**4** 若你買了一個5T的外接硬碟，請問約等於下列何種容量？
(A)4096KB
(B)5000000000KB
(C)5000YB
(D)4096000B。

( )　**5** 由於疫情過後的報復性旅遊，導致許多國內及外島景點人潮爆滿及塞車，因此需要在行程中隨時掌握最佳的旅遊行車路線，以下何種裝置最能提供此種服務？
(A)量子電腦
(B)微型主機
(C)智慧型手機
(D)自駕車。

( )　**6** 依電腦的演進過程，下列順序何者正確？　(1)電晶體　(2)積體電路　(3)真空管　(4)大型積體電路
(A)(1)(2)(3)(4)
(B)(3)(2)(1)(4)
(C)(3)(1)(2)(4)
(D)(3)(4)(1)(2)。

( ) **7** 超大型積體電路（VLSI）是指：
(A)晶片特別大 　　　　　　　(B)速度特別快
(C)電晶體數目多 　　　　　　(D)記憶體容量特別大。

( ) **8** 人工智慧（AI）是那一代電腦的特色？
(A)第三代 　　　　　　　　　(B)第四代
(C)第五代 　　　　　　　　　(D)第六代。

( ) **9** 讓機器可以模擬人類特質（如學習、思考、溝通、看和聽）的相
關技術稱之為：
(A)人工智慧 　　　　　　　　(B)知識庫
(C)專家系統 　　　　　　　　(D)多媒體技術。

( ) **10** 人工智慧產生了第四次工業革命，下列何者不屬於人工智慧的技
術？
(A)深度學習 　　　　　　　　(B)類神經網路
(C)區塊鏈 　　　　　　　　　(D)專家系統。

( ) **11** 適合用來處理「電壓」、「電流」或「溫度」等連續性資料的電
腦是：
(A)數位電腦 　　　　　　　　(B)類比電腦
(C)個人型電腦 　　　　　　　(D)筆記型電腦。

( ) **12** 計算機的電子元件稱為：
(A)硬體 　　　　　　　　　　(B)軟體
(C)韌體 　　　　　　　　　　(D)以上皆非。

( ) **13** 由二進位碼組成的程式或語言稱為：
(A)硬體 　　　　　　　　　　(B)軟體
(C)韌體 　　　　　　　　　　(D)以上皆非。

( ) **14** 將控制用的微程式碼燒在唯讀記憶體（ROM）中，稱為：
(A)硬體 　　　　　　　　　　(B)軟體
(C)韌體 　　　　　　　　　　(D)以上皆非。

( ) **15** 一微秒（microsecond, μs）是指多少秒：
(A)10^{-3} (B)10^{-6}
(C)10^{-9} (D)10^{-12} 秒。

( ) **16** 一毫微秒（nanosecond, ns）是指多少秒：
(A)10^{-3} (B)10^{-6}
(C)10^{-9} (D)10^{-12} 秒。

( ) **17** 一毫秒（millisecond, ms）是指多少秒：
(A)10^{-3} (B)10^{-6}
(C)10^{-9} (D)10^{-12} 秒。

( ) **18** 電腦的資料儲存單位GB是2的多少次方位元組？（Bytes）
(A)10 (B)20
(C)30 (D)40。

( ) **19** 1 MB（Mega Byte）是
(A)2的10次方 (B)2的20次方
(C)2的30次方 (D)2的40次方。

( ) **20** 單位1 KB（kilobyte）大約等於：
(A)1,000個位元 (B) 1,000個位元組
(C)100萬個位元組 (D) 100萬個位元。

( ) **21** 1 Byte 等於多少bit?
(A)1 (B)4
(C)8 (D)16。

( ) **22** 電腦記憶體中的一個位元組（Byte）可能為：
(A)程式指令 (B)代表字母和字元的ASCII碼
(C)可被運算的資料 (D)以上皆是。

( ) **23** 電腦使用二進位表示法是因為：
(A)二進位表示法最簡單
(B)可降低電腦製作成本

(C)電流只有兩種方向

(D)電腦尚未發展出處理十進位數字的能力。

( ) **24** $(10101111110)_2 =$

(A) $(56E)_{16}$ (B) $(57E)_{16}$

(C) $(57F)_{16}$ (D) $(45F)_{16}$。

( ) **25** 把 $(5AB)_{16}$ 轉換成二進位值為

(A) $(10110111010)_2$ (B) $(10110101011)_2$

(C) $(101010110101)_2$ (D) $(101110100101)_2$。

( ) **26** 下列那一種表示法是錯誤的？

(A) $(131.6)_{10}$ (B) $(532.4)_5$

(C) $(100.101)_2$ (D) $(267.6)_8$。

( ) **27** 下列何者敘述有誤？

(A)任何二進位整數都可用十進位來表示

(B)任何二進位小數都可用十進位來表示

(C)任何十進位整數都可用二進位來表示

(D)任何十進位小數都可用二進位來表示。

( ) **28** 若要表示0到999的十進制數目而用二進制碼，需要多少個位元？

(A)6   (B)8

(C)10   (D)1000。

( ) **29** 下列的表示式中何者有誤：

(A)101.11_2 (B)234_5

(C)432.1_4 (D)EBB_{16}。

( ) **30** 十進位數56之二進位數為何？

(A)0111 0100   (B)0011 0100

(C)0011 1000   (D)0011 0010。

( ) **31** 二進位數運算 $(0001\ 1100) + (1010\ 1010)$ 結果為何？

(A)1010 0110   (B)1100 0110

(C)1001 0110   (D)1000 0110。

（　　）**32** 電腦（Computer）系統又稱為電子計算機系統，它包含：
(A)硬體　　　　　　　　　　(B)軟體
(C)有機體　　　　　　　　　(D)硬體及軟體。

（　　）**33** 以不連續的電流開或關的狀態來表示訊息稱之為：
(A)開關訊號　　　　　　　　(B)類比訊號
(C)數位訊號　　　　　　　　(D)旗幟訊號。

（　　）**34** 電腦儲存資料單位中，4 GB（ Giga Bytes ）等於多少Bytes？
(A) 2^{31} Bytes　　　　　　(B) 2^{32} Bytes
(C) 2^{33} Bytes　　　　　　(D) 2^{34} Bytes。

解答與解析

1 (D)

2 (D)。儲存量大、速度快、準確性高皆是電子計算機的特性。

3 (C)。資訊工程是一種透過工程手段去處理資訊的技能，屬於電腦科學的一個分支。

4 (B)　　**5 (C)**

6 (C)。電腦的演進過程，依序為真空管、電晶體、積體電路、大型積體電路。

7 (C)。超大型積體電路是指電晶體數目多。

8 (C)。人工智慧（AI）是第五代電腦的特色。

9 (A)。讓機器可以模擬人類特質的相關技術稱之為人工智慧。

10 (C)

11 (B)。連續性資料適合用類比電腦來處理。

12 (A)。計算機的電子元件稱為硬體。

13 (B)。由二進位碼組成的程式或語言稱為軟體。

14 (C)。將控制用的微程式碼燒在唯讀記憶體中，稱為韌體。

15 (B)。一微秒（microsecond, μs）= 10^{-6}秒。

16 (C)。一毫微秒（nanosecond, ns）= 10^{-9}秒。

17 (A)。一毫秒（millisecond, ms）= 10^{-3}秒。

18 (C)。GB是2的30次方位元組。

19 (B)。1 MB（Mega Byte）= 2^{20}。

20 (B)。1 KB = 1,000個位元組。

21 (C)。1 Byte 等於8 bit。

22 (D)。因為程式指令、代表字母和字元的ASCII碼、可被運算的資料都是以位元組（Byte）為單位，所以(A)、(B)、(C)三個選項皆有可能。

23 (C)。

24 (B)。（10101111110）$_2$ =（101 0111 1110）$_2$ =（57E）$_{16}$。

25 (B)。（5AB）$_{16}$=（0101 1010 1011）$_2$=（10110101011）$_2$

26 (B)。五進位不得有5。

27 (D)。十進位小數化為二進位時，可能會產生誤差，
如（0.3）$_{10}$ =（？）$_2$，即無法完全用二進位來表示。

28 (C)。0到999共有1000個數，而2^{10} = 1024 > 1000，故只需10個bits。

29 (C)。一個N進位表示法，數字只可能是0到N-1。

30 (C)。（0011 1000）$_2$ =（56）$_{10}$。

31 (B)。（0001 1100）$_2$+（1010 1010）$_2$ =（1100 0110）$_2$。

32 (D)。電腦（電子計算機系統）包含硬體、軟體及韌體，但因此題並無此選項，所以最恰當的答案為(D)。

33 (C)。以不連續的電流開或關的狀態來表示訊息稱之為數位訊號。

34 (B)。4 GB = 4 × 2^{30} bytes = 2^{32} bytes。

第2單元 硬體概論

課前提要

這一章的內容剛開始看會覺得比較雜，因為提到了許多硬體相關知識。不過，其實前後的邏輯都是一貫的，只是由粗略的地方講到深入的地方，多看幾次、比較有概念以後，就會記得比較快。

🔍 本單元要點

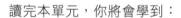

讀完本單元，你將會學到：

1 硬體的概念：硬體的五大基本單元

2 輸入單元

3 輸出單元

4 記憶體

5 快取記憶體及虛擬記憶體

6 算術邏輯運算單元

7 控制單元

8 CPU

9 磁帶機

10 磁碟機：硬碟和軟碟

11 光碟機和光碟

12 三種印表機：點陣、噴墨和雷射

13 其他電腦週邊設備

🔍 | 焦點掃描

焦點一 硬體基本概念

電腦的硬體可以分成五大基本單元，經由其間的訊號傳輸以及控制命令的下達，就可以完成基本的電腦運作。

輸入單元 Input unit	由外界提供資料給電腦，而由電腦接收，因此外在訊號是經由輸入單元傳送至電腦記憶體。例如鍵盤、磁碟機等都是典型的輸入單元。
輸出單元 Output unit	電腦將外在資料接收，並且經過處理之後，將所得到的結果由電腦向外傳輸，而由輸出單元接收，因此訊號線是由電腦記憶體指向輸出單元。例如螢幕、印表機是典型的輸出單元。
記憶單元 Memory unit	記憶單元可以視為電腦的記憶中樞，舉凡由外界進入之資料，或是要輸出之結果，都必須以記憶體為中心。對電腦來說，RAM就是主記憶體，而磁碟、磁帶等就稱為輔助記憶體。
控制單元 Control unit	控制單元為控制命令下達之中樞，其控制命令會送至其他四項單元，而且是單向的控制命令。
算術邏輯運算單元 Arithmetic and logical unit，ALU	本單元掌管電腦之算術運算以及邏輯運算之任務，訊號流程是由記憶體將待運算資料送至ALU，運算完成之後再回送至記憶體，因此其間之訊號流程是雙向的。

焦點二 輸入單元

1. 輸入單元的作用

負責將電腦外部的資料送入電腦內部。

2. 常見的輸入設備：

(1) 滑鼠　　　　　　　　　　(2)鍵盤

(3) 磁碟機　　　　　　　　　(4)磁帶機

(5) 光碟機　　　　　　　　　(6)條碼掃瞄器（bar code reader）

(7) 讀卡機（card reader）　　(8)掃瞄器（scanner）

(9) 搖桿　　　　　　　　　　(10)麥克風

(11)數位板　　　　　　　　　(12)磁性墨水字元閱讀機

(13)光學閱讀機

說明：關於磁帶機、磁碟機、光碟機、磁性墨水字元閱讀機、光學閱讀機、條碼掃瞄器之詳細說明，請見本單元之焦點八。

焦點三　輸出單元

1. 輸出單元的作用：負責將電腦處理所得的結果送到電腦外部。

2. 常見的輸出設備：

(1) 螢幕　　　(2)磁碟機　　　(3)磁帶機　　　(4)印表機

說明：關於印表機詳細之說明，請見本單元之焦點八。

焦點四　記憶單元

階層式記憶體（Hierarchical Memory）：

在電腦的架構設計上，因中央處理器與記憶體的速度不同，為了解決之間的落差以提升執行效能，通常會讓速度越快的記憶體愈接近CPU，稱為階層式記憶體。離CPU愈近的記憶體（如Cache）其速度愈快，但價格愈高，容量較小；相反的離CPU遠的記憶體（如硬碟），其容量愈大價格愈低，但速度也愈慢。

記憶單元分類：記憶單元可分為主記憶體（main memory）、輔助記憶體（auxiliary memory）二種：

1. 主記憶體：

(1) 程式必須載入到主記憶體中，才能執行。

(2) 可分為RAM和ROM二大類：

RAM （Random Access Memory）	隨機存取記憶體。 隨機存取記憶體中的資料，在電源關閉後資料會流失。 為揮發性記憶體。
SRAM （Static RAM）	靜態隨機存取記憶體。 在電腦內通常做為快取記憶體（cache）使用。需要電源 來保持資料，但不需要充電。
DRAM （Dynamic RAM）	動態隨機存取記憶體。 需要充電，資料才不會流失，存取速度比SRAM慢。 個人電腦通常說到的主記憶體，是指RAM。
ROM （Read Only Memory）	唯讀記憶體。 電源關掉時，唯讀記憶體所儲存的資料不會消失。因此，可用來儲存開機用的基本程式。為非揮發性記憶體，即未通電狀況下也能保存資料。 唯讀記憶體可分為下列四種類型： 1. 光罩譜入唯讀記憶體（Mask Programmable ROM） 2. 可規劃的唯讀記憶體（Programmable ROM，簡稱為 PROM）：視需要利用電流將其燒斷，寫入所需的資料，但僅能寫錄一次。 3. 可抹除的唯讀記憶體（Erasable Programmable ROM，簡稱為 EPROM）：可利用高電壓將資料編程寫入，抹除時將線路曝光於紫外線下，則資料可被清空，並且可重複使用。 4. 電子式可抹除的唯讀記憶體（Electronic Erasable Programmable ROM，簡稱為 EEPROM）：可用電壓消除其中資料重新寫入。

2. 輔助記憶體：

用來做為資料備份之用，常見的輔助記憶體為磁碟、磁帶、磁片、光碟。
記憶體儲存資料的基本單位是BYTE。

實力不斷電　　　　　　　　　　　　　　　　　　　　　　□　－　✕

1. **快取記憶體**(cache)：簡稱為快取，是存取速度比一般隨機存取記憶體
（RAM）來得快的一種RAM。位於速度相差較大的兩種硬體之間，用於協調
兩者的傳輸速度差異。功能為加快資料取存的速度。
2. **虛擬記憶體**(Virtual memory)：利用電腦的硬碟來作為電腦的暫時記憶裝置，
能讓電腦執行所需記憶體容量比主記憶體大的程式。

焦點五　**算術邏輯運算單元**

負責算術及邏輯運算。執行的功能主要包括：加法、減法、乘法、除法、比
較（大小）等運算。

焦點六　**控制單元**

控制電腦中所有單元的運作，並負責協調的工作。

內部包含了幾個重要的暫存器，如：程式計數器、指令暫存器等等。

實力不斷電　　　　　　　　　　　　　　　　　　　　　　□　－　✕

暫存器：暫時用來儲存暫存指令、數據和位址的元件。例如，CPU必先將要存取
的位址存入位址暫存器，才能到主記憶體中存取資料。

焦點七　**CPU**

中央處理單元（Central Processing Unit，簡稱為CPU），一般個人電腦中的
CPU包含了算術邏輯運算單元、控制單元。相當於電腦的心臟部分。

電腦中央處理器（CPU）依設計模式可分為：精簡指令集電腦RISC（Reduce Instruction Set Computer）及複雜指令集電腦CISC（Complex Instruction Set Computer）兩種。CISC的主要應用為Intel 80X86系列，而RISC則主要應用為ARM系列。RISC採多Register的方式，指令較精簡，可在CPU的時間週期內執行較多的指令；而CISC相反的指令通常有較強大的運算指令（如乘法運算），但在CPU單位時間週期內執行指令數較少，兩者在應用領域不同各有優勢。

實力不斷電 ▢ — ✕

1. **匯流排**：在硬體各單元間做溝通的通道，是主機與週邊設備溝通時不可或缺之管道。

2.

CPU種類	位元數目	備註
Intel4004	匯流排寬度4位元 （由於針腳數量限制，混合位址和資料）	第一個 單晶片μP
4040	匯流排寬度4位元 （由於針腳數量限制，混合位址和資料）	
8008	匯流排寬度8位元 （由於針腳數量限制，位址和資料混合使用針腳）	
8080、8085	匯流排寬度8位元資料，16位元位址	
8086	16 位元處理器	
80286	16 位元處理器	
80386系列	32 位元處理器	
80486系列	32 位元處理器	
Pentium（"I"）系列	32 位元處理器	即80586

CPU種類	位元數目	備註
Pentium Pro, II, Celeron, III, M	32 位元處理器	
NetBrust系列（Pentium 4、Pentium D、Celeron、Celeron D等）	32 位元處理器	
Intel Core系列	32/64 位元相容處理器	
Itanium系列	64 位元處理器	

焦點八　電腦週邊設備簡介

1. 磁帶機：

磁帶與日常生活所用之錄音帶或錄影帶類似，由磁帶機的讀寫頭將磁帶磁化而來記錄資料；反之，從磁帶讀出資料的作法是由磁帶感應讀寫頭的線圈產生感應電流，轉換成供電腦處理的資料。磁帶依形狀可分為三種：

(1) 捲式，又稱為稱盤式（Reel）

(2) 卡式（Cassette）

(3) 匣式（Cartridge）

磁帶的優點	磁帶的缺點
1. 容量大 2. 可重覆使用 3. 處理的速度快 4. 成本低	1. 只能循序處理，無法隨機處理，因此不適用於即時作業之資料處理方式。 2. 同一卷磁帶無法同時供輸入及輸出之用。

實力不斷電　　　　　　　　　　　　　　　　　□ — ✕

1. 關於「循序處理」和「隨機處理」，如果不瞭解這二個名詞的意義，可以先閱讀第三單元的焦點五。
2. 所謂的「即時作業」，就是要立即產生回應的作業。要立即產生回應的作業系統，就是「即時作業系統」。

2. 磁碟機：

磁碟是由表面上覆蓋可磁化材料的圓盤所製成，可分為硬式磁碟（Hard Disk）、軟式磁碟（Floppy Disk）二種。磁碟機系統是由磁碟、存取臂（Access Arms）、附著於存取臂上的讀寫頭（Read/Write Heads）所組成，可以透過存取臂的伸縮直接存取磁碟上的資料。

(1) 資料存放方式：

　　磁碟的資料存放方式是採取同心圓的方式（唱片則是以螺旋的方式存放資料）。

(2) 硬式磁碟：

　　<2.1>與軟式磁碟相比，硬式磁碟的容量大，而且存取資料的速度快。

　　<2.2>硬碟是由許多碟片組成，其中最上層及最下層一片的磁碟各有一面作為保護所以無法存資料，只剩另一面可存資料，其餘各片則是兩面都可儲存資料，因此磁碟組若有10片磁碟，則共有18個面可供儲存資料。

　　<2.3>磁碟的表面上有許多不同半徑的同心圓，一個同心圓稱為磁軌（Track），不論內外圈磁軌所能儲存的資料量都是相同的。

　　<2.4>每個磁軌被分成數個磁段（Sector），磁段是磁碟資料輸出／輸入的基本單位。

　　<2.5>半徑相同的磁軌之集合，稱為磁柱。

　　<2.6>為密封型設計，會因大力撞擊而受損。現在一般桌上型電腦的硬碟都為7200轉以上，筆記型電腦的硬碟也至少有4200轉。RPM（Revolution Per Minute）是每分鐘多少轉，為硬碟轉速單位。

(3) 硬式磁碟的優點：

　　<3.1>容量大，可重覆使用。

　　<3.2>存取資料的速度比磁帶快。

　　<3.3>除了能儲存循序式檔案供循序處理以外，也能儲存索引循序式檔案和隨機式檔案供索引循序處理和隨機處理。

　　<3.4>同一時間內可作輸入和輸出。

　　<3.5>若發現磁碟內的資料不正確，可以直接更正。

(4) 固態硬碟：以快閃記憶體作為儲存裝置，跟傳統硬碟使用圓形碟片不同，ＳＳＤ不需要旋轉碟片來搜尋資料的位置及讀取，因此大幅降低讀寫速度；另外，還有一種結合大容量傳統磁盤的固態混和硬碟（ＳＳＨＤ），內建較小容量的ＳＳＤ，使整顆硬碟擁有傳統硬碟的大容量，並加入固態硬碟的高速讀寫效能，很受電競遊戲領域的青睞。

傳統硬碟及固態硬碟的優缺點：

優點	缺點
A.讀寫**速度大幅勝出傳統硬碟**，因此大部分使用者，都會將開機的系統程式優先安裝於固態硬碟中，以提升開機速度。 B.**功耗需求較傳統硬碟低**，且因為沒有旋轉碟片，同時**達到無噪音及低熱能**。 C.另一個無旋轉碟片的優點是對抗震動性強，並且相對於傳統硬碟較不容易損壞。	A.雖然目前價格已經降到一般消費級水平，但相比傳統硬碟，同樣的儲存容量，價格依然比較高。 B.壽命方面具有一定的**寫入次數限制**，且隨著寫入次數的增多，速度也會下降，而達到寫入上限後則會變成唯讀狀態。 C.其中一個優點是較不容易損壞，但這也是另一個缺點，就是如果**損壞後**，已存入的**資料完全無法挽救**。 D.**長時間斷電靜置會導致原寫入資料的消失**，並且隨著存放位置的溫度提高，資料消失的速度會越快，目前消費級標準是，不通電存放在 30 度的溫度下，資料可儲存 52 周，約一年時間。

實力不斷電　　　　　　　　　　　　　　　　　□ － ✕

1. 為提升硬碟資料的安全性與容量擴充性，常使用磁碟陣列（RAID）架構，較常用的RAID等級分類如下：

RAID 0	切分/延展	將全部磁碟機的儲存容量合併，可用容量最大，安全性最差。
RAID 1	磁碟鏡射	將資料同時寫入第1個與第2個硬碟，可用容量最小，安全性最佳。
RAID 3	平行同位元檢查	最少需3個硬碟以上，利用一個硬碟來儲存其運算出來的同位元值的資料。
RAID 5	切分/延展+輪轉同位元	與RAID 3相似，主要差別是其同位元資料沒有固定在同個硬碟。

2. 「循序式檔案」就是「用循序處理的檔案」，「索引循序式檔案」和「隨機式檔案」也是同樣的道理，至於「循序處理」、「隨機處理」和「索引循序式處理」，如果不瞭解這三個名詞的意義，可以先閱讀第三單元的焦點五。

(5) 硬式磁碟的缺點：
　　<4.1>磁碟的成本比磁帶高。
　　<4.2>存放磁碟的環境要求比較嚴格。
(6) 軟式磁碟（磁片）
　　磁片是由裝在紙質或塑膠硬殼封套內的軟式圓盤所製成，其中：
　　A. 磁片上資料之儲存方式和硬碟相同。
　　B. 依磁片直徑來分，較常見的有3.5吋、5.25吋二種。
　　C. 依磁片規格來分，較常見的有下列幾種，其中所謂的單密度和雙密度之密度差為兩倍：
　　　　a. 1S：單面，單密度（Single Sided，Single Density）
　　　　b. 1D：單面，雙密度（Single Sided，Double Density）
　　　　c. 2D：雙面，單密度（Double Sided，Single Density）

d. 2D：雙面，雙密度（Double Sided，Double Density）

e. 2DD：雙面，雙密度，雙磁軌（Double Sided，Double Density，Double Track）

f. 2HD或2HC：雙面，高密度（Double Sided，High Density）或雙面，高容量（Double Sided，High Capacity）

軟式磁片的優點	軟式磁片的缺點
1. 可重覆使用。 2. 價格便宜。 3. 體積小、質量輕、攜帶方便。	1. 磁片本身薄，容易毀損。 2. 磁片本身有一部分暴露於封套外，容易沾染灰塵，導致磁片毀損。 3. 資料的容量比硬式磁碟小。

3. 光碟機：

光碟（Compact Disk，簡稱為CD）是透過雷射光（Laser）照射光碟來存取資料。

(1) 資料儲存原理：儲存資料的作法是利用高能量雷射光束照射在光碟的表面上，使其表面的物質產生變化，即可將資料儲存。

(2) 資料讀取：讀取資料的作法是利用低能量雷射光束照射在光碟的表面上，從產生的反射光強度來判斷資料的內容是0或1。

(3) 光碟之分類：

<3.1>唯讀型光碟（Compact Disk Read Only Memory，簡稱為CD-ROM）：使用者只能讀取資料，不能寫入或抹除資料。

<3.2>一次型光碟（Write Once Read Memory，簡稱為WORM）：這類型光碟只允許使用者將資料寫入光碟一次，寫入之後只能讀取資料，而不能再寫入或抹除資料，但是需要特殊的錄製機器，這種機器稱之為Compact Disk Recorder（CDR）。

(4) 光碟的優點：

<4.1>密度高、容量大。

<4.2>唯讀式光碟成本低。

<4.3>有隨機存取的功能。

<4.4>體積小、質量輕、攜帶方便。

<4.5>不易損壞，易於保存。

實力不斷電　　　　　　　　　　　　　　　　　　　　　□ － ×

隨著對儲存空間的需求與科技的進步，在光碟後又發展出更大容量的數位多功能影音光碟（Digital Versatile Disc；Digital Video Disk，簡稱為DVD）、藍光光碟（Blu-ray Disc，簡稱為BD）。在考試上，也常見這些儲存媒體的容量與速度的比較，相關數據整理如下：

就容量比較上：CD為700 M，只有單層，DVD為單層4.7GB、雙層8.5 GB，BD更進一步擴充容量為單層25 GB、雙層50 GB。

就讀寫速度比較上：CD的1X為150 KB、DVD的1X為10.5 Mbit/s，BD的1X為36 Mbit/s。

---

4. 印表機

印表機可以分成撞擊式印表機（Impact Printer）、非撞擊式印表機（None-impact Printer）兩種

撞擊式	撞擊式印表機現在已經相當少看到了，以點矩陣式（Dot Matrix）為代表。
非撞擊式	非撞擊式印表機可分成噴墨式（Ink-jet）、雷射式（Laser）、熱感應式（Thermal）等。

撞擊式與非撞擊式之比較：

(1) 撞擊式印表機列印資料的聲音比較大。

(2) 撞擊式印表機的字模或鋼針容易磨損，而非撞擊式印表機的零件較無磨損之虞。

(3) 非撞擊式印表機列印的速度比撞擊式印表機快。

(4) 撞擊式印表機一次能印出數份資料，而大部分的非撞擊式印表機一次只能印出一份資料。

其中，關於點矩陣式印表機、噴墨式印表機、雷射印表機，分別說明如下：

(1) **點矩陣式印表機**：利用撞針撞擊色帶，藉以將資料印在報表紙上輸出。撞針可分為二種不同類型：九針及二十四針，其中二十四針的撞針其列印品質較佳。

(2) **噴墨式印表機**：利用噴嘴將墨汁噴灑到報表紙上，藉以將資料印在報表紙上輸出。影響噴墨式印表機列印品質的主要因素為墨點大小、解析度高低、色彩數目及色階。

墨點大小	墨點愈大，色彩的表現愈差；墨點愈小則色彩表現愈佳。
解析度	解析度就是所謂的DPI（Dot Per Inch），即每一英吋上的點數。
色彩數目	色彩數目愈多，列印效果愈好。
色階	色階數是指在每一點中，印表機可以表現的顏色數目，如每一點的每一色可以有不噴、噴一下、噴二下、噴三下等變化，使得顏色的變化更多元，列印效果更理想。

(3) **雷射印表機**：利用光學原理，將碳粉印在紙上。

以上三者之中，以雷射印表機的列印效果最好、速度最快，但價格最貴。點矩陣式印表機的效果最差、速度最慢（但因為數量已相當稀少，所以價格不一定最便宜）。噴墨印表機則擁有最多使用者。

實力不斷電　　　　　　　　　　　　　　□ － ✕

DPI（Dot Per Inch）是用來表示印表機解析度之單位。

評量點矩陣印表機速度的單位是CPS（Character Per Second），每秒列印多少字元。

而一般高速印表機，印表速度之計量單位為：LPS（Line Per Second），每秒列印多少行。

---

5. 磁性墨水字元閱讀機：

磁性墨水字元閱讀機的英文全名為Magnetic Ink Character Recognition，簡稱為MICR，主要是用於銀行的MICR支票之處理。被讀入的資料必須按照規定的形狀及大小表示，否則MICR設備無法閱讀，只能閱讀數字資料，而無法閱讀英文字母及特殊符號。

6. 光學閱讀機：

光學閱讀機可分為光學記號閱讀機（Optical Mark Recognition，簡稱為OMR）、光學字元閱讀機（Optical Character Recognition，簡稱為OCR）兩種。

(1) **光學記號閱讀機（OMR）**：利用光學原理辨識記號，例如考試劃記的答案卡及志願卡，就是以OMR來閱讀的。

(2) **光學字元閱讀機（OCR）**：利用光學原理辨識字元（Character）。光學字元閱讀機是原始資料自動化的設備。

7. 條碼掃瞄器：

條碼（Bar Code）是利用線條的條數及寬窄之組合來表示0至9，目前大多應用在標明商品編號，條碼必須透過條碼掃瞄器（Bar Code Scanner）來閱讀，而條碼所代表的代碼稱為通用產品碼（Universal Product Code，UPC）。

條碼掃瞄器是原始資料自動化的設備。

8. 介面卡：

電腦上要安裝週邊設備時，常在電腦主機板上安插一硬體配件，以便系統和週邊設備能適當溝通，該配件即為介面卡。要增加電腦功能或擴充週邊設備時，應利用具有該類功能的介面卡插入擴充槽中。

在安裝介面卡時，若PC內已有其他介面卡，則應該注意I/O位址，IRQ及DMA（直接記憶體存取）是否相衝突。另外，因為介面卡是主機與週邊連接的一種介面電路板，在安裝過程中，應注意抽換介面卡時一定要關閉電腦電源。

9. 螢幕：

(1) 螢幕是透過視頻介面卡（顯示卡接頭）與主機連接的。螢幕的解析度單位為畫素（pixel），所顯示的字型是以點矩陣（Matrix）組成的，其點數愈大愈密，則其解析度也愈高，品質愈佳。

彩色螢幕的顯示卡有VGA、CGA、SVGA幾種，而MGA（MONO GRAPHIC ADAPTER）則是單色顯示卡。

當電腦終端機的畫面發生上下跳動時，可調整螢幕下方（通常位於下方）的V-HOLD旋轉鈕以使畫面恢復垂直穩定。調整V-WIDTH旋轉鈕可使畫面改變垂直寬度，調整V-SIZE旋轉鈕可使畫面改變垂直大小，調整BRIGHT旋轉鈕可使畫面改變亮度。

(2) DVI接口說明：DVI直接將數位訊號傳輸進螢幕展示，省去類比轉數位訊號的麻煩，畫質也較好，不過為了有更大的相容性，滿足每一種螢幕的規格，因而設計出三種版本與五種不同的接口；分別是類比訊號的DVI-A、類比與數位訊號皆支援的DVI-I（Single Link）、DVI-I（Dual Link）及數位訊號的DVI-D（Single Link）、DVI-D（Dual Link）。

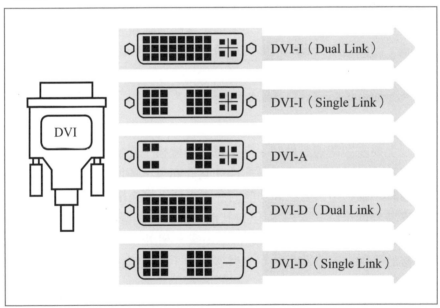

實力不斷電　　　　　　　　　　　　　　　　　　　　　□ － ✕

螢幕使用下列常見的介面連結：VGA（D-SUB）、DVI、HDMI、DisplayPort。HDMI（High-Definition Multimedia Interface），中文是「高畫質多媒體傳輸介面」，為目前常見於顯示器、數位電視、數位相機等電子設備的高畫質多媒體傳輸介面。

10. USB：

(1) USB（Universal serial bus）稱為通用序列匯流排，為一種傳輸介面，可連接所有低速的週邊設備如：數位相機、Modem、滑鼠、鍵盤、搖桿、掃瞄器、隨身碟等等。它是一種支援熱插拔，意思就是說，它是無需關機便可直接安裝的傳輸介面。

USB採用串列的連接，因此可以連接高達127個週邊設備。

(2) USB版本差異

接口 / 版本規格	USB 2.0	USB 3.2Gen2x1	USB 3.2Gen2x2	USB4	常用設備
理論速度	達60MB/s	達1.2GB/s	達2.4GB/s	達5GB/s	
Type-A	相容	相容但不達速	不相容 印表機、掃描器		電腦、筆電、行動電源
Type-A Super speed	相容	相容	不相容 印表機、掃描器		電腦、筆電、行動電源
Type-B	相容	相容但不達速	不相容 印表機、掃描器		電腦、筆電、行動電源
Type-B Super speed	相容	相容	不相容 印表機、掃描器		電腦、筆電、行動電源
Type-C	相容				大部分3C周邊設備
Micro-B	相容	相容但不達速	不相容		平板電腦、讀卡機、外接硬碟
Micro-B Super speed	相容	相容但不達速	不相容		平板電腦、讀卡機、外接硬碟
Mini-A、Mini-B、Mini-AB、Micro-A、Micro-AB	相容	不相容			平板電腦、讀卡機、外接硬碟

(3) USB Type-A接口顏色

顏色	規格	備註
白色	USB1.X，Type-A或B接口	
黑色	USB2.0，Type-A或B接口	
藍色	USB3.0(USB 3.2Gen1x1)，Type-A或B接口	
淺藍色	USB 3.2Gen2x1，Type-A或B接口	
紅色	USB 3.2Gen2x2，Type-A接口	支援休眠充電
黃色	USB2.0或USB3.0，Type-A接口	高輸出及支援休眠充電
橘色	USB3.0，Type-A接口	只有充電功能
綠色	Type-A接口	支援QC快充
紫色	Type-A接口	支援華為快充

(4) USB Type-C接口顏色

顏色	規格
白及黑色	電流最大輸出2~3A
紫色	支援快充，電流最大輸出5A
橘色	支援快充，電流最大輸出6A

11. UPS：

UPS（Uninterruptible Power Supply，中文名稱為不斷電系統），是在停電的情況下為電器提供後備交流電源，維持電器正常運作的設備。

通常，不斷電系統會被用於維持電腦（尤其是伺服器）或交換機等關鍵性商用設備或精密儀器的不間斷運行。

12. 顯示卡：

主要用於影像輸出，使顯示畫面畫質效果提升，特別是沒有內建顯示的CPU，需要額外配置顯示卡才能看到畫面；另外，近年電子競技的盛行，CPU內建的顯示卡，不一定能完全支援遊戲的進行，因此額外配置顯示卡也越發興盛，且因技術的發展，顯示卡也增加各種新的影像顯示技術，如光影追蹤等。

實力不斷電   □ — ✕

光影追蹤：模擬光線的技術，使光線照射在不同物體表面時，因不同的環境所呈現的效果，能更加真實；例如：在遊戲中看日月潭的景色，沒有光追技術，則只會看到周邊的山景，開啟光追後，則不只看到山景，還可看到日月潭水面的周邊綠樹倒影。

顯示卡規格

顯示卡系列	世代	層級	額外規格	廠商等級	廠商功能代號	記憶體大小
RTX	40	70	Ti	GAMING	OC	12G

🔍 精選試題

(　)　**1** 下列的電腦周邊設備何者不屬於輸出設備？
　　　(A)喇叭　　　　　　　　(B)滑鼠
　　　(C)印表機　　　　　　　(D)螢幕。

(　)　**2** 何種記憶體適於儲存不需重新規劃之系統？
　　　(A)ROM　　　　　　　　(B)RAM
　　　(C)TAPE　　　　　　　 (D)DISK。

(　)　**3** 小藍藍的媽媽非常重視環保，因此要求電腦使用完一定要關機，
但小藍藍總是需要使用電腦的USB來將手機充電，因此小藍藍的
電腦一定具有下列哪種顏色的USB接口？
　　　(A)黑色　　　　　　　　(B)紅色
　　　(C)藍色　　　　　　　　(D)淺藍色。

(　)　**4** 當電源關掉後，有關半導體記憶體的敘述，下列何者正確？
　　　(A)RAM的資料不會消失　(B)ROM的資料不會消失
　　　(C)EPROM的資料會消失　(D)EEPROM的資料會消失。

(　)　**5** 可用電壓消除其中資料重新寫入的是：
　　　(A)EAROM　　　　　　　(B)EPROM
　　　(C)PROM　　　　　　　 (D)ROM。

(　)　**6** 下列何者是輔助記憶體的優點？
　　　(A)電源切斷之後，其內容便消失，可重覆使用
　　　(B)容量有限
　　　(C)儲存馬上要被電腦所處理的資料或程式
　　　(D)電源切斷之後，其內容不會消失。

(　)　**7** 通常說個人電腦有512MB的主記憶體，是指電腦中的哪一部分？
　　　(A)RAM　　　　　　　　(B)ROM
　　　(C)軟碟機　　　　　　　(D)硬碟機。

(　) **8** 電腦開機時，啟動電腦的指令是存在：
(A)隨機存取記憶體　　　　　(B)唯讀記憶體
(C)唯寫記憶體　　　　　　　(D)快取記憶體。

(　) **9** 使用下列那種技術能讓電腦執行所需記憶體容量比主記憶體大的
程式？
(A)Associative memory　　　(B)Virtual memory
(C)Cache memory　　　　　(D)Interleaved memory。

(　) **10** 存在ROM的資料，在電腦關機後會：
(A)跟著消失　　　　　　　　(B)永不消失
(C)自動存到硬碟內　　　　　(D)保存在伺服器內。

(　) **11** RAM（Random Access Memory）的功能是：
(A)可隨意讀和寫　　　　　　(B)僅可讀
(C)不可讀也不可寫　　　　　(D)僅可寫讀。

(　) **12** 主記憶體中儲存資料的基本單位是：
(A)BIT　　　　　　　　　　(B)BYTE
(C)WORD　　　　　　　　　(D)KB。

(　) **13** 在電腦中存取資料速度最快之記憶體：
(A)隨機記憶體　　　　　　　(B)虛擬記憶體
(C)快取記憶體　　　　　　　(D)唯讀記憶體。

(　) **14** 所謂非揮發性記憶體是具下列哪一種特徵：
(A)遇高溫會消失　　　　　　(B)只能讀取不能寫入
(C)未通電狀況下也能保存　　(D)放久了就會消失。

(　) **15** 下列敘述何者不正確？
(A)第一代電腦主要元件是真空管
(B)電腦包括了軟體與硬體兩大部分
(C)ROM是唯讀記憶體
(D)電源關掉時ROM裡的資料將會消失。

（　）**16** 計算機系統中，有關ALU作用的描述，何者為正確：
(A)只做算術運算，不做邏輯運算
(B)只做加法
(C)只存加法的結果，不能存其他算術運算的結果
(D)以上各答案皆非。

（　）**17** 在電腦主機中，負責計算資料的是：
(A)算術邏輯單元　　　　　　(B)控制單元
(C)記憶單元　　　　　　　　(D)輸入／輸出單元。

（　）**18** 在電腦主機中，負責比較資料大小的是：
(A)算術邏輯單元　　　　　　(B)控制單元
(C)記憶單元　　　　　　　　(D)輸入／輸出單元。

（　）**19** 整個電腦的心臟為：
(A)記憶體　　　　　　　　　(B)中央處理單元
(C)算術與邏輯單元　　　　　(D)輸入單元。

（　）**20** 處理器（Processor）中Cache的功能為何？
(A)加大記憶體容量　　　　　(B)加快指令計算的速度
(C)加快資料取存的速度　　　(D)加快處理器的時脈（clock）。

（　）**21** 以下哪些是原始資料自動化的設備？
(A)光學字元閱讀機　　　　　(B)滑鼠
(C)鍵盤　　　　　　　　　　(D)光碟機。

（　）**22** 下列描述何者為是：
(A)一計算機系統包含輸入，輸出，控制、記憶、算術及邏輯運
　　算等五個單元
(B)控制單元能理解，並且翻譯及執行所有的指令及儲存結果
(C)所有的資料運算都是在CPU的控制單元中完成
(D)以上各答案皆是。

( ) **23** 下列何者為計算機的心臟，且由控制單元與算術邏輯單元所
組成？
(A)ALU   (B)CU
(C)Register   (D)CPU。

( ) **24** 下列何者不是個人電腦CPU的部分單元？
(A)控制單元   (B)算術單元
(C)記憶單元   (D)邏輯單元。

( ) **25** 下列何者為電腦的中心控制單位，管理控制數據成為有用的
資料？
(A)Cache   (B)Memory
(C)SCSI   (D)CPU。

( ) **26** CPU必需將要存取的位址存入何處才能到主記憶體中存取資料？
(A)指令暫存器   (B)位址暫存器
(C)資料暫存器   (D)輸出單元。

( ) **27** 下列與硬碟有關的說明，何者有誤？
(A)記憶容量較大   (B)轉速約300rpm
(C)為密封型設計   (D)會因大力撞擊而受損。

( ) **28** 磁碟機是一種：
(A)輸出設備   (B)輸入設備
(C)輸出入設備   (D)控制設備。

( ) **29** 下列何者為一般高速印表機印表速度之計量單位？
(A)TPI（Track Per Inch）
(B)CPS（Character Per Second）
(C)DPI（Dot Per Inch）
(D)LPS（Line Per Second）。

( ) **30** 某公司經常需要電腦快速列印大量的即時性生管報表，應該購買
下列何種印表機為宜？

(A)雷射印表機 　　　　　(B)噴墨印表機
(C)點矩陣印表機 　　　　(D)熱感應印表機。

(　) 31 下列有關於光碟機（CD-ROM）的敘述何者正確？
(A)能備份硬式磁碟機中的資料
(B)只能用來錄音樂
(C)可讀寫光碟中的資料
(D)只能讀取已灌錄於光碟片中的資料。

(　) 32 電腦系統中USB的功能為何？
(A)資料傳輸 　　　　　　(B)資料儲存
(C)資料顯示 　　　　　　(D)資料運算。

(　) 33 電腦螢幕解析度如1024×768 的單位為何？
(A)吋（inch） 　　　　　(B)公分（cm）
(C)畫素（pixel） 　　　　(D)點（dot）。

(　) 34 UPS的主要功能為：
(A)消除靜電 　　　　　　(B)傳送資料
(C)防止電源中斷 　　　　(D)備份資料。

(　) 35 磁帶依形式可分為：
(A)匣式磁帶（cartridge tape） (B)卡式磁帶（cassette tape）
(C)盤式磁帶（open reel tape） (D)以上皆是。

(　) 36 下列何種記憶體不具直接存取（direct access）的功能：
(A)硬碟 　　　　　　　　(B)RAM
(C)軟式磁碟（floppy disk） (D)磁帶（tape）。

(　) 37 下列何者不是中央處理單元（CPU）的內部結構之一：
(A)算術與邏輯單元（ALU）
(B)暫存器
(C)控制單元（control unit）
(D)主記憶體（main memeory）。

(　) **38** 將部份程式先存放於磁碟，等到需要使用時才讀入記憶體中，
讓使用者感覺使用的記憶體多於實際的記憶體，這種處理方式
稱為：
(A)虛擬實境　　　　　　(B)虛擬程式
(C)虛擬磁碟　　　　　　(D)虛擬記憶體。

(　) **39** 中央處理器（CPU）是由何者所構成？
(A)控制單元（control unit）與算數邏輯運算單元（ALU）
(B)控制單元（control unit）與記憶體（memory）
(C)算數邏輯運算單元（ALU）與記憶體（memory）
(D)輸入單元（input unit）與輸出單元（output unit）。

(　) **40** 下列何種技術是為了讓電腦能執行比隨機存取記憶體（RAM）更
大的程式？
(A)虛擬記憶體（virtual memory）
(B)多重程式（multi-programming）
(C)分時系統（time-sharing system）
(D)平行處理（parallel processing）。

(　) **41** 所謂電腦硬體升級，主要是提昇下列那一項硬體設備？
(A)記憶體（memory）
(B)中央處理器（CPU）
(C)螢幕（monitor）
(D)數位相機（digital camera）。

(　) **42** 下列何種記憶體是非揮發性（non-volatile）記憶體？
(A)磁帶　　　　　　　　(B)快取記憶體（cache）
(C)隨機存取記憶體（RAM）(D)暫存器（register）。

(　) **43** 使用下列那種技術是用來平衡CPU執行速度與主記憶體資料取存
速度以達到Cost/Performance的設計考量？
(A)Associ-ative memory　　(B)Virtual memory
(C)Cache memory　　　　　(D)Interleaved memory。

（　）**44** 中央處理單元（CPU）是由下列那兩個單元所組成？
(A)記憶單元與控制單元
(B)輸入單元與輸出單元
(C)控制單元與算術邏輯單元
(D)算術邏輯單元與記憶單元。

（　）**45** 下列周邊設備，何者尚無法使用USB（Universal Serial Bus）介面與電腦連結？
(A) CPU　　　　　　　　(B)光碟機
(C)掃描器　　　　　　　(D)印表機。

（　）**46** 下列有關RAM（Random Access Memory）的敘述，何者正確？
(A)可被寫入與讀取資料
(B)資料不會因為電源關閉而消失
(C)屬於輔助記憶體
(D)主要用於備份電腦中的資料。

（　）**47** 螢幕的輸出品質由哪項標準而定？
(A)螢幕解析度　　　　　(B)螢幕重量
(C)輸出速度　　　　　　(D)螢幕大小。

解答與解析

1 (B)。滑鼠是輸入設備，不屬於輸出設備。

2 (A)。ROM內儲存之系統程式，不可被破壞也不得被重新規劃。

3 (B)

4 (B)。電源關掉後，RAM之資料會消失，ROM、PROM、EPROM、EEPROM之資料均不受影響。

5 (A)。
EAROM（Electrically Alterable Read Only Memory），電子式可抹除的唯讀記憶體。

6 (D)。主記憶體在電源切斷後，便喪失它的內容，而且價格昂貴，它所能儲存的資料亦有限，而輔助記憶體內的內容不受電源切斷的影響。

7 **(A)**。通常指的主記憶體是RAM。

8 **(B)**。開機時的啟動電腦指令是存在唯讀記憶體內。

9 **(B)**。虛擬記憶體（Virtual memory）能讓電腦執行所需記憶體容量比主記憶體大的程式。

10 **(B)**。存在ROM的資料，即使斷電後也不會消失。

11 **(A)**。RAM內的資料可隨意讀寫。

12 **(B)**。主記憶體中儲存資料的基本單位是BYTE。

13 **(C)**。快取記憶體是存取資料速度最快的記憶體。

14 **(C)**。非揮發性記憶體，即未通電狀況下也能保存資料。

15 **(D)**。電源關掉時ROM裡的資料不會消失。

16 **(D)**。ALU能做算術及邏輯運算，且能做加法以外的算術運算並儲存其計算結果。

17 **(A)**。在電腦主機中，負責計算資料的是算術邏輯單元。

18 **(A)**。在電腦主機中，負責比較資料大小的是算術邏輯單元。

19 **(B)**。中央處理單元相當於電腦的心臟部分。

20 **(C)**。Cache的功能為加快資料取存的速度。

21 **(A)**。光學字元閱讀機是原始資料自動化的設備。

22 **(A)**。計算機系統包含輸入、輸出、控制、記憶、算術及邏輯運算等五個單元。

23 **(D)**。CPU為計算機的心臟，且由控制單元與算術邏輯單元所組成。

24 **(C)**。CPU含控制單元、算術單元、邏輯單元，記憶單元不屬於CPU的一部分。

25 **(D)**。CPU為電腦的中心控制單位。

26 **(B)**。CPU必先將要存取的位址存入位址暫存器，才能到主記憶體中存取資料。

27 **(B)**。現在一般桌上型電腦的硬碟都為7200轉，筆記型電腦的硬碟也至少有4200轉。

28 **(C)**。磁碟機既是輸出設備，也是輸入設備。

29 **(D)**。LPS（Line Per Second）為一般高速印表機印表速度之計量單位。

30 **(A)**。需要電腦快速列印大量的即時性生管報表，則購買雷射印表機最為划算。

31 **(D)**。光碟機（CD-ROM）只能讀取已灌錄於光碟片中的資料。

32 **(A)**。USB的功能是作為資料傳輸之用。

33 **(C)**。電腦螢幕解析度的單位為畫素（pixel）。

34 **(C)**。UPS的主要功能為防止電源中斷。

35 (D)。磁帶依形式可分為：匣式磁帶（cartridge tape）、卡式磁帶（cassette tape）、盤式磁帶（open reel tape）。

36 (D)。磁帶不具直接存取的功能，僅具循序存取的功能。

37 (D)。主記憶體不屬於中央處理單元（CPU）。

38 (D)。讓使用者感覺使用的記憶體多於實際記憶體的技術，稱為虛擬記憶體。

39 (A)。中央處理器（CPU）是由控制單元（control unit）與算數邏輯運算單元（ALU）所構成。

40 (A)。虛擬記憶體即利用硬碟的空間作為暫存記憶體用，是為了讓電腦能執行比隨機存取記憶體（RAM）更大的程式。

41 (B)。所謂電腦硬體升級，主要是提昇中央處理器（CPU）。

42 (A)。磁帶是非揮發性（non-volatile）記憶體。

43 (C)。Cache memory是用來平衡CPU執行速度與主記憶體資料存取速度以達到Cost/Performance的設計考量。

44 (C)。中央處理單元（CPU）主要是由控制單元與算術邏輯單元所組成。

45 (A)。螢幕無法使用USB介面與電腦連結。

46 (A)。RAM的資料會因電源關閉而消失，屬於主記憶體，不用於備份資料。

47 (A)。螢幕的輸出品質由螢幕解析度而定。

第3單元 軟體概論

課前提要

這一單元提到的軟體很多，和上一單元不同的是，這一單元真的很雜，因為軟體在這些年的發展後，已經是百花齊放的局勢，一一網羅進篇幅以後，看起來就很嚇人。不過，其實這一單元還是以記憶為主，建議可以把本單元的內容分成一個個的小重點來看，慢慢去記，就不用怕了！

本單元要點

讀完本單元，你將會學到：

焦點掃描

焦點一　軟體的分類

1. 軟體（Software）：

一系列按照特定順序組織的電腦數據和指令的集合。如果對這個比較學術性的定義還是沒概念的話，請想成是所有關機後看不到的部分（而關機後還看得到的部分，像是螢幕、鍵盤、滑鼠等，自然就是硬體啦），如Windows系列作業系統、Word、Excel、PowerPoint等常用到的程式都是軟體。還有，像是程式語言也屬於軟體。

2. 軟體又可分為二大類型

類型	別稱	目的	功能	例如
系統軟體 system software	系統程式	為維持正常運作或開發應用程式所不可缺少的軟體。	主要作用是幫助使用者發展與執行程式。	作業系統（OS）、程式語言處理器（組譯程式、編譯程式、直譯程式、前置處理程式及巨集處理程式）、載入程式、鏈結程式、公用程式等等。
應用軟體 application software	應用程式	為了處理某個特定的問題而撰寫的程式。	－	常見的應用軟體有二種，一種是使用者自行撰寫的程式，另一種則是套裝軟體（例如遊戲、微軟的Office系列、資料庫等等）。

實力不斷電 □ — ✕

所謂程式，是為了完成某項特定目的而書寫的、一連串具有順序的組合。

焦點二 **系統軟體簡介**

又稱為系統程式，為維持正常運作或開發應用程式所不可缺少的軟體，主要作用是幫助使用者發展與執行程式。常見的系統軟體，分別說明如下：

1. Windows 作業系統年表

系統名稱	發售（表）年	備註
MS-DOS	1981年	微軟買下86-DOS（QDOS）著作權，1981年7月，成為IBM PC上第一個作業系統；同時微軟為IBM PC開發專用版PC-DOS。
Windows 3.1	1992年	微軟第一個有圖形化介面的作業系統，主要運行在MS-DOS上。
Windows 95	1995年	微軟強力發布，面向商業運用性質的作業系統。
Windows 98	1998年	
Windows 2000	2000年	
Windows ME	2000年	底層基於Windows 98撰寫而成的作業系統，系統內多處可見Windows 98標籤。
Windows XP	2001年	首個微軟作業系統支援64位元。
Windows Vista	2007年	
Windows 7	2009年	

系統名稱	發售（表）年	備註
Windows 8/8.1	2012/2013年	微軟作業系統首次結合智慧型手機平板介面。
Windows 10	2015年	
Windows 11	2021年	首個微軟作業系統只有64位元版本。

2. 作業系統的主要功用

功能	概述
程序管理	由於CPU的執行速度比其他周邊設備快，因此作業系統需要對執行的程式做順序的管控，使CPU運作順暢。
記憶體管理	對於執行中的程式所需要的記憶體，進行分配管控。
周邊裝置管理	周邊輸入及輸出設備的運作管理。
使用者管理	對於系統安全管理及使用者權限的管理。
網路通訊管理	提供資料傳輸及網路服務管理。
檔案管理	提供使用者方便且安全的檔案系統。

3. 在這些作業系統中，又可依資料處理的方式分為

整批（批次）處理系統	1. 資料以整批方式處理的系統。 2. 例如：薪資處理、水電費處理、聯考閱卷、月刊寄發。
即時（立即）處理系統	1. 立即處理資料的系統。 2. 例如：銀行自動提款、預售火車票、航空訂位、飛航管理。即時系統一定是連線系統，但連線系統不一定是即時系統。
分時系統（多使用者系統）	CPU把時間平均分配給每部終端機使用，故讓每一個使用者均有獨自使用該電腦的感覺。

多工系統	1. 又稱為多元程式系統、多重程式系統。 2. 在一個電子計算機中，記憶體可以分開，儲存及執行多個程式。
多元處理系統	1. 又稱為多 CPU 處理系統，多重處理系統。 2. 在一個電子計算機中，包含有兩個或兩個以上的 CPU，稱為多元處理系統。
分散式處理系統	1. 分散各地的電腦以「工作站」的觀念「就地處理」。 2. 例如：鐵路售票系統、自動提款機、樂透簽注站。 　分散處理系統一定是即時系統、連線系統。
交談式處理系統	1. 在資料處理的過程中，系統與使用者係透過一系列的問答方式，逐步完成資料處理的工作。 2. 例如：鐵路訂票系統、自動提款機。

實力不斷電　　　　　　　　　　　　　　□ — ✕

1. 交談式處理必是即時處理，即時處理不一定是交談式處理

生活實例	批次處理	交談式處理	交談式即時處理
薪資計算	○	✕	✕
聯考閱卷	○	✕	✕
水電費計	○	✕	✕
銀行提款	✕	○	○
網路訂票	✕	○	○
飛航管制	✕	✕	○
安全監控	✕	✕	○

2. 作業系統的演進

單人單工的作業系統	例如：MS-DOS。
單人多工的作業系統	例如：Windows ME/XP/Win 8，麥金塔（Apple）的Mac OS，IBM的OS/2。
多人多工的作業系統	例如：Windows NT，UNIX，Linux。
PDA（個人數位助理）的作業系統	例如：Palm OS，Windows Mobile（Pocket PC、Windows CE），Linux。
GUI（圖形使用者介面）	意思是：使用者在螢幕上看到的畫面是圖形，有圖示的）的開山鼻祖：麥金塔（Apple）的Mac OS。
MS-DOS	唯一不是GUI（圖形使用者介面）的作業系統。
Linux	有公開程式碼的作業系統。

	CPU（64 位元）	作業系統（32 位元）
一般電腦	Pentium	Windows
麥金塔電腦	Power PC	Mac OS

3. **語言處理器**（language processor）：包含組譯程式、直譯程式、編譯程式、巨集處理程式、前置處理器等等。

4. **鏈結載入程式**：包含載入程式（loader）、鏈結程式（linker）。

5. **程式庫**（library）：提供標準的副程式供使用者呼叫。

6. **除錯程式（debugger）**：幫助使用者除錯。

7. **公用程式（utillity）**：提供使用者服務的程式。

Windows 8是微軟於2012年推出的電腦作業系統，其廣泛適用於平板電腦、筆記型電腦和桌上電腦等多個平台，為了加強平板應用特別強化適用於觸控螢幕的新介面風格Metro，Windows 8分為傳統型應用程式及Windows UI型應用程式（Windows Apps）。Windows Apps可於其Windows Store購買。

焦點三 應用軟體簡介

1. 辦公室軟體：

(1) **文書處理軟體**：讓使用者可以在電腦上編輯、儲存、列印文件。

例如：Mircosoft Word。

(2) **試算表軟體**：用於報告、圖形、財務分析、預測或投影顯示，建立具有正確數學計算能力的工作底稿和報表。

例如：Microsoft Excel。

(3) **投影片軟體**：製作投影片的軟體。

例如：Microsoft PowerPoint。

(4) **檔案管理系統。**

(5) **文字編輯器（又稱為文本編輯器）**：用作編寫普通文字的電腦軟體，它與文書處理軟體的不同之處在於，它並非作為文書格式處理之用。常用來編寫程式的原始碼。

例如 Windows下的記事本。

2. 網際網路：

(1) **即時通訊軟體**：允許兩人或多人使用網路即時的傳遞文字訊息、檔案、語音與視訊交流。

例如：FB messenger、Line、Telegram。

(2) **電子郵件**：通過網際網路進行書寫、發送和接收的信件，是網際網路上最受歡迎且最常用到的功能之一。

(3) **網頁瀏覽器**：顯示網頁，並讓用戶能與網頁互動的一種軟體。

　　例如：微軟的Internet Explorer、Mozilla的Firefox、Opera。

(4) **FTP軟體**：能在網路上進行檔案傳輸的軟體。

　　例如：CuteFTP、Filezilla、WS FTP。

3. 多媒體：

多媒體即為結合文字、影像、圖示、動畫和聲音等，將資訊以電子形式表現。

(1) 媒體播放器：電腦中用來播放多媒體的播放軟體，例如Windows Media Player。

(2) 圖像編輯軟體。

(3) 音訊編輯軟體。

(4) 視訊編輯軟體。

(5) 電腦輔助設計：Computer Aided Design，簡稱為CAD。運用電腦軟體製作並模擬實物設計，展現新開發商品的外型，結構，色彩，質感等特色。

(6) 電腦遊戲：又稱電子遊戲、電玩遊戲，是指人通過電子設備，如電腦、遊戲機等，進行遊戲的一種娛樂方式。

(7) 排版軟體：Indesign、PageMaker、Quark X-pres、FIT、文淵閣。

4. 商務軟體：

(1) **會計軟體**：是一種用作紀錄及處理會計相關交易，例如應付帳款及應收帳款等的電腦軟體。

(2) **會計總帳管理系統**：提供資金管理（例如：銀行帳戶資料建立、銀行存提款作業）、傳票管理、分攤管理、結轉處理、專案管理、立沖管理、票據管理等等服務的一套多功能套裝軟體。

5. 資料庫管理系統：

Database management system，簡稱為DBMS，是為了管理資料庫而設計的電腦軟體系統。例如：Oracle、SQL、FileMaker。

6. 壓縮軟體：

壓縮電腦文件，使其檔案變得較小的軟體。例如：WinZip、WinRAR。

焦點四 軟體發展過程與程式語言簡介

1. 軟體發展過程

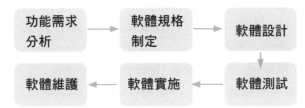

2. 程式語言簡介

名稱	簡述
第一代：機器語言	由數字0及1組成，可直接由電腦執行，執行速度快但編輯困難可讀性低。
第二代：組合語言	使用特定英文縮寫來輔助編寫程式，相較機器語言可讀性較高，經組譯器（assembler）翻成機械碼後，才可由電腦執行。
第三代：高階語言	較容易被人理解及撰寫，同一程式可適用於不同電腦，常用語言包括：C、C++、Java、VB等等，需經過直譯器或編譯器翻譯後產出執行檔，才可執行。
第四代：極高階語言	又稱查詢語言，比高階語言更容易使用的語言，例如：SQL。
第五代：自然語言	目前主要用於人工智慧研究領域。

實力不斷電　　　　　　　　　　　　　　　　　　　□ − ✕

機器語言和組合語言均為低階語言。

3. **高階語言（high level）：**

指令語法與人類日常說話之語法相近之程式語言。

<3.1>BASIC（Beginner's All-purpose Symbolic Instruction Code）：初學者之入門語言。

<3.2>FORTRAN（FORmula TRANSlator）：適合數學、工程問題之語言，具可攜性、標準化。

<3.3>COBOL（Common Business Oriented Language）：商業導向語言。

<3.4>PASCAL：多用途語言，一般用在資料結構之應用程式，記憶體效率高，編譯程式小。

<3.5>C語言：目前相當流行之語言，一般用在系統程式及應用軟體之發展。

<3.6>C++語言：一種使用非常廣泛的物件導向語言。

<3.7>JAVA：一種可以編寫跨平臺應用軟體的物件導向的程式語言，風格十分接近C++語言。

<3.8>ADA：結構非常嚴謹，做為軍事、國防、武器之用的一種語言。

<3.9>LISP（List Processing language）：人工智慧語言。

<3.10>PROLOG（Programming Logic）：人工智慧語言，有逐漸取代LISP之趨勢。

焦點五 電腦資料處理

檔案存取方法有三種：

1. **循序型檔案（Sequential Access Method File，簡稱為 SAM File）**

循序型檔案是一種最簡單的檔案結構，其資料的儲存方式是按照輸入的順序依序存放，若要讀取資料，也是按照儲存的順序逐筆讀取（也就是所謂的「循序處理」）。循序型檔案儲存媒體可以採用卡片、磁帶、磁片及磁碟等。

優點	1. 資料連續存放，儲存體可以發揮最大的利用率。 2. 處理的對象若為檔案中全部或大部份資料時，可以獲得最高的執行效率，也就是說較適合活動性高的檔案。 3. 能以成塊方式處理。 4. 作業方式單純。
缺點	1. 無法即時取得檔案中的資料，不適用於線上即時作業系統。 2. 從事更新作業時，必須重新抄錄舊的檔案資料。
適用場合	1. 不需要提供線上即時處理的功能時。 2. 檔案活動性高。 3. 希望作業的方式單純時。

2. 直接型檔案（Direct Access Method File，簡稱為 DAM File）

又稱為隨機型檔案。直接型檔案資料錄的儲存位置，是經由程式管理者利用某種演算法直接計算鍵值求得，是一種以計算方式求取存放位址的方法，而在搜尋資料時，是按照儲存資料時同一個演算法來計算儲存的位置，然後到該位址直接讀取對應的資料錄（也就是所謂的「隨機處理」）。直接型檔案必須以能隨機出入的媒體（例如磁碟或磁鼓）儲存。

優點	1. 隨機尋找檔案中的資料速度最快。 2. 在沒有兩個鍵值被轉到相同的位址的情形下，搜尋任意資料所需的時間幾乎相同。 3. 新增或刪除都很容易。
缺點	1. 位址的計算方式選取困難，不易獲得最佳的存取方法。 2. 隨機檔案資料量愈大，不同鍵值產生相同位址的資料必定愈來愈多，使得處理效率愈來愈差（這就稱為碰撞）。 3. 容易產生空白區域，降低儲存體之利用率。
適用場合	1. 儲存體需要夠大，而且鍵值散佈須相當平均。 2. 須提供線上即時處理的功能時。

3. 索引循序型檔案（Index Sequential Access Method File，簡稱為 ISAM File）

索引循序型檔案是由索引區（Index Area）、主要資料區（Prime Data Area）以及超溢區（Overflow Area）等三個部份組成，其中索引區是用來存放記錄儲存位址之索引，主要資料區用來存放實際之資料，而超溢區則用來存放新增資料時被擠出來的記錄（也就是所謂的「索引循序處理」）。本方法除了能順序處理外，亦能隨機處理，但是循序時速度會比 SAM File稍慢；隨機處理時，速度又比直接型檔案稍慢。

工作方式	存取索引循序型檔案時，首先依據資料的鍵值由索引區找出該記錄的儲存位址，然後才存取該筆記錄。
優點	1. 當大部份的資料都要處理時可以選擇採用循序處理；只有少部份資料要需處理時才採用隨機處理，處理方式較具彈性。 2. 具有新增資料用之超溢區，資料之新增或刪除都很便利。
缺點	1. 被刪除的資料只是在其位址上作一個記號，實際上仍然佔用儲存體，故儲存體的利用率不高。 2. 為了防止檔案的處理效率退化，必須定期重組（reorganize-tion）。
適用場合	1. 須提供線上即時處理的功能。 2. 有時候大部份的資料都需要處理，而有時候卻只有少許資料需要處理時。

實力不斷電　　　　　　　　　　　　　　　　　　　　　□ — ✕

1. 假設在新增一筆資料時，其對應之主資料區已經滿額，則必有一個資料被擠到 overflow area。
2. 索引循序型檔案必須以能隨機出入的媒體（磁碟或磁鼓）儲存。
3. 實際上索引循序檔之「循序」二字只是在說明此種檔案存取法可以用循序的方式處理，而非其儲存媒體為循序型媒體。
   資料處理即收集相關的原始資料，轉換成為有用資訊的處理過程。資料處理的三要素為資料、處理、資訊。
   電腦將資料處理轉換成資訊所必須要遵守的一系列指令的集合，稱之為程式。

焦點六 **資料庫軟體**

1. 原始的數字、文字或符號，經過處理後所得到具有意義的結果稱為資訊。

2. 資料庫管理系統：

Database management system，簡稱為DBMS，是為了管理資料庫而設計的電腦軟體系統。例如：Oracle、SQL、FileMaker。

(1) **定義：**

資料庫系統是電腦化檔案管理系統的一部份，可以視為電子式的檔案整理箱，其意義可以簡單的解釋成「由一群相關且不重覆的資料檔案構成，藉由資料庫管理系統進行檔案管理的工作。」

(2) **資料庫系統之特性**

共享性	資料庫內之資料可以在授權範圍內由多人共享。
完整性（一致性）	經由資料完整性的檢查程序確保資料之完整性。
安全性（保密性）	由資料庫管理師（database administrator，簡稱為DBA）設定資料存取之權限，進而保障資料庫之安全性。
獨立性	為資料庫之重要特性，使用者無須了解資料庫內部構造即可方便的使用，也就是說資料庫結構和資料庫程式之間具有獨立的特性，在使用上彈性較大。
關聯性	資料庫內之資料是以關聯的形式存在，藉由不同關聯之間的運算，進行資料庫之管理工作。
標準化	資料標準化可簡化資料的維持與不同機構間資料的交換。
準確性	資料納入資料庫必須經過嚴格的檢查與核對。

(3) **資料庫查詢：**

查詢資料庫所使用的語言稱為結構化查詢語言（Structured Query Language，簡稱為SQL），即是指由終端機所下達的資料庫操作語言；SQL可以分成下列三種型態：

資料定義語言	（Data definition language，簡稱為DDL）：定義資料庫資料型態之語言。
資料操作語言	（Data manipulation language，簡稱為DML）：操作已定義之資料庫資料，包含更新、增加、刪除等動作。
資料控制語言	控制資料庫資料之使用權。

實力不斷電　　　　　　　　　　　　　　　　　　　　　□ － ✕

資料庫正規化（Normalization）：
在資料庫設計時，為確保資料的一致性，避免重複或相互矛盾，改善資料庫使用效率，必須將資料庫進行正規化，常見正規化層級如下：

1NF	資料表中有主鍵，所有的欄位都相依於主鍵，使每個資料欄位都是Atomic。
2NF	去除部分相依
3NF	去除遞移相依
BCNF	主鍵中的各欄位不可以相依於其他非主鍵的欄位

焦點七　其他一般軟體常識介紹

1. 副檔名：

副檔名是作業系統用來標誌文件格式的一種機制。一個副檔名是跟在主檔名後面的，由一個分隔符號分隔，到目前為止，Windows系列的作業系統依然保持這種命名格式。例如「test.txt」的檔名中，test是主檔名，txt為副檔名，表示這個文件是一個純文字文件，「.」就是主檔名與副檔名的分隔符號。

DOS作業系統時代（包括Windows 3.x系列），是把副檔名限制在3個字元以內。到了Windows 95、Windows 98、Windows ME、Windows NT、Windows 2000和Windows XP時，副檔名的字數可以達到256個英文字元，但是在系統層面，仍然保留3個字母的命名方式，這對很多用戶來說都是不可見的。而NT、2000和XP使用的NTFS檔案系統則沒有這種限制，在Office 2007之後的版本所有副檔名都增加一個 "x" 字母，如.docx及.pptx等，並且舊版Office（Office 2007之前版本），無法開啟新版的檔案，除非使用新版本Office將檔案改存成舊版的沒有 "x" 之檔案。

常見的副檔名有：

副檔名類型	例如
音樂檔	・CDDA（CD 音軌） ・WAV ・MP3（Mpeg Audio Layer 3，最流行的音樂文件） ・WMA（Windows Media Rights Manager，此格式可以採用加密演算法以保護唱片的版權，可以使用 Windows Media Player 播放） ・MID/MIDI（MIDI 聲音文件）
文件檔	・ASCII（.txt）（無格式文本文件） ・HTML（.html, .htm） ・CHM（已編譯的 HTML 文件） ・HLP（幫助文件） ・DOC（MS Word 文檔） ・RTF（Rich Text 格式，標準格式文檔，可插入圖形）
圖像檔	・BMP（Windows 點陣圖文件） ・GIF：最適合用來製作動畫、背景透明化處理與交錯顯示影像的效果。 ・JPEG、JFIF（.jpg or .jpeg） ・PNG ・TIFF（.tif or .tiff）
PDF	Adobe Acrobat Portable 文檔，電子書籍的最佳文檔

副檔名類型	例如
網頁檔	· HTML · ASP（Active Server Page，在 NT 上用 Active script 編寫的網頁） · CGI · PHP · XML
壓縮檔	· LHA（.lzh） · ZIP/Z（Zip 壓縮文件，最流行的壓縮軟體格式） · RAR（RAR 壓縮文件，壓縮率比 ZIP 要高）
影音檔	· DAT · SWF（Flash 動畫）
BAK	備份文件
TMP	臨時文件

2. 中文輸入法

中文輸入法，是指為了將漢字輸入電腦或手機等設備而採用的編碼方法。一般是特指使用鍵盤的中文輸入法，而不論其他如手寫輸入、語音輸入等輸入方式。

繁體中文輸入法的歷史，可從1976年由朱邦復先生發明之倉頡輸入法開始起算。目前市面上的繁體中文輸入法，較常用的主要有：注音輸入法、倉頡輸入法、行列輸入法、嘸蝦米輸入法、大易輸入法、自然輸入法，以及免費的奇摩輸入法等等。

3. 在 Windows 系統下，一般按 Ctrl+Shift 組合鍵就可以切換不同的中文輸入法。

精選試題

( )　**1** 所謂程式（Program），就是為了完成某項特定的目的，而書寫的一連串具有順序的？
(A)字串　　　　　　　　　(B)語言
(C)指令　　　　　　　　　(D)組合。

( )　**2** 下列各項中，何者為軟體（software）：
(A)作業系統（operating system）
(B)記憶體（memory）
(C)中央處理單元（CPU）
(D)磁碟機（disk drive）。

( )　**3** 下列何者軟體讓你可以在電腦上編輯、儲存、列印文件？
(A)表格應用軟體　　　　　(B)個人理財軟體
(C)文書處理軟體　　　　　(D)網路瀏覽軟體。

( )　**4** 下列何者不為系統軟體？
(A)作業系統（Operating System）
(B)編譯程式（Compiler）
(C)公用程式（Utility）
(D)會計系統（Accounting System）。

( )　**5** 下列何者不屬於系統軟體？
(A)組譯程式（Assembler）　　(B)DOS
(C)薪資系統（Salary System）　(D)作業系統（OS）。

( )　**6** 下列哪種作業系統，不具多人多工（Multiuser, Multitasking）之能力？
(A)Windows 2000 server
(B)Windows 98
(C)Windows 2000 Advanced server
(D)Linux。

(　)　**7** 下列哪一種作業系統的程式碼是公開的？
　　　　(A)Windows XP　　　　　　　(B)Linux
　　　　(C)Mac OS　　　　　　　　　(D)MS-DOS。

(　)　**8** 下列何者不屬於作業系統的功能？
　　　　(A)記憶體管理　　　　　　　(B)檔案管理
　　　　(C)電腦資源管理　　　　　　(D)程式編譯。

(　)　**9** 能夠供許多使用者分享電腦資源者的作業系統是：
　　　　(A)網路作業系統　　　　　　(B)多工式作業系統
　　　　(C)即時作業系統　　　　　　(D)分散式作業系統。

(　)　**10** 用來監督管理電腦所有資源，使電腦發揮最大效能的軟體是：
　　　　(A)作業系統　　　　　　　　(B)編輯系統
　　　　(C)管理資訊系統　　　　　　(D)資料庫系統。

(　)　**11** 因為疫情的關係，導致很多人需要居家辦公，因此可以語音交流
　　　　的應用程式或軟體，變得非常重要，請問以下何者無法進行語音
　　　　對話交流之用？
　　　　(A)FB Messenger　　　　　　(B)Line
　　　　(C)Clubhouse　　　　　　　(D)PTT。

(　)　**12** ZIP 軟體是屬於：
　　　　(A)編譯程式　　　　　　　　(B)資料庫軟體
　　　　(C)檔案壓縮軟體　　　　　　(D)作業系統軟體。

(　)　**13** 下列何者為應用軟體？
　　　　(A)作業系統　　　　　　　　(B)銀行存提款系統
　　　　(C)編譯程式　　　　　　　　(D)載入程式。

(　)　**14** 可直接被電腦接受的語言是：
　　　　(A)機器語言　　　　　　　　(B)組合語言
　　　　(C) C語言　　　　　　　　　(D)高階語言。

( ) **15** 將記錄依順序儲存，需要取用時也必須依照順序讀取的檔案為？
(A)直接存取檔案　　　　(B)循序檔案
(C)隨機檔案　　　　　　(D)以上各答案皆非。

( ) **16** 電腦將資料處理轉換成資訊所必須要遵守的一系列指令的集合稱
之為：
(A)程式　　　　　　　　(B)作業系統
(C)輸出程序　　　　　　(D)軟體。

( ) **17** 磁碟採用之存取方式是：
(A)循序存取　　　　　　(B)直接存取
(C)索引存取　　　　　　(D)以上皆是。

( ) **18** 一群原始數字、文字或符號，經過處理後所得到具有意義的結
果，稱為：
(A)資料　　　　　　　　(B)資訊
(C)檔案　　　　　　　　(D)記錄。

( ) **19** 下列哪一句敘述不是有關於資料庫系統（Data Base System）之
優點？
(A)減少資料的重覆
(B)提高資料之安全及保密性
(C)節省程式設計的時間
(D)節省程式執行時所佔用主記憶體空間。

( ) **20** 收集相關的原始資料，轉換成為有用資訊的處理過程，稱為？
(A)計算作業　　　　　　(B)文書處理
(C)資料處理　　　　　　(D)統計作業。

( ) **21** 下列那個零件是位於電腦系統主機中？
(A)硬碟機　　　　　　　(B)記憶體
(C)印表機　　　　　　　(D)滑鼠。

(　) **22** 下列何者不屬於資料庫的優點？
(A)減少資料重複　　　　　　(B)提高資料安全性
(C)節省成本花費　　　　　　(D)增加資料整合。

(　) **23** 使用哪一個組合鍵，可以切換不同的中文輸入法？
(A)Ctrl+空白鍵　　　　　　(B)Ctrl+Shift
(C)Alt+Shift　　　　　　　(D)Shift+空白鍵。

(　) **24** 常見到的MP3是何種檔案的格式？
(A)文字　　　　　　　　　　(B)音樂
(C)圖畫　　　　　　　　　　(D)影片。

(　) **25** 下列有關作業系統（Operating System）的敘述何者有誤：
(A)主要目的是使計算機系統方便使用
(B)具備有文書處理的功能
(C)是計算機使用與計算機硬體之間的介面程式
(D) MS-DOS是一種作業系統。

(　) **26** 下列何者不為系統軟體：
(A)作業系統（Operating System）
(B)編譯程式（compiler）
(C)公用程式（Utility）
(D)會計系統（Accounting system）。

(　) **27** 通用作業系統（O.S.）為一個資源管理者，以下那個不在其管轄範圍內：
(A)處理機資源（CPU）　　　(B)網路資源
(C)輸出入通道資源　　　　　(D)記憶體及檔案資源。

(　) **28** 下列程式何者是系統程式：
(A)組合程式（Assembler）　(B)編譯程式（Compiler）
(C)載入程式（Loader）　　　(D)以上皆是。

( ) **29** 近年電腦的硬體設備越來越精良，並行的軟體發展也持續蓬勃成長，因此新的設備或程式也越來越無法支援舊的型號或功能，請問下列何者作業系統無法支援16及32位元的電腦？
(A)Windows 3.1 　　　　　(B)Windows 11
(C)Windows 10 　　　　　(D)Windows XP。

( ) **30** 下列資源中，何者是作業系統的主要管理對象：
(A)設備 　　　　　(B)處理機（processor）
(C)記憶體（memory）　　(D)以上皆是。

( ) **31** 計算機中負責資源管理與作業管理的軟體是：
(A)服務程式 　　　　　(B)公用程式
(C)應用程式 　　　　　(D)作業系統。

( ) **32** 下列何者不屬於作業系統（OS）的工作範圍：
(A)編譯程式 　　　　　(B)分配電腦資源
(C)管理記憶體 　　　　(D)保護記憶體。

( ) **33** 一個能將高階語言轉成機器語言的程式，稱為：
(A)編輯程式 　　　　　(B)編譯程式
(C)載入程式 　　　　　(D)驅動程式。

( ) **34** 針對作業系統的敘述，何者錯誤？
(A)作業系統一般是第一個在RAM中執行的軟體
(B)作業系統可以協助使用者運用軟硬體資源
(C)作業系統都能提供多人多工的處理方式
(D)作業系統的核心部分都是常駐在記憶體中。

( ) **35** 與DOS相較，下列何者並非Windows受歡迎的原因？
(A)圖形化使用者介面
(B)兼顧初學者與常用者的需求
(C)較能支援多媒體的特性
(D)Windows所佔的記憶體比DOS少。

( ) **36** 下列何者不屬於作業系統？
(A)Linux　　　　　　　　　(B)Windows 8
(C)MS Office系列　　　　　(D)Unix。

( ) **37** 下列何者不是一個作業系統？
(A)OS/2　　　　　　　　　(B)DOS
(C)Linux　　　　　　　　　(D)Explorer。

( ) **38** Linux是一個：
(A)電腦遊戲　　　　　　　(B)作業系統
(C)套裝軟體　　　　　　　(D)程式語言。

( ) **39** 下列何者不是作業系統？
(A)DOS　　　　　　　　　(B)Unix
(C)Linux　　　　　　　　　(D)AutoCAD。

( ) **40** 下列何者是個人電腦作業系統提供的主要功能？
(A)上網搜尋　　　　　　　(B)電腦硬體元件執行偵錯
(C)影像擷取　　　　　　　(D)收發電子郵件。

( ) **41** 下列何者不適合使用文書處理軟體來完成？
(A)繕打會議記錄　　　　　(B)撰寫讀書心得報告
(C)編寫履歷表　　　　　　(D)製作動畫。

( ) **42** 下列哪一種影像檔案格式，最適合用來製作動畫、背景透明化處
理與交錯顯示影像的效果？
(A)BMP　　　　　　　　　(B)GIF
(C)JPG　　　　　　　　　(D)TIF。

( ) **43** 下列何者為資料處理的三要素？
(A)資料、電腦、作業人員
(B)資料、資訊、電腦設備
(C)資料、處理、資訊
(D)輸入設備、輸出設備、原始資料。

( ) **44** 下列何者不是圖片檔會出現的副檔名？
(A)jpg (B)gif
(C)mpg (D)png。

解答與解析

1 (D)。程式是為了完成某項特定目的而書寫的、一連串具有順序的組合。

2 (A)。作業系統是軟體。記憶體、中央處理單元、磁碟機都是硬體。

3 (C)。文書處理軟體讓使用者可以在電腦上編輯、儲存、列印文件。

4 (D)。會計系統為套裝軟體，屬於應用軟體。

5 (C)。DOS是微軟開發的作業系統，為系統軟體。
薪資系統（Salary System）是應用軟體，而非系統軟體。

6 (B)。Windows 95/98為單人多工的作業系統。

7 (B)。Linux作業系統的程式碼是公開的。

8 (D)。程式編譯不是作業系統的功能，是編譯程式的功能。

9 (B)。多工式作業系統能夠供許多使用者分享電腦資源。

10 (A)。作業系統監督管理電腦所有資源，是使電腦發揮最大效能的軟體。

11 (D)

12 (C)。ZIP軟體是著名的檔案壓縮軟體。

13 (B)。只有銀行存提款系統為商務軟體，屬於應用軟體，其他皆為系統軟體。

14 (A)。機器語言不需再經轉譯，可直接被電腦接受。

15 (B)。直接存取檔案又稱為隨機檔案。

16 (A)。電腦將資料處理轉換成資訊所必須要遵守的一系列指令的集合稱之為程式。

17 (D)。循序存取、直接存取、索引存取都是磁碟採用的存取方式之一。

18 (B)。原始的數字、文字或符號，經過處理後所得到具有意義的結果稱為資訊。

19 (D)。資料庫系統節省程式設計的時間，就無法節省執行時所需的空間。

20 (C)。資料處理即收集相關的原始資料，轉換成為有用資訊的處理過程。

21 (B)。選項中只有記憶體是位於電腦系統主機中。

22 (C)。減少資料重複、提高資料安全性、增加資料整合都是資料庫的優點。

23 (B)。Ctrl+Shift組合鍵可以切換不同的中文輸入法。

24 (B)。MP3是音樂檔案的格式。

25 (B)。文書處理是文書處理軟體所提供的功能，作業系統並不具備。

26 (D)。會計系統為應用軟體，並非系統軟體。

27 (B)。網路資源不在作業系統管理資源的範圍之內。

28 (D)。組合程式（Assembler）、編譯程式（Compiler）、載入程式（Loader）三者皆為系統程式。

29 (B)

30 (D)。設備、處理機（processor）、記憶體（memory）都是作業系統的主要管理對象。

31 (D)。作業系統是負責資源管理與作業管理的軟體。

32 (A)。編譯程式是編譯器的工作。

33 (B)。能將高階語言轉成機器語言的程式，稱為編譯程式。

34 (C)。作業系統的類型有三種：(1)單人單工、(2)單人多工、(3)多人多工。

35 (D)。Windows所佔的記憶體和資源都比DOS多。

36 (C)。MS Office系列是應用軟體，不是作業系統。

37 (D)。Explorer是應用程式，不是作業系統。

38 (B)。Linux是一個作業系統。

39 (D)。AutoCAD是應用軟體，不是作業系統。

40 (B)。電腦硬體元件執行偵錯是個人電腦作業系統提供的功能之一。

41 (D)。製作動畫不適合用文書處理軟體來完成。

42 (B)。GIF最適合用來製作動畫、背景透明化處理與交錯顯示影像。

43 (C)。資料處理的三要素為資料、處理、資訊。

44 (C)

第4單元 個人電腦基本操作概論

課前提要

本單元的份量，説多不多，説少卻也不少。主要是因為每一個焦點如果真的要完全從頭細説，可都是各一大本書也不夠的份量呢！所以，本單元優先列出了考題最喜歡出現的部分，如果準備時間充分的話，建議各位還是多去操作看看硬體或是這些軟體喔！

本單元要點

讀完本單元，你將會學到：

1 一般硬體操作
  (1) 環境、保養
  (2) 暖開機、磁碟重組

2 Windows作業系統操作
  (1) 組合鍵、安全模式
  (2) 桌面圖示、選取檔案

3 Office系統
  (1) Office版本、Office軟體
  (2) 整合功能、相容性

4 Word
  (1)功能、工具圖示
  (2)操作技巧

5 Excel
  (1)功用、工具圖示
  (2)操作技巧
  (3)簡易函數

6 PowerPoint
  (1)功用、工具圖示
  (2)操作技巧、母片
  (3)檢視模式

焦點掃描

焦點一 一般硬體操作常識介紹

1. 電腦機房要有空調及除濕設備。

2. 各種週邊裝置要注意防塵，以延長壽命。電腦設備怕水，因此也不可以用濕毛巾擦拭。

3. 最好定期用清潔片清洗磁碟機。

4. 如果電腦開機時，螢幕出現DISK BOOT FAILURE或Non System disk or disk error的訊息，可能是因為：

   (1) **用磁碟片開機時**：非開機磁碟片放置於A槽。

   (2) **用硬碟開機時**：C硬碟之系統軌已損壞。

   (3) **用光碟片開機時**：Windows原版光碟片刮傷。

5. 個人電腦的PS2介面接腳可用於連接滑鼠及鍵盤，其接頭形狀為圓形。

6. 已開機後，若要重新啟動電腦時（即所謂的「暖開機」：warm boot），需按Ctrl+Alt+Delete。

7. 使用軟碟片時，如果軟碟片的防寫缺口已被打開，該磁片就不能寫入資料。

8. 全新的軟碟和硬碟，必須經過格式化以後才能使用。

9. 當電腦運行的速度變慢時，可進行磁碟重組。磁碟重組可將分散各處同一檔案的資料集合起來、減少磁頭移動的次數、加速資料存取時間。最好每隔一段時間就進行磁碟重組，以維持電腦的效能。

10. 字鍵在接觸或放鬆時，會在接觸點跳動短暫時間的現象稱為「彈跳現象」。

焦點二 Windows作業系統操作

1. 按組合鍵CTRL+ESC鍵後，可顯示「開始功能表」。

2. 在啟動Windows時，若想以「安全模式」啟動，則應在出現Windows第一個畫面時，按一下F8，接著在出現的多重選項功能視窗中選「safe mode」即可。在安全模式中，有些驅動程式沒有載入，因此會造成一些設備功能的無法使用，但還是可以執行一些應用程式。

3. 執行「開始」功能表中的「登出」選項，則可以讓另一個使用者執行登入動作。欲關機時，須從開始功能表中選關機，不可直接關閉電源。如果連按二次Ctrl + Alt + Del代表「暖開機」，會重新開機；或按住開機鍵不放5秒，則會強制關機。

4. 基本桌面圖示簡介：
   (1) 我的電腦：包含軟式磁碟機、硬式磁碟機、光碟機及其他外接裝置等等。
   (2) 網路芳鄰：用來存取區域網路（LAN）的工具。
   (3) 我的文件夾：儲存一些常用的文件、檔案（在C：\Documents and Settings \ (用戶名) \ My Documents）。
   (4) 資源回收筒：置放刪除後的檔案。在網路伺服器、MS-DOS 模式下、磁片、隨身碟中所刪除的檔案不會送到資源回收筒。
   按Shift + Delete 會將物件直接刪除，不送到資源回收筒。

5. 選取檔案時：
   (1) 選取單個檔案：以滑鼠在該檔案上點一下。
   (2) 選取連續的檔案：先點一下第一個檔案，按住Shift鍵，再點一下最後一個檔案。
   (3) 選取不連續的檔案：先點一下第一個檔案，按住Ctrl鍵，再依序點選欲選取之檔案
   (4) 選取所有檔案：按選「編輯／全選」、的選項，或是按下Ctrl+A即可。

6. 開啟檔案時：
   (1) 開新檔案可以開啟新的空白檔案。
   (2) 開啟舊檔可以開啟已經儲存的檔案。
   (3) 另存新檔是改用其他檔案名稱儲存。
   (4) 儲存檔案會使用現有檔名儲存。

焦點三　Office系列

1. Microsoft Office系列，是微軟開發的一組套裝軟體，有分四種版本：標準版、中小企業版、專業版、企業版。
   (1) 標準版：一般Office系列的基本元件，包含了Word、Excel、Outlook、PowerPoint。在考試和本書中，如果沒有特別申明的話，所謂的「Microsoft Office系列」指的就是標準版。

(2) 中小企業版：標準版裡的PowerPoint被桌上發行軟體Publisher取代。
其餘則和標準版大致相同。

(3)專業版：除了中小企業版的內容以外，還加入了資料庫軟體Access。

(4) 企業版：除了專業版的內容以外，還加入了繪圖軟體PhotoDraw及網頁編輯軟體FrontPage，內容最為齊全。

2. 　　圖示在Microsoft Office套裝軟體中的功能是複製格式之用。

3. 　　圖示Microsoft Office套裝軟體中的功能是插入超連結之用。

4. 在Office系列的軟體裡，使用「Ctrl + V」鍵可以將剪貼簿內的內容貼到檔案中。

5. 如果希望輸入小寫文字，但是英文單字的第一個字母都變成大寫，是因為Office的自動校正功能所致。要關閉這項功能的話，步驟如下：

點選「工具」：「自動校正」

↓

在出現的對話方塊裡：點選「自動校正」標籤

↓

關閉「英文句子」：第一個字母大寫的核取方塊。
最後，再按下「確定」鍵，即完成關閉此項功能。

6. 常用的Office系列軟體簡介

Word	文書處理軟體。
Excel	電子試算表軟體，讓使用者更便於進行分析、排列、搜尋、製圖和其他的數字相關工作。
PowerPoint	用於製作簡報的多媒體軟體。
Outlook	管理及收發電子郵件及行程管理的軟體。
Access	用於資料庫作業的軟體。

Publisher	用於建立要出版的說明書、原稿和其他文件的軟體。
Microsoft SharePoint Designer	簡稱SPD，由微軟公司推出的網頁製作軟體，前身是Microsoft FrontPage；用於編輯製作網頁，並且管理網頁製作內容。
Visio	主要用於流程圖繪製的軟體。

實力不斷電　　　　　　　　　　　　　　　　　□　－　✕

除了Microsoft Office外，另外在Apple的麥金塔系統上也有一套類似的套裝軟體值得介紹，Apple–iWork。其軟體與Office的對應關係如下：

	文書處理	試算表軟體	簡報軟體
Office	Word	Excel	Power Point
iWork	Pages	Numbers	Keynote

7. Office系列的整合功能：

Office系列既然名為「系列」，必然有一些相通的地方，分別說明如下：

(1) **類似的使用者介面**：包括了外觀相似的功能表、捷徑、工具列等等，如果使用者先學會了Office系列其中的一種軟體後，學習同系列的其他軟體會較有親切感，比較容易學會。

(2) **Web整合**：使用Web介面和Office，就可以建立和維護Internet上的文件、程序等等，節省使用者的時間。

(3) **共享工具**：有些小地方，例如拼字檢查、自動校正功能，在Office系列的所有軟體都可以套用。

8. Open office：提供類似於 Microsoft Office 的各種應用程式，包括文件處理、試算表、簡報、圖形編輯和資料庫管理等功能。

OpenOffice對應於Microsoft Office的軟體名稱及功能：

名稱	對應微軟**Office**	簡述
Writer（文件處理）	Microsoft Word	文件編輯
Calc（試算表）	Microsoft Excel	試算表功能
Impress（簡報）	Microsoft PowerPoint	簡報功能
Base（資料庫）	Microsoft Access	基本資料庫管理
Draw（繪圖）		繪製圖形及圖表

9. 每隔幾年，微軟會不時推出較新版的Office系列。在新版本的安裝過程中，使用者可以自行選擇是否要覆蓋掉舊的版本。假如選擇覆蓋，Office系列還是保留了一些相容性：

   (1) 如果在舊版的Office之上安裝新版的Office，資料檔將會保留。

   (2) 新版本可以開啟用舊版本建立的檔案。

   (3) 新版本可以將資料存成舊版的格式。

   (4) Office 365是微軟Office的訂閱版本，定期會更新軟體功能；另外最新單機版本的Office將於2024年第三季發行。

10. 不同版本的Office，也需要不同版本的Windows作業系統作搭配。例如，Office 2000就只能用在Windows 95/98、NT4、2000、XP上執行，而不能在較舊的Windows 3.1上執行。一般來說，較舊的Office能用於較新的Windows系統，但較舊的Windows系統就可能無法執行較新的Office系列。

11. 在安裝Office系列的時候，建議是先關閉防毒軟體，以免干擾到安裝程序。

12. 需要同時檢視多個視窗，而這些視窗又屬於不同的Office軟體時，先啟動這些軟體，然後按「視窗」→「並排顯示」，就可以看到多個視窗並排在螢幕上。

焦點四　**Word操作簡介**

1. Word系列是全球通用的文字處理軟體，適於製作各種文檔，如信函、傳真、公文、報刊、書刊和簡歷等。

2. 在Microsoft Word 2000中欲編輯文件的頁首／頁尾，要從「檢視」功能表選項中選取「頁首／頁尾」。

3. ⊞圖示即為表格加上內框線。

4. Word文件檔內定之副檔名為.doc。

5. 欲刪除游標所在的字元，則使用Delete鍵。

6. ☰可以用來設定線條的粗細。

7. 在Word中，「插入」→「分隔設定」可設定強迫分頁。

8. 在Word文件中，想在頁碼的位置插入日期與時間須選「檢視」→「頁首／頁尾」。

9. 在Word文件中，如要垂直複製不同列間之部分資料時，須同時按Alt鍵與滑鼠左鍵然後拖曳。

10. 所有的Office軟體，包括Word，都會有一個預設資料夾，預設所有資料將存放的資料夾，一般是會預設到「我的文件夾」。如果想要變更資料夾，步驟如下：

> 點選「工具」→「選項」
>
> ↓
>
> 點選「檔案位置」標籤，會顯示出項目和目前的資料夾儲存位置
>
> ↓
>
> 點選檔案類型清單中的「文件」
>
> ↓
>
> 按下「修改」鈕，打開「修改位置」的對話方塊
>
> ↓
>
> 選擇想要的資料夾

改變Word預設資料夾的位置，不會同時改掉其他Office軟體的預設資料夾位置。

11. 在Word中輸入電子郵件地址時，往往電子郵件地址會自動化成超連結。如果不想要電子郵件地址會自動化成超連結，可以進行以下步驟：

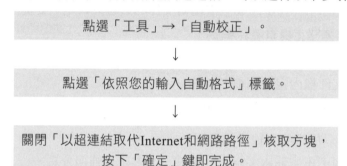

點選「工具」→「自動校正」。

↓

點選「依照您的輸入自動格式」標籤。

↓

關閉「以超連結取代Internet和網路路徑」核取方塊，按下「確定」鍵即完成。

實力不斷電　　　　　　　　　　　　　　　　　　　□ － ✕

Word中另一重要應用為結合Excel做為資料來源進行「合併列印」。所謂合併列印即為套印功能，就是如果我們有一份文件，要分別寄給不同的人時，在列印內文時，可自動將所建立的收件者資料，自動套印在文件上。常見的有：薪資條、成績單、邀請函、信封、畢結業證書等等應用。
操作合併列印需要三個檔案：一個Excel檔案做為資料來源；一個Word檔案稱之為「主文件」用來讀取Excel資料來源。

焦點五　**Excel操作簡介**

1. Excel 是Microsoft Windows 公司所開發的電子試算表軟體。

2. Excel的功能：需要用到計算或登錄的資料，都可以交由電子試算表（Excel）來幫忙。

3. **B** 為文字「粗體」的設定功能。

4. 在Excel中要計算收費總和，可利用SUM函數。

5. 在Excel中要找出表中最高金額，可利用MAX函數。

6. ⊞▾ 的用途是設定「框線」。

7. Excel是Office的工作表元件，可以製作：

(1) 工作表，可以顯示、分析欄與列的文字或數字。欄與列的交接處，就是一個儲存格。

(2) 資料庫，用以操作資料。

(3) 圖表，將資料以圖形方式來表示。

8. Excel的標記命名規格如下：

(1) 列的編號為數字（1、2、3……）。

(2) 欄的編號為英文（A、B、C……）。

(3) Excel的工作表，預設名稱為Sheet1、Sheet2、Sheet3、……，使用了幾個工作表，就編號到幾號。使用者可以再自行更改工作表的名稱，換成標示更清楚的名稱。

9. 當資料被輸入後，該資料會存在工作表的某個儲存格裡。而依照資料的所在，可由工作表、欄、列等來辨識其位置。舉例來說，資料如果存在Sheet3、A欄、第5列，其位置就是在A5，如果要在別的工作表引用這份資料，則描述要再加上工作表，一共就是Sheet3!A5。

10. 儲存格中的資料，可以是數字、文字或其他特別的格式。

(1) 數字，包括了幣值、百分比、日期、時間、科學記號，甚至計算數字的公式等等。

(2) 文字，也可以包括數字，所有以文字這個性質儲存的資料都會被當作文字看待。數字和文字的主要差別，在於數字可以進行運算，但是文字不行。

(3) 其他特別格式，可以是郵遞區號、電話號碼等類型；也可以是自訂的類型。

11. Excel的主要功能是在分析資料。如果極需分析的功能，且資料庫裡面的資料數目小於Excel的最大列數：65,536（換句話說，每一列就是資料庫裡的一筆資料），那選擇Excel來處理資料很恰當。

如果資料庫本身不大，還不到兩千筆，那Excel就可說是最簡單的選擇。

如果資料庫不小（超過兩千筆），橫跨的時間很長（超過一年），而且主要的操作考量是在於快速搜尋、表單、報表的時候，那就應該選Access來處理比較理想。

如果需要建立的是包含名稱和地址的資料庫，像是聯絡清單等，Outlook就會是較好的選擇。

12. 如果一份Excel的工作表，資料的內容有記錄到一些數字，但是在加總的時候，使用者又希望顯示出的總計是「資料的筆數」，而不是「資料內容的總合」的時候（舉個簡單的例子來說，就像是同時列出產品和產品金額的資料，希望能看到有「幾項產品」而不是「產品金額的總數」有多少），很簡單，只要看看這份資料的最大列數是多少，資料的筆數就是多少（因為一筆資料就是一列嘛）。

13. Excel中的「資料」→「小計」命令是分段控制計算方法。

實力不斷電　　　　　　　　　　　　　　　　　　　　　　　□ － ×

當使用到公式或函數，需要對儲存格名稱或範圍表示時，會有相對參照位址與絕對參照位址兩種表示法；若沒有指定，預設為相對位置，若加上錢字號（$）則指定為絕對位置。

設為絕對參照後，在公式複製時，其絕對位置不會改變。

焦點六　PowerPoint操作簡介

1. PowerPoint是Microsoft Windows 公司所開發的簡報製作軟體。

2. 將Word文件檔轉成PowerPoint簡報檔的功能是「插入」→「從大綱插入投影片」。

3. ⬧ ▾ 的功能是填滿色彩。

4. PowerPoint的簡報檔案，副檔名多半為.ppt（也可以另存為htm檔），是由一或多張投影片組成的檔案。所謂的投影片，是一個由文字、圖片、背

景、聲音等多種元素組合而成的物件。PowerPoint投影片可以包含語音、視訊短片、投影片換片等等多媒體功能和特殊效果，以加強簡報的效果；也可以加入投影片相關的備忘稿，做為輔助之用。

5. 為了顧及簡報的彈性，以及簡報外觀的一致性，PowerPoint提供了母片的功能。母片一共有分四種：

投影片母片	讓使用者設定投影片的基本元件，包含了投影片編號、投影片標題、文字配置和格式、圖片、日期、背景等等物件。
標題母片	包含了投影片標題的設計，標題和子標題的配置和格式。
講義母片	讓使用者設定列印給觀眾的簡報大綱講義，或是將多張投影片放在同一頁的配置方式。
備忘稿母片	讓使用者設定投影片的大小和配置，還有有關的備忘稿區。

6. PowerPoint的六種檢視模式

標準檢視	是效果最完整的檢視模式。
大綱模式	顯示投影片的文字。
投影片檢視	顯示投影片、備忘稿和簡報大綱。
投影片檢視模式	顯示每張投影片的縮圖。
投影片放映	顯示簡報的放映效果。
備忘稿	檢視和編輯投影片的備忘稿。

7. PowerPoint本身，已預設好幾十種範本供使用者選擇。如果想要套用範本，可以點選「格式」→「套用簡報設計範本」即可。

8. 如果想要套用投影片版面設定，可以點選「格式」→「投影片版面配置」。

9. 如果想要套用投影片色彩配置，來改變原有預設範本的顏色配置，可以點選「格式」→「投影片色彩配置」，然後再由使用者進行細部的調整。

10. 如果要放映簡報，可以點選「投影片放映」→「播放」。

11. 列印時，共有四種模式可供選擇：

(1)投影片模式：每張紙列印出的是單張投影片內容。

(2)講義模式：每張紙上可印出數張投影片（至於到底是幾張，有好幾種
張數供使用者選擇）。

(3)備忘稿模式：列印時會同時印出投影片和備忘稿的內容。

(4)大綱模式：用條列的方式，印出投影片的標題和內容。

實力不斷電　　　　　　　　　　　　　　　　　　　　　□ — ✕

1. Microsoft Office 2003之前版本文件副檔名：

Word 為 .doc，Excel 為 .xls，PowerPoint 為 .ppt

2. Microsoft Office 2007之後新版本文件副檔名：

Word 為 .docx，Excel 為 .xlsx，PowerPoint 為 .pptx

精選試題

(　　) **1** 下列敘述何者錯誤？
(A)機房要有空調及除濕設備
(B)各種週邊裝置要注意防塵，以延長壽命
(C)可使用濕毛巾擦拭鍵盤螢幕
(D)定期用清潔片清洗磁碟機。

(　　) **2** 電腦開機時，螢幕出現DISK BOOT FAILURE或Non System disk or disk error的訊息，不可能是下列哪種原因？
(A)非開機磁碟片放置於A槽
(B)C硬碟之系統軌已損壞
(C)Windows原版光碟片刮傷
(D)網路卡設定有誤，IP和同一網段其他電腦衝突。

(　　) **3** 個人電腦的PS2介面接腳可用於連接滑鼠及鍵盤，其接頭形狀為？
(A)方型
(B)圓型
(C)長方型
(D)橢圓型。

(　　) **4** 個人電腦若要重新啟動（暖開機warm boot），其組合按鍵方式是以下哪一種？
(A)CTRL+Alt+Delete
(B)CTRL+Alt
(C)CTRL+Delete
(D)Alt+Delete 鍵同時按下。

(　　) **5** 3.5英吋軟碟片的防寫缺口被打開時，這張磁碟片就？
(A)無法放進磁碟機內
(B)無法使用
(C)不能寫入
(D)不能讀出。

(　　) **6** 下列那個零件是位於電腦系統主機版上？
(A)硬碟機
(B)記憶體
(C)印表機
(D)滑鼠。

（　　） **7** 全新的硬碟必須經過下列哪個步驟才能使用？
(A)磁碟分割設定　　　　　　(B)格式化
(C)驅除病毒　　　　　　　　(D)植入作業系統程式。

（　　） **8** 磁碟重組的主要功能為：
(A)將分散各處同一檔案的資料集合起來
(B)減少磁頭移動的次數
(C)加速資料存取時間
(D)以上皆是。

（　　） **9** 有關Windows設定日期的方法，下列何者錯誤？
(A)在MS-DOS下使用DATE命令設定
(B)選「我的電腦」設定
(C)選工作列右下方的時間標示設定
(D)選「開始／設定／控制台／日期時間」設定。

（　　） **10** 下列敘述何者錯誤？
(A)開新檔案可以開啟最近儲存的檔案
(B)開啟舊檔可以開啟已經儲存的檔案
(C)另存新檔是改用其他檔案名稱儲存
(D)儲存檔案會使用現有檔名儲存。

（　　） **11**  　圖示在Microsoft Office套裝軟體中的功能是：
(A)清除物件　　　　　　　　(B)尋找不同物件
(C)複製格式　　　　　　　　(D)插入超連結。

（　　） **12**  　圖示Microsoft Office套裝軟體中的功能是：
(A)清除物件　　　　　　　　(B)尋找不同物件
(C)複製格式　　　　　　　　(D)插入超連結。

（　　） **13** 在Microsoft Word 2000中，要從下面哪個功能表選項中選取「頁首／頁尾」，來編輯文件的頁首／頁尾？

(A)編輯 　　　　　　　　(B)插入

(C)格式 　　　　　　　　(D)檢視。

(　) **14** 在Word的表格及框線工具列中，選擇 是要為表格加上下列

何者？

(A)外框線 　　　　　　　(B)右框線

(C)左框線 　　　　　　　(D)內框線。

(　) **15** Word文件檔內定之副檔名為下列何者？

(A).doc 　　　　　　　　(B).txt

(C).wrd 　　　　　　　　(D).htm。

(　) **16** 在一般文書處理軟體中，刪除游標所在的字元所使用的按鍵是下

列何者？

(A)Insert 　　　　　　　(B)Delete

(C)End 　　　　　　　　(D)Home。

(　) **17** 用Microsoft Word 2021編輯文件時，在預設狀況下按哪個快速鍵

可以將剪貼簿內的內容貼到Word文件上？

(A)Ctrl + A 　　　　　　(B)Ctrl + C

(C)Ctrl + V 　　　　　　(D)Ctrl + X。

(　) **18** 下列哪一個繪圖工具鈕，可以用來設定線條的粗細？

(A) 　　　　　　　(B)

(C) 　　　　　　　(D) 。

(　) **19** 在Word中，可設定強迫資料分頁的是：

(A)「插入／頁碼」 　　　(B)「插入／分隔設定」

(C)「檢視／頁首／頁尾」　(D)「插入功能變數」。

(　) **20** 在儲存Word文件時，如果沒有輸入副檔名，Word會自動加入的

副檔名是：

(A)DOT 　　　　　　　　(B)DOC

(C)RTF 　　　　　　　　(D)TXT。

(　　) **21** 在Word文件中，想在頁碼的位置插入日期與時間，的選項設
定是：
(A)「版面設定／配置」　　　(B)「檢視／頁首／頁尾」
(C)「插入／頁碼」　　　　　(D)「格式／樣式」。

(　　) **22** 在Word文件中，如果要垂直複製不同列間之部分資料時，其方
法為：
(A)按住滑鼠右鍵然後拖曳
(B)按住滑鼠左鍵然後拖曳
(C)同時按Shift鍵與滑鼠左鍵然後拖曳
(D)同時按Alt鍵與滑鼠左鍵然後拖曳。

(　　) **23** 在Excel中，下列何者工具列按鈕為文字「粗體」的設定功能？
(A) 　　　　　　(B)
(C) 　　　　　　(D) 。

(　　) **24** 儲存格C1設為公式「+A1+B1」，接下來拖曳C1「填滿控點」至
C10（即將C1之公式由C1拷貝至C10），則C10所對應的公式為
下列何者？
(A)+A10+B10　　　　　　(B)+A1+B1
(C)C1+A1+B1　　　　　　(D)C1+A10+B10。

(　　) **25** 在Excel中，要計算收費總和，可利用的函數是：
(A)SUM　　　　　　　　(B)MAX
(C)MIN　　　　　　　　(D)AVERAGE。

(　　) **26** 在Excel中，要找出表中最高金額，可利用的函數是：
(A)RANK　　　　　　　(B)MAX
(C)MIN　　　　　　　　(D)AVERAGE。

(　　) **27** 在Excel中，工具鈕的用途是：
(A)開啟「視窗／開新視窗」　(B)設定「框線」
(C)「視窗／分割」　　　　　(D)插入表格。

( ) **28** 在Excel中儲存格C4 若設為 =SUM
（A1：C3），則其結果為：
(A)1
(B)3
(C)6
(D)9。

	A	B	C	D
1	1	1	1	
2	1	1	1	
3	1	1	1	
4				

( ) **29** 在Excel中儲存格C4 若設為 =SUM
（B2：C3），則其結果為：
(A)3
(B)4
(C)6
(D)9。

	A	B	C	D
1	1	1	1	
2	1	1	1	
3	1	1	1	
4				

( ) **30** 在PowerPoint中，可將Word文件檔轉成PowerPoint簡報檔的是：
(A)「插入／圖片／美工圖案」
(B)「插入／從檔案插入投影片」
(C)「插入／從大綱插入投影片」
(D)「插入／圖片／Microsoft Word表格」。

( ) **31** 在PowerPoint中，「繪圖」工具列上之 工具鈕的功能是：
(A)字型色彩 　　　　　(B)線條色彩
(C)填滿色彩 　　　　　(D)背景色彩。

( ) **32** 字鍵在接觸或放鬆時，會在接觸點跳動短暫時間的現象稱為：
(A)彈跳現象 　　　　　(B)積塵現象
(C)磁化現象 　　　　　(D)霍爾現象。

( ) **33** 在Excel中，儲存格B3至B8的內容依序為12、8、6、7、17及
10，下列函數執行後，何者不正確？
(A)執行MAX（B3：B8）會得到17
(B)執行MIN（B3：B8）會得到6
(C)執行COUNT（B3：B8）會得到60
(D)執行AVERAGE（B3：B8）會得到10。

(　　) **34** 在Microsoft Excel工作表中，若儲存格A1，A2，A3，A4的數值資料分別為－2，3，－4，5，則在儲存格A5中輸入何者之運算結果不是 2？
(A)＝＄A＄4－＄A＄2
(B)＝COUNT（A2：A3）
(C)＝MIN（A1：A4）
(D)＝SUM（A1：A4）。

(　　) **35** 在Microsoft PowerPoint中製作投影片，若要顯示所有投影片的縮圖版本，並重排投影片的順序，則在哪一種檢視模式進行最合適？
(A)標準模式 　　　　　(B)投影片放映
(C)備忘稿 　　　　　　(D)投影片瀏覽。

(　　) **36** 下列何者不是Office系列的整合功能？
(A)類似的使用者介面 　(B)Web整合功能
(C)共享工具 　　　　　(D)功能相同。

(　　) **37** 以下關於Word預設資料夾的描述，何者有誤？
(A)Word的預設資料夾為「我的文件夾」
(B)Word預設資料夾的位置可以變更
(C)Word的預設資料夾可以任意變更為使用者習慣使用的資料夾
(D)一旦Word的預設資料夾更改了位置，其他Office系列軟體的預設資料夾位置也會跟著改變。

(　　) **38** Excel儲存格中的資料，可以是：
(A)數字 　　　　　　　(B)文字
(C)電話號碼 　　　　　(D)以上皆是。

(　　) **39** PowerPoint有幾種檢視模式？
(A)四 　　　　　　　　(B)五
(C)六 　　　　　　　　(D)七。

解答與解析

1 (C)。鍵盤和螢幕怕水，因此不可以用濕毛巾擦拭。

2 (D)。DISK BOOT FAILURE或Non System disk or disk error等訊息是電腦本身的問題，都和網路無關。

3 (B)。PS2介面接腳的接頭形狀為圓型。

4 (A)。暖開機的按鍵組合：CTRL+Alt+Delete。

5 (C)。3.5英吋軟碟片的防寫缺口被打開時，該磁片就不能寫入。

6 (B)。選項中只有記憶體是位於電腦系統主機板上。

7 (B)。全新的硬碟必須格式化以後才能使用。

8 (D)。磁碟重組可將分散各處同一檔案的資料集合起來、減少磁頭移動的次數、加速資料存取時間。

9 (B)。「我的電腦」裡的設定都和日期無關。

10 (A)。開新檔案可以開啟新的空白檔案。

11 (C)。此圖示的功能是複製格式之用。

12 (D)。此圖示的功能是插入超連結之用。

13 (D)。在Microsoft Word 2000中欲編輯文件的頁首／頁尾，要從「檢視」功能表選項中選取「頁首／頁尾」。

14 (D)。 ⊞ 圖示即為表格加上內框線。

15 (A)。Word文件檔內定之副檔名為.doc。

16 (B)。在一般文書處理軟體中，欲刪除游標所在的字元則使用Delete鍵。

17 (C)。在Microsoft Word 2021裡，使用「Ctrl + V」鍵可以將剪貼簿內的內容貼到Word文件上。其實不只Word，Office系列的軟體裡，「Ctrl + V」鍵都是此項功能的快速鍵。

18 (D)。 ≡ 可以用來設定線條的粗細。

19 (B)。在Word中，「插入／分隔設定」可設定強迫分頁。

20 (B)。Word會自動加入的副檔名是DOC。

21 (B)。在Word文件中，想在頁碼的位置插入日期與時間須選「檢視／頁首／頁尾」。

22 (D)。在Word文件中，如要垂直複製不同列間之部分資料時，須同時按Alt鍵與滑鼠左鍵然後拖曳。

23 (D)。 **B** 為文字「粗體」的設定功能。

24 (A)。執行上述步驟後，C10所對應的公式為+A10+B10。

25 (A)。在Excel中要計算收費總和，可利用SUM函數。

26 (B)。在Excel中要找出表中最高金額，可利用MAX函數。

27 (B)。Excel中此工具鈕的用途是設定「框線」。

28 (D)。C4 =SUM（A1：C3）的意思為，C4的內容為A1、A2、A3、B1、B2、B3、C1、C2、C3內容的總和。

29 (B)。C4 =SUM（B2：C3）的意思為，C4的內容為B2、B3、C2、C3內容的總和。

30 (C)。將Word文件檔轉成PowerPoint簡報檔的功能是「插入／從大綱插入投影片」。

31 (C)。此工具鈕的功能是填滿色彩。

32 (A)。機械式開關在剛on的狀態時，會有一段時間不穩定，稱之為彈跳現象。

33 (C)。COUNT（B3：B8）=6，會得出含有數字的儲存格數量。

34 (C)。MIN（A1：A4）結果等於－4。

35 (D)。投影片瀏覽最適合顯示所有投影片的縮圖版本並重排投影片的順序。

36 (D)。只有功能相同不是Office系列的整合功能。

37 (D)。改變Word預設資料夾的位置，不會同時改掉其他Office軟體的預設資料夾位置。

38 (D)。Excel儲存格中的資料可以是數字、文字、和其他如郵遞區號、電話號碼等特別格式。

39 (C)。PowerPoint共有六種檢視模式：標準檢視、大綱模式、投影片檢視、投影片檢視模式、投影片放映、備忘稿。

第5單元 網路概論

課前題要

這一單元考題的出現機率不低,而且也是所有網路相關知識的基礎,自然不能說不重要啦!

Q | 本單元要點

讀完本單元,你將會學到:

1 何謂網路
  (1) 數據機撥接、ADSL、Cable寬頻
  (2) 區域網路及廣域網路

2 網路七層協定
  (1) 實體層、資料連結層、網路層
  (2) 傳輸層、會議層、展示層、應用層

3 網路通訊協定

4 網域名稱

5 三大ISP
  (1) TANet
  (2) Hinet
  (3) SeedNet

6 網路傳輸媒介
  (1) 雙絞線
  (2) 同軸電纜
  (3) 光纖、衛星

7 資料通信方式
  (1) 單向單工
  (2) 半雙工
  (3) 全雙工

8 網路幾何型態
  (1) 星狀網路、環狀網路
  (2) 匯流排網路、樹狀網路
  (3) 網狀網路

🔍 焦點掃描

焦點一 網路簡介

Internet是由散佈於全球各地之資訊網路所構成，因此稱為「網際網路」，其特色是具有多向快速溝通資訊的能力，已達成資源共享，設備共享，資訊共用之目標。

1. 一般撥接：

使用數據機Modem撥接，速度56k bps。

2. 寬頻：

有線電視Cable Modem，速度通常為6M bps、10M bps。

3. ADSL：

全名為「非對稱數位式用戶線路」，是一種利用傳統電話線來提供高速網際網路上網服務的技術。其特色是雙向傳輸，傳統ADSL上行最高可達到1Mbps，下行最高可達到8 Mbps（較高，所以一般使用者接收資料（下行）高於送出（上行）資料量）。

4. ISDN：

專線，速度128k bps。

5. 衛星上網：

適合地形不良的地區，如山區。

6. 星鏈無線網路：

由SpaceX公司推出的低地球軌道（LEO）衛星網路；這樣的網路概念是指，在地球周圍的低地球軌道部署大量衛星，以提供更快、更可靠的互聯網連接，現今常用於郵輪旅遊的無線網路服務。

7. 其他：

如Wi-Fi無線上網，3G手機上網等等。

連上網際網路的方式，常見的有以上幾種。

8. 網路的分類：

區域網路 （Local Area Network， 簡稱為LAN）	涵蓋的範圍通常在數公里內，像實驗室、辦公大樓、校園網路等。
都會網路 （Metropolitan Area Network， 簡稱為MAN）	涵蓋的範圍通常在數十公里至數百公里內。
廣域網路 （Wide Area Network， 簡稱為WAN）	涵蓋的範圍通常在數百公里以上，如國際間的網際網路（Internet）。

9. 區域網路（Local Area Network）：

(1) LAN 是用來連接各種不同獨立裝置，如電腦、終端機、文書處理機、印表機、磁碟儲存裝置等的數據通訊網路。

(2) LAN主要在作區域通訊，通常是指建築物內或建築物組區內。

(3) LAN不是公眾網路，通常被一個組織或機構使用、擁有和控制。

(4) LAN可從硬體或軟體發展出某方面的交換、選擇或定址能力。

(5) 它們通常經由數位介質而非類比介質來傳輸，不需要數據機。

(6) LAN操作速率通常在10 Mbps以上。

(7) LAN通常具有連接不同終端機、其它週邊設備和電腦的能力，因此它可以在一個網路連接不同廠牌的設備。

(8) 兩個以上的LAN可以利用閘道（gateway）連接在一起，而提供更大或更多元性的通訊網路。

實力不斷電 　　　　　　　　　　　　　　　　　　　□ − ✕

1. Intranet：企業內部網（intranet）是一個使用與網際網路同樣技術的電腦網路，通常建立在一個企業或組織的內部，為其成員提供信息的共享和交流等服務。
   不過在辦公室裡，最適合共用電腦資源的連線方式還是區域網路（LAN）。
2. ISP：Internet Service Provider，簡稱ISP，中文為「網際網路服務提供商」，指的是提供網際網路服務的公司，規模可以是地方性的，也可以是全國性的公司。
3. 全球資訊網的英文全名為World Wide Web，因此簡稱為WWW或W3。WWW近年來流通極為快速，最主要原因是由於超連結的功能，網網相連。
4. 網路連線的速度基本單位為BPS（bits per second）。

焦點二　OSI網路七層協定

1. ISO（International Standard Organization，國際標準組織）一直努力在建立網路間之通訊標準，提供通訊業者一個公認之標準，可以有所依據，得以發展相關軟體，使不同廠商之電腦系統均能很方便的連接，達成相互交談、傳遞資訊與資源共享等目的。目前為止，由ISO所訂定的「開放系統連結參考模式（open system interconnection，OSI）」已受到絕大多數電腦與通信設備廠商之支持。OSI參考模式主要畫分成7個不同的層次，每一層都有其各自的硬體和軟體，共同構成完整的網路系統。

2. OSI 規範的七層網路架構

第一層：實體層 （**Physical layer**）	負責資料在實體傳輸媒介上的傳輸，例如同軸電纜（coaxial）、光纖（Optical fiber），或者是雙絞線（twister-pair），使得電子訊號可以在兩個裝置間交換。 實體層主要包括網路的電器規格，種類，傳輸速度與傳輸距離。

第二層：資料連結層（Data link layer）	確保實體層連結資料正確，方式是偵測傳輸資料錯誤，以及更正錯誤。資料連結層可以建立一個可靠的通訊介面，使網路層可以正確存取實體層的資料。
第三層：網路層（Network layer）	管理網路節點到另一個節點的傳輸路徑，負責建立，維護與中止兩個連結端之間的連結，使資料依理想路徑傳輸。因此網路層必須要有定址的能力。資料是用封包（packet）或是datagram的模式來傳輸。TCP/IP的IP就是在網路層。
第四層：傳輸層（Transport layer）	傳輸層可以提升datagram的傳輸品質，方式是把datagram轉成data segment，而TCP/IP的TCP就是在傳輸層。
第五層：會議層（Session layer）	管理各程序（process）之間的資料交換，把資料包裝成最簡單資料流（data stream）的形式。
第六層：展示層（Presentation layer）	將傳輸的資料以有意義的形式呈現給網路上使用者看，包含了資料壓縮與解壓縮，字碼轉換，編碼與轉碼。
第七層：應用層（Application layer）	提供網路使用者網路服務，例如WWW（World Wide Web），檔案交換（FTP），電子郵件（E-mail）與遠端連線（Telnet）等等。

3. OSI 的各階層的功能是具有階層性（Hierarchical）

每一層次在執行一連串和其它系統傳輸時所須之功能時，必須藉由較低一層次來進行更深入的工作；同理，也為較高一層次提供服務。在理想狀況下，每一層次的修改必須是獨立的，也就是說，某一層次有所改變的話，並不會造成其它層次的改變。

焦點三 網路通訊協定

網路通訊協定，或簡稱為通訊協定（Communications Protocol），是指電腦通信的共同語言，如：TCP/IP等。掌管了通訊網路中一連串軟硬體之間的資料轉換標準規範。

常見的通訊協定有以下幾種：

1. HTTP：超文本傳輸協定（HTTP，HyperText Transfer Protocol）是網際網路上應用最為廣泛的一種網路通訊協定。所有的網頁都必須遵守這個協定。位於應用層。

2. POP3：全名為「Post Office Protocol - Version 3」，主要用於電子郵件。位於應用層。

3. SMTP：簡單郵件傳輸協定（Simple Mail Transfer Protocol，SMTP）是在Internet傳輸E-mail 的標準，為一組在主機之間針對傳送電子郵件訊息的協定位於應用層。

4. SNMP：簡單網路管理協議。位於應用層。

5. Telnet：提供遠端連結的功能。位於應用層。

6. TCP：傳輸控制協定（Transmission Control Protocol，TCP）。

7. UDP：用戶數據報協定（User Datagram Protocol，UDP）是一個簡單的面向數據報的傳輸層協定。

8. IP：網際協定或網際網路協定（Internet Protocol，IP）。

9. WAP：用於手機上網之協定。

實力不斷電　　　　　　　　　　　　　　　　　　　□ － ✕

目前全球網際網路通用的通訊協定是TCP/IP。

焦點四 網域名稱

網域名稱（Domain Name），是由一串用點分隔的名字所組成，Internet上某一臺電腦或電腦組的名稱，用於在資料傳輸時標識電腦的所在。

網域名稱可反應在網址上，也就是說，有時候，從網址可以看得出來該網頁屬於什麼樣的單位。常見的網址類別有：

.com	供商業機構使用，但因為沒有強制的限制，所以最常被大部分人熟悉和使用。
.net	原為供網路服務供應商使用。
.org	代表機構或組織。
.edu	供教育機構使用。
.gov	供政府機關使用。
.mil	供美國軍事機構使用。
.tw	代表網頁在台灣。

焦點五 國內三大網路服務提供者

TANet	台灣學術網路（Taiwan Academic Net）之簡稱，由教育部籌設，供國內學術機構免費做為連上Internet之中繼站。
Hinet	由中華電信公司籌設，為收費性之Internet中繼站，提供一般民眾上網路的途徑。
SeedNet	由資策會籌設，亦為收費性網路，對象為大量使用之個人或是公司行號。

焦點六　網路相關知識

1. 傳輸媒介之種類

雙絞線 （Twisted Pair）	1. CAT-5：最高速率為 100Mbps，常用於 100Mbps 以下傳輸使用，大多數被 CAT-5e 取代。 2. CAT-5e：最高速率為 1Gbps，網速超過 100M 都至少要用到此規格的線材。 3. CAT-6：最高速率為 10Gbps，加強抗干擾及雜訊防護。 4. CAT-6A：最高速率為 10Gbps，比 CAT-6 提升更高的傳輸頻率，在較長距離都能保持高傳輸（100 公尺）。
同軸電纜 （Coaxial Cable）	軸心為銅線，銅線外包一層絕緣物質，在此絕緣物質上再繞一層導體（銅線），最外層再包上塑膠。頻寬高、抗雜訊特性佳。
光纖 （Optical Fiber）	利用光的全反射原理來傳送訊號。頻寬很大，雜訊免疫性強，但成本較高。
衛星 （Satellites）	在空中的大型中繼放大器，可接收並放大地面上發射的信號，再送回到地面。通訊面積廣，經濟效益高。

三種線材比較

	雙絞線	同軸電纜	光纖
價格	最低	次之	最高
傳輸速度	次之 （100Mbps~10Gbps）	最慢 （10Mbps）	最快 （100Mbps~10Gbps）
傳輸距離	最短 （15~100M）	次之 （200~500M）	最長 （100KM內）
抗干擾能力	最差	次之	最好

2. 數據機（Modem）：

Modem主要做為類比信號和數位信號轉換之工具，將電腦送出的數位化脈波（pulse）轉換成類比式信號，而以電話線為媒介進行傳輸；同理在接收端則將類比信號再轉回數位信號，提供本地之電腦使用。數據機之性能通常以bps為單位，即為每秒所傳送之位元數目（bits per second），數字愈大表示效率愈高。

3. 資料通信方式（依通信能力區分）：

單向單工 （simplex）	為單向之傳輸方式，例如收音機、電視機等。
半雙工 （half-duplex）	在不同的時間週期下可以做雙向的傳輸，但是無法一方面送、一方面同時收資料，例如某些對講機，必須等對方說over（結束），讓出使用權後才可以由另一方發話，即是屬於半雙工型態。
全雙工 （full-duplex）	可以在同一時間互相傳輸信號，例如電話。

4. 網路拓樸：

名稱	說明
星狀拓樸 （Star）	以一個網路設備為核心，呈現放射狀的放式，使用**獨立纜線**連接各台電腦，所有訊息傳送都會經由核心設備，來決定路徑。
環狀拓樸 （Ring）	使用每一台的電腦連接埠，串起所有電腦及周邊設備，連成一個環狀，訊息傳送時，會判讀此訊息是否由該設備接收，如果不是就往下一個設備遞送。
匯流排拓樸 （Bus）	所有電腦及設備都連接到一條主幹線上，傳送資料時，會先判讀主幹線是否被占用，因為一次只能有一台設備傳送，且只有接收方會收到訊息。

名稱	說明
樹狀拓樸 （Tree）	使用**分層**的方式連線，方便分級管理及控制，但由於次級設備連結於上級設備，且只有一線連接，如果上級設備故障或被癱瘓，則連接整條連線的上下級皆無法使用。
權杖環型網路 （Token ring）	由IBM所提出的的**網路傳輸模式**，持有權杖的電腦具有傳輸權力，權杖會用輪流的方式給另一台電腦，有資料需要傳送的電腦，得到權杖後，會修改權杖內容後傳送到環形網路上，到達接收端電腦後，收到的電腦會發出已收到通知給發送端，發送端確認後，環形網路會重新建立權杖使用。
網狀拓樸 （Mesh）	透過動態路由的方式，連結所有的電腦設備，並進行訊息傳送的管理，如果有某設備節點故障，此架構能使用跳躍的放式，建立新的連線來傳送訊息。

焦點七　網路設備

名稱	說明
網路介面卡 （Network Interface Card）	網路介面卡是**電腦**與**網路**溝通的媒介，可以將電腦內的資料轉換為**串列**的形式，並且將資料封裝為封包的形式，傳送到網路上，網路卡具有發送及接收功能，接收時可以將資料轉換為電子訊號；在運作時網路卡負責接收封包，並判斷是否為本台電腦的封包，是的話就會進行資料轉換，否則會捨棄此封包。
訊號加強器 （Repeater）	如同字面意思，就是將線路上接收到的訊號，放大後再進行送出到其他設備。
集線器 （Hub）	使用在區域網路中，連接多個設備上網，以**半工**模式傳輸，因此如果多台設備同時傳輸，會有延遲的狀況產生。

名稱	說明
交換器 （Switch）	運作模式與集線器相同，但支援**全雙工**模式，每台連接的設備，都有專屬的頻寬，因此傳輸時不會有延遲的狀況。
橋接器 （Bridge）	將兩個獨立的區域網路接起來，使之如同單一網路一樣。
路由器 （Router）	負責決定訊息由發送端到接收端的傳輸路徑，由於行動裝置崛起，**一般家用產品**都會與無線結合成無線路由器；路由工作在**網路層**運作。
閘道器 （Gateway）	可以連結兩個網路的設備，傳輸資料時可以在不同協定中傳輸。
無線基地台 （Access Point）	作為**有線網路**與**無線網路**的轉換裝置，常設置於**公共空間**，用於接發無線訊號使用，家用設備則常跟路由器結合。
數據機 （Modem）	主要用於**將數位訊號**與**類比訊號**做轉換，將訊號透過不同的傳輸媒介進行傳送，一般常見的電話線及光纖，都可與數據機連結。

精選試題

( ) **1** 下列那個網路系統是指企業內部的系統？
(A)Intranet (B)Entranet
(C)Quternet (D)Internet。

( ) **2** 下列何者可以是地方性或是全國性的公司，他們提供連結上網的服務？
(A)ISP (B)Agent
(C)物流業 (D)加盟店。

( ) **3** 下列何者特色在於上／下行頻寬不對稱，ISP 到用戶端（下行）頻寬較高，符合一般使用者接收資料（下行）高於送出（上行）資料量？
(A)DSL (B)ADSL
(C)ISDN (D)ATM。

( ) **4** 下列何者不為電腦網路的優點？
(A)可共用週邊設備 (B)共用程式和資料
(C)可連結資料庫 (D)可快速發布不實的訊息。

( ) **5** 全球資訊網的英文簡稱為：
(A)Gopher (B)BBS (C)CAD (D)WWW。

( ) **6** WWW快速流通的最主要原因是：
(A)超連結的功能 (B)傳輸多媒體資料
(C)豐富的網路資源 (D)可以收發電子郵件。

( ) **7** 在辦公室裡我們可以透過那種最佳方式共用電腦資源（例如：印表機）？
(A)區域網路（LAN） (B)廣域網路（WAN）
(C)大樓網路（BAN） (D)電路網路（CAN）。

( ) **8** 有關ADSL，下列何種敘述是正確的：
(A)利用傳統電話線提供高速網際網路上網服務的技術
(B)可提供在家上班者存取公司內部網路資源
(C)可提供高速資料傳輸與互動式視訊服務
(D)以上皆是。

( ) **9** 下列敘述何者正確？
(A)衛星傳輸是一種有線傳輸的方式
(B)光纖網路是一種有線網路
(C)使用手機上網一定是衛星傳輸
(D)使用電話撥接上網是利用聲音傳輸。

( ) **10** 資料傳輸速度的單位為：
(A)BPI　(B)CPI　(C)BPS　(D)UPS。

( ) **11** 目前全球網際網路通用的通訊協定是哪一種？
(A)IPX/SPX　(B)NetBIOS　(C)TCP/IP　(D)HUB。

( ) **12** 下列何者是手機上網之協定？
(A)TCP／IP　(B)GSM　(C)HTTP　(D)WAP。

( ) **13** Internet上SMTP協定的用途是：
(A)傳送電子郵件　　　　　　(B)超文件傳輸
(C)簡易網路管理　　　　　　(D)網路電話。

( ) **14** 下列何者掌管通訊網路中一連串軟硬體之間的資料轉換標準
規範？
(A)運輸協定　(B)外貿協定　(C)互惠協定　(D)通訊協定。

( ) **15** 網際網路代表政府單位的網址類別是下列何者？
(A).gov　(B).edu　(C).com　(D).org。

( ) **16** 在網域命名中，下列何者代表政府行政單位？
(A)com　(B)edu　(C)gov　(D)org。

（　） **17** 由網址 http://www.ntc.org 我們可以判斷可能為：
(A)台灣的教育機構　　　　　(B)美國的教育機構
(C)台灣的政府機構　　　　　(D)美國的政府機構。

（　） **18** TANET是屬於那個單位的網路系統？
(A)中華電信　　　　　　　　(B)教育部
(C)資策會　　　　　　　　　(D)遠傳。

（　） **19** 下列何者將發送端通過電話線的數位訊號轉換成類比訊號，而接
收端再將類比訊號轉換成數位訊號？
(A)收音機　　　　　　　　　(B)數據機
(C)電話機　　　　　　　　　(D)發報機。

（　） **20** 下列哪一種網路傳輸媒介是由細玻璃纖維所構成的，具有高速及
不易受外界干擾的優點？
(A)光纖　　　　　　　　　　(B)微波
(C)同軸電纜　　　　　　　　(D)通訊衛星。

（　） **21** 在計算機通訊中，可將數位訊號與類比訊號作相互轉換的裝置為
(A)通訊道（Communicaton Channel）
(B)前端處理機（Front-end Processor）
(C)調變解調器（MODEM）
(D)終端機。

（　） **22** 數據機：
(A)能讓電腦與週邊裝置溝通
(B)能提升電腦透過電話線路進行通訊的速度
(C)是一種轉換數位訊號和類比訊號的裝置
(D)能讓Windows PC可以執行Macintosh應用程式。

（　） **23** 下列何者是由成千上萬的玻璃線所纏繞在一起，資料的傳送並不
是以數位形式，而比較像是以光的脈動來傳送？
(A)雙絞線　　　　　　　　　(B)銅軸纜線
(C)燈號　　　　　　　　　　(D)光纖纜線。

(　　) **24** 下列何種資料通訊網路，若任何一部電腦故障，即造成網路功能全部喪失？
(A)匯流排網路　　　　　　(B)樹狀網路
(C)網狀網路　　　　　　　(D)環形網路。

(　　) **25** 對於雙絞線、同軸電纜和光纖作為有線傳輸媒介的比較，下列敘述，何者不正確？
(A)同軸電纜抗雜訊力較雙絞線為佳
(B)雙絞線傳輸距離最短
(C)光纖的頻寬最寬，但抗雜訊力最差
(D)光纖是以光脈衝信號的形式傳輸訊號。

(　　) **26** 下列環境，何者較適合使用同軸電纜數據機（cable modem）上網？
(A)傳統電話線　　　　　　(B)有線電視纜線
(C)無線電視天線　　　　　(D)網路雙絞線。

(　　) **27** 下列上網的方式哪一個是企業需要大量的資料傳輸而選擇使用？
(A)非對稱數位用戶線路（ADSL）
(B)纜線數據機（cable modem）
(C)數據機（modem）撥接
(D)專線固接。

(　　) **28** 在網際網路的網域組織中，下列機構類別代碼，何者正確？
(A)com代表教育機構　　　(B)idv代表個人
(C)mil代表政府機構　　　 (D)org代表軍事單位。

(　　) **29** 商業性公司的網站，通常在其網址中包括有：
(A).org　　　　　　　　　(B).net
(C).com　　　　　　　　　(D).edu。

解答與解析

1 (A)。Intranet是指企業內部的系統。

2 (A)。ISP為提供上網服務的公司。

3 (B)。ADSL的特色在於上／下行頻寬不對稱，ISP 到用戶端（下行）頻寬較高，符合一般使用者接收資料（下行）高於送出（上行）資料量。

4 (D)。可快速發布不實的訊息不為電腦網路的優點。

5 (D)。全球資訊網的英文全名為World Wide Web，因此簡稱為WWW或W3。

6 (A)。WWW快速流通的最主要原因是超連結的功能，可以一個網頁連到另一個網頁。

7 (A)。辦公室裡，最適合共用電腦資源的連線方式是區域網路（LAN）。

8 (D)。(A)、(B)、(C)等三種服務，ADSL皆有提供。

9 (B)

10 (C)。資料傳輸速度的單位為BPS。

11 (C)。目前全球網際網路通用的通訊協定是TCP/IP。

12 (D)。手機上網之協定為WAP。

13 (A)。SMTP是簡單的郵件傳輸協定的簡稱，它是一組在主機之間針對傳送電子郵件訊息的協定。

14 (D)。通訊協定掌管通訊網路中一連串軟硬體之間的資料轉換標準規範。

15 (A)。.gov的網址類別代表政府單位。

16 (C)。gov在網域命名中代表政府行政單位。

17 (D)。(A)因為網址的最末端並沒有加「.tw」，故不為台灣的機構。(B)教育機構為.edu。因此這個網址可能為美國的政府機構。

18 (B)。TANET是台灣學術網路，屬於教育部。

19 (B)。數據機的功能是將數位訊號轉換成類比訊號，及將類比訊號轉換成數位訊號。

20 (A)。光纖是由細玻璃纖維所構成的，具有高速及不易受外界干擾的優點。

21 (C)。調變解調器（MODEM），即數據機，可將數位訊號與類比訊號作相互轉換。

22 (C)。數據機（MODEM）是一種轉換數位訊號和類比訊號的裝置。

23 (D)。光纖纜線是由成千上萬的玻璃線所纏繞在一起，資料的傳送並不是以數位形式，而比較像是以光的脈動來傳送。

24 (D)。環形網路若有一部電腦故障，則網路無法建立。

25 (C)。光纖抗雜訊力佳，但成本高。

26 (B)。有線電視纜線較適合同軸電纜數據機上網。

27 (D)

28 (B)。idv代表個人，gov代表政府機構。

29 (C)。商業性公司的網站，通常在其網址中包括有.com。

第6單元 無線通訊網路

課前提要

本單元主要介紹無線通訊網路的相關內容，甚至是到手機通訊及週邊相關的無線通訊應用，主要的考試重點，在於無線網路的相關標準協定及應用，因此將無線網路相關的標準熟知之後，進考場定可輕鬆破敵（題）。

本單元要點

讀完本單元，你將會學到：

1 認識無線網路
  (1) 發展
  (2) 型態
  (3) 個人無線網路
2 無線網路標準
  (1) Wi-Fi標準
  (2) IEEE 802.15無線網路標準

3 行動通訊
4 無線射頻與近場通訊
  (1) RFID
  (2) NFC
  (3) 微波
  (4) 紅外線
  (5) 雷射

焦點掃描

焦點一 認識無線網路

1. 無線網路通訊的發展：

無線網路就是指不需要使用到實體線材的網路通訊，主要是使用無線電波等方式，作為傳輸的媒介，而依照無線通訊的範圍大小，可以分為無線區域網路、無線都會網路及無線廣域網路

2. 無線網路的型態：

(1) **無線區域網路**：使用無線射頻技術，將各種區域網路設備進行串接，能夠避免線材架設的麻煩，也可以使用在不方便架設有線網路的區域使用。

(2) **無線都會網路**：主要應用於範圍較廣的城市或鄉鎮使用，其所採用的傳輸標準為IEEE 802.16，此標準針對微波及毫米波段所提出的通訊標準，能提供較高的頻寬。

(3) **無線廣域網路**：全名：Wireless Wide Area Network／WWAN，主要用於範圍廣大，可橫跨都市及國家的無線網路應用。

3. 個人無線網路：

用於無線網路的最後一哩路，目標是讓各種設備之間，都使用無線技術來進行資料傳輸，藍牙就是常見的無線個人網路技術之一。

藍牙的認識：藍牙是由藍牙技術聯盟組織（Bluetooth Special Interest Group）所進行管理，使用的通訊標準為IEEE802.15，利用無線電波來進行傳輸，適用於短距離的無線傳輸，目前最新版本為藍牙5.3於2021年發表。

> ## 焦點二 　無線網路標準

IEEE 802是由電機電子工程師協會（Institute of Electrical and Electronics Engineers），所發展推動的網路標準，主要是定義，網路OSI七層中的實體層與資料鏈結層相關的網路資料存取標準。

實力不斷電　　　　　　　　　　　　　　　　　　　　□ － ✕

無線Wi-Fi的2.4G及5G差異：

1. 2.4GHz能用的範圍2.4~2.462 GHz，以5MHz區分一個頻道，共有11個頻道；2.4GHz雖然有11個頻道可用，但若以802.11b為例，所需頻寬為22MHz，因此只有三個頻道不會互相干擾。

2. 5GHz能用的範圍5.180~5.850GHz，以5MHz區分一個頻道，可用的頻道有36~165個，因此才能容納802.11ac最高160 MHz的頻寬要求。但因為頻率越高，波長越短，繞射（diffraction）程度也越低，也就是遇到障礙不易穿越，因此在相同功率上的有效傳輸距離會比2.4GHz來的短。
以上資料來源：華碩官方網站

1. Wi-Fi 標準：

是由無線乙太網相容聯盟（Wireless Ethernet compatibility Alliance）所發表的認證標誌，使用802.11無線區域網路通訊標準，只要是有這樣認證標誌的產品，就是符合Wi-Fi認證的無線網路設備。

2. IEEE 802.15 無線網路標準：

使用在個人的區域網路，專門制定個人或是家庭內小範圍的無線網路標準。

標準	說明
802.15.1	專門做為**藍牙無線**技術所提出的通訊標準。
802.15.2	主要用於整合其他802.15的無線通訊技術，使同樣是802.15的標準具有互通性。
802.15.3	專門為**隨身**的電子產品，例如：穿戴裝置、筆電、平板電腦、藍牙耳機、手機等設備，提供高速寬頻無線傳輸標準，傳輸距離為10～100公尺。
802.15.4	可稱為ZigBee標準，主要用於物聯網方面的各種設備應用，提供短距離在50公尺以內，**低耗電**、**低速率**及**低成本**的無線感測網路。
802.15.5	提供WPAN設備可以具有**互通性**，穩定與擴展的無線網狀網路架構。
802.15.6	人體區域網路的標準，規範在3公尺內，提供10Mbps的傳輸速率，廣泛使用在人體穿戴感測器、生物植入裝置，以及健身器材等設備當中。

焦點三　行動通訊

1. 1G：

從1970年代開始發展，主要是使用類比式訊號的FM廣播無線電，來建構移動通訊，早期中華電信的090開頭手機號碼，都是這樣的類型。

2. 2G、2.5G 及 2.75G：

第二代的行動通訊技術，可以傳輸簡單的文字內容，或是收發電子郵件等網路應用，為了貼近3G的寬頻服務，研發出多種的進階版本，如：2.5G及2.75G；台灣已於2017年6月終止所有的2G行動業務服務。

3. 3G、3.5G 及 3.75G：

第三代行動通訊，因應智慧型手機的到來，更進一步提升傳輸速率，3G系統可以瀏覽網頁、下載音樂，甚至可以做到視訊電話的服務；台灣已於2018年12月31日停止所有3G行動業務服務。

4. 4G 及 4.5G：

第四代行動電話網路通訊，不僅提供手機或平板電腦等行動裝置，由於速率及頻寬的提升，讓筆記型電腦及個人桌上型電腦，也都可以透過支援4G的無線網卡，進行網路連結；目前台灣主力的行動通訊系統之一。

5. 5G：

第五代行動網路通訊，4G的延伸，5G的網路資料傳輸可達10Gbps以上，並且可大幅降低延遲，因此適合用於發展，人工智慧、大數據、物聯網及自駕車等先進自動化技術。

台灣的電信商，已陸續在2020年將5G進行商用化；中華電信2020年6月30日、台灣大哥大2020年7月1日、遠傳電信2020年7月3日、臺灣之星2020年8月4日、亞太電信2020年10月22日。

焦點四　無線射頻與近場通訊

1. RFID：

無線射頻辨識系統，是指運用無線電波傳輸的辨識技術，可應用在產品辨識條碼上面，在使用方面，標籤會有電路迴圈的電子標籤，透過專門的感應器，進行讀取偵測，將資料記錄到後端資料庫當中，進行整合紀錄與分析。

RFID的應用：

相關應用	說明
電子票證	主要分為兩種，**單次性**或是**重複使用**的卡片，例如：悠遊卡及一卡通等智慧卡，其中會儲存款項資料，使用時會進行扣款或加值等應用。
圖書借閱紀錄	將RFID的電子標籤，黏貼於書本中，借閱時透過感應器，進行借閱資料的紀錄，能**減少人力的辨識**，提高作業效率。
動物監控	將晶片置入動物的皮下組織，可用於紀錄動物的健康狀況、醫療紀錄或預防走失，只需要透過感應器掃描，就可以快速知道相關紀錄，提高管理效率，節省人力資源。
長照醫療	依據**電子標籤**可以記錄資料的優點，因此對於年長者的照護及醫療方面，可以進行病人的識別，並且確認藥物服用的紀錄及病情的管理，醫院可以追蹤病人的狀況，隨時將資料回傳後端資料庫，使用這些數據進行治療，可以提升醫療的執行效率，以及提升人力資源的效率。
學生門禁	使用RFID的晶片記錄學生或是員工的資料，協助進行人員的管理，順便可以達成更有效率的出入管制，增加學校或公司的安全管理。
物流管理	利用RFID的晶片，對於產品的運送進行物流管理，提升配送商品的效率及程序，避免貨物遺失，以及包裹的追蹤，也可節省人力，進行重複的檢查工作。
醫藥管理	應用RFID紀錄資料的功能，將藥品資訊記錄在其中，可辨別藥品的內容成份及使用期限，避免藥物在配送時所造成的意外錯誤產生。

2. NFC：

近場通訊或近距離無線通訊，利用短距離的無線通訊技術，從RFID演變而來，NFC使用的頻率為13.56 MHz，傳輸距離為10公分內，傳輸速率為424 Kbps，可以使用在不同的電子設備之間，利用非接觸式的點對點進行傳輸。

NFC的運作：

運作模式	說明
讀卡機模式	讀卡機模式，是讓手機變成可以進行讀寫智慧卡的讀卡機，例如：在產品資訊上使用NFC晶片，手機可以直接開啟NFC功能，讀取晶片上的資料，了解產品資訊或進行訂購。
模擬卡片模式	將NFC與RFID晶片卡做技術的結合，讓手機裝置可以模擬晶片卡的功能，將多種智慧卡整合在手機當中使用，例如：使用具有NFC功能的手機，結合悠遊卡功能，便可在搭捷運時，直接刷手機進入。
點對點模式	利用類似紅外線傳輸的方式，進行資料傳輸，將兩台NFC的裝置，靠近便可進行資料傳輸或同步裝置。

3. 微波：

微波是使用2～40 Ghz的波段，透過微波基地台跟通訊衛星進行資料傳輸，適合較長距離和跨國或跨洋的無線通訊。

4. 紅外線：

利用紅外線光波來傳輸資料，優點是方便使用並且傳輸效率快，但會受到距離50公尺的限制，傳輸角度的也會限制其傳輸，也無法穿越障礙物，並且容易受到光線過強的干擾。

5. 雷射：

使用頻率較窄的光波輻射線，來進行資料傳輸，好處是傳輸距離長、頻寬也大，在無障礙物阻擋的狀況下可進行點對點傳輸。

Q | 精選試題

( )　1 下列何者無法使用藍牙傳輸技術？
(A)手機　　　　　　　　　(B)物聯網
(C)衛星電話　　　　　　　(D)無線耳機。

( )　2 我們使用的手機行動通訊傳輸，符合下列哪一種網路傳輸模式？
(A)無線廣域網路　　　　　(B)無線都會網路
(C)無線區域網路　　　　　(D)以上皆非。

( )　3 下列敘述何者正確？
(A)可以使用藍牙4.0讓兩個裝置距離超過60公尺
(B)藍牙5.0發表於西元2010年前後
(C)近年有越來越多物聯網裝置可以使用藍牙應用
(D)我們可以使用藍牙設備連線遠在美國的朋友聊天。

( )　4 行動電話所使用的無線耳機，最常採用下列哪一種通訊技術？
(A)Bluetooth　　　　　　　(B)RFID
(C)WiFi　　　　　　　　　(D)wimax。

( )　5 我們日常使用的智慧型手機，適用於下列何種行動網路通訊世代？
(A)3G　　　　　　　　　　(B)4G
(C)5G　　　　　　　　　　(D)以上皆是。

( )　6 下列何種無線網路及通訊技術，最不可能在捷運站或公共場所使用到？
(A)5G　　　　　　　　　　(B)4G
(C)WIMAX　　　　　　　(D)Wi-Fi。

( )　7 下列何者是藍牙的無線網路標準？
(A)802.11ah　　　　　　　(B)802.15.1
(C)802.15.4　　　　　　　(D)802.11ax。

( ) **8** 下列何者不是無線網路通訊技術的名稱？
(A)Bluetooth　　　　　　(B)ZigBee
(C)LTE Advance Pro　　　(D)CSMA／CD。

( ) **9** 下列何者是一種無線網路的傳輸媒介？
(A)光纖　　　　　　(B)紅外線
(C)雙絞線　　　　　(D)同軸電纜。

( ) **10** 下列何者應用，不是使用RFID技術？
(A)動物監控　　　　(B)電視遙控器
(C)學生門禁　　　　(D)物流管理。

( ) **11** 下列何者不是無線通訊技術的應用？
(A)RJ-45　　　　　(B)微波
(C)NFC　　　　　　(D)雷射。

( ) **12** 下列敘述何者並無使用到無線通訊網路技術？
(A)小學生使用Apple Watch能提升個人的安全性
(B)使用手機在回家前先打該家中的冷氣
(C)與朋友相約到網咖打線上遊戲
(D)與朋友相約到手遊店使用各自的手機在遊戲中打怪。

( ) **13** 下列何者是RFID無法取代一維條碼的原因？
(A)一維條碼的安全性比RFID高
(B)RFID的使用成本比一維條碼高
(C)政府組織厭惡RFID技術
(D)以上皆是。

( ) **14** 某些手機APP使用語音輸入功能前須先連上網路才能進行，下列
何者是最可能的原因？
(A)為了在雲端進行語音辨識運算
(B)連上網路後麥克風才能啟動
(C)為了在雲端將語音資料加密
(D)為了在雲端將語音資料壓縮。

(　　) **15** WiFi技術指的是下列哪一種？
(A)影像處理技術　　　　　　(B)數位音樂技術
(C)虛擬實境技術　　　　　　(D)無線通訊技術。

(　　) **16** 下列何者錯誤？
(A)衛星傳輸是一種無線傳輸的方式
(B)光纖網路是一種無線網路
(C)使用手機上網是利用無線網路
(D)使用電話撥接上網是利用有線網路。

(　　) **17** 下列何者不屬於無線網路技術？
(A)藍牙　　　　　　　　　　(B)WiFi
(C)RFID　　　　　　　　　　(D)光纖寬頻。

(　　) **18** 下列哪一種傳輸媒體的有效距離最短，且易受地形地物之干擾？
(A)光纖　　　　　　　　　　(B)紅外線
(C)雙絞線　　　　　　　　　(D)同軸電纜。

(　　) **19** 下列敘述何者錯誤？
(A)RFID全名為Radio Frequency Identification
(B)5G的意思代表無線傳輸速率下載能達到5Gigabyte
(C)NFC技術主要應用在交通儲值、門禁識別、行動支付等方面
(D)藍牙傳輸技術不具備無線上網能力。

解答

1 (C)	2 (A)	3 (C)	4 (A)	5 (D)	6 (C)	7 (B)
8 (D)	9 (B)	10 (B)	11 (A)	12 (C)	13 (B)	14 (A)
15 (D)	16 (B)	17 (D)	18 (B)	19 (B)		

第7單元 網路應用

課前提要

這一單元的內容不多，但命中率卻不低，值得好好把握。

Q 本單元要點

讀完本單元，你將會學到：

1 網頁
  (1) 瀏覽器
  (2) 網頁編輯軟體
  (3) 網頁語言
  (4) 網址類別
2 FTP檔案傳輸
3 電子郵件
  (1) 電子郵件的域名
  (2) @符號

  (3) 副本
  (4) 伺服器
4 即時通訊軟體
5 行動應用
6 物聯網
7 雲端應用
8 網路相關知識

Q 焦點掃描

焦點一 網頁

1. 網頁：

   一種文件，由網路傳送後透過瀏覽器解釋網頁的內容，再展示到使用者面前。

2. 網頁瀏覽器：

顯示網頁，並讓用戶能與網頁互動的一種軟體，說得更簡單些，就是將網頁文件轉換成人類看得懂的文字。例如微軟的Internet Explorer、Mozilla的Firefox、Opera，以及Google的Google chrome。

3. 網頁編輯軟體：

編輯網頁用的軟體。常見的有FrontPage（在Office 2007中，已被Share Point Designer 2007取代）、DreamWeaver等等。其實，用純文字也可以直接編輯HTML文件。

4. 網頁語言：

即編輯網頁文件使用的語法和格式。常見的網頁語言，有HTML、JavaScript、DHTML/CSS、ASP等等。

5. 網頁中常見的網址類別有

.htm、.html	Hyper Text Markup Language的縮寫，為使用HTML所寫網頁的標準格式。
.asp	為Microsoft所開發廣泛使用在網頁上的script語言格式。
.php	一種伺服器端嵌入式SCRIPT語言，可用於撰寫CGI（Common Gateway Interface）使網頁能透過CGI執行程式碼。
.cgi	一種網頁溝通的閘道介面，透過cgi可產生相對應的HTML語言來製作網頁。除了php外，C、Perl也可以撰寫CGI。
ASP.NET	由微軟在.NET Framework框架中所提供的網頁開發平台，繼承ASP的技術，提供動態網頁開發。

焦點二 檔案傳輸

FTP	全名為File Transfer Protocol，為麻省理工學院所開發的網路檔案傳輸通訊協定。將公佈於Internet上之共享軟體（shareware）或是公開性之檔案，透過檔案傳輸協定（File Transmission Protocol，FTP）取得所需之檔案。
FTP軟體	能透過FTP進行檔案傳輸的軟體。例如：CuteFTP、Filezilla、WS FTP。

焦點三 電子郵件

1. 電子郵件：

通過網際網路進行書寫、發送和接收的信件（信件內含文字、圖案、聲音等等的電子檔），是網際網路上最受歡迎且最常用到的功能之一。Windows系統／IE內定的電子郵件系統是Outlook Express。

2. 電子郵件的域名：

為@後面的文字，有部分的類別和網址類別的原理相通：

常見的網址類別有：

.com	供商業機構使用，但因為沒有強制的限制，所以最常被使用，被大部分人熟悉和使用。
.net	原為供網路服務供應商使用。
.org	代表機構或組織。
.edu	供教育機構使用。
.gov	供政府機關使用
.tw	代表在台灣。

3. 電子郵件帳號中的 @ 符號讀作 at。

4. 副本：

如果想把電子郵件寄送給許多人，可使用副本功能。但所有的收件人都會顯示在信上。

密件副本：想把電子郵件寄送給許多人，卻又不想讓收件者之間知道寄件人有寄給彼此，可以利用密件副本。

5. 伺服器：收信時使用的伺服器為 POP3 伺服器。

外寄郵件時使用的伺服器為SMTP伺服器。

焦點四　即時通訊軟體

1. 即時通訊：

即時通訊的英文全名是Instant messaging，簡稱為IM，是一種允許兩人或多人使用網路即時傳遞文字訊息、語音、視訊、檔案來交流的服務。即時通訊和E-mail不同的是，它的交談是立即的。

在西元2003後，即時通訊與ＷＷＷ、e-mail一同成為網際網路使用上的主流。

2. 所謂的「即時通訊軟體」，指的就是提供「即時通訊」服務的軟體。說得更具體一點，就是：允許兩人或多人使用網路即時傳遞文字訊息、檔案、語音與視訊交流的軟體。例如：MSN Messenger、Yahoo! Messenger、ICQ等等。大部分的即時通訊軟體都有「顯示信息」的功能，也就是說，會顯示使用者的聯絡人名單，聯絡人是否在線，是否能與聯絡人交談等資訊。

在早期的即時通訊軟體中，使用者輸入的字都會立即出現在螢幕上，修改或刪除的時候也會立即顯示，但軟體發展到了現在，只有當使用者輸入完成後按下送出鍵（通常是Ctrl＋Enter或Enter）後，接收者才看得到訊息，而不會顯示出修改或刪除的過程了。例如MSN，當使用者在修改或

刪除時，只要輸入的不是空白，接收者就會看到對方正在輸入訊息，但對方輸入了什麼，就得等訊息送出才看得到，當然更不會知道對方到底修改哪些字或是刪除了哪些字，看到的只有修改或刪除完成後送出的訊息。

近年來，不少即時通訊軟體還開始提供視訊會議、網路電話等服務，功能越來越強大。

3. 常見的即時通訊軟體

通訊軟體名稱	概述
Line	提供即時聊天、語音通話、影片通話、貼圖、表情符號、遊戲等功能；LINE 還具有社交媒體元素，用戶可以分享動態、訊息、照片和影片。
What'sApp	Meta（FB）公司旗下一款用於智慧型手機的跨平台加密即時通訊應用程式，其加密通信和用戶友好的介面始之聞名。
Telegram	強調安全性，提供點到點加密聊天、自毀訊息、頻道和群組聊天、機器人API 等功能；另外，Telegram 還允許用戶傳送大型文件。
Clubhouse	提供用戶創建和參與虛擬「房間」，在這些房間中進行即時語音交流；用戶可以進入不同的房間參與對話，類似一個即時的聽眾和講者互動之體驗模式。
微信	由中國科技公司騰訊（Tencent）開發的多功能通訊應用程式，結合了即時通訊、社交媒體、支付、遊戲和其他多種功能。
Skype	1. 音質佳，低回音。 2. 全球都能通用。 3. 能跨平臺（在不同的作業系統上）使用。 4. 能進行多方通話。 5. 使用簡單方便，且全球都能使用。 6. 具有高保密性。

4. 視訊會議

視訊會議軟體名稱	概述
Microsoft Teams	整合在Microsoft 365中的協作平台，用意在支援企業內的團隊協作和通訊；功能有提供視訊會議、即時聊天、文件共享、日曆整合、共同編輯文件等多種協作功能。
ZOOM	廣泛用於視訊會議和線上協作的平台，適用於企業、教育和個人用戶；功能有提供視訊會議、螢幕共享、聊天、虛擬背景、錄製會議記錄等多種功能，另外Zoom也支援大型網絡研討會和教育培訓等領域。
Google Meet	由Google提供的視訊會議平台，適用於企業和教育應用等場域；功能有提供高畫質的視訊會議、即時字幕、螢幕共享、虛擬背景等功能，並與Google Calendar和其他Google應用程式整合，使紀錄及預約加入會議變得更簡單。
VOOV	由騰訊推出的視頻直播和社交平台，主要提供年輕用戶；功能有提供直播、短視頻創作、視訊通話、即時聊天等功能，其用戶可以通過直播分享生活、才藝或與粉絲互動。

焦點五　行動應用

名稱	應用說明
手機（手錶）定位	利用行動裝置內建的GPS，對行動裝置進行**定位追蹤**，同時可以追蹤持有人的所在位置，適用於年長者的醫療照護。

名稱	應用說明
身體數據監測	行動裝置中嵌入**多種感應器**，隨時監測配戴者的身體狀況，如發生緊急情況，立刻通知救護單位前往，適用於運動選手訓練監測及長者醫療照護。
電子票券	因應環保去紙化的趨勢，使用行動裝置顯示票券，各類型展覽、需門票入場之活動及電影票等皆適用。
行動轉帳匯款	運用數位銀行的便利，只要登入擁有帳戶的銀行APP，即可在有行動網路連線的地方，即時進行轉帳匯款或是查看帳戶狀況。
卡片整合	使用APP的服務，整合各家的會員卡及電子發票，能有效的減少隨身攜帶卡片的數量，更快速的使用電子發票功能。
行動叫車	出租車結合APP的便利性，可在不同的地方隨時進行叫車服務，並且可以在上車前知道旅程所需要的費用，避免糾紛及時間的浪費。
會員平台	提供商家行銷活動的集點功能，並宣傳介紹店家的資料，另外提供消費者，方便歸納會員集點，能夠多重集點以及消費折抵。

焦點六　物聯網

1. 感知層：

感知層分為**感測應用**及**辨識技術**，感測應用主要就是讓物聯網的產品，具有對所處環境的變化或是相對位置的移動，具有感知的能力，在這樣的應用當中，主要透過嵌入產品的感測裝置，進行偵測。

2. 網路層：

網路層的主要功用，就在於將各種物聯網的商品，在感測與辨識到各種資料訊息後，將這些資料訊息，透過網路連線的方式，將**資料集中傳輸到後端的資料庫**當中。

3. 應用層：

應用層就是**物聯網的各種應用技術**，使用在日常生活當中，例如：智慧公車、智慧電網、智慧水錶、智慧節能等多種應用層面，對於這些應用，物聯網的重點在於，將資料收集後進行資料分析，最終產出有用的結果，才能使用在實務上，因此各種資訊系統的使用，就會是這個階段的重點。

焦點七　雲端應用

1. 雲端運算的服務類型：

(1) **軟體即服務**（Software as a service，SaaS）：指提供應用軟體的服務內容，透過網路提供軟體的使用，讓使用者隨時都可以執行工作，只要向軟體服務供應商訂購或租賃即可，亦或是由供應商免費提供。

(2) **平台即服務**（Platform as a Service，PaaS）：指提供平台為主的服務，讓公司的開發人員，可以在平台上直接進行開發與執行，好處是提供服務的平台供應商，可以對平台的環境做管控，維持基本該有的品質。

(3) **基礎架構即服務**（Infrastructure as a Service，IaaS）：指提供基礎運算資源的服務，將儲存空間、資訊安全、實體資料中心等設備資源整合，提供給一般企業進行軟體開發，例如：中華電信的HiCloud、Amazon的AWS等。

2. 雲端運算的部署模型

類型	概述
公有雲	由第三方所建設或提供的雲端設施，能提供給一般大眾或產業聯盟使用。
私有雲	由私人企業或是特定組織所建設的雲端設施，一般由建設方管理。

類型	概述
社群雲	主要因事件而串聯的幾個組織，共同建設或共享的雲端設施，會支持相同理念的特定族群。
混和雲	由多個雲端設備及系統所組合而成的雲端設施，這類雲端系統可以包含公有雲、私有雲等不同團體。

焦點八 其他網路相關常識

討論區、論壇	提供發表文章、聊天、交友的天地。是世界性電子討論區。
TCP/IP（Transmission Control Protocol/Internet Protocol）	Internet之標準通訊協定。
搜尋引擎	指的是自動從網際網路蒐集信息，經過一定整理以後，提供給用戶進行查詢的系統。
知識網站	1. 維基百科：由網友們共同撰寫及維護的知識網站，以系統化的整理分類將資料內容完整的呈現，非常適合資訊的獲取及閱讀，但由於是網友主觀的進行資料提供，無官方審核，因此有時會有偏頗的主觀意見，夾雜在資料當中，在使用該網站資料時，需要稍微查證後較為適當。 2. Yahoo 奇摩知識＋：由入口網站 Yahoo 奇摩，所提供的知識平台網站，可以在上面進行問題發問，由網友提出答案，可藉由網友投票選擇最佳答案，或是由提問方進行最佳答案的選擇，該網站已於 2021 年 5 月 4 日關閉。

網路相簿	提供網路空間，讓使用者能夠將數位化的相片，存放於網路相簿當中，常見的網路相簿網站有Flickr、 Google＋相簿、PChome相簿等，另外也可將相片放置於，網路上的雲端硬碟中作為大量儲存照片的方法。
電子競技	電子競技，主要是指電腦遊戲來進行類似體育活動的比賽，其中包含選手的訓練及比賽場地的維護，甚至於遊戲比賽的行銷推廣等，都是電子競技產業的一環。

精選試題

( ) **1** 下列何者是一套軟體，主要是將HTML 文件轉換成人類看得懂的文字？
(A)試算表　(B)翻譯器　(C)網路瀏覽器　(D)網頁伺服器。

( ) **2** 在Windows 11中，可從遠端的主機下載檔案到自己電腦的程式是：
(A)FTP　(B)Ping　(C)Hinet　(D)Winzip。

( ) **3** E-mail不可以傳送下列哪些物件？
(A)文字資料　(B)圖片　(C)實物　(D)聲音。

( ) **4** 電子郵件帳號manager@nsc.gov.tw中的@符號讀作什麼？
(A)at　(B)in　(C)of　(D)on。

( ) **5** 如果想把電子郵件寄送給許多人，卻又不想讓收件者彼此之間知道您寄給哪些人，可以利用哪項功能做到？
(A)副本　(B)加密　(C)密件副本　(D)無此功能。

( ) **6** 在設定網路連線時，POP3伺服器是指？
(A)收信伺服器　　　　　　(B)寄信伺服器
(C)檔案伺服器　　　　　　(D)網站伺服器。

( ) **7** 請參考下列情境後回答問題：
老李每天一到公司，進辦公室後立即啟動電腦，螢幕上慢慢的出現Windows作業系統的開機畫面；接著電腦要求老李輸入使用者帳號及密碼，老李隨意敲下了鍵盤的Enter鍵之後，立即進入Windows的桌面。老李接著點選「郵件」圖示，在進入「郵件」視窗之後，點選其中的「傳送／接收」動作，很快的郵件清單一一呈現在老李的眼前。上述老李使用電腦收信的習慣，可能會引發下列何種安全的問題？

(A)任何人均可不經老李同意，開機讀取老李的郵件

(B)郵件程式不明，無法閱讀清單中的郵件

(C)電腦使用者不明，無法登入郵件伺服器

(D)電腦使用者不明，無法正確下載郵件。

(　　) **8** （承上題）考量第7題的安全問題，最經濟的改善方法為何？

(A)裝設自行管理的郵件伺服器

(B)設定個人使用帳號及密碼，並且經常更改密碼

(C)購買不斷電電源供應器，以免停電發生資料損失

(D)加裝遠端遙控軟體，隨時監控辦公室。

(　　) **9** 如果您想連上市政府的網站，但是不知道網址，採用下列哪一項服務最快知道？

(A)電子郵件　　(B)文書處理　　(C)電子試算表　　(D)搜尋引擎。

(　　) **10** 當銀行行員轉帳到你的帳戶時，真正的交易可能是儲存在哪裡？

(A)某個網頁　　　　　　　(B)某台大型主機

(C)某台工作站　　　　　　(D)某台嵌入式電腦。

(　　) **11** 下列何者是預防電腦犯罪急需應做的事項？

(A)資料備份　　　　　　　(B)與警局保持連線

(C)禁止電腦上網　　　　　(D)建立資訊安全管制系統。

(　　) **12** 在網路上傳輸資料，下列通訊協定，何者可傳送電子郵件？

(A)HTTP　(B)NetBEUI　(C)SMTP　(D)SNMP。

(　　) **13** 網路的應用不包含下列何者？

(A)電子競技　　　　　　　(B)網路影音

(C)視訊電話　　　　　　　(D)飛鴿傳書。

(　　) **14** 歐洲電信標準協會（European Telecommunications Standards Institute, ETSI）將物聯網劃分為三個階層，不包含下列哪一層？

(A)網路層　　　　　　　　(B)應用層

(C)感知層　　　　　　　　(D)實體層。

( ) **15** 下列哪一種網際網路的服務最適合用來上傳和下載檔案？
(A)BBS　(B)FTP　(C)Telnet　(D)WWW。

( ) **16** 若某同學的電子郵件位址為cat@ms26.hinet.net，則下列何者為提供服務的郵件伺服器位址？
(A)cat　　　　　　　　　(B)hinet
(C)ms26　　　　　　　　(D)ms26.hinet.net。

( ) **17** 網址裡含有下列哪一種資訊的網頁，代表是政府機關的網頁？
(A)com　(B)edu　(C)gov　(D)org。

( ) **18** 通常商業性公司的網站，網址中會包括：
(A).org　(B).net　(C).com　(D).edu。

( ) **19** 所謂的即時通訊軟體，功能是：
(A)文書處理　(B)即時通訊　(C)編輯網頁　(D)製作多媒體。

( ) **20** 目前在WWW(world wide web)上的網頁所用的文件格式為哪一種？
(A).DOC　(B).HTML　(C).TXT　(D).MDB。

( ) **21** 以下列何種電子郵件系統是Microsoft Internet Explorer所內定的？
(A)elm　　　　　　　　　(B) mail
(C)Outlook Express　　　　(D)Messenger。

( ) **22** 下列哪一項軟體是Microsoft 所出版的網頁編輯軟體？
(A)Word　　　　　　　　(B)FrontPage
(C)PowerPoint　　　　　　(D)Excel。

( ) **23** 下列那一項程式是可用在網路作檔案傳輸的程式
(A)Leechftp　　　　　　　(B)Acrobat
(C)PhotoImpact　　　　　　(D)WinZip。

（　）**24** 架設物聯網的環境時，下列何種問題最需要被注意？
　　　(A)不同的網路媒介　　　　(B)使用者的體驗
　　　(C)資料的傳輸流量　　　　(D)設備的更新。

（　）**25** 下列關於雲端運算以及服務的敘述，何者不適當？
　　　(A)雲端運算是一種分散式運算技術的運用，由多部伺服器進行
　　　　運算和分析
　　　(B)Gmail是由Google公司提供的一種郵件服務，它會自動將網
　　　　際網路中的郵件快速儲存到個人電腦中，以提供使用者離線
　　　　（Off-line）瀏覽所有郵件內容
　　　(C)雲端服務可以提供一些便利的服務，這些服務包含多人可以
　　　　透過瀏覽器同時進行文書編輯工作
　　　(D)使用智慧型手機在臉書上發佈多媒體訊息時，會使用到雲端
　　　　服務。

（　）**26** 近來「雲端運算」（Cloud Computing），是成為科技界熱門的
　　　話題，而下列相關敘述，何者是不正確的？
　　　(A)大規模分散式運算（distributed computing）技術即為「雲端
　　　　運算」的概念起源
　　　(B)由「用戶者端」進行運算分析，構成龐大的「雲端」
　　　(C)最簡單的 雲端運算技術在網路服務中已經隨處可見，例如搜
　　　　尋引擎、網路信箱等，使用者只要 輸入簡單指令即能得到大
　　　　量資訊
　　　(D)未來如手機、PDA等行動裝置都可以透過雲端 運算技術，發
　　　　展出更多的應用服務。

（　）**27** 雲端技術是目前最新的網路應用及平台技術，電腦科學家最常將
　　　雲端技術分成三層，請問下列那一層不是在這三層之中？
　　　(A)DaaS（Data as a Service）─資料即服務
　　　(B)SaaS（Software as a Service）─軟體即服務
　　　(C)PaaS（Platform as a Service）─平台即服務
　　　(D)IaaS（Infrastructure as a Service）─基礎設施即服務。

( ) **28** 消費者自己掌控運作的應用程式，由雲端供應商提供應用程式運作時所需的執行環境、作業系統及硬體，是下列何種雲端運算的服務模式？
(A)基礎架構即服務　　　　(B)平台即服務
(C)軟體即服務　　　　　　(D)資料即服務。

解答與解析

1 (C)。網路瀏覽器主要是將HTML文件轉換成人類看得懂的文字。

2 (A)。FTP為文件傳輸協議，是用於在網路上進行文件傳輸的一套標準協議，FTP軟體可從遠端的主機下載檔案到自己電腦。

3 (C)。E-mail無法傳送實物。

4 (A)。@符號讀作at。

5 (C)。想把電子郵件寄送給許多人，卻又不想讓收件者之間知道寄件人有寄給彼此，可以利用密件副本。

6 (A)。POP3伺服器為收信伺服器。

7 (A)。公用電腦若沒設定使用者帳號及密碼，且郵件軟體已自動記憶帳號及密碼，不再要求輸入資料，則任何人均可不經老李同意，開機讀取老李的郵件。

8 (B)。最經濟、最簡單的改善方法為設定個人使用帳號及密碼，並且經常更改密碼。

9 (D)。欲得知網站的網址，採用搜尋引擎進行關鍵字的搜尋最快知道。

10 (B)。轉帳時的交易會儲存在大型主機裡。

11 (D)。建立資訊安全管制系統，才是預防電腦犯罪的有效方法。

12 (C)。SMTP通訊協定可傳送電子郵件。

13 (D)　　**14 (D)**

15 (B)。FTP為檔案傳輸協定。

16 (D)。@後面的ms26.hinet.net為郵件伺服器位址。

17 (C)。網址裡若有.gov，則表示是供政府機關使用的網域。

18 (C)。商業性公司的網站，通常網址裡會有.com。

19 (B)。即時通訊軟體的功能，是提供即時通訊的服務。

20 (B)。網頁上的文件格式為HTML文件。

21 (C)。Outlook Express是Microsoft Internet Explorer內定的電子郵件系統。

22 (B)。Microsoft 所出版的網頁編輯軟體為FrontPage。

23 (A)。Leechftp為FTP軟體。

24 (A)　　**25 (B)**　　**26 (B)**　　**27 (A)**

28 (B)

第8單元　資通安全

🔍 本單元要點

讀完本單元，你將會學到：

1 資訊安全的特性

2 電腦病毒的特徵
   (1) 傳播性、隱蔽性
   (2) 感染性、潛伏性
   (3) 可激發性、表現性
   (4) 破換性

3 電腦病毒的類型
   (1) 開機型病毒
   (2) 檔案型病毒
   (3) 複合型病毒

   (4) 千面人病毒
   (5) 巨集型病毒

4 防毒軟體

5 防火牆

6 電腦保密的觀念和對策

7 加密解密的技術
   (1) 數位簽章
   (2) 數位信封
   (3) 數位憑證

8 網路攻擊類型

🔍 焦點掃描

焦點一▶ 資訊安全的特性

主要探討資訊安全三要素的重要，分別為機密性、完整性及可用性，其他衍伸出的特性，還包含不可否認性、身分鑑定及權限控制，下面會說明資安三要素的內容。

1. 機密性（Confidentiality）：

資料傳輸的過程中，必須確保不被<u>第三方</u>得知內容，重點在於加密的重要性。

2. 完整性（Integrity）：

保證資料從甲方傳出，而乙方得到的是完整的資料內容，沒有被竄改過，透過數位簽章的方式，保持資料的完整性。

3. 可用性（Availability）：

對於需要資料的使用者，能**快速地確認身分**，透過身分認證的方式，確保資料不會落入他人之手。

焦點二 ▶ **電腦病毒簡介**

1. 電腦病毒，是指編製或者在電腦程式中插入的破壞電腦功能或者毀壞數據，影響電腦使用，並能自我複製的一組電腦指令或者程式代碼。換句話說，病毒是附著在應用程式上的一組程式碼，會在該應用程式執行時傳播的程式。

2. 病毒的主要特徵

傳播性	某些病毒會自動複製，並發群組信給電子郵件軟體中的通訊錄成員。
隱蔽性	病毒的檔案大小通常不大，因此除了傳播快速之外，隱蔽性也極強，不易被發現。
感染性	某些病毒具有感染性，比如感染中毒用戶電腦上的可執行文件，如exe、bat、scr、com格式，通過這種方法達到自我複製的功能。
潛伏性	部分病毒有一定的「潛伏期」，在特定的日子，如某個節日或者星期幾按時爆發。

可激發性	根據病毒作者的「需求」，設置觸發病毒攻擊的「玄機」。一旦觸發後，就中毒了。
表現性	病毒運行後，會按照作者的設計，產生一定的表現特徵。
破壞性	某些威力強大的病毒，運行後會直接格式化用戶的硬碟，或造成BIOS的毀損。

3. 常見的病毒類型

開機型病毒	顧名思義，就是透過開機而傳染的病毒。它會感染磁碟的開機區，當使用者用有毒的磁片或是硬碟開機，那麼整個作業系統將會處於病毒控制之下，以後只要使用者放入新的磁片使用，磁片就會中毒，再把這張磁片拿到其他電腦A槽開機時，硬碟也會中毒。 中了開機型病毒的話，也較容易殺掉，不過它所造成的災害卻比檔案型來得嚴重，一次很可能就毀掉整個硬碟。
檔案型病毒	純粹感染檔案的病毒。所感染的檔案類型大部份是可執行檔，如.COM、.EXE、.SYS、.BAT、.OVL等等。當使用者的電腦中毒之後，只要再執行其他的程式，病毒就會把自己複製到程式之中，如此不斷的複製與感染，病毒便可以永久生存下去。而且，一個檔案有可能會中很多個病毒。 檔案型的病毒較難加以清除，因為檔案型病毒的感染方式有千百種，而且很可能一次就有好幾百個檔案中毒。
開機與檔案複合型病毒	就是綜合開機型以及檔案型特性的病毒，此種病毒透過這兩種方式來感染，更加速了病毒的傳染性以及存活率，也較難殺掉。
千面人病毒	千面人病毒，乃指具有「自我編碼」能力的病毒，其目的在使其感染的每一個檔案，看起來皆不一樣，以干擾掃毒軟體的偵測。
巨集型病毒	這一種病毒是可以跨平台感染的病毒，與一般的執行檔病毒不同。巨集型病毒主要利用軟體本身所提供的巨集能力來設計，所以凡是具有寫巨集能力的軟體都有巨集病毒存在的可能，如Word、Excel等軟體。

勒索病毒	算是病毒的變化形式,跟一般病毒不同,它不會癱瘓電腦的運作,只是將所有電腦中存放的資料,都加密包裝,讓資料無法讀取及使用,而解決的方法有兩種,第一是付給駭客所提出的贖金,請駭客解密,但這種方法不保證駭客一定會解密,第二種是定期將電腦中的資料,做異地備份或將重要資料自行加密後,存放在雲端空間,以確保中勒索病毒後,重灌電腦能自行將原有資料找回。

焦點三 防毒軟體

防毒軟體,是一種用來清除電腦病毒、特洛伊木馬程式和惡意軟體的軟體。

防毒軟體通常包含了監控識別、病毒掃瞄、清除和自動升級等等功能,執行時則是會時時監控和掃瞄磁碟,部分的防毒軟體還具有防火牆的功能。

知名的防毒軟體,有Norton AntiVirus(賽門鐵克)、PC-cillin(趨勢科技)、卡巴斯基(Kaspersky Anti-Virus)等等,在網路上也可以找到不少免費掃毒的軟體。

焦點四 防火牆

1. 防火牆:
就是一個位於電腦和它所連接的網路之間的軟體,而該電腦流入流出的所有網路通信均要經過此防火牆,由防火牆進行過濾。

2. 防火牆的功能:
防火牆對流經它的網路通信進行掃瞄來過濾掉一些攻擊,以免這些攻擊成功。防火牆還可以關閉不使用的網路埠,並禁止特定埠的流出通信,封鎖特洛伊木馬。最後,它還可以禁止來自特殊網站的來訪,從而避免來自不明入侵者的所有通信。

以比較專業的術語來說，防火牆可以防止封包從Internet（網際網路）進入到LAN（區域網路）、防止封包從LAN進入Internet、防止服務請求從Internet到達LAN上的某台電腦。

3. **防火牆有許多不同的類型。**一個防火牆可以是硬體的一部分，也可以在一個獨立的機器上運行，該機器作為它背後網路中所有電腦的代理和防火牆。如果是直接連上網路的電腦，通常是使用個人防火牆。

焦點五　電腦資料保密

1. **保密的觀念**

   網路交易充斥各式各樣的危機，大致上可以分為四種：
   (1) 被他人冒名傳送訊息。
   (2) 被他人竄改訊息內容。
   (3) 送方否認送出訊息、收方否認收到訊息。
   (4) 被他人監看訊息內容。

2. **其對策是：**

   (1) 身分需要確認（Authentication）。
   (2) 資料需要完整（Integrity）。
   (3) 交易需要不可否認（Non-repudiation）。
   (4) 資料需要隱密（Confidentiality）。

   在討論對策該怎麼實行前，最基本的技術就是：要有一套保密的措施，除了要避免被別人偷看外，還要做到就算是被偷看到，對方也看不懂，這就有賴「加密」的技術了！

   加密最簡單的觀念就是把要傳送的檔案裡的每一個字元替換成別的字元，甚至還變更字元的次序，加入新的字元，或是壓縮字元，使得整份文件變成不知所云，別人想要看也看不懂。

3.加密解密的技術：

(1) XOR加密解密的原理。

(2) 對稱金鑰密碼系統。

(3) 非對稱金鑰密碼系統。

公開金鑰架構（PKI）	
數位簽章	加上自己的簽章，確保了交易的不可否認性，防止有心人士偽造文件。
數位信封	把經過數位簽章的文件加密一次，使有心人士沒有辦法由加密的文件移去數位簽章。
數位憑證 Digital Certificate	數位憑證又稱為電子憑證，由憑證中心（CA）發出，用來跟別人保證你的身分。憑證含有資訊，可以保護資料或在對其他電腦連線時建立安全保護，使資料傳送達到資料之隱密性、身份確認及不可否認性等安全需求。除了可以增加資料傳送的安全之外，更可以確保文件不會被篡改、不法者無法冒名送文件，資料傳送有糾紛時，也可以有相關證據資料做為仲裁的依據。

焦點六　常見的網路攻擊類型

攻擊類型	入侵方式	如何防範
阻斷式服務攻擊／分散式阻斷服務	攻擊目的是癱瘓伺服器或主機系統的運作，在短時間內對特定網站或伺服器，傳送大量封包，使該網站處理大量資料而癱瘓，讓其他使用者無法連結進去，分散式阻斷則是透過殭屍電腦進行上述攻擊。	定期更新作業系統，避免漏洞被攻擊，以及使用防火牆對封包進行過濾。

攻擊類型	入侵方式	如何防範
特洛伊木馬	以E-mail的附件檔為傳播途徑，啟動附件檔後，會在電腦中設置「後門」，此後門會與遠端的伺服器連結，將使用者的資料傳送過去，或是入侵者由此後門進入電腦，來竊取資料並且破壞使用者的電腦。	避免開啟來路不明的檔案，E-mail的附件檔在開啟時先用防毒軟體進行檢查。
零時差攻擊	指應用程式或是系統出現漏洞及危險時，修補程式尚未發布或更新，亦或是工程師還在撰寫補丁的這段空窗時間，所進行惡意攻擊的行為。	工程師隨時監控系統狀態；即時更新軟體及系統；或是在發現危險漏洞時，先暫停系統運作。
邏輯炸彈	程式中加入惡意指令，在一般情況下不會發作，遇到特殊狀況或日期，才會進行資料及檔案的破壞。	使用防火牆進行系統防護，或是對程式進行檢查及監控。
郵件炸彈	在短時間內向同一郵件地址，發送大量電子信件，使該地址的網路或郵件系統被癱瘓。	對收發信件進行過濾。
作業系統或伺服器漏洞	專門針對作業系統的漏洞進行攻擊。	隨時進行系統更新，加裝防毒軟體及防火牆彌補漏洞。
網路釣魚	使用E-mail或是網路廣告，發布假冒的知名網站連結，誘使不知道的使用者進入後，騙取輸入帳號密碼或是信用卡號碼等重要資料。	瀏覽器加裝安全監控，不要點擊來路不明的E-mail附件及網路廣告。
間諜程式	跟木馬有點類似，都是會竊取使用者資料到遠端伺服器，不過間諜程式則會偽裝，讓使用者以為是正常的應用程式，而對該程式放鬆警戒。	避免安裝來路不明的應用程式，使用防毒軟體對程式進行監控。

攻擊類型	入侵方式	如何防範
資料竄改	電腦中的檔案被攻擊者任意竄改，甚至竄改電子商務及銀行等交易紀錄。	使用防火牆進行系統防護，或是將重要資料，存放在無法立即連線的空間。
臘腸術攻擊	每次攻擊都只有一小部分，長久累積造成大規模的侵害。	使用防火牆進行系統防護
殭屍電腦	被遠端控制程式所挾持的電腦，攻擊者透過殭屍電腦做為跳板，進行其他的攻擊行為，使追查難度增高。	使用防毒軟體加強防護。
社交工程	利用網路上人與人之間的交流，騙取個人重要資料，或是公司內的機密資料。	避免在網路上公開及傳送重要資料，公司定期對員工做教育訓練，對詐騙及話術有所警覺。

精選試題

( ) **1** 附著在應用程式上的一組程式碼，會在該應用程式執行時傳播的程式被稱為？
(A)病毒
(B)蠕蟲
(C)特洛依木馬
(D)間諜軟體。

( ) **2** 為防止電腦中毒，下列何者為正確的作法？
(A)使用來路不明的軟體
(B)接收及開啟來路不明的電子郵件
(C)任意上網下載軟體
(D)定期備份資料。

( ) **3** 電腦病毒在什麼情況下可以快速散播？
(A)在磁碟和檔案可以自由流通傳遞的環境中
(B)在於被當作電子郵件附件檔案的文件中
(C)在感染的共享軟體或免費軟體被下載到PC時
(D)以上皆是。

( ) **4** 防火牆的功能？
(A)防止封包從Internet進入到LAN
(B)防止封包從LAN進入Internet
(C)防止服務請求從Internet到達LAN上的某台電腦
(D)以上皆是。

( ) **5** 在病毒猖狂的網路世界中，除了不使用來路不明的軟體外，下列何種方法對防止病毒最為有效？
(A)不用硬碟開機
(B)不接收垃圾電子郵件
(C)不上違法網站
(D)經常更新防毒軟體，啟動防毒軟體掃瞄病毒。

(　)　**6** 潛藏在.COM或.EXE檔案中，並且會感染其他檔案的病毒屬於哪
一種型式？
(A)巨集型　　　　　　　　(B)檔案型
(C)特洛依木馬　　　　　　(D)混合型。

(　)　**7** 為了防止天災人禍對資訊系統的損害，應該做怎樣的防護措施？
(A)定期將資訊系統備份
(B)將資訊系統的備份另存其他安全的地點
(C)管制作業人員
(D)以上皆是。

(　)　**8** 以下何者不是電腦犯罪行為？
(A)郵件炸彈
(B)在E-mail中附加病毒
(C)下載共享軟體（shareware）
(D)任意複製與散播付費軟體。

(　)　**9** 病毒隱藏在以EXE或COM為延伸檔名的檔案是哪一種病毒？
(A)開機型病毒　　　　　　(B)檔案型病毒
(C)混合型病毒　　　　　　(D)巨集型病毒。

(　)　**10** 下列哪一種延伸檔名的檔案是安全，比較不可能含有病毒的？
(A)DOC　　　　　　　　　(B)TXT
(C)EXE　　　　　　　　　(D)COM。

(　)　**11** 下列何者可能使病毒透過網路感染電腦？
(A)讀取電子郵件　　　　　(B)瀏覽網頁
(C)執行下載的檔案　　　　(D)以上皆是。

(　)　**12** 下列何者最主要的用途是作為資訊安全防護設備？
(A)防火牆（Firewall）　　　(B)代理伺服器（Proxy Server）
(C)瀏覽器（Browser）　　　(D)交換器（Switch）。

（　　）**13** 下列哪一種身分驗證方法的安全性（Security）最高？
　　(A)查驗國民身分證　　　　　(B)查驗生物特徵
　　(C)使用通行碼系統　　　　　(D)簽字。

（　　）**14** 下列何者之功能是網路防火牆(Firewall)所無法提供的？
　　(A)流量管理稽核　　　　　　(B)集中安全控管
　　(C)用戶身分管理　　　　　　(D)阻絕異常存取。

（　　）**15** 下列何者不是資訊安全的目的？
　　(A)完整性　　　　　　　　　(B)可否認性
　　(C)隱密性　　　　　　　　　(D)鑑別性。

（　　）**16** 下列何者不是防毒軟體？
　　(A)kaspersky Anti-Virus　　　(B)Avira Antivirus
　　(C)Nero Antivirus　　　　　　(D)ESET NOD32 Antivirus。

（　　）**17** 為了保護網路上的資訊安全通常我們都利用何種方式來達成？
　　(A)將傳輸的速度加快
　　(B)將傳輸的距離縮短
　　(C)將傳輸的資料加密
　　(D)將傳輸的資料壓縮。

（　　）**18** 網路資料取得容易，下列何種方式無法阻止個人資料遭到外洩？
　　(A)學校公布榜單時，應避免公布完整姓名
　　(B)只要是網站申請會員有需要，我們都可以將身分證影本上傳
　　(C)經營網站時，必須遵守隱私權政策
　　(D)工程師在建置有資料庫的網站時，應避免將會員本名及身分
　　　證字號，與會員帳號密碼存放在同一個區域。

（　　）**19** 由於近年來詐騙活動頻傳，因此政府成立數位發展部，對於網路
　　電信相關的詐騙活動予以監視及糾舉，但成效尚不明顯，因此多
　　家私人企業，皆希望提升公司內部的資訊安全管理，企業資訊部
　　門也都相繼提出眾多想法與意見，試問以下何者對於資訊安全沒
　　有助益？

(A)影印列印事務機，使用門禁卡進行刷卡管制，單一員工卡對應單一電腦使用列印傳輸功能

(B)提升公司內部防火牆等級，並重視公司內部的資料傳輸管道

(C)定期舉辦員工資訊安全教育訓練

(D)員工因為記不住眾多的公司軟體及系統的密碼，因此讓員工將密碼寫在便利貼上黏貼於螢幕邊框。

解答與解析

1 (A)。附著在應用程式上的一組程式碼，會在該應用程式執行時傳播的程式為病毒。

2 (D)。為防止電腦中毒，應避免(A)、(B)、(C)項的行為，且應(D)定期備份資料。

3 (D)。在(A)、(B)、(C)等選項所描述的情況下，電腦病毒皆可快速散播。

4 (D)。防火牆可防止封包從Internet進入到LAN、防止封包從LAN進入Internet、防止服務請求從Internet到達LAN上的某台電腦。

5 (D)。經常更新防毒軟體，啟動防毒軟體掃瞄病毒，對防止病毒最為有效。

6 (B)。潛藏在.COM或.EXE檔案中，並且會感染其他檔案的是檔案型病毒。

7 (D)。定期將資訊系統備份、將資訊系統的備份另存其他安全的地點、管制作業人員，都是應該採取的防護措施。

8 (C)。四個選項中，只有下載共享軟體不是電腦犯罪行為。

共享軟體是指有免費提供試用版的軟體（試用版是對正式版進行限制後的版本，至於限制在哪，則依軟體的不同而各有不同，有的軟體是限制使用期限，有的軟體則是鎖住部分功能）。下載共享軟體的指的即是免費試用版，並不會造成犯罪行為。

9 (B)。檔案型病毒會隱藏在以EXE或COM為延伸檔名的檔案。

10 (B)。以TXT為延伸檔名的檔案是比較安全的。

11 (D)。讀取電子郵件、瀏覽網頁、執行下載的檔案，均可能使病毒透過網路感染電腦。

12 (A)。防火牆的主要用途是作為資訊安全防護設備，其餘三者都是網路設備。

13 (B)。查驗生物特徵的安全性最高。

14 (C)。網路防火牆無法提供用戶身分管理。

15 (B)　**16 (C)**　**17 (C)**　**18 (B)**
19 (D)

第9單元 其他電腦相關常識

課前提要

這一個單元是做為最後的補充之用,一些不屬於前面那些單元,但又須注意的考題、常見名詞會在這裡出現,請務必熟記這些名詞喔!

🔍 本單元要點

讀完本單元,你將會學到:

1 電子商務

2 電子商務交易方式
   (1) B2B
   (2) B2C
   (3) C2C

3 考題常出現的一些名詞簡介
   (1) **軟體類別**:共享、免費、開放原碼、公共財
   (2) **虛擬網路技術**:VR、VM、虛擬磁碟機、VPN、VAN、VoIP、VOD
   (3) **企業管理資訊系統**:DSS、SCM、CRM、ERP、EDI、OA
   (4) **電腦輔助技術**:CIM、CAD、CAM、CAE、CAI、CASE
   (5) **資料庫**:DB、DBA、DBMS
   (6) **電子商務**:SET、SSL

焦點掃描

焦點一　電子商務

1. 所謂的「電子商務」（E-Business），是指整個商業活動的電子化。

2. 電子商務交易方式有以下幾種：

B2B	企業對企業透過電子商務的方式進行交易。
B2C	一種網路交易的方式，是公司對個人的交易形式。
C2C	一種網路交易的方式，是個人對個人的交易形式。例如露天拍賣、Yahoo!和其他網上拍賣網站。

3. 電子商務採用 SET 協議，是為了確保交易的安全。

4. 在電子商務中，確認訊息來源的服務機制是數位簽章。

5. 電子商務的 4 流：

電子商務的架構	概述
物流	指實際商品從生產者運送到購買者手中，其中包含將產品從自家倉儲進行包裝後，送至物流公司的倉儲，再由物流公司，將商品配送到消費者指定的地方進行收貨；而數位商品則較簡單，只需在付款後進行下載安裝即可。
金流	泛指在電子商務中資金的移轉過程，及移轉過程的安全規範，以下列舉常見的付款方式：(1)線上刷卡或轉帳。(2)貨到付款。(3)第三方支付。(4)電子錢包。(5)匯款或劃撥。(6)ATM轉帳。
商流	指購買行為中，商品所有權的移轉過程及商業策略，其中包含商品的研發、行銷策略、各種進銷存管理等。

電子商務 的架構	概述
資訊流	主要指電子商務中，所有的訊息流通，例如：商品資訊、消費者的購買過程、訂單資訊、商品的物流資料等。

6. 電子商務的付費方式

付費方式	運作說明	範例
信用卡	一般實體信用卡可以直接於線下消費，線上則是使用信用卡的卡號進行支付，雖然不需要帳戶或憑證，但需要注意被盜刷的風險。	郵政Visa金融卡
第三方支付	透過獨立的第三方進行帳款確認，在收到商品後將款項撥付給賣方，好處是可以確保買方免於被賣方詐騙，也可確保賣方可以確實收到帳款。	歐付寶、 PChomePay支付連
行動支付	運用手機的無線技術或是綁定信用卡進行付款。	Line Pay、Apple Pay、Google Pay等

7. OTP 及 3-D 驗證：

(1) OTP（One-Time Password，一次性密碼）：OTP是用於身份驗證的安全機制，一般由系統產生，只能使用一次，用來確保在特定交易或登入過程中的安全性；使用者在需要身份驗證的情況下，系統生成一組獨特的一次性密碼，通常以簡訊、APP應用程式或電子郵件等方式發送給使用者，使用者在一定時間內必須輸入這組密碼，以完成身份驗證。

(2) 3D驗證（3D Secure）：3D驗證是用於信用卡交易的安全標準，目的是提高在線交易的安全性，降低信用卡被盜刷的風險；在進行線上交易時，如果店家使用3D驗證，持卡人需要在交易過程中進行額外的身份驗證，通常涉及向發卡銀行發送一次性密碼或需要輸入預先設定的密碼。

焦點二 常用名詞簡介

說明：在一般資訊概論考試中常常會在考題中出現名詞解釋，這類考題範圍包羅萬象，如果平時沒有常常接觸相關資訊文章則很難在考試時拿到分數。其實，這些名詞解釋題目通常不會過於艱深，只要平時在研讀與練習題目時，一但看到新的名詞就把立刻抄寫在筆記中，並且將性質類似的名詞根據自己的定義歸類後記錄在一起，這樣在複習的時候更可以進一步達到融會貫通的效果。以下根據考古題整理出常見的電腦常識相關名詞，其群組分類方式亦可提供同學在建立自己筆記時的參考。

1. 軟體類別

共享軟體 （shareware）	通常由軟體公司或個人工作室所開發的應用軟體，允許使用者下載後使用，可以先試用其全部或部分功能一段時間，試用期滿後需向該軟體開發之廠商或個人工作室付費取得正式版的授權，否則有可能無法繼續使用該軟體。
免費軟體 （freeware）	免費軟體則可讓使用者自由下載後安裝使用，不需付費購買。
開放原始碼軟體 （open source software）	此類軟體將其程式碼完全公開，使用者可下載後在不違反授權條約的前提下，自由的修改軟體程式碼開發新的功能。例如Linux即是屬於開放原始碼的一種作業系統。
公共財軟體 （public domain software）	為經軟體著作權人放棄著作權的軟體，可自由的下載、修改。

2. 虛擬 & 網路服務技術

VR，虛擬實境 （Virtual Reality）	讓使用者操作系統時感受如同身處於真實世界的資訊技術，可運用於飛機練習模擬器、互動電影、教學、電玩等領域。

VM，虛擬記憶體 （Virtual Memory）	把磁碟空間暫時作為記憶體來運用的技術，可擴充系統可使用的記憶體容量。
虛擬磁碟機 （Virtual Disk）	把記憶體分割出一個空間暫時作為磁碟機的一種技術。
VPN，虛擬私人網路 （Virtual Private Network）	或稱為虛擬企業網路，於公開的網路上提供一個安全私人通訊的技術，主要運用於跨國企業或企業分散子公司間的網路通訊，其特色為不需重新建立一套實體的網路即可擁有專屬網路的服務，通道的建立需要經過編碼與認證。
VAN，加值網路 （Value-added network）	利用網路設施進行額外的附加服務，例如：電子會議。
VoIP，網路語音傳遞技術 （Voice over Internet Protocol）	將語音資料壓縮轉換為資料封包在網路上進行傳輸的技術，可提供網路電話服務。
VOD，隨選視訊系統 （Video on Demand）	透過網路串流的傳輸，讓使用者可以隨時根據自己喜好選擇喜歡的影音節目來欣賞。

3. 企業管理相關資訊系統

DSS，決策支援系統 （Decision support systems）	為一可提供資訊並協助管理者做決策的互動式資訊系統。
SCM，供應練管理 （Supply Chain Management）	作為相關連上下游企業、協力廠商等進行策略採購、規劃、執行等應用的資訊管理平台。
CRM	顧客關係管理（Customer Relationship Management）的簡稱。
ERP，企業資源規劃 （Enterprise Resource Planning）	用以整合企業內各部門資訊與資源規劃的平台。

EDI，電子資料交換 （Electronic Data Interchange）	企業間進行電腦與電腦間文件交換的電子標準。
OA	辦公室自動化（Office Automation）的簡稱。

4. 電腦輔助技術

CIM	電腦整合製造（Computer Integrated Manufacturing）的簡稱。
CAD	電腦輔助設計（Computer-aided design）的簡稱。
CAM	電腦輔助製造（Computer-aided manufacturing）的簡稱。
CAE	電腦輔助工程分析（computer-aided engineering）的簡稱。
CAI	電腦輔助教學（Computer-Assisted Instruction）的簡稱。
CASE	電腦輔助軟體工程（Computer Aided Software Engineering）的簡稱。

5. 自動駕駛汽車：

就如同字面意思，但是其自動程度有不同分級，從L0~L5共分六級，L0為無自駕功能、L1電腦對車輛操作只有一到兩項功能、L2電腦對車輛進行多項功能控制、L3大部分的車輛操作都可由電腦控制、L4還需要人類進行一定機率的介入操控L5完全不需要人類進行操作。

6. RFID：

全名為Radio Frequency Identification（無線射頻辨識），透過無線電訊號辨識特定的目標數據，**不需要**與目標物建立實體接觸，RFID常應用於悠遊卡、門禁卡、信用卡及電子收費等。

7. 3D 列印：

指可以列印**三維**物體的技術，又稱**積層製造**，列印過程就是不停地添加原料進行堆積，原料包含熱塑性塑料、橡膠、金屬合金及石膏等。

8. 電子好球帶：

使用**高速攝影機**及**電腦模擬**對快速移動的球體進行拍攝追蹤，能夠準確定位球的行進軌跡及位置，讓觀眾知道棒球比賽中，投手投出的球是否有進入好球帶。

9. ESG：

ESG代表環境（Environment）、社會（Social）、和治理（Governance）三個方面，是一種用於評估企業綜合表現的框架和指標；這些概念強調企業在環境、社會和治理方面的責任，並體現可持續發展的經營原則。

10. 區塊鏈：

藉由密碼學串接及保護串聯在一起的資料紀錄，每一個區塊皆包含前一個區塊的加密函數、交易訊息及時間，因此紀錄在區塊中的資料具有難以篡改的特性且紀錄永久皆可查驗，此技術目前主要運用於虛擬貨幣。

11. NFT：

全名為非同質化代幣（英文：Non-Fungible Token），是指區塊鏈數位帳本的資料單位，每個代幣都可代表為一個特殊單一的數位資料，用於數位商品或是虛擬商品的所有權電子認證；因為具有不可互換的特性，NFT可以作為數位資產的代表認證，例如：藝術品、影像、遊戲創作等創意作品，只要將作品使用區塊鏈技術紀錄後，就可以在區塊鏈上被完整追蹤，可以有效地提供作品所有權的證明。

12. 元宇宙：

泛指在虛擬世界中所創造的社交環境，主要探討虛擬世界的持久性及去中心化，可以透過擴增實境裝置、手機、電腦及電子遊戲機進入虛擬世界；此技術在房地產、飛行教學、遊戲及商業等領域，都是具有未來的發展潛力；在電影駭客任務中的「母體」，就是元宇宙的典型應用之一。

13. 資料庫相關：

(1) DB**資料庫**（DataBase）：為特定目的所規劃設計的資料結合。

(2) DBA**資料庫管理員**（Database administrator）：主要任務為負責管理DBMS與其資料。

(3) DBMS**資料庫管理系統**（Data Base Management System）：一系列
管理與維護資料庫的程式。

14. 縮寫字相似易混淆名詞：

(1) GIS，**地理資訊系統**（Geographic Information System）：將各種地
理資訊架構成一地理資料庫，成為一套完整資訊化地理資訊服務的
系統。

(2) GPS，**全球衛星定位系統**（Global Positioning System）：接收衛星
訊號進行定位的系統，可提供交通工具的導航應用。

(3) GSM，**全球行動通訊系統**（Global System for Mobile Communica-
tions）：為第二代行動通信技術。

(4) GPRS，**一般分封無線服務**（General Packet Radio Service）：於
GSM系統中提供封包交換服務的一種技術。

15. 電子商務交易：

(1) SET，**安全電子交易**（Secure Electronic Transaction）：為一種電子
商務交易安全機制，由Visa、Master等信用卡公司結合相關網路軟體
廠商如IBM、微軟等共同制訂而成，用來保護網路上付款交易的安
全性。

(2) SSL，**安全套層**（Secure Socket Layer）：為Netscape針對在網路上
資料交換的安全傳輸環境所發展出來的通訊協定，使用時網址列會
改為https://的協定。

16. 其他常見名詞：

(1) 3C：為電腦（Computer）、通訊（Communication）和消費性電子
（Consumer Electronic）等產品的總稱。

(2) AI，**人工智慧**(Artificial intelligence）：其最重要的兩個研究項目為
自然語言與專家系統。

精選試題

( )　**1** 企業與消費者之間的電子商務簡稱為
(A)B2B　　　　　　　　(B)C2C
(C)B2C　　　　　　　　(D)C2B。

( )　**2** 人工智慧最重要的兩個研究項目：
(A)自然語言、專家系統　　(B)自動控制、專家系統
(C)機器人、專家系統　　　(D)機器人、自然語言。

( )　**3** 教師為提昇教學品質，利用電腦從事輔助教學，簡稱：
(A)CAD　　　　　　　　(B)CAI
(C)CAN　　　　　　　　(D)CNC。

( )　**4** 下列何者為辦公室自動化的縮寫？
(A)CAM　　　　　　　　(B)OA
(C)CAD　　　　　　　　(D)AI。

( )　**5** 以電腦為基礎，提供分析結果、並協助管理者掌握未來的互動系統稱之為：
(A)辦公室軟體　　　　　(B)資料庫
(C)作業系統　　　　　　(D)決策支援系統。

( )　**6** 利用相互連結的電腦和通訊科技互相通訊，團體工作將不再受限於具體的牆壁或是物理上的空間，以此技術應用於辦公室稱之為：
(A)虛擬辦公室　　　　　(B)角色扮演
(C)模擬城市　　　　　　(D)辦公室自動化。

( )　**7** 「電腦輔助製造」的英文縮寫為：
(A)CAI　　　　　　　　(B)CAM
(C)CAD　　　　　　　　(D)CAC。

( ) **8** 下列何者用來確認所在位置，也可以用來標示地圖位置？
(A)GSM (B)GPS
(C)PHS (D)ISP。

( ) **9** 電子商務C2C（Consumer to Consumer）興起的主要因素為何？
(A)網際網路的便捷 (B)ATM自動轉帳的快速
(C)數位簽章的保證 (D)MSN的普及。

( ) **10** 下列何者最主要是利用電腦軟硬體來模擬真實世界？
(A)視訊會議（Video Conference）
(B)遠距教學（Distance Learning）
(C)資訊家電（Information Appliances）
(D)虛擬實境（Virtual Reality）。

( ) **11** 下列哪一種電子商務的安全機制，是由Visa、Master等信用卡公司與某些網路軟硬體廠商所共同制訂？
(A)ATM（Automated Teller Machine）
(B)DS（Digital Signature）
(C)SET（Secure Electronic Transaction）
(D)SSL（Secure Socket Layer）。

( ) **12** 電子商務採用SET最主要的原因是：
(A)備份資料 (B)確保交易安全
(C)防止病毒 (D)確保資料庫的正確性。

( ) **13** 下列有關電子商務（E-commerce）的敘述何者有誤？
(A)它必須透過無線網路進行
(B)它是將網際網路與全球資訊網應用至商務
(C)它的資料傳輸、處理及儲存均應重視安全（Security）
(D)它可以縮短交易時程。

( ) **14** 企業對企業的投標下單是屬於那一種類型的電子商務：
(A)B2B (B)B2C
(C)C2B (D)C2D。

（　）**15** 在電子商務中，欲確認訊息來源，所使用的是：
　　　(A)對稱式加密　　　　　　(B)數位簽章
　　　(C)Unicode　　　　　　　(D)資料採礦（Data Mining）。

（　）**16** 電腦輔助設計的簡稱為：
　　　(A)CAI　　　　　　　　　(B)CAD
　　　(C)CAU　　　　　　　　　(D)CTD。

（　）**17** 公司對個人的交易方式，簡稱為：
　　　(A)C2C　　　　　　　　　(B)C2B
　　　(C)B2C　　　　　　　　　(D)B2B。

（　）**18** F1一級方程式賽車為了避免駕駛及車輛的危險及損失，會使用下
　　　列何種電腦科技進行訓練？
　　　(A)電腦輔助教學（CAI）
　　　(B)虛擬實境（VR）
　　　(C)GPS
　　　(D)自駕車系統（Autonomous cars）。

（　）**19** 小瑜在放學後，到手搖飲料店購買飲料，看到前面的顧客拿著手
　　　機螢幕給店員操作，請問下列敘述行為何者最不可能？
　　　(A)請店員掃取手機電子發票條碼
　　　(B)使用行動支付條碼給店員確認
　　　(C)使用店家的電子優惠券
　　　(D)手機壞掉請店員修理。

（　）**20** 下列哪一個選項與虛擬實境完全沒有關係？
　　　(A)HR　　　　　　　　　　(B)XR
　　　(C)AR　　　　　　　　　　(D)MR。

解答與解析

1 (C)。企業與消費者之間的電子商務簡稱為B2C。

2 (A)。人工智慧最重要的兩個研究項目為自然語言和專家系統。

3 (B)。電腦輔助教學簡稱CAI。

4 (B)。OA為辦公室自動化的縮寫。

5 (D)。以電腦為基礎,提供分析結果、並協助管理者掌握未來的互動系統稱之為決策支援系統。

6 (A)。題目所述之技術應用於辦公室稱之為虛擬辦公室。

7 (B)。「電腦輔助製造」的英文縮寫為CAM。

8 (B)。全球衛星定位系統(GPS)的功能是用來確認所在位置,也可以用來標示地圖位置。

9 (A)。電子商務C2C興起的主要因素是由於網際網路的便捷。

10 (D)。虛擬實境主要利用電腦軟硬體來摸擬真實世界。

11 (C)。SET是由Visa、Master等信用卡公司和網路軟硬體廠商共同制訂的電子商務安全機制。

12 (B)。電子商務採用SET最主要的原因是確保交易安全。

13 (A)。電子商務不一定得透過無線網路進行。

14 (A)。企業對企業的交易是屬於B2B。

15 (B)。在電子商務中,使用數位簽章來確認訊息來源。

16 (B)。電腦輔助設計簡稱為CAD。

17 (C)。公司對個人的交易方式簡稱為B2C。

18 (B)　　19 (D)　　20 (A)

第10單元 模擬試題彙編

第一回

( )　**1** 在電腦上，可以儲存、編輯、列印文件的軟體是？
(A)電子試算表軟體　　　　(B)網路瀏覽軟體
(C)文書處理軟體　　　　　(D)資料庫軟體。

( )　**2** 以下何者不為作業系統？
(A)PowerPoint　　　　　(B)Windows 11
(C)Linux　　　　　　　(D)Mac OS。

( )　**3** 手機上網的協定是？
(A)HTTP　　　　　　　(B)TCP
(C)GPS　　　　　　　　(D)WAP。

( )　**4** 將電晶體、電阻、二極體等等電路的所有元件，濃縮在一個矽晶
片上之電腦元件為？
(A)真空管　　　　　　　(B)電晶體
(C)積體電路　　　　　　(D)中央處理單元。

( )　**5** 何者不是網路的傳送媒介？
(A)同軸電纜　　　　　　(B)雙絞線
(C)電線　　　　　　　　(D)以上皆可。

( )　**6** Windows系統中，哪一種工具可以整理磁碟，以提升讀取資料的
速度？
(A)磁碟壓縮工具　　　　(B)磁碟格式化程式
(C)磁碟重組工具　　　　(D)磁碟掃瞄工具。

( )　**7** CPU由哪兩個部分所組成？
(A)控制單元和記憶單元
(B)算術邏輯運算單元和記憶單元

(C)控制單元和輸入單元
(D)算術邏輯運算單元和控制單元。

(　)　**8**　BASIC程式語言是屬於：
(A)低階語言　　　　　　(B)機器語言
(C)高階語言　　　　　　(D)第四代語言。

(　)　**9**　下列何者不是應用軟體？
(A)作業系統　　　　　　(B)庫存管理系統
(C)成績處理系統　　　　(D)套裝軟體。

(　)　**10**　Windows 11作業系統是下列哪家公司的產品？
(A)IBM　　　　　　　　(B)Microsoft
(C)Intel　　　　　　　　(D)Apple。

(　)　**11**　網路的交易，充斥了各種危機，包括：
(A)被他人冒名傳送訊息　(B)被他人監看訊息內容
(C)被他人竄改訊息內容　(D)以上皆是。

(　)　**12**　個人對個人的交易形式，簡稱為：
(A)B2B　　　　　　　　(B)B2C
(C)C2B　　　　　　　　(D)C2C。

(　)　**13**　Windows刪除的檔案暫存於何處？
(A)資源回收筒　　　　　(B)檔案總管
(C)我的公事包　　　　　(D)我的文件夾。

(　)　**14**　常被用來儲存開機程式的記憶體是
(A)ROM　　　　　　　　(B)RAM
(C)快取記憶體　　　　　(D)虛擬記憶體。

(　)　**15**　Windows 10是由何者演變而成？
(A)DOS　　　　　　　　(B)Windows 7
(C)Windows 98　　　　　(D)Windows XP。

（　）**16** 下列何者為Excel裡文字粗體的設定？

(A) **B**　　　　　　　　　　(B)

(C) 　　　　　　　　(D) 。

（　）**17** 網頁瀏覽器是一種將網頁文件轉換成人類看得懂的形式的軟體，試問下列何者為網頁瀏覽器？

(A)Internet Explorer　　　　(B)Firefox

(C)Opera　　　　　　　　　(D)以上皆是。

（　）**18** Office系列的軟體，如需進行複製的功能，可選哪一種組合鍵進行複製？

(A)Ctrl+A　　　　　　　　　(B)Ctrl+S

(C)Ctrl+C　　　　　　　　　(D)Ctrl+V。

（　）**19** 下列何者不是系統軟體？

(A)作業系統　　　　　　　　(B)編譯程式

(C)驅動程式　　　　　　　　(D)會計系統。

（　）**20** 可被稱為電腦的心臟的部分是

(A)中央處理單元　　　　　　(B)輸出單元

(C)記憶體　　　　　　　　　(D)控制單元。

解答與解析

1 (C)。讓使用者能在電腦上編輯、儲存、列印文件的是文書處理軟體。

2 (A)。PowerPoint 是Microsoft Windows 公司所開發的簡報製作軟體。

3 (D)。手機上網的協定為WAP。

4 (C)。將電路的所有元件濃縮在一個矽晶片上，稱為積體電路。

5 (D)。電線目前亦有電力線作為網路傳送媒介之技術，稱為電力線網路（Power Line Communication，PLC）。

6 (C)。磁碟重組工具可以整理磁碟，以提升讀取資料的速度。

7 (D)。一般個人電腦中的CPU包含了算術邏輯運算單元、控制單元。

8 (C)。BASIC屬於高階語言。

9 (A)。作業系統不是應用軟體，是系統軟體。

10 **(B)**。Windows 11視窗作業系統屬於Microsoft微軟公司。

11 **(D)**。被他人冒名傳送訊息、被他人監看訊息內容、被他人竄改訊息內容都是網路交易危機的一種。

12 **(D)**。個人對個人的交易形式簡稱為C2C。

13 **(A)**。Windows刪除的檔案,會暫存於資源回收筒。

14 **(A)**。ROM(唯讀記憶體)常被用來儲存開機程式。

15 **(B)**。Windows 10是由Windows 7演變而成。

16 **(A)**。為Excel裡文字粗體的設定鍵。

17 **(D)**。Internet Explorer、Firefox、Opera都是常見的網頁瀏覽器。

18 **(C)**。Ctrl + A:全選;Ctrl + S:儲存;Ctrl + V:貼上。

19 **(D)**。只有會計系統是應用軟體。

20 **(A)**。中央處理單元(CPU)可被稱為電腦的心臟。

第二回

( )　**1** 積體電路的簡稱為
(A)IC　(B)PC　(C)VLSI　(D)LSI。

( )　**2** 下列的語言，何者比較適於商業資料處理？
(A)COBOL　(B)C　(C)Java　(D)FORTRAN。

( )　**3** 網路上的FTP服務，其功能是
(A)檔案傳輸　(B)網頁閱覽　(C)電子郵件　(D)以上皆非。

( )　**4** 下列何者電腦設備不屬於輸入設備：
(A)鍵盤　(B)滑鼠　(C)光碟機　(D)印表機。

( )　**5** 系統軟體主要乃協助使用者能更簡易、有效率的使用電腦系統。
下列敘述何者不屬於系統軟體的內容？
(A)語言編譯程式　　　　(B)磁碟作業系統
(C)驅動程式　　　　(D)進銷存管理系統。

( )　**6** 下列語言，何者為最低階語言？
(A)機器語言　　　　(B)組合語言
(C)自然語言　　　　(D)C 語言。

( )　**7** 下列哪一項可以用來設定線條的粗細？
(A) 　(B)
(C) 　(D) 。

( )　**8** 檔案存取方式有：
(A)循序型　　　　(B)直接型
(C)索引循序型　　　　(D)以上皆是。

( )　**9** 那一種電腦語言中，所用之指令是完全由0 與1 編碼而成的？
(A)組合語言　　　　(B)BASIC 語言
(C)PASCAL語言　　　　(D)機器語言。

(　) **10** 下列何種電腦語言和人類的語言最相近，且廣為大眾所使用？
(A)中階語言　(B)組合語言　(C)高階語言　(D)機器語言。

(　) **11** 以下何者在控制電腦中所有單元的運作，並負責協調的工作？
(A)記憶單元　　　　　　(B)控制單元
(C)算術邏輯單元　　　　(D)輸入單元。

(　) **12** 下列的軟體，何者不是作業系統？
(A)Windows　(B)OS/2　(C)Office　(D)Unix。

(　) **13** 下列何者不是電腦語言？
(A)Unix　(B)Basic　(C)Fortran　(D)Cobol。

(　) **14** Pentium系列是屬於幾位元的處理器？
(A)16　(B)32　(C)64　(D)128。

(　) **15** 以下何者，與加密解密的技術無關？
(A)XOR加密解密　　　　(B)對稱金鑰密碼系統
(C)公開金鑰架構　　　　(D)防火牆。

(　) **16** 如果在Word中想在頁碼的位置插入日期與時間，應該做的選項設
定是：
(A)「版面設定／配置」　(B)「檢視／頁首／頁尾」
(C)「插入／頁碼」　　　(D)「格式／樣式」。

(　) **17** 要在Excel的表格中找出最大的數值，可利用的函數是：
(A)RANK　(B)MAX　(C)MIN　(D)AVERAGE

(　) **18** 電腦的特性為：
(A)準確性高　(B)速度快　(C)儲存量大　(D)以上皆是。

(　) **19** 下列何者不屬於繪圖軟體？
(A)Corel Draw　(B)Photoshop　(C)PhotoImpact　(D)Word。

(　) **20** 為了確保交易安全，電子商務採用了哪一種協議機制？
(A)SET　(B)SOT　(C)AET　(D)ADT。

解答與解析

1 (A)。積體電路簡稱為IC。

2 (A)。COBOL是一種商業導向語言。

3 (A)。FTP的功能是檔案傳輸。

4 (D)。印表機屬於輸出設備。

5 (D)。進銷存管理系統是應用軟體，而非系統軟體。

6 (A)。機器語言為最低階語言。

7 (D)。 ≡ 可以用來設定線條的粗細。

8 (D)。循序型、直接型、索引循序型是三種檔案存取方式。

9 (D)。機器語言是完全由0與1編碼而成的。

10 (C)。高階語言和人類的語言最相近，且廣為大眾所使用。

11 (B)。控制單元控制了電腦中所有單元的運作，並負責協調的工作。

12 (C)。Office是應用軟體，不是作業系統。

13 (A)。Unix為作業系統，不是電腦程式語言。

14 (B)。Pentium系列是32位元的處理器。

15 (D)。防火牆和加密解密的技術無關。

16 (B)。在Word文件中，想在頁碼的位置插入日期與時間須選「檢視／頁首／頁尾」。

17 (B)。在Excel中要找出表中最大數值，可利用MAX函數。

18 (D)。儲存量大、速度快、準確性高都是電腦的特性。

19 (D)。Word為文書處理軟體，不是繪圖軟體。

20 (A)。為確保交易安全，電子商務採用SET協議。

第三回

( )　**1** 在何種情況下，電腦病毒可以被快速散播？
(A)在感染的共享軟體或免費軟體被下載到PC時
(B)在磁碟和檔案可以自由流通傳遞的環境中
(C)在被當作電子郵件附件檔案的文件中
(D)以上皆是。

( )　**2** 以下哪一項不是網頁檔的副檔名？
(A)HTML　(B)ASP　(C)XML　(D)PDF。

( )　**3** 以下何者是磁帶的一種？
(A)匣式磁帶　(B)卡式磁帶　(C)盤式磁帶　(D)以上皆是。

( )　**4** 在Windows 系統中，若要同時調整系統日期、時間，應如何操作？
(A)執行「控制台/ 日期時間」
(B)執行DATE指令
(C)執行TIME指令
(D)在桌面上按滑鼠右鍵，設定內容。

( )　**5** 1GB(giga byte)相當於：
(A)2^{40}　(B)2^{30}　(C)2^{20}　(D)2^{10} byte。

( )　**6** 個人電腦要支援隨插即用（Plug and Play）架構與哪一個元件無關？
(A)USB　(B)作業系統　(C)裝置及驅動程式　(D)應用程式。

( )　**7** 電腦的五大基本單元裡，有二項分別是輸入單元和輸出單元。而在電腦的各種設備裡，磁碟機是屬於
(A)輸入單元　　　　　　(B)輸出入單元
(C)記憶單元　　　　　　(D)輸出單元。

（　　） **8** Windows中的「CD 播放程式」可播放：
(A)音樂CD　(B)LD　(C)磁片　(D)錄音帶。

（　　） **9** 即時通訊可簡稱為
(A)IM　(B)AM　(C)FM　(D)DM。

（　　） **10** 一般所謂的LAN，其所表示的意義為何？
(A)加值型服務網路　　　　(B)整體服務網路
(C)區域網路　　　　　　　(D)廣域網路。

（　　） **11** 以下何者不屬於資料庫系統的特性？
(A)共享性　(B)完整性　(C)協調性　(D)獨立性。

（　　） **12** Excel儲存格內容，可以儲存的格式為：
(A)數字　(B)文字　(C)電話號碼　(D)以上皆是。

（　　） **13** 下列何者為網路上兩點間在同一時間只容許單向傳遞的方式？
(A)半雙工　(B)全雙工　(C)超雙工　(D)單工。

（　　） **14** 最早的即時通訊軟體是：
(A)ICQ　(B)MSN　(C)Yahoo即時通　(D)Skype。

（　　） **15** 程式必須載入哪裡，方能執行？
(A)輔助記憶體　　　　　　(B)主記憶體
(C)快取記憶體　　　　　　(D)虛擬記憶體。

（　　） **16** 微軟的FrontPage是屬於下列何者？
(A)作業系統　(B)瀏覽器　(C)網頁製作程式　(D)伺服器。

（　　） **17** 下列何者是製作網頁所用的主要語言？
(A)BASIC　(B)HTML　(C)C++　(D)PASCAL 。

（　　） **18** 電腦輔助製造，可簡稱為：
(A)CAD　(B)CAI　(C)CAH　(D)CAM。

( ) **19** 下列何者為系統軟體？

(A)作業系統軟體 (B)文書處理軟體

(C)簡報製作軟體 (D)電子試算表軟體。

( ) **20** 唯讀記憶體的英文簡稱為？

(A)ROM (B)RAM

(C)RDD (D)MAR。

解答與解析

1 (D)。在前三個選項所描述的情況下，電腦病毒皆可被快速散播。

2 (D)。PDF是電子書籍的文檔，不是網頁檔。

3 (D)。磁帶依形式可分為：匣式磁帶、卡式磁帶、盤式磁帶三種。

4 (A)。在Windows 系統中，若要同時調整系統日期、時間，應執行「控制台/ 日期時間」。

5 (B)。1GB = 2^{30} byte。

6 (D)。PC支援隨插即用架構，與應用程式無關。

7 (B)。磁碟機既是輸入單元，也是輸出單元，所以最適當的選項為輸出入單元。

8 (A)。Windows中的「CD 播放程式」可播放音樂CD。

9 (A)。即時通訊的英文全名是Instant Messaging，簡稱為IM。

10 (C)。LAN為區域網路的簡稱。

11 (C)。除了協調性以外，其餘三者都是資料庫系統的特性。

12 (D)。Excel儲存格中的資料可以是數字、文字、和其他如郵遞區號、電話號碼等特別格式。

13 (A)。同一時間只容許單向傳遞的方式，是為半雙工。

14 (A)。ICQ是最早的即時通訊軟體。

15 (B)。程式必須載入到主記憶體中，方能執行。

16 (C)。FrontPage是網頁製作程式。

17 (B)。HTML是製作網頁所用的主要語言。

18 (D)。電腦輔助製造的英文縮寫為CAM。

19 (A)。除了作業系統軟體以外，其餘皆為應用軟體。

20 (A)。唯讀記憶體（Read Only Memory），簡稱為ROM。

第四回

(　)　**1** 由電腦提供分析結果，來協助管理者作出決策的互動系統稱為：
(A)資料庫系統　　　　　　　(B)決策支援系統
(C)作業系統　　　　　　　　(D)辦公室軟體系統。

(　)　**2** 以下的各種敘述，哪一項是輔助記憶體的優點？
(A)容量有限
(B)儲存馬上要被電腦所處理的資料或程式
(C)電源切斷之後，其內容不會消失
(D)電源切斷之後，其內容便消失，可重覆使用。

(　)　**3** 哪一種網路傳輸媒介是由細玻璃纖維構成，能具高速及不易受外
界干擾？
(A)光纖　　　　　　　　　　(B)微波
(C)同軸電纜　　　　　　　　(D)通訊衛星。

(　)　**4** Internet的標準傳輸協定是：
(A)TCP　　　　　　　　　　(B)IP
(C)TCP/IP　　　　　　　　　(D)DHCP。

(　)　**5** 一毫秒（millisecond）最接近：
(A)2^{-10}　　　　　　　　　　(B)2^{-20}
(C)2^{-30}　　　　　　　　　　(D)2^{-40}　秒。

(　)　**6** 下列選項中，位於電腦主機的零件是：
(A)硬碟機　　　　　　　　　(B)記憶體
(C)印表機　　　　　　　　　(D)滑鼠。

(　)　**7** 近來相當熱門，以跨平臺著稱的物件導向程式語言為：
(A)C　　　　　　　　　　　(B)JAVA
(C)C++　　　　　　　　　　(D)BASIC。

( ) **8** 寄送電子郵件時，如果想把電子郵件寄給許多人，但又不想讓收件人知道這封信有寄給彼此，這時候可以使用：
(A)密件副本　　　　　　　(B)副本
(C)備份　　　　　　　　　(D)以上皆非功能。

( ) **9** 微軟內建的電子郵件系統是：
(A)elm　　　　　　　　　(B)mail
(C)Outlook Express　　　　(D)Messenger。

( ) **10** 以下何者不為磁帶的優點：
(A)容量大　　　　　　　　(B)可隨機讀取
(C)處理速度快　　　　　　(D)可重覆使用。

( ) **11** 為了讓電腦執行比記憶體更大的程式，使用到以下哪一種技術？
(A)多重程式　　　　　　　(B)平行處理
(C)虛擬記憶體　　　　　　(D)分時系統。

( ) **12** 以下的何者，不是電腦網路的優點？
(A)共用程式和資料　　　　(B)可共用週邊設備
(C)可快速發布不實的訊息　(D)可連結資料庫。

( ) **13** 最適合用來製作動畫、背景透明化處理與交錯顯示影像效果的影像檔案格式為？
(A)BMP　　　　　　　　(B)GIF
(C)JPG　　　　　　　　(D)TIF。

( ) **14** 下列何者不是防毒軟體的一種？
(A)賽門鐵克　　　　　　　(B)趨勢科技
(C)甲骨文　　　　　　　　(D)卡巴斯基。

( ) **15** 全球資訊網，簡稱為：
(A)WWW　　　　　　　(B)BBS
(C)Gopher　　　　　　　(D)FTP。

(　) **16** 可以從遠端主機下載檔案到自己電腦的程式是：

(A)FTP　　　　　　　　　　(B)Ping

(C)Hinet　　　　　　　　　 (D)Winzip。

(　) **17** 一般說的電腦的硬體升級，其實主要就是下列哪一項設備的升級？

(A)硬碟　　　　　　　　　　(B)記憶體

(C)中央處理器　　　　　　　(D)螢幕。

(　) **18** 哪一代電腦為超大型積體電路時期？

(A)第二代　　　　　　　　　(B)第三代

(C)第四代　　　　　　　　　(D)第五代。

(　) **19** 哪一種情況，比較適合使用CABLE MODEM上網？

(A)傳統電話線　　　　　　　(B)有線電視纜線

(C)無線電視天線　　　　　　(D)網路雙絞線。

(　) **20** 屬於電腦檔案的存取方式為：

(A)循序型　　　　　　　　　(B)隨機型

(C)索引循序型　　　　　　　(D)以上皆是。

解答與解析

1 (B)。由電腦提供分析結果，來協助管理者作出決策的互動系統稱之為決策支援系統。

2 (C)。主記憶體在電源切斷後，便喪失它的內容，而且價格昂貴，它所能儲存的資料亦有限，而輔助記憶體內的內容不受電源切斷的影響。

3 (A)。光纖是由細玻璃纖維所構成的，具有高速及不易受外界干擾的優點。

4 (C)。Internet的標準傳輸協定是TCP/IP。

5 (A)。一毫秒是10^{-3}秒，最接近2^{-10}秒。

6 (B)。選項中只有記憶體是位於電腦系統主機中。

7 (B)。JAVA是一種可以編寫跨平臺應用軟體的物件導向的程式語言，是近來最熱門的程式語言之一。

8 (A)。密件副本：想把電子郵件寄送給許多人，卻又不想讓收件者之

間知道寄件人有寄給彼此,可以利用密件副本。

9 (C)。Outlook Express是Microsoft Internet Explorer內定的電子郵件系統。

10 (B)。磁帶僅能循序存取,不可隨機存取。

11 (C)。虛擬記憶體即利用硬碟的空間作為暫存記憶體用,是為了讓電腦能執行比隨機存取記憶體(RAM)更大的程式。

12 (C)。可快速發布不實的訊息不是網路的優點。

13 (B)。GIF最適合用來製作動畫、背景透明化處理與交錯顯示影像。

14 (C)。甲骨文是資料庫軟體。

15 (A)。全球資訊網的英文全名為World Wide Web,因此簡稱為WWW或W3。

16 (A)。FTP為文件傳輸協議,是用於在網路上進行文件傳輸的一套標準協議,FTP軟體可從遠端的主機下載檔案到自己電腦。

17 (C)。所謂電腦硬體升級,主要是提昇中央處理器(CPU)。

18 (C)。第四代電腦為超大型積體電路時期。

19 (B)。有線電視纜線較適合同軸電纜數據機上網。

20 (D)。循序型、隨機型、索引循序型,都是電腦檔案存取方式的一種。

第五回

(　　) **1** PowerPoint的母片，共有幾種型式？
(A)二　　　　　　　　　　(B)三
(C)四　　　　　　　　　　(D)五。

(　　) **2** 電腦系統中USB的作用為：
(A)資料儲存　　　　　　　(B)資料顯示
(C)資料傳輸　　　　　　　(D)資料運算。

(　　) **3** 最適合用來上傳和下載檔案的網際網路服務是？
(A)FTP　　　　　　　　　(B)BBS
(C)WWW　　　　　　　　(D)Telnet。

(　　) **4** 十進位數345_{10}，相當於二進位下的
(A)101111001_2　　　　　(B)101011001_2
(C)101001001_2　　　　　(D)101110001_2。

(　　) **5** 承上題，十進位數345_{10}，相當於八進位下的
(A)529_8　　　　　　　　(B)530_8
(C)531_8　　　　　　　　(D)532_8。

(　　) **6** 再承上題，十進位數345_{10}，相當於十六進位下的
(A)157_{16}　　　　　　　(B)158_{16}
(C)159_{16}　　　　　　　(D)160_{16}。

(　　) **7** 所謂的暖開機，其組合按鍵方式是以下哪一種？
(A)CTRL+Alt+Delete　　　(B)CTRL+Alt
(C)CTRL+Delete　　　　　(D)Alt+Delete 鍵同時按下。

(　　) **8** 以下何者不是作業系統？
(A)FTP　　　　　　　　　(B)DOS
(C)Windows　　　　　　　(D)Linux。

( ) **9** 在Windows視窗環境作業系統中若將一桌面上的視窗「縮到最小」，則在螢幕上會有何改變？
(A)視窗縮小到桌面上 (B)視窗縮小到工作列上
(C)視窗縮小到功能表上 (D)視窗縮小並隨即關閉。

( ) **10** 由微軟所出版的網頁編輯軟體是？
(A)Winzip (B)Access
(C)Frontpage (D)Excel。

( ) **11** 下列哪一項，會決定螢幕的輸出品質？
(A)輸出速度 (B)螢幕重量
(C)螢幕大小 (D)螢幕解析度。

( ) **12** 特色在於上／下行頻寬不對稱，ISP 到用戶端（下行）頻寬較高，符合一般使用者接收資料（下行）高於送出（上行）資料量的網路是？
(A)ADSL (B)DSL
(C)ISDN (D)ATM。

( ) **13** 試說明視窗環境作業系統Windows系統中，『Wordpad』是屬於下列何種程式？
(A)造字程式 (B)文書處理程式
(C)繪圖程式 (D)編碼程式。

( ) **14** 所謂企業內部的網路系統，是指？
(A)Intranet (B)Entranet
(C)Internet (D)Quternet。

( ) **15** 副檔名WAV的檔案，是一個
(A)文件檔 (B)音樂檔
(C)圖像檔 (D)網頁檔。

( ) **16** 電子商務使用SET協議的最主要原因為：
(A)確保交易安全 (B)確保資料庫的正確性
(C)防止病毒 (D)備份資料。

(　　) **17** 以下哪一種,是非揮發性記憶體?
(A)快取記憶體　　　　　　(B)隨機存取記憶體
(C)硬碟　　　　　　　　　(D)暫存器。

(　　) **18** 關於RAM的描述,下列何者正確?
(A)資料不會因為電源關閉而消失
(B)屬於輔助記憶體
(C)主要用於備份電腦中的資料
(D)可被寫入與讀取資料。

(　　) **19** 能提供上網的服務,規模可為地方性或是全國性的公司的是?
(A)Agent　　　　　　　　(B)ISP
(C)加盟店　　　　　　　　(D)物流業。

(　　) **20** 其感染的每一個檔案看起來皆不一樣,具有「自我編碼」能力,
會干擾掃毒軟體偵測的病毒是:
(A)巨集型病毒　　　　　　(B)開機型病毒
(C)檔案型病毒　　　　　　(D)千面人病毒。

解答與解析

1 (C)。PowerPoint的母片一共有分四種。

2 (C)。USB是作為資料傳輸之用。

3 (A)。FTP最適合用上傳和下載檔案。

4 (B)。$345_{10} = 101011001_2$。

5 (C)。$345_{10}= 101011001_2 = 531_8$。

6 (C)。$345_{10} = 101011001_2 = 159_{16}$。

7 (A)。暖開機的按鍵組合: CTRL+Alt+Delete。

8 (A)。FTP是應用軟體,而非作業系統。

9 (B)。將視窗「縮到最小」後,螢幕上的視窗會縮小到工作列上。

10 (C)。Microsoft 所出版的網頁編輯軟體為FrontPage 。

11 (D)。螢幕的輸出品質,是由螢幕解析度而定的。

12 (A)。ADSL的特色在於上/下行頻寬不對稱,ISP 到用戶端(下行)頻寬較高,符合一般使用者接

收資料（下行）高於送出（上行）資料量。

13 (B)。Wordpad為文書處理程式。

14 (A)。Intranet是指企業內部的網路系統。

15 (B)。WAV是常見的音樂檔的副檔名。

16 (A)。電子商務採用SET最主要的原因是確保交易安全。

17 (C)。只有硬碟是非揮發性記憶體。揮發性記憶體中的資料會因電源關閉而消失。

18 (D)。RAM屬於主記憶體，且資料會因電源關閉而消失，因此不用於備份。

19 (B)。能提供上網服務的公司為ISP。

20 (D)。千面人病毒，乃指具有「自我編碼」能力的病毒，其目的在使其感染的每一個檔案，看起來皆不一樣，以干擾掃毒軟體的偵測。

第六回

( ) **1** 電腦開機時需要的指令，是存在：
(A)快取記憶體 　　　　　　　(B)隨機存取記憶體
(C)唯讀記憶體 　　　　　　　(D)唯寫記憶體 裡。

( ) **2** Excel中的「資料」「小計」命令是哪一種計算方法？
(A)合併彙算 　　　　　　　(B)分段控制
(C)資料篩選 　　　　　　　(D)以上皆非。

( ) **3** 不具多人多工能力的作業系統是？
(A)Windows 11 　　　　　　(B)UNIX
(C)DOS 　　　　　　　　　(D)Linux。

( ) **4** 商業性公司的網頁，通常網址中會包含：
(A).net 　　　　　　　　　(B).org
(C).edu 　　　　　　　　　(D).com。

( ) **5** 介面卡的功能是：
(A)資料儲存 　　　　　　　(B)資料顯示
(C)資料傳輸 　　　　　　　(D)資料運算。

( ) **6** 以下何者，不是網頁檔的副檔名：
(A)HTML 　　　　　　　　(B)ZIP
(C)ASP 　　　　　　　　　(D)CGI。

( ) **7** 公開程式碼的作業系統是：
(A)MS-DOS 　　　　　　　(B)Windows
(C)Linux 　　　　　　　　(D)Mac。

( ) **8** Linux是屬於：
(A)編譯程式 　　　　　　　(B)資料庫軟體
(C)檔案壓縮軟體 　　　　　(D)作業系統軟體。

( ) **9** 以下何者不是軟碟的優點：
(A)體積小，攜帶方便　　　(B)價格便宜
(C)可重覆使用　　　　　　(D)堅固耐用。

( ) **10** 辦公室自動化，可簡稱為：
(A)OA　　　　　　　　　(B)CAM
(C)CAD　　　　　　　　(D)AL。

( ) **11** 外寄郵件時，使用的伺服器為：
(A)SMTP　　　　　　　　(B)POP3
(C)FTP　　　　　　　　　(D)HTTP。

( ) **12** 以下何者是病毒的主要特徵？
(A)隱蔽性　　　　　　　　(B)感染性
(C)傳播性　　　　　　　　(D)以上皆是。

( ) **13** 下列哪一項不是作業系統的功能？
(A)記憶體管理　　　　　　(B)程式編譯
(C)電腦資源管理　　　　　(D)檔案管理。

( ) **14** 所謂的區域網路，指的是？
(A)WAN　　　　　　　　(B)LAN
(C)WWW　　　　　　　(D)Internet。

( ) **15** 所謂企業內部網，指的是：
(A)Internet　　　　　　　(B)LAN
(C)Intranet　　　　　　　(D)WAN。

( ) **16** 資料為不連續的0與1，稱之為
(A)數位型　　　　　　　　(B)類比型
(C)混合型　　　　　　　　(D)特殊型　電腦。

( ) **17** 網路連線的速度，其基本單位為
(A)BPI　　　　　　　　　(B)BPS
(C)BPM　　　　　　　　(D)DPI。

（　）**18** 以下的軟體，哪一種不是系統軟體？
(A)編譯程式　　　　　　　(B)作業系統
(C)文書處理軟體　　　　　(D)驅動程式。

（　）**19** 提供網際網路服務的公司，可簡稱為
(A)ISP　(B)ASP　(C)ATP　(D)INP。

（　）**20** 下列何者不屬於中央處理單元之一：
(A)算術單元　(B)記憶單元　(C)邏輯單元　(D)控制單元。

解答與解析

1 (C)。開機時需要的指令，是存在唯讀記憶體裡的。

2 (B)。Excel中的「資料」「小計」命令是分段控制計算方法。

3 (C)。DOS不具多人多工能力。

4 (D)。商業性公司的網站，通常網址裡會有.com。

5 (C)。電腦上要安裝週邊設備時，常在電腦主機板上安插一硬體配件，以便系統和週邊設備能適當溝通，該配件即為介面卡。

6 (B)。ZIP是壓縮檔，不是網頁檔。

7 (C)。Linux是公開程式碼的作業系統。

8 (D)。Linux是一種作業系統軟體。

9 (D)。軟式磁片的缺點是本身薄，容易毀損。

10 (A)。辦公室自動化的簡稱為OA。

11 (A)。外寄郵件時使用的伺服器為SMTP伺服器。

12 (D)。隱蔽性、感染性、傳播性，都是病毒的主要特徵。

13 (B)。程式編譯不是作業系統的功能，是編譯程式的功能。

14 (B)。區域網路（Local Area Network），簡稱為LAN。

15 (C)。企業內部網，即Intranet。

16 (A)。不連續的0與1資料，為數位型電腦之特徵。

17 (B)。網路連線的速度基本單位為BPS（bits per second）。

18 (C)。文書處理軟體是應用軟體，而不是系統軟體。

19 (A)。網際網路服務提供商簡稱ISP。

20 (B)。中央處理單元包含了算術單元、邏輯單元、控制單元。

第七回

(　　)　**1** 電腦的基本輸入輸出系統（ＢＩＯＳ）是直接燒錄在積體電路（IC）上的控制程式，因此是屬於下列何者？
(A)硬體　　　　　　　　　(B)軟體
(C)輔助記憶體　　　　　　(D)韌體。

(　　)　**2** 微秒（μ_s）是用來計算電腦速度的時間單位之一，請問一微秒等於下列何者？
(A)千分之一秒　　　　　　(B)萬分之一秒
(C)十萬分之一秒　　　　　(D)百萬分之一秒。

(　　)　**3** Windows 檔案目錄系統採用下列哪一種結構？
(A)直線圖　(B)環狀　(C)樹狀　(D)星狀。

(　　)　**4** 目前大家習慣使用IE 瀏覽器上網找資料，請問IE 瀏覽器屬於OSI 模型架構中的哪一層？
(A)會議層　(B)網路層　(C)實體層　(D)應用層。

(　　)　**5** 在乙太網路（Ethernet）規格10BaseT 中的 T 指下列何者？
(A)同軸電纜　(B)雙絞線　(C)光纖　(D)紅外線。

(　　)　**6** 網路所使用的光纖軸心之材質為何？
(A)玻璃　(B)銅　(C)合金　(D)鋁。

(　　)　**7** 郵件帳號 abc@xxx.com.tw 中@的左邊代表下列何者？
(A)郵件伺服器　　　　　　(B)網址
(C)個人密碼　　　　　　　(D)個人帳號。

(　　)　**8** 下列 Visual Basic 語言片段程式的執行結果為何？
```
N = 0
For I = 1 To 50
If I Mod 15 = 0 Then
```

N = N + 1

End If

Next I

Print " N = " ; N

(A)N = 2　(B)N = 3　(C)N = 4　(D)N = 5

( )　**9** 依序執行下列敘述之後,其結果應該為何?

S = 0

For K = 1 To 10

S = S + K

Next K

Print S ; K

(A)45 10　(B)55 10　(C)45 11　(D)55 11。

( )　**10** 「小華習慣用Microsoft Word 來打報告」,其中Microsoft Word 是一種:

(A)硬體　(B)系統軟體　(C)應用軟體　(D)韌體。

( )　**11** 一般網路上可免費下載到某些軟體的試用版,並在付費後可獲得完整功能,這種軟體稱之為何?

(A)免費軟體　(B)共享軟體　(C)自由軟體　(D)公用軟體。

( )　**12** 下列有關「USB」的敘述,何者錯誤?

(A)一個USB 埠可串接多個USB 設備

(B)具「熱插拔」特性

(C)產品多以10BaseT、100BaseT 等標示其傳輸速率

(D)擁有隨插即用的功能。

( )　**13** 在「光碟機、暫存器、快取記憶體、主記憶體」中,存取速度最快與最慢的分別是哪一項?

(A)暫存器、光碟機　　　　(B)快取記憶體、光碟機

(C)光碟機、主記憶體　　　(D)主記憶體、暫存器。

( ) **14** 所謂Wi-Fi（Wireless Fidelity）所代表的是：
(A)一種無線區域網路標準　(B)星狀拓撲的連接方式
(C)家庭網路娛樂中心　(D)大頻寬的ADSL 網路。

( ) **15** 一般可作為本機測試位址的特殊IP 是：
(A)127.0.0.1　(B)255.255.255.0
(C)192.168.168.254　(D)1.2.3.4。

( ) **16** 某圖檔大小32KB，則在理論上透過512K／64K ADSL 上傳該圖檔到網路相簿中需費時多久？
(A)不到0.1 秒　(B)0.5 秒
(C)2 秒　(D)4 秒。

( ) **17** 小賴使用Outlook 收信後，按下某信件中的 📎 符號，這時會產生哪一狀況？
(A)開啟附件檔案　(B)傳回讀取回條
(C)轉寄該信　(D)將之列為垃圾郵件。

( ) **18** 在一般常見的流程圖符號中，用以表示『選擇或決策』項目的符號是：

(A) ◇

(B) ▱

(C) ▭

(D) ▭。

( ) **19** 在VB 中，宣告為單精度浮點數（single）的變數會佔用多少記憶體的空間？
(A)2 位元組　(B)4 位元組
(C)8 位元組　(D)視長度而定。

( ) **20** 下列關於proxy 伺服器的敘述，何者錯誤？
(A)可減少區域網路對外連線的負載
(B)通常可加快網頁的下載速度
(C)用戶可能瀏覽到舊的網頁
(D)用戶是直接瀏覽原始網站網頁。

解答與解析

1 (D)。韌體即內建程式碼的硬體
裝置，電腦的基本輸入輸出系統
（BIOS）為直接燒錄在積體電路
（IC）上的控制程式，故屬於韌體
的一種。而其燒錄的積體電路又可
分為不可更新的唯讀記憶體與可進
行更新的快閃記憶體。

2 (D)。一微秒（μs）為百萬分之一
秒。其餘計算電腦速度的常見數量
級如下：
皮秒（ps）：10^{-12}秒。
奈秒（ns）：10^{-9}秒。
微秒（μs）：10^{-6}秒。
毫秒（ms）：10^{-3}秒。

3 (C)。Windows檔案系統採取樹狀
結構，即最上層是根目錄，其下層
還包含有檔案或子目錄，存取時則
根據此路徑進行存取。

4 (D)。瀏覽器為應用軟體的一種，
其位於OSI模型架構第七層應用層
（Application）中。

5 (B)。10 BaseT中的10表示其操
作速率為10 Mbps，Base 表示其
為基帶傳輸方式，T表示雙絞線
（Twisted Pair）。

6 (A)。光纖的軸心由玻璃所製成的
光導纖維組成，簡稱為光纖。

7 (D)。abc@xxx.com.tw中@左側之
abc為個人帳號，右側之xxx.com.tw
為網域名稱（Domain Name）。

8 (B)。該程式碼表示，從1到50中，
如果除以15餘數為0時，N的值就加
1。1到15中可以被15整除的數有3
個(15,30,45)，故最後印出N的值為
3。

9 (D)。最後一次迴圈執行時，還會
執行一次NEXT K，故最後印出的
S,K值分別為55,11。

S	K	S=S+K
0	1	1
1	2	3
3	3	6
6	4	10
10	5	15
15	6	21
21	7	28
28	8	36
36	9	45
45	10	55
	11	

10 (C)。硬體：如CPU、光碟機等。
系統軟體：如作業系統（Window
11、Window 10、Linux等）。
應用軟體：如WORD、瀏覽器、小
畫家等。
韌體：如BIOS即為一種韌體。

11 **(B)**。共享軟體（shareware）的特
性為先試用後購買，可經由使用者
下載後，在有限期的時間試用其功
能，期限屆滿後則需付費取得完整
功能才能繼續使用。

12 **(C)**。10 BaseT、100 BaseT等為網
路線傳輸速率之標識。
USB之標示通常為USB 1.1（12
Mbps）、USB 2.0（480 Mbps）
等。

13 **(A)**。儲存速度由快到慢：暫存器
> 快取記憶體 > 主記憶體 > 光碟機

14 **(A)**。Wi-Fi（Wireless Fidelity）為
一種無線區域網路標準。

15 **(A)**。127.0.0.1作為本機測試IP。
192.168.*.*則通常做為內部網域使
用之IP。

16 **(D)**。512 K／64 K表示下載速度
512 Kbps，上傳速度64 Kbps，亦即
下載速度64 KB，上傳速度8 KB。
所以一張大小為32 KB圖檔，上傳
需要32／8＝4秒。

17 **(A)**。電子郵件中 📎 符號表示有附
件檔案，在Outlook中按下後即會開
啟附件檔案。

18 **(A)**。各符號在流程圖中所代表的
意義如下所示：

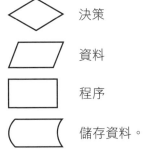

決策

資料

程序

儲存資料。

19 **(B)**。VB中數值的資料型態
短整數（Short）：長度 2 bytes
整數（Integer）：長度 4 bytes
長整數（Long）：長度 8 bytes
單精度浮點數（Single）：長度 4
Bytes
雙精度浮點數（Double）：長度 8
Bytes

20 **(D)**。用戶是透過proxy伺服器連接
到原始網頁，故選項(D)錯誤。

第八回

(　) **1** 目前 Windows 的 DOS 命令提示字元工作於全螢幕狀態，若欲回
　　　　到視窗狀態的命令提示字元，則需按下什麼按鍵？
　　　　(A)Alt ＋ Enter　　　　　　(B)Shift ＋ Enter
　　　　(C)Ctrl ＋ Enter　　　　　　(D)Esc。

(　) **2** 小明的爸爸打算開著休旅車去環島旅行，為避免迷路可在車上加
　　　　裝什麼數位設備？
　　　　(A)VR　　　　　　　　　　　(B)GPS
　　　　(C)MP3　　　　　　　　　　(D)Bluetooth。

(　) **3** 捷運悠遊卡可透過非接觸方式讀取卡片上的資料並完成扣款等動
　　　　作，這與哪一種技術的應用最為相關？
　　　　(A)VR　　　　　　　　　　　(B)GPS
　　　　(C)RFID　　　　　　　　　　(D)MP3。

(　) **4** 下列哪一種連接埠的傳輸速度最高？
　　　　(A)USB 2.0 埠　　　　　　　(B)COM 埠
　　　　(C)LPT 埠　　　　　　　　　(D)PS/2 埠。

(　) **5** 程式不論儲存於何處，在執行前必須先行載入至何處？
　　　　(A)暫存器　　　　　　　　　(B)硬式磁碟機
　　　　(C)主記憶體　　　　　　　　(D)CPU。

(　) **6** 在 Linux 作業系統中，若要拷貝檔案，下列指令何者正確？
　　　　(A)cp　　　　　　　　　　　(B)cat
　　　　(C)chmod　　　　　　　　　(D)pwd。

(　) **7** 在網際網路應用中，使用者與遠端伺服器連線並進行檔案下載或
　　　　上傳時所使用的主要協定稱之為何？
　　　　(A)SMTP　　　　　　　　　　(B)TCP
　　　　(C)FTP　　　　　　　　　　　(D)IP。

( ) **8** DNS 伺服器提供下列何種服務？
(A)將網路卡位址轉換成IP 位址
(B)將IP 位址轉換成網路卡位址
(C)將網域名稱轉換成IP 位址
(D)電子郵件遞送服務。

( ) **9** 用以將「組合語言」轉換為「機器語言」的程式工具為何？
(A)編譯器 (B)直譯器
(C)組譯器 (D)連結器。

( ) **10** 在BASIC 程式中，何種數值不會因為程式的執行而改變？
(A)常數 (B)整數
(C)變數 (D)浮點數。

( ) **11** 有一顆硬碟規格為2 GB，其大小容量相當於多少？
(A)2^{30} Bytes (B)2048 KB
(C)2^{20} Bytes (D)2048 MB。

( ) **12** 為什麼拷貝或引用羅貫中所著作的「三國演義」一書之內容並不犯法？
(A)章回小說多為虛構，故不涉及真偽與仿冒的問題
(B)太多人拷貝三國演義，抓不勝抓
(C)三國演義的著作權已經消失
(D)羅貫中沒有申請登記。

( ) **13** 某廠商推出64 位元CPU，其中64 位元所代表的意義為何？
(A)可定址的主記憶體容量
(B)每秒可處理的資料量
(C)CPU 可處理資料的字組長度
(D)L1 快取記憶體的位元數。

( ) **14** 在Windows 11中安裝了新的硬體後，作業系統可自動偵測並安裝適當的驅動程式稱之為何？

(A)隨插即用　　　　　　　　(B)自動安裝
(C)自動播放　　　　　　　　(D)自動啟動。

(　　) **15** 要在Windows 10「命令提示字元」中察看自己的IP 位址，可輸入哪一指令？
(A)showip　　　　　　　　　(B)ipconfig
(C)ping　　　　　　　　　　(D)winipcfg。

(　　) **16** 下列有關寬頻上網之敘述，何者正確？
(A)Cable Modem 是利用電話線上網的方式
(B)使用ADSL 上網會佔住電話線路所以無法講電話
(C)8M / 512K 的ADSL，其下載頻寬比T1 大
(D)提供上網連線服務的機構如Seednet 可稱為ICP。

(　　) **17** 若小馬打算去申請一個個人網站的專屬網址，則下列何者最可能是其申請到的網址？
(A)www.yumay.idv.tw　　　　(B)www.yumay.gov.tw
(C)www.yumay.edu.tw　　　　(D)www.yumay.com.tw。

(　　) **18** 小明打算透過網路電話節省與國外親戚的通話費用，則下列哪一軟體較符合其需求？
(A)Frontpage　　　　　　　　(B)Skype
(C)KKMan　　　　　　　　　(D)Outlook Express。

(　　) **19** 若執行BASIC 敘述PRINT（9^0.5+17 MOD 3）* 2 的輸出結果應該為何？
(A)10　　　　　　　　　　　(B)13
(C)16　　　　　　　　　　　(D)19。

(　　) **20** 在電腦通訊中，下列哪一個設備是做數位訊號及類比信號的轉換？
(A)掃瞄器　　　　　　　　　(B)集線器
(C)繪圖機　　　　　　　　　(D)數據機。

解答與解析

1 (A)。Alt ＋ Enter：全螢幕與視窗切換
Shift ＋ Enter：斷行
Alt ＋ Esc：最小化

2 (B)。VR：虛擬實境技術
GPS：衛星導航，故若要避免迷路可於車上加裝衛星導航系統。
MP3：音樂檔案格式的一種
Bluetooth：無線傳輸技術的一種

3 (C)。VR：虛擬實境技術
GPS：衛星導航
RFID：射頻識別技術，又稱電子標籤，故可用於悠遊卡做為非接觸式感應之扣款技術。
MP3：一種音樂檔案的格式

4 (A)。連接埠傳輸速度由快到慢分別為USB2.0＞LPT1＞PS／2＞COM。

5 (C)。程式在執行時必須要先載入主記憶體（Main Memory）中才能執行。

6 (A)。cp：複製
cat：concatenate的簡稱，功能為將檔案串在一起
chmod：改變權限
pwd：顯示目前使用的目錄

7 (C)。SMTP：簡單郵件傳輸協定（Simple Mail Transfer Protocol）
TCP：傳輸控制協定（Transmission Control Protocol）

FTP：文件傳輸協定（File Transfer Protocol）
IP：網際協定（Internet protocol）

8 (C)。DNS：網域名稱系統（Domain Name System），透過DNS可以網域名稱轉換為IP位址，也可以將IP位址轉換為網域名稱。

9 (C)。編譯器（Compiler），將原始程式（source）翻譯成目的檔（object file），再連結其他目的檔及程式庫後，產生可執行檔。
直譯器（Interpreter），不需要產生目的檔（object file），將原始程式（source）一行一行的讀入並逐行執行。
組譯器（Assembler），將組合語言轉換為機器語言。
連結器（Linker），連結不同的目的檔（object file）。

10 (A)。常數不會隨著程式執行而改變內容。

11 (D)。2 GB = 2048 MB = 2×2^{10} MB =2×2^{20} KB = 2×2^{30} Bytes。

12 (C)。著作權法第30條：「著作財產權，除本法另有規定外，存續於著作人之生存期間及其死亡後五十年。著作於著作人死亡後四十年至五十年間首次公開發表者，著作財產權之期間，自公開發表時起存續十年。」

所以三國演義的著作權已經消失，拷貝或引用羅貫中所著作的「三國演義」一書之內容並不犯法。

13 (C)。中央處理器位元所代表的意義為CPU可處理資料的字組長度。

14 (A)。隨插即用（Plug and Play，PnP）之技術可在電腦新增裝置時自動偵測並安裝相關驅動程式。

15 (B)。ipconfig可用來檢視Windows的網路內容，包括本機IP位址、子網路遮罩、預設閘道、DNS設定等資訊。

16 (C)。(A)Cable Modem為使用電纜線上網。(B)ADSL使用時並不會造成佔用電話線路而無法通話。(D)提供上網服務業者稱為ISP。

17 (A)。由網域名稱來分析idv為個人使用，gov為政府機關，edu為教育單位，com為商業機構。

18 (B)。Frontpage為網頁編輯製作軟體，Skype為網路電話通訊軟體，KKMan屬於瀏覽器的一種，Outlook Express為電子郵件收發軟體，故選擇軟體Skype。

19 (A)。(9^0.5+17 MOD3) * 2
= (3 + 2) * 2
= 5 * 2
= 10

20 (D)。調變與解調器（Modulator and Demodulator，Modem），又稱為數據機，在電腦通訊中，用來將傳輸的數位資料與類比訊號做轉換。

第九回

( ) **1** 在Windows 10中，執行下列何種程式，可以將同一檔案盡量儲存在連續的磁區中？
(A)磁碟壓縮程式　　　　　(B)磁碟重組程式
(C)磁碟格式化程式　　　　(D)磁碟焦點掃描程式。

( ) **2** 負數以2 的補數表示之整數二進制中，代表十進位值-53 之二進位數為何？
(A)01001011　(B)11001011　(C)00110101　(D)10110101。

( ) **3** 在Microsoft Word 文書處理中，指定列印頁數範圍，下列何者設定是正確的？
(A)1，3，5：7，9　　　　(B)2 / 4 / 6 ~ 8 / 10
(C)1，3，5 – 7，9　　　　(D)2 / 4 / 6 & 8 / 10。

( ) **4** 電腦網際網路各項通訊協定中，下列何者敘述錯誤？
(A)TELNET 為撥號通訊協定
(B)HTTP 為全球資訊網通訊協定
(C)POP3 為電子郵件接收通訊協定
(D)FTP 為檔案傳輸協定。

( ) **5** 在Microsoft Excel 電子試算表中，下列哪一個函數可以傳回一陣列或範圍的資料出現頻率最高的值（眾數）？
(A)MAX　(B)MAXA　(C)MODE　(D)MORE。

( ) **6** 家電製造公司與其零件供應商之間進行電子採購與資料交換處理，如此之電子商務是屬於哪一種型態？
(A)B2B　(B)B2C　(C)C2B　(D)C2C。

( ) **7** 如需列印有複寫作用之連續報表紙，應採用哪一種印表機？
(A)雷射印表機　　　　　(B)噴墨印表機
(C)熱感式印表機　　　　(D)點陣式印表機。

（　　）　**8** 下列何者不是壓縮檔之副檔名？
(A)＊.zip　(B)＊.rtf　(C)＊.rar　(D)＊.gz。

（　　）　**9** 下列哪一種副檔名之圖檔，不會因為放大而失真？
(A)＊.bmp　(B)＊.jpg　(C)＊.cdr　(D)＊.png。

（　　）**10** 下列各種記憶體中，何者無法重複讀寫？
(A)PROM　(B)Flash ROM　(C)SRAM　(D)DRAM。

（　　）**11** 電腦通訊IP位址分類，下列何者屬於IPv4中之B類（class B）？
(A)48.20.10.20　　　　　　　(B)98.200.100.20
(C)148.100.10.200　　　　　　(D)198.100.100.200。

（　　）**12** 在Windows 10中，由工具列[搜尋]功能，下列何者不是其搜尋
選項？
(A)檔案或資料夾　　　　　　(B)週邊設備
(C)網際網路　　　　　　　　(D)人員。

（　　）**13** 在Microsoft Word 文書處理中，[格式／字型…]功能，無法完成
何種功能設定？
(A)字數統計　　　　　　　　(B)文字效果
(C)字元間距　　　　　　　　(D)字型色彩。

（　　）**14** 在Microsoft Excel 電子試算表中，欲尋找某數字在某串列數字之
順序，亦即該數字相對於清單中其他數值之大小，可以利用下列
哪一個函數？
(A)LOOKUP　　　　　　　　(B)RANK
(C)SEARCH　　　　　　　　(D)VALUE。

（　　）**15** 在Microsoft PowerPoint 簡報軟體中，欲對所有投影片作新增、
刪除、複製及先後順序之調整，播放時間之觀察設定，以增進投
影片播放之流暢，可用哪一種操作模式最適合？
(A)大綱模式　　　　　　　　(B)標準模式
(C)投影片瀏覽模式　　　　　(D)備忘稿模式。

( ) **16** 利用解析度100 ppi之焦點掃描器，焦點掃描4英吋×6英吋之相片，並以24位元全彩方式儲存，此相片儲存需要約多少位元組之記憶空間？

(A)0.7 MByte (B)0.8 MByte (C)0.9 MByte (D)1.0 MByte。

( ) **17** 下列何者應用軟體，沒有轉存成網頁格式之功能？

(A)Microsoft PowerPoint (B)Microsoft Excel
(C)PhotoImpact (D)Acrobat Reader。

( ) **18** 下列各種影像色彩模式中，哪一個為印刷輸出時之通用模式？

(A)CMYK (B)HSB (C)RGB (D)Grayscale。

( ) **19** 對於「藍芽」技術之敘述，下列何者錯誤？

(A)屬於短距離低功率之無線通訊技術
(B)具有跳頻展頻之調變方式
(C)傳輸具有特殊之方向性
(D)利用ISM 頻帶範圍2.4 GHz 作傳輸。

( ) **20** 依著作權法之規定，電腦程式的著作財產權保護期間為著作人之生存期間及其死亡後多少年？

(A)30 年 (B)40 年 (C)50 年 (D)60 年。

解答與解析

1 (B)。Windows磁碟重組工具可以將同一檔案盡量儲存在連續的磁區中，增進磁碟存取的使用效率。

2 (B)。$(53)_{10} = (0011\ 0101)_2$
1's 做NOT運算 = 1100 1010
2's 再加1 = 1100 1011

3 (C)。列印設定時不同頁選擇使用逗號(，)做分隔，連續頁的範圍則使用(-)號定義。

4 (A)。TELNET為遠端登錄協定。

5 (C)。MAX，傳回引數中的最大值。
MAXA，傳回引數值串列中的最大值。
MODE，傳回在一陣列或範圍的資料中出現頻率最高的值。

6 (A)。公司對公司間的電子商務型態屬於B2B（business-to-business）。

7 (D)。點陣式印表機的原理為利用針頭撞擊色帶，然後色帶的色粉會

被壓印在紙上，故如要採用複寫紙應利用點陣式印表機。

8 (B)。rtf為一種文字檔案的格式。

9 (C)。向量圖檔不會因放大而失真，*.cdr為向量格式的圖檔，故放大不會失真。

10 (A)。可程式化的唯讀記憶體（Programmable Read-Only Memory，PROM）可在第一次規劃時寫入所需的資料及程式，燒錄則無法再更改內容。

11 (C)。由IP位址的開頭的值來分辨，其中Class A是由1到126，Class B由128到191，Class C 由192到223所組成。148.100.10.200的開頭值為148，位於128到191之間，故屬於Class B的IP。

12 (B)。搜尋未提供搜尋周邊裝置之功能。

13 (A)。Word的[字數統計]功能位於[工具] 功能表中。

14 (B)。RANK（Pnumber,ref,order）函數為傳回某數字在一串數字清單中的等級，亦即該數字相對於清單中其他數值的大小。

15 (C)。投影片瀏覽模式會將所有投影片縮小並排列於單一畫面上，故

適合用於對所有投影片作新增、刪除、複製及先後順序之調整，播放時間之觀察設定，以增進投影片播放之流暢時使用。

16 (A)。ppi（pixels per inch，ppi）
4*100*6*100*24=5760000 bits
5760000 / (8 *1024*1024) = 0.068
約等於0.7 MB

17 (D)。Acrobat Reader只能進行PDF文件的讀取，並無轉存網頁格式之功能。

18 (A)。CMYK為彩色印刷時常採用的套色模式。
C，青色（Cyan）
M，洋紅色（Magenta）
Y，黃色（Yellow）
K，黑色（Black），但為了避免與RGB的Blue產生混淆而改稱做K。

19 (C)。藍芽的傳輸不具有方向性。

20 (C)。著作權法第30條：「著作財產權，除本法另有規定外，存續於著作人之生存期間及其死亡後五十年。著作於著作人死亡後四十年至五十年間首次公開發表者，著作財產權之期間，自公開發表時起存續十年。」

第十回

( ) **1** 電腦文數字編碼，在ASCIICode 的表示法中，下列表示內碼之大小關係何者為錯誤？
(A)C>B>A　(B)a>b>c　(C)3>2>1　(D)a>A>1。

( ) **2** 在接收電子郵件時，若郵件上出現「！」符號，表示此郵件之特性為何？
(A)受病毒感染之郵件　　　　(B)已經刪除之郵件
(C)含有附加檔案之郵件　　　　(D)提醒為重要之緊急郵件。

( ) **3** 以BIG-5 Code 來儲存字串「電腦常識測驗」，不包含引號，共需使用記憶體多少位元組？
(A)3 個位元組　　　　　　　(B)6 個位元組
(C)9 個位元組　　　　　　　(D)12 個位元組。

( ) **4** 下列何者加密技術，是應用於一般無線網路上網技術？
(A)WEP　(B)SSL　(C)PKI　(D)HTTPS。

( ) **5** 下列何項軟體技術，是專門用來過濾內外部網路間之通訊？
(A)防毒軟體　　　　　　　　(B)數位憑證
(C)防火牆　　　　　　　　　(D)網路加密。

( ) **6** 下列何者是屬於Linux 作業系統安裝Web Server 之軟體？
(A)PWS　(B)IIS　(C)Apache　(D)SAMBA。

( ) **7** 為了加快CPU 到主記憶體提取資料的速度，在CPU 與主記憶體之間增加一個快取記憶體（Cache Memory），此記憶體屬於何種結構記憶體？
(A)快閃記憶體Flash ROM
(B)動態記憶體DRAM
(C)靜態記憶體SRAM
(D)可程式化記憶體PROM。

(　　) **8** 目前數位攝影機（DV）大都是利用何者介面連接埠與個人電腦連接？
(A)RS232 　　　　　　　　　(B)LPT1
(C)USB2.0 　　　　　　　　(D)IEEE1394。

(　　) **9** 在Windows XP 中，於檔案總管操作時，欲選取視窗中所有的檔案，可以利用下列哪一組快速鍵來完成選取？
(A)Ctrl + A 　　　　　　　　(B)Ctrl +X
(C)Alt + A 　　　　　　　　(D)Alt + X。

(　　) **10** 下列何者類型檔案是屬於影片檔？
(A)* . wav 　　　　　　　　(B)* . wmv
(C)* . mid 　　　　　　　　(D)* . mdb。

(　　) **11** 在Windows 11作業系統中，支援長檔名，檔案名稱最多可以長達多少個英文字元？
(A)31 　　　　　　　　　　(B)63
(C)127 　　　　　　　　　(D)255。

(　　) **12** 下列選項中，何者與無線傳輸技術沒有直接關係？
(A)IEEE802.11 　　　　　　(B)FTTH
(C)WiMAX 　　　　　　　　(D)RFID。

(　　) **13** 在Windows 10中，同時按下Ctrl + Alt + Delete 組合鍵，其動作功能為何？
(A)暖開機，重新起動開機
(B)登出目前之使用者
(C)跳出包含工作管理員功能的界面
(D)開啟Windows 檔案總管

(　　) **14** 一般網站位址，如http://www.pchome.com.tw 為例，其中www所代表之意義為何？
(A)一種通訊協定 　　　　　　(B)伺服器主機名稱
(C)所屬網域組織 　　　　　　(D)檔案所在的路徑。

( ) **15** 在Windows 10，以手動方式設定TCP/IP 網路連線內容，設定項
目不包含下列何者？
(A)本機IP 位址（Local IP Address）
(B)子網路遮罩（Subnet mask）
(C)網路卡實體位址（MAC Address）
(D)預設閘道器（Gateway）。

( ) **16** 對於*.gif 類型之檔案，下列敘述何者錯誤？
(A)可製成動畫顯示
(B)壓縮方式屬於破壞性壓縮
(C)可指定透明色彩做影像去背
(D)屬於色盤減色模式的影像檔案格式。

( ) **17** 在Microsoft Word 中，若欲將目前正在編輯之文件加上保護
密碼，可利用下列哪一個選項動作來設定密碼後，再作儲存
的動作？
(A)「檔案/權限/安全性」
(B)「檔案/摘要資訊/安全性」
(C)「工具/保護文件/安全性」
(D)「工具/選項/安全性」。

( ) **18** 下列何種內碼，是屬於世界標準的萬國碼，可以涵蓋世界各種不
同的文字？
(A)ASCII　(B)EBCDIC　(C)UNICODE　(D)BIG-5。

( ) **19** 結構化程式指令中，If...Then...Else 的結構是屬於下列何種結構？
(A)重複結構　　　　　　(B)選擇結構
(C)迴圈結構　　　　　　(D)循序結構。

( ) **20** 有關非對稱數位用戶線路（ADSL）之敘述，下列何者錯誤？
(A)透過現有的電話線路連接至電信公司的機房
(B)利用分歧器可以同時上網及使用電話
(C)固定制與非固定制費率，是指依上網時間區分費率
(D)上網上傳速率與下載速率不同。

解答與解析

1 (B)。應為c>b>a。記憶方法ASCII表中排列先由小到大排列數字0~9，再排列大寫字母A~Z，然後才是a~c。

2 (D)。電子郵件上之驚嘆號「！」表示提醒此郵件為重要。

3 (D)。每個中文字需要2個位元組，故總共需要12個位元組。

4 (A)。WEP（Wired Equivalent Privacy）為無線網路之加密技術。

5 (C)。防火牆（FireWall）是專門用來過濾內外部網路間之通訊。

6 (C)。Apache屬於Linux上可安裝之伺服器軟體。IIS/PWS為Windows上之伺服器軟體。Samba是用來讓UNIX作業系統與Windows作業系統間網路協定做連結的軟體。

7 (C)。CPU與主記憶體之間增加之快取記憶體（Cache Memory）屬SDRAM。

8 (D)。目前數位攝影機（DV）大都是利用IEEE1394與電腦做連接。

9 (A)。Ctrl＋A 全選，Ctrl＋X剪下。

10 (B)。wmv為影片檔案，wav與mid為音樂檔，mdb為資料庫檔案。

11 (D)。在Windows XP 作業系統中，支援長檔名的檔案名稱最多可以長達255個英文字元。

12 (B)。FTTH為光纖到戶（Fiber To The Home），與無線傳輸技術沒有直接關係。

13 (C)。在Windows 10同時按下Ctrl＋Alt＋Delete 組合鍵，會跳出包含鎖定、切換使用者、登出、變更密碼、工作管理員功能的界面。

14 (B)。www表示一種伺服器主機名稱。

15 (C)。手動設定網路連線時不包括網路卡實體位址（MAC Address），該位址系統可自動偵測。

16 (B)。gif檔案的壓縮方式屬於非破壞性壓縮。

17 (D)。Word 中可至「工具/選項/安全性」將目前正在編輯之文件加上保護密碼。

18 (C)。Unicode（統一碼或標準萬國碼）是屬於世界標準的萬國碼，可以涵蓋世界各種不同的文字。

19 (B)。If...Then...Else的意義為，如果條件成立則…否則…，故屬於選擇結構。

20 (C)。固定制與非固定制費率，是指依是否有配發固定之實體IP位址。

第十一回

(　　) **1** 積體電路製程中，所謂奈米製程，此「奈米」是指下列何者？
(A)10^{-3} 公尺　(B)10^{-6} 公尺　(C)10^{-9} 公尺　(D)10^{-12} 公尺。

(　　) **2** 一般如ABS煞車系統、行動電話內之電腦晶片是屬於何種類型？
(A)小型電腦（small computer）
(B)迷你電腦（mini computer）
(C)微型電腦（micro computer）
(D)嵌入式電腦（embedded computer）。

(　　) **3** 下列何者不屬於系統軟體？
(A)Windows XP　(B)compiler　(C)linker　(D)Office xp。

(　　) **4** 目前日常生活中，所使用之非接觸式IC卡，如悠遊卡、門禁管制
卡，是使用何種技術？　(A)RFID　(B)GPS　(C)VR　(D)AI。

(　　) **5** 將數位內容儲存在伺服器中，使用者以互動方式選擇要收看的節
目，此種系統稱為：　(A)POS　(B)VOD　(C)STB　(D)CAI。

(　　) **6** 下列何者已不受著作權保護？
(A)BBS公佈之文章　　　　　(B)電子郵件內容
(C)公用軟體　　　　　　　　(D)共享軟體。

(　　) **7** 電腦螢幕的＿＿＿＿＿是以螢幕中圖素的數量用矩陣來表示及分類。
空格中應為下列何者？
(A)點距　(B)解析度　(C)視角　(D)LCD。

(　　) **8** 電腦硬體中，哪兩單元合稱中央處理單元CPU？
(A)IU、OU　(B)ALU、CU　(C)BIU、MU　(D)EU、VU。

(　　) **9** 下列何者介面不支援熱插拔功能（Hot swapping）？
(A)USB　(B)IEEE1394　(C)SATA　(D)PS/2。

（　）**10** 下列何種技術即所謂雙核心(Dual Core)技術？
(A)將2個微處理器安裝於同一主機板上
(B)將南橋晶片及北橋晶片製作在同一晶片上
(C)將2個運算核心安置在同一微處理器上
(D)將L1及L2快取記憶體製作在同一晶片上。

（　）**11** 記憶體為DDR2 533，「533」所代表的意義為何？
(A)內部真實工作頻率為533 MHz
(B)外部時脈頻率為533 MHz
(C)記憶體容量為533 MB
(D)記憶體頻寬為533 MB/s。

（　）**12** 光碟機中，所謂DVD combo機，其功能為何？
(A)可讀取CD及DVD片，可燒錄CD片
(B)可讀取及燒錄CD及DVD片
(C)可讀取CD及DVD片，無燒錄功能
(D)僅可讀取DVD片。

（　）**13** 若相片沖印解析度為300 dpi，若要輸出5吋× 7吋的相片，希望
影像完全不失真，則最少應購買多少畫素以上的數位相機？
(A)200萬畫素　(B)300萬畫素　(C)400萬畫素　(D)500萬畫素。

（　）**14** 螢幕顯示解析度在1024×768模式下，要顯示全彩（24bit）的顏
色，則顯示卡記憶體至少需要多少位元組？
(A)2 MB　(B)3 MB　(C)4 MB　(D)5 MB。

（　）**15** 電腦所有的資料處理工作最終都會轉化為哪一個單元的運算
操作？
(A)算術邏輯單元　(B)儲存單元　(C)輸入單元　(D)輸出單元。

（　）**16** 在Windows XP桌面，按下滑鼠右鍵並點選〔內容〕選項，則相
當於開啟控制台的哪一個項目？
(A)系統　(B)顯示　(C)字型　(D)新增硬體。

( ) **17** 在Windows 10中，要在〔檔案總管〕中能顯示隱藏檔或系統檔，可以在控制台中何選項中進行設定？
(A)外觀及個人化／檔案總管選項／檢視
(B)外觀及個人化／檔案總管選項／檔案類型
(C)外觀及個人化／顯示／主題
(D)外觀及個人化／顯示／設定值。

( ) **18** 作業系統可以同時開啟多個視窗或執行多個程式，是屬於哪一種功能？
(A)多使用者作業處理　　(B)多工作業處理
(C)批次作業處理　　(D)離散作業處理。

( ) **19** 在Windows 11中，開機時可以自動偵測新增硬體，並且安裝適當的驅動程式，是屬於哪一種功能？
(A)Windows Update　　(B)Plug & Play
(C)Graphic User Inter face　　(D)Muti -programming。

( ) **20** 在Windows 11中，切換到命令提示字元模式下，要返回Windows XP視窗模式，應執行哪一種命令？
(A)escape　(B)quit　(C)return　(D)exit。

解答與解析

1 (C)。所謂奈米指的是10的負9次方公尺，數字越小代表製程技術越高，也就是說向相同的面積下所能塞入的電晶體就越多，如此，製造商便可以節省成本，進而提升效能，也因為相鄰的電晶體間距變短，相對所需的消耗電力就可以再降低。

2 (D)。嵌入式電腦的應用：什麼是嵌入式系統？簡單的來說，有使用微電腦控制的裝置都叫嵌入式系統，汽車音響，電冰箱，智慧型洗衣機，ABS煞車，電子表，ps2…這些東西幾乎已經圍繞在我們每日的生活中了。
嵌入式系統與我們的生活息息相關，但是這些系統如何被開發出來的呢？工程師和藝術家相同的地方就是將兩個不同質的東西串在一起。比方說，畫家利用畫刀將美麗的風景畫在畫布上，作家妙筆將情感寫在文章中，攝影家利用相機將壯麗的河山拍到底片裡，而嵌入式

系統工程師的工作就是經由程式與硬體設計，將人類的夢想，變成真正的產品。

3 (D)。(A)Window xp：作業系統，屬於系統軟體的一部分。(B)Compiler：編譯器，屬於系統軟體的一部分。(C)Linker：鏈結器，屬於系統軟體的一部分。(D)Office xp：文書軟體，屬於應用軟體的一部分。

4 (A)。RFID，無線射頻辨識系統。

5 (B)。
(A)POS（Point of Sales的縮寫），意即「電腦銷售點管理系統」，是連鎖企業必須具備的一套門市管理系統，適用於各種銷售業使用。例如：超商超市、大型賣場、餐飲服務、精品百貨、沖印店門市等。當門市有了POS系統後，管理者可以更明確地掌握各類商品銷售狀況、即時回報庫存量、明列每位會員的消費明細、發票管理、查詢訂進退貨明細、完整的盤點清查單品庫存等。

(B)VOD（Video-on-Demand）系統，所謂VOD隨選視訊可透過網際網路，讓使用者隨心所欲的欣賞各類數位影音、圖像資料及互動式光碟。VOD就像一個大型的活動圖書館，學生將所要學習的教材透過網路取得，在Internet或Intranet上使用串流（Stream）

數位視訊與音訊資料，並且依照個人，學習速度操控播放過程，進行遠距離學習，讓學生學得愉快，老師教得輕鬆。

(C)STB（Set-Top-Box），是一種用戶端（Client）設備，可以接收經過編碼及壓縮的類比及數位訊號，並且會將之解碼及解壓縮，用戶可以藉此上網購物、發送電子郵件（E-mail）或者搭配影像電話使用。

(D)CAI（Computer Assist Instruction），即電腦輔助教學，是以電腦來進行輔助教學，以幫助學生學習的一種教學方式。它用來輔助一般正式教學的不足，而不是用來代替一般正式教學。

電腦輔助教學（CAI）是一種雙向的教學學習。它沒有一般教學媒體單向教學的缺點，且結合電腦技術與編序教學的策略，使它成為一種更有效率的教學方法。

6 (C)。所謂的公用軟體（Public Domain）就是指無著作權或拋棄著作權的軟體，這類的軟體沒有版權的問題，使用者可以任意修改程式的內容，以符合自己的需要，而使用者不得擁有修改部分的著作權。

7 (B)。顯示器解析度：指螢幕長寬上所能顯示的像點。17吋的螢幕習慣都設為800×600或1024×768，解析度設得越高，畫面上所能容納的東西會更多。

8 (B)。CPU（Center Processing Unit），中央處理單元則是由運算單元（ALU）與控制單元（CU）兩部分所組成的單元，此為微電腦最重要的部分。

9 (D)。熱插拔（Hot swapping）指的是在電腦系統不關閉電源的情況之下，直接進行與週邊設備的實體連接或是實體拔除的動作，一般來說，USB或是IEEE 1394的週邊設備都支援熱插拔，某些主機板的PCI擴充卡也支援熱插拔。

一般常見可以熱插拔的介面：
(1)USB（1.1／2.0）。
(2)IEEE 1394。
(3)部分規格的SATA。
(4)部分規格的SCSI。
(5)一些次要的類比訊號接頭，例如耳機、喇叭，或某些顯示器之類(5)的。

10 (C)。雙核心（Dual Core）電腦裡面的處理器是雙核心處理器，功能形同「一顆抵兩顆」，簡單說將兩顆核心處理器直接嵌入一個處理器中，外表是一個處理器但電路是兩顆核心，理論是傳統單核心處理器的兩倍效能，實際只有1.8～2倍的效能。

11 (B)。DDR記憶體是所謂double data SDRAM，也就是把SDRAM的clock rate加速，使它能更有效率的做資料傳輸，但基本上它還是SDRAM，也就是當電源一但消失，裡面所記錄的資料也就沒有了。目前市面上所販賣的記憶體，常常都會用外部時脈（external clock rate）分門別類，如DDR266、DDR333、DDR400以及DDR533，DDR後面所接的數字就是外部時脈，數字愈大，資料的傳輸愈好，但價格就愈貴。

12 (A)。所謂的COMBO機，就是DVD-ROM（DVD光碟機）加上CD-ROM（CD光碟機）、CDR（光碟燒錄器）、CDRW（可抹寫光碟燒錄機），簡單的說，就是可以燒CD片、看DVD片，但就是不能「燒」DVD片。

13 (C)。dpi＝dot per inch 其代表每一英吋有多少個像素（Pixel）。
如300 dpi就是每一英吋有300個像素（Pixel）。
若要沖洗出5吋× 7吋 大小的照片且不失真的情況下…
則，X／300（dpi）＝5（其中X代表橫向的總像素）
→ X＝1500
以此類推可得縱向的總像素為：
Y／300（dpi）＝7 => Y＝2100
總像素為1500×2100＝3150000（單位：pixel）
因此，至少要選擇 400萬畫素以上的相機。

14 (B)。因為一個1024×768像素且為24-bit（全彩）的總bit數為1024×768×24，其也代表著

所佔記憶體空間，究竟顯示卡至少要多少記憶體才能夠存放1024×768×24＝18874368 bit的空間呢？

1byte＝8 bits

1KB＝1024 byte＝1024×8 bit＝8192 bit

1MB＝1024 KB＝1024×1024×8 bit＝8388608 bit

8388608 bit×X > 18874368 bit => 可得X至少為3，

因此，至少要為3MB。

15 (A)。當我們操作電腦而產生指令時，指令會放在記憶體中，接著CPU會讀取指令，再由控制單位進行解譯指令的工作。指令解譯完成後，會由控制單位或算術/邏輯單元執行指令，而在上述過程中，CPU會使用暫存器來存放處理前及處理後的資料。上述CPU執行指令的一連串過程，就稱之為機器週期（Machine Cycle），亦可稱為指令週期（Instruction Cycle）。

16 (B)。在Windows XP的桌面中，點選滑鼠（mouse）的右鍵後，會出現功能選單，點選「內容」選項後，即可開啟「顯示內容」的對話框。

17 (A)。在Windows 10中，欲讓檔案總管顯示出隱藏檔或系統檔的話，除了在檔案夾的功能區下直接在「檢視」下點選「選項」中作設定之外，還可以在控制台中點選「外觀及個人化」，再點選「檔案總管選項」，最後再點選「檢視」即可。

18 (B)。多工處理：以兩個或兩個以上同型的CPU，以並行處理（parallel processing）的方式，去處理一個或一個以上的process稱為多工處理（現在Intel也可以用一顆CPU做多工處理）。

特點：多工處理作業系統可以在同一時間完成許多程式的處理工作，也可以由多個CPU去執行同一程式，並相互比較核對執行結果的正確性。

19 (B)。隨插即用＝簡稱PnP 電腦在開機時會自動偵測硬體設備及安裝驅動程式。

20 (D)。在Windows 11中的命令提示字元模式下，要返回Windows XP關窗模式的話，可執行「exit」的指令即可。

第十二回

( )　**1** 對於資源回收筒，下列哪一個敘述錯誤？
(A)刪除檔案時，不想讓檔案移至資源回收筒，可使用按鍵
Shift+Delete
(B)清理資源回收筒之後，檔案就無法還原
(C)刪除檔案時，檔案移至資源回收筒，並不佔硬碟空間
(D)刪除隨身碟中之檔案，不會存放在資源回收筒。

( )　**2** 下列哪一個軟體，不能轉存成網頁格式之功能？
(A)Wordpad　　　　　　(B)MS Excel
(C)MS PowerPoint　　　(D)PhotoImpact。

( )　**3** 在MS Word中，在功能〔格式/亞洲方式配置〕選項下，沒有下列
何項功能選項？
(A)圍繞字元　(B)組排文字　(C)直向文字　(D)並列文字。

( )　**4** 在MS Word中要編輯數學方程式，下列何者正確？
(A)插入／物件／建立新物件／Microsoft方程式編輯器
(B)插入／檔案／建立新檔案／Microsoft方程式編輯器
(C)工具／自訂／指令／方程式編輯
(D)工具／選項／編輯／方程式。

( )　**5** 在MS Word中，有關合併列印功能，下列敘述何者錯誤？
(A)分為主文件及資料來源，同一主文件，可以同時開啟多個資
料來源檔案
(B)資料來源可為Word表格、Excel工作表或Access資料表
(C)合併列印精靈選項在〔工具／信件與郵件〕內
(D)插入合併欄位，將資料來源放入主文件，可合併成新文件或
由印表機直接輸出。

( )　**6** 下列何種副檔名為可攜式文件檔案之類型？
(A)*.doc　(B)*.pdf　(C)*.frm　(D)*.rar。

( )　**7** 在MS Excel中，在數字儲存格中，若欄寬不足以顯示資料時，儲存格會以何種符號顯示？　(A)!!!!　(B)????　(C)####　(D)****。

( )　**8** 在MS Excel中，要將數值依指定位數，取四捨五入，可以利用下列哪一個函數？　(A)ABS　(B)MOD　(C)INT　(D)ROUND。

( )　**9** 當Windows 10記憶體不夠用時，會使用哪種記憶體來提升效能？
　　(A)唯讀記憶體　　　　　　　(B)擴充記憶體
　　(C)虛擬記憶體　　　　　　　(D)延伸記憶體。

( )　**10** 在MS Excel中選取〔資料／排序〕時，最多可以同時設定幾個排序鍵？　(A)2個　(B)3個　(C)4個　(D)5個。

( )　**11** 在MS PowerPoint中，標準檢視模式內之三框式視窗，不包含下列哪一部分？
　　(A)投影片視窗　(B)備忘稿視窗　(C)講義視窗　(D)大綱視窗。

( )　**12** 在MS PowerPoint中，選項〔檢視／母片〕下，無下列哪一種母片？
　　(A)投影片母片　　　　　　　(B)備忘稿母片
　　(C)講義母片　　　　　　　　(D)大綱母片。

( )　**13** 在MS PowerPoint中播放投影片時，按下列何鍵不會切換到下一張投影片？
　　(A)鍵盤之↑鍵　　　　　　　(B)鍵盤之Page Down鍵
　　(C)鍵盤之Enter鍵　　　　　　(D)滑鼠左鍵。

( )　**14** 資料庫管理系統中，一般資料結構內容由小至大，下列順序何者正確？
　　(A)欄位(field)→記錄(record)→檔案(file)→資料庫(database)
　　(B)檔案(file)→記錄(record)→欄位(field)→資料庫(database)
　　(C)欄位(field)→檔案(file)→記錄(record)→資料庫(database)
　　(D)記錄(record)→欄位(field)→檔案(file)→資料庫(database)。

( ) **15** 下列應用軟體中，何者不屬於資料庫管理系統？
(A)Microsoft Access　　　　(B)Microsoft SQL Server
(C)Directer　　　　　　　　(D)Oracle。

( ) **16** 在規劃資料庫時，將重複的資料減少至最低，此種過程稱之為何？
(A)結構化　(B)正規化　(C)模組化　(D)階層化。

( ) **17** 電腦網路中，主要功能為處理異質網路間的協定與資料格式轉換，下列何者為可連接特性不同網路之連接設備？
(A)集線器Hub　　　　　　(B)閘道器Gateway
(C)橋接器Bridge　　　　　(D)路由器Router。

( ) **18** 電腦網路中，屬於「企業內部網路」，一般稱之為何？
(A)network　(B)internet　(C)intranet　(D)extranet。

( ) **19** 許多部電腦要共用一個IP位址同時連上網際網路，使用哪一種設備較為恰當？
(A)MODEM數據機　　　　(B)集線器HUB
(C)動態主機配置DHCP　　(D)IP分享器。

( ) **20** 網際網路提供的服務中，下列哪一項專供網路電話服務？
(A)BBS　(B)Blog　(C)Ftp　(D)Skype。

解答與解析

1 (C)。資源回收筒的功能，只是將目前使用者，想要刪除的檔案，先一併放在資源回收筒，但是並不是將它真正刪除，而只是「暫時」放在資源回收筒當中。若要永久刪除該檔案的話，則必須要到資源回收筒中，點選「清除資源回收筒」即可。

2 (A)。Wordpad是Windows內建的文書編輯軟體，如果你的電腦沒有安裝Office時，可以用來作簡易的文書處理。這個文書編輯軟體的功能有：
(1)字型的改變、字體大小的改變。
(2)粗體、斜體、加底線的設定。
(3)置中、靠左、靠右的設定。

(4)還有定位點、尺規、項目符號的功能，可以說是Word的超精簡功能版，有點像是小畫家一樣，是Windows內建的簡易程式。

3 (C)。在MS Word 系列中，在功能「格式/亞洲方式配置」選項下，沒有「直向文字」的選項供使用者選擇。

4 (A)。在MS Word系列中，要使用「編輯數學方程式」的功能，選擇「插入/物件/建立新物件/Microsoft方程式編輯器」即可。

5 (A)。所謂合併列印，就是如果我們有一份文件，要分別寄給不同的人時，就可以使用合併列印功能。如此，在列印內文時，即可自動將所建立的收件者資料，自動套印在文件上，是自動哦！這樣，就不需再經過手動，或重覆打一堆或拷貝一堆一樣的東西了，輕鬆完成工作！

6 (B)。Portable Document Format（PDF）是一種開放式的電子文件，檔案本身即包含有文件版面的編排資訊，例如文件的格式、字體、顏色、圖形、影像等，文件內容還可以包含「書籤」或「索引」（就如 Web 網頁裡面可以點選的超連結一樣）。使用者可以在專用的閱讀軟體上（也就是 Adobe Reader）直接看到與印刷品相似的文件，也可以由印表機印出相同的紙本。

7 (C)。在MS Excel中的「數字儲存格」中，若欄寬不足以顯示該完整資料值的時候，儲存格會以「####」來表示，此時應該要調整適當的欄寬大小，來顯示該儲存格的數字。

8 (D)。在MS Excel中，若要將儲存格內的數值作「四捨五入」的計算時，則可使用ROUND（ ）來做「四捨五入」的運算。

9 (C)。虛擬記憶體：作業系統在硬碟上切割一塊區域，模擬實體記憶體，將實體記憶體中放置過久，或是較無急切性的資料挪放置此區域，以邏輯上來說等同於加大實體記憶體的容量，使程式在執行時較不受實體記憶體的容量所限制。
虛擬記憶體在磁碟機中是以「虛擬記憶體置換檔」或稱為「分頁檔」的形式存在，在Windows 9X系列之中，檔案名稱為win386.swp；而在Win2k或WinXP之中，則稱為pagefiles.sys。由於在系統中類似這樣的系統檔案預設為隱藏的，所以時常令人誤認為硬碟空間不自覺的消耗，摸不著頭緒。

10 (B)。一般而言，在MS Excel中，欲選取作資料的排序功能，最多只能夠設定3個排序鍵。

11 (C)。MS Power Point系列中，標準檢視模式內之三框式視窗，有投影片視窗、備忘稿視窗以及大綱視窗。

12 (D)。MS Power Point系列中，其選項「檢視」的「母片」中，包含了投影片母片、備忘稿母片以及講義母片。

13 (A)。按↑是切換到上一張投影片。

14 (A)。在資料庫管理系統中，資料結構內容由小至大分別為欄位、記錄、檔案以及資料庫。

15 (C)。Director MX為設計多媒體與動畫的軟體。

16 (B)。正規化的目的在於將資料的重覆降至最低，一旦消除了大部分的資料重覆問題，卻衍生出另一個問題：即資料查詢速度變慢！通常正規化，我們會將資料表由一個細分成數個表格，若要找出其中一筆資料，很可能需要join相關表格，而「join」動作，將直接影響系統效率，造成查詢速度變慢。

17 (B)。閘道器（Gateway），用於連接通訊協定完全不相同的二個網路，例如，連接 SNA 與 X.25 分封交換網路。可想而知，閘道器是一個複雜的通訊協定轉換裝置。如果以 OSI/ISO 通訊協定模式而言，閘道器連接從實體層到應用層皆不相同的異質網路。閘道器主要作為連接異質網路，處理通訊協定轉換。

18 (C)。國內多譯為企業內網路，簡而言之，Intranet為一企業或組織內部之網際網路（Internet），運用Internet的通訊標準（TCP/IP）及WWW內容標準，作為建置基礎，而以防火牆（Fire wall）與外界隔離的網路系統。

19 (D)。 IP分享器功能和集線器（HUB）類似，但是IP分享器主要加上了簡單處理器，主要處理撥號（PPPoE）及接通internet等功能，並具備有DHCP Server（動態IP指派功能），讓你可以多台PC來分享一個IP，也就是把一個實體IP分成很多虛擬IP，有些還具有防火牆的功能。

20 (D)。skype是一種即時通訊軟體，注重的功能是他的語音功能，skype因為運用了p2p的方式直接透過電腦對電腦的連線，而不是必須透過語音伺服器，所以相較之下skype的通話品質好很多。而skype還可以透過搜尋的功能，可以尋找世界各地的skype使用者和他們一起聊天。

而skype另一個功能就是由電腦撥打市話或是行動電話，而國際電話當然是要另外付費的，他付費的方式就像是在使用易付卡。

第十三回

(　)　**1** 電腦網路中，提供網域名稱與IP位址轉換之服務簡稱為何？
(A)DNS　(B)MSN　(C)FTP　(D)WWW。

(　)　**2** 傳送郵件給許多人時，若不想讓收件者彼此之間知道收件者有哪
些人，可以利用哪一項功能達成？
(A)副本　　　　　　　　　(B)密件副本
(C)數位簽章　　　　　　　(D)壓縮。

(　)　**3** 下列應用軟體中，何者不是網頁編輯軟體？
(A)FrontPage　　　　　　　(B)Dreamweaver
(C)Photoimpact　　　　　　(D)Namo。

(　)　**4** 在程式語言中，整數變數若佔用2位元組的記憶體，則此變數可
表示數值的範圍為何？
(A)-32767~+32768　　　　　(B)-32767~+32767
(C)-32768~+32767　　　　　(D)-32768~+32768。

(　)　**5** 在VB程式語言中，變數名稱的命名，下列何者錯誤？
(A)IF3#　(B)B6_c　(C)5NUM　(D)DOG。

(　)　**6** 下列何者不是網路防火牆的功能？
(A)使用者權限管理　　　　(B)防止駭客入侵
(C)防範電腦病毒　　　　　(D)區域網路管理。

(　)　**7** 系統發展過程有下列步驟：a.系統設計、b.系統分析、c.撰寫程
式。下列順序由先而後何者正確？
(A)cba　　　　　　　　　　(B)abc
(C)bac　　　　　　　　　　(D)cab。

（　）　**8** 數位資料傳輸之單位為何？
(A)bits（binary digits）
(B)bps（bits per second）
(C)dpi（dots per inch）
(D)ips（million instructions per second）。

（　）　**9** 目前噴墨印表機，四種墨水顏色為何？
(A)綠（green）、洋紅（magenta）、黃（yellow）、黑（black）
(B)青（cyan）、洋紅（magenta）、黃（yellow）、黑（black）
(C)青（cyan）、綠（green）、黃（yellow）、黑（black)
(D)青（cyan）、洋紅（magenta）、綠（green）、黑（black）。

（　）　**10** 下列哪一種作業系統為開放原始碼以自由軟體的型態發行？
(A)Windows　　　　　　(B)Unix
(C)Linux　　　　　　(D)Macintosh。

（　）　**11** 下列何者不屬於隨機存取裝置？
(A)光碟　　　　　　(B)主記憶體
(C)磁帶　　　　　　(D)磁碟。

（　）　**12** 二進制的0.11001轉化成十進制後，應該是：
(A)0.78125　　　　　　(B)0.753125
(C)0.76125　　　　　　(D)0.7825。

（　）　**13** 1010和1101邏輯運算後的結果是1111，運算子應該是：
(A)AND　　　　　　(B)OR
(C)XOR　　　　　　(D)NAND。

（　）　**14** 整個電腦系統的心臟是：
(A)算術／邏輯單元　　　　　　(B)控制單元
(C)記憶單元　　　　　　(D)中央處理單元。

( ) **15** 英文字母A之ASCII碼為41H，則字母Z的ASCII碼為：
(A)58H　(B)57H　(C)59H　(D)5AH。

( ) **16** 下列敘述是有關算術運算符號執行的優先順序，何者為正確？
(A)()^/*　　　　　　　　(B)^()/-
(C)()-^/　　　　　　　　(D)()^-/。

( ) **17** 下列那種記憶體，當電源關閉後，其內容即消失？
(A)RAM　　　　　　　　(B)ROM
(C)PROM　　　　　　　 (D)EPROM。

( ) **18** Internet最早起源於哪個網路？
(A)MILNET　　　　　　 (B)NSFNET
(C)ARPANET　　　　　　(D)BITNET。

( ) **19** 下列哪種技術會先將聲音數位化，然後透過Internet的IP通訊協定
傳送語音？
(A)Telnet　　　　　　　(B)VoIP
(C)VPN　　　　　　　　(D)NNTP。

( ) **20** 求10101二的補數？
(A)101011　　　　　　　(B)01010
(C)01011　　　　　　　 (D)10100

解答與解析

1 (A)。DNS（Domain Name System），透過DNS系統，我們可以由一部機器的domain name查其IP，也可以由機器的IP反查它的domain name，除此之外DNS 還與Mail System結合，提供Mail routing的功能。

2 (B)。副本：列在「副本」欄位中的每一位收信人都將收到郵件的副本。郵件的所有收件者都能夠看到您指定的「副本」收件者及信箱地址。
密件：「密件」的收件者不會被其他收信人看見，「密件」的收件者也無法得知您是否還有傳送給其他的「密件」收件者。

3 (C)。PhotoImpact為目前最為流行的影像繪圖軟體。

4 (C)。2byte ＝16 bit（可用16bit來顯示數值）

在程式語言中，整數變數的數值範圍：$-2^{n-1} \sim 2^{n-1}-1$

代入n＝16 => $-32768 \sim 32767$

5 (C)。因為變數名稱開頭要英文。

6 (D)。網路防火牆可說是網站的第一道防護網和濾淨器，使系統內部的機密資料不會遭到外來者的竊取或破壞。它可依據(1)訊息或信件收發者的IP位址；(2)通訊協定；(3)訊息的狀況；(4)通訊 port 來決定是否可外傳或者是進入。一發現任何異樣，它會禁止訊息進入區域網路。

另一種解釋，防火牆是用來隔開內部網路與外部網路之間，達到企業安全的要求，從外部網路要使用內部網路的機器，必須經過防火牆，可視為一種保護作用，使得內部機器不被外界透過網路任意連接使用。

7 (C)。軟體生命週期模式（Software Lifecycle Model）：將系統開發過程分為分析、設計、寫碼、測試、維護五階段，若在某階段發生問題，可回溯至前面的階段。

8 (B)。

(A)bits（binary digits）：為電腦在處理資料的最小單位，代表0或1。

(B)bps（bits per second）：每秒所能傳送的位元數。Bit 中文翻成位元是電腦資料的基本單位，例如：一個英文字元佔八個位元，一個中文字佔十六個位元，所以假如一個網路的頻寬是8bps那就是說一秒鐘可以傳一個英文字元，兩秒鐘才能傳完一個中文字。

(C)dpi（dot per inch）：即每一英吋所包含的點，我們常聽螢幕解析度 72 dpi 意思就是每一英吋裡面，顯示了72 個色點（也就是像素）。

(D)mips：每秒百萬指令（Million Instructions Per Second）的縮寫常被用來當作衡量電腦運算性能的指標之一。

註：最後一個選項的ips是錯，應該是mips

9 (B)。墨水夾式噴墨印表機獨有的設計，印表機利用四色墨水夾（青，洋紅，黃，黑）或六色墨水夾（外加淡藍，淡紅），加以混合後，就能夠印出各種不同色彩。

10 (C)。Linux作業系統（Linux），是一種電腦作業系統。Linux作業系統的核心的名字也是「Linux」。Linux作業系統也是自由軟體和開放原始碼發展中最著名的例子。

嚴格來講，Linux這個詞本身只表示Linux核心，但在實際上人們已經習慣了用Linux來形容整個基於Linux核心，並且使用GNU 工程各種工具和資料庫的作業系統（也被稱為GNU/Linux）。基於這些

組件的Linux軟體被稱為Linux發行版。一般來講，一個Linux發行套件包含大量的軟體，比如軟體開發工具，資料庫，Web伺服器（例如Apache），X Window，桌面環境（比如GNOME和KDE），辦公套件（比如Open Office.org）等。

11 (C)。磁帶是利用循序存取的裝置。

12 (A)。$1 \times \frac{1}{2} + 1 \times \frac{1}{2^2} + 1 \times \frac{1}{2^5} = 0.5 + 0.25 + 0.03125 = 0.78125$。

13 (B)。$\frac{\begin{array}{c}1010\\1101\end{array}}{1111}$，所以只要一個輸入為1輸出即為1，為OR閘。

14 (D)。CPU是中央處理單元，被稱為電腦的心臟。

15 (D)。$41_{(16)} + 25_{(10)} = 5A_{(16)}$，所以答案為(D)。

16 (A)。運算子的優先順序是( ) > ^ > / > *。

17 (A)。ROM的記憶不會因為電源關閉而消失。

18 (C)。ARPANET（Advanced Research Project Agency Network，簡稱ARPANET）阿帕網路，美國官方的電腦網路，為Internet的前身。

19 (B)。VoIP（Voice over IP，簡稱VoIP）網路電話，是將語音訊號壓縮成數據資料封包後，在IP網路基礎上傳送的語音服務，因此會先將聲音數位化再透過IP的通訊協定傳送。

20 (C)。10101→01010，再加1變成01011，所以答案選(C)。

第十四回

( ) **1** 下列何者不是作業系統的工作？
(A)中斷處理 　　　　　(B)分配系統資源
(C)文書處理 　　　　　(D)驅動硬體裝置。

( ) **2** 電腦的發展可分為四個時期：a.積體電路時期　b.機械時期　c.電晶體時期　d.真空管時期；其發展順序依序為：
(A)abcd 　　　　　(B)badc
(C)bdca 　　　　　(D)cabd。

( ) **3** MB（Megabyte，百萬位元）是一種電腦容量計量單位，代表1024KB。下面哪一種對GB（Gigabyte）的敘述是錯的？
(A)1GB＝1024MB 　　　　(B)1GB＝1024*1024*KB
(C)1GB＝一億位元 　　　　(D)1GB＝1024*1024*1024Byte。

( ) **4** IP address為202.109.221.151屬於哪一class？
(A)class A 　　　　　(B)class B
(C)class C 　　　　　(D)class D。

( ) **5** 電子商務中的C2C指的是：
(A)client to client 　　　(B)customer to customer
(C)company to customer 　(D)customer to company。

( ) **6** 將1、2、3依序放入堆疊（stack）中，再拿出（pop）兩個元素後，再放入4、5、6，再拿出一個元素後，再放入7，請問此時堆疊中剩下的元素由上至下依序是什麼？
(A)1457 　　　　　(B)7541
(C)7563 　　　　　(D)3657。

( ) **7** 將1、2、3依序放入佇列（queue）中，再拿出兩個元素後，再放入4、5、6，再拿出一個元素後，再放入7，請問此時佇列中剩下的元素由前至後依序是什麼？

(A)7654 　　　　　　　　　(B)7541
(C)4567 　　　　　　　　　(D)1457。

(　) **8** 將A and B or C or~（E＞F）轉換成後序表示法（post-order）表示應為？
(A)A B and C or E F＞~or　　(B)A B C E F and or＞~or
(C)and or ＞~or A B C E F　　(D)A B C E For~＞or and。

(　) **9** 若陣列A(3,3)的位置是121，A(6,4)的位置是159，那A(4,5)的位置是？
(A)191 　　　　　　　　　(B)192
(C)193 　　　　　　　　　(D)194。

(　) **10** 數個磁區（sector）的集合是：
(A)磁軌（track）　　　　　(B)磁簇（cluster）
(C)磁柱（cylinder）　　　　(D)磁碟（disk）。

(　) **11** 介於電腦硬體與應用軟體之間的程式，提供執行應用軟體的環境並分配系統資源的是：
(A)作業系統　　　　　　　(B)公用程式
(C)程式開發工具　　　　　(D)資料庫管理系統。

(　) **12** 沒有或只有少許介面，功能有限且原始，傾向於監督並控制硬體裝置等特別用途的是：
(A)多處理器系統　　　　　(B)分散式系統
(C)即時系統　　　　　　　(D)嵌入式系統。

(　) **13** 下列何種技術允許CPU前一個指令未完成前，就開始處理下一個指令？
(A)Pipelining　　　　　　　(B)RISC
(C)平行處理　　　　　　　(D)循序處理。

(　) **14** 指揮電腦完成一項基本任務的命令是：
(A)程式　(B)指令　(C)軟體　(D)副程式。

( ) **15** bps的b是：
(A)binary (B)bits (C)bytes (D)bpi。

( ) **16** ISO 27001或CNS 27001是哪一種標準？
(A)資訊安全 (B)軟體開發 (C)程式設計 (D)品質管理。

( ) **17** 雜湊法是以下列何者為輸入來產生磁碟位址？
(A)字元 (B)資料錄 (C)檔案 (D)鍵值。

( ) **18** 指令較為精確，每個指令的執行時間都很短，完成的動作也很單純，若要做複雜的事情，就要由多個指令來完成的是：
(A)RISC (B)CISC (C)Pipelining (D)Superscalar。

( ) **19** 晶片的向下相容性（downward compatibility）是指：
(A)新舊的晶片所撰寫的程式可以互用
(B)新的晶片所撰寫的程式可以在舊的晶片執行
(C)晶片功能可以互通
(D)舊的晶片所撰寫的程式可以在新的晶片執行。

( ) **20** 3G手機是：
(A)輸入裝置 (B)輸出裝置
(C)輸出入裝置 (D)非輸出入裝置。

解答與解析

1 (C)。文書處理是利用文書處理的軟體，是一種應用軟體。

2 (C)。電腦發展是由機械→真空管→電晶體→積體電路（IC）。

3 (C)。
1GB＝1024MB＝1024×1024KB＝1024×1024×1024Byte，所以不是等於一億位元。

4 (C)。A => 10.0.0.0~10.255.255.255（約16000000個可用 IP）

B => 172.16.0.0~172.31.255.255（約1000000可用 IP）
C => 192.168.0.0~192.168.255.255（約65000可用 IP）
所以202.109.221.151屬於class C。

5 (B)。C2C 客戶對客戶的商業活動（Customer-to-Customer）。

6 (B)。123→6541→7541。

7 (C)。123→3456→4567。

8 (A)。轉換成後序表示法會變成AB and C or EF>~ or。

9 (B)。先判斷出本題為以行為主（Column-major）

公式：$A[i_2,j_2] = A[i_1,j_1] + [(i_2-i_1) + (j_2-j_1)*m] * d$

先求m值：$A[6,4] = 121 + [(6-3) + (4-3)*m] * d$

$159 = 121 + 3 + m$

$m = 35$

代入$A[4,5] = A[3,3] + [(4-3) + (5-3)*35] * 1$

代入$A[4,5] = 121 + 71$

代入$A[4,5] = 192$

10 (B)。由大到小排，是為磁柱＞磁軌＞磁簇＞磁區。

11 (A)。作業系統就是用來控制電腦硬體，以及提供執行應用軟體的環境與分配系統資源。

12 (D)。嵌入式系統為控制、監視或輔助設備、機器或甚至工廠運作的裝置。

13 (A)。管線技術（pipelining）可允許CPU在執行前一個指令未完成前就處理下一個指令。

14 (B)。最基本的任務就是指令。

15 (B)。bps指的就是 bits per second。

16 (A)。ISO27001與CNS27001都是屬於資訊安全的標準。

17 (D)。雜湊法（hashing）：預先備妥足夠的資料檔空間，每筆記錄存入檔案時，必須先用預設規則換算成位址。

18 (A)。（Reduced Instruction Set Computer，簡稱RISC）精簡指令集電腦，RISC技術的思想精華就是通過簡化計算機指令功能，使指令的平均執行周期減少。

19 (D)。向下相容性是指舊晶片所撰寫的程式可以在新的晶片上執行。

20 (C)。手機包含輸入裝置（如鍵盤）以及輸出裝置（如喇叭或螢幕）。

第十五回

( ) **1** 當硬碟的檔案或資料發生損毀、遺失、壞軌或交互連結時，應：
(A)磁碟重組 　　　　　　(B)磁碟掃瞄
(C)鏡射（mirroring） 　　(D)等量分配（striping）。

( ) **2** 負責路由與邏輯定址的是OSI參考模型的那一層？
(A)應用層 　　　　　　　(B)資料連結層
(C)傳輸層 　　　　　　　(D)網路層。

( ) **3** 優先順序最高的程式所在記憶體的位置是何區域？
(A)頁框　(B)分頁表　(C)前景　(D)背景。

( ) **4** 下列哪一個OSI所定義的是負責協調建立資料交換的格式，並且負責資料壓縮和解密？
(A)應用層（Application）　(B)網路層（Network）
(C)表達層（Presentation）　(D)鏈結層（Data Link）。

( ) **5** 辦公室的主機如果有防火牆保護，SARS期間要在家裡上班進入內部網路，辦公室最基本需建置哪一種網路設備？
(A)switch　(B)VPN　(C)Hub　(D)router。

( ) **6** 每個網站都有一個獨特唯一的位址，稱為：
(A)HTTP　(B)HTML　(C)URL　(D)ISP。

( ) **7** 管理網路內的流量及處理網路壅塞，是下列哪一項？
(A)組態管理　(B)錯誤管理　(C)效能管理　(D)安全管理。

( ) **8** TFTP較FTP來的簡易，主要是因為少了存取控制及下列何者？
(A)延遲控制　(B)安全性驗證　(C)使用者介面　(D)存取規則。

( ) **9** 關於TCP與UDP的敘述何者正確？
(A)TCP採用網路封包傳送的方式，UDP則不是
(B)TCP是一個非連線型（Connectionless）的非可靠傳輸協定

(C)UDP是一種連線導向（Connection Oriented）的可靠傳輸
(D)UDP訊息可能會在傳送過程中遺失或重複。

(　　) **10** 下列何者帶動了電路交換式網路（circuit-switching networks）？
(A)Mobile phone　　　　　　(B)Fax
(C)Television　　　　　　　　(D)Telephone communications。

(　　) **11** 歐洲電信標準協會ETSI所制訂的數位蜂巢式電話系統是：
(A)D-AMPS　(B)GSM　(C)CDMA　(D)AMPS。

(　　) **12** 使用公共Internet為主幹當作私有資料傳輸通道的技術稱為？
(A)Intranet　(B)Extranet　(C)VPN　(D)Ethernet。

(　　) **13** 在Internet傳送或處理資料，提供跨平台、跨程式的資料交換格式是：
(A)HTML　(B)XML　(C)VRML　(D)HTTP。

(　　) **14** 下列敘述中，那一個是正確的描述？
(A)DSN（Domain Name Server）提供由網域名稱（Domain Name）查詢得網際網路協定（Internet Portocol, IP）位址的服務
(B)FTP（File Transfer Protocol）是一種檔案傳輸通訊協定，只能用於PC間互傳檔案
(C)在網頁伺服器與瀏覽器間傳遞網頁所使用的通訊協定為HTML
(D)FTP（File Transfer Protocol）是用於網際網路中郵件伺服器之間傳遞電子郵件的一種協定。

(　　) **15** 在電子商務中，企業與上下游廠商之間使用的網路是：
(A)Intranet　(B)Extranet　(C)Internet　(D)VPN。

(　　) **16** 下列有關編譯程式的敘述，何者是錯的？
(A)轉換成目的碼或機器語言
(B)不保存目的碼

(C)轉換一次後下次執行不需再轉換

(D)轉換成機器語言才能執行。

(   ) **17** 下列有關資料庫的敘述，何者是錯的？

(A)是一個或多個資料檔案的集合

(B)DBMS是用來操作與管理資料庫的軟體

(C)關聯式資料庫是資料庫模式的一種

(D)資料與程式是相依的。

(   ) **18** 下列何者不是DBMS的主要功能？

(A)避免多個使用者同時變更或刪除資料，導致錯誤

(B)進行備份（Backup）與還原（restore）

(C)查詢與報表

(D)Data mining。

(   ) **19** 利用某些軟體先前未知之瑕疵、漏洞或是漏洞剛公佈到推出修補
程式間的安全空窗期，所進行的攻擊叫：

(A)零時差攻擊   (B)阻斷式服務   (C)殭屍電腦   (D)網路綁架。

(   ) **20** 在資訊安全中，常用的C.I.A.是什麼的簡寫？

(A)機密性（Confidentiality）、完整性（Integrity）、
可用性（Availability）

(B)Central Intelligence Agency，美國中央情報局

(C)電腦（Computer）、網際網路（Internet）、
計算機結構（architecture）

(D)compiler、interpreter、assembler。

解答與解析

1 (B)。硬碟或資料發生損毀時應做
磁碟掃描。

2 (C)。負責提供不同系統間的資料
交換的可靠性，就是傳輸層。

3 (C)。前景工作（foreground work）
相對於背景工作（background）有
較高的CPU執行時間優先權。

4 (C)。鏈結層主要功能就是資料傳
送的錯誤偵測跟控制。

5 (B)。虛擬專線網路（Virtual Private Network，簡稱VPN）是讓公共網路（例如Internet）變成是內部專線網路，符合辦公室最基本建置的網路設備。

6 (C)。（Universal Resource Locator，簡稱URL）全球資源定位器，URL它是一個指定 Internet 上物件的位置的標準。

7 (C)。管理網路內的流量以及處理網路壅塞的問題，是透過效能管理來管理。

8 (B)。所謂的TFTP，與FTP最大的差異就是完全不做任何認證就可以連線傳輸檔案以及使用UDP 代替TCP 來傳送資料。

9 (D)。(A)UDP也要傳送封包。(B)TCP是可靠性傳輸協定。(C)UDP是非連接導向的。

10 (D)。Telephone communications電話帶動了電路交換式網路的發展。

11 (B)。全球行動通訊系統（Global System for Mobile Communications，簡稱GSM），是由ETSI所制訂的數位蜂巢式電話系統。

12 (C)。虛擬專線網路（Virtual Private Network，簡稱VPN）是一種讓公共網路（例如Internet）變成像是內部專線網路的方法。

13 (B)。可擴展置標語言（Extensible Markup Language，簡稱XML），置標指電腦所能理解的信息符號，通過此種標記，電腦之間可以處理包含各種信息的文章等。

14 (A)。(B)可用於Internet上傳輸檔案。(C)是HTTP。(D)是SMTP。

15 (B)。Extranet通常是企業和Internet連接，以向公共提供服務的網路。

16 (B)。會保存目的碼。

17 (D)。資料與程式是不相依的。

18 (D)。DBMS並沒有資料探勘（Data mining）的功能。

19 (A)。零時差這種攻擊就是利用當漏洞剛被發現不久，還沒有任何補丁文件被發布並對已知問題進行修復時發起的攻擊，或是在補丁發布的當天就被利用來發起的惡意攻擊。

20 (A)。C.I.A就是
(1)機密性（Confidentiality）、
(2)完整性（Integrity）、
(3)可用性（Availability）。
這三個的縮寫。

107年 全國各級農會第四次聘任職員

壹、簡答題

一、相對於CSMA/CD使用於有線的區域網路,無線的區域網路使用的是何種通訊協定?

答 無線區域網路通訊協定是採用CSMA/CA。

二、$x_1 + x_2 + x_3 = 10$有幾組正整數解?

答 (此題官方答案有誤)
正整數解可看作3人同分7種相同的物品
$H_7^3 = C_7^9 = C_2^9 = 36$(組)。

三、關連式資料庫的查詢語言可以分程序式與非程序式語言。SQL為一程序式語言,列出一種非程序式的查詢語言。

答 Datalog or QBE。

四、請詳述霍夫曼(Huffman)碼的編碼原理。

答 將出現頻率較高的字元用短編碼表示。

五、巨量資料領域中之3V指的是哪三種性質?

答 velocity,volume, versatility(多變的)。

六、請列出兩個結構化程式設計的優點。

答　容易閱讀，容易除錯，方便維護，縮短程式撰寫時間。

七、何謂不具備可攜性的電腦語言？舉例說明哪種語言屬之。

答　不可跨平台執行的語言，如組合語言。

八、IP位址與網域名稱之間有何關係？

答　網域名稱（文字化）對應到IP位址（數字化），以DNS作對應。

貳、是非題

(　　) **1** 關連式資料表中，外來鍵（foreign key）跟主鍵（primary key）都可以作為索引表中的列值組（tuple）。

(　　) **2** 電腦程式語言中，C跟Java都是高階語言，而Python則是屬於低階語言。

(　　) **3** 關連式資料庫系統中，SQL為資料運算語言，但非資料定義語言。

(　　) **4** 在2的互補法系統中，16位元能夠表示的最大正整數為32727。

(　　) **5** 在三戰兩勝的冠軍賽中，兩隊比賽最多有六種賽程。

(　　) **6** 樹狀圖（tree diagram）是一個"點的個數比邊的個數多一"的連接圖（connected graph）。

(　　) **7** 連上網際網路的兩部電腦，可以用同一個IP位址。

（　）　**8** IPv6的位址空間（即位址個數）為IPv4位址空間的四倍。

（　）　**9** 電腦系統中，檔案管理系統屬於作業系統的一部分。

（　）　**10** RSA的演算法是一種公開金鑰的加解密演算法。

解答與解析 »»»» 答案標示為#者，表官方曾公告更正該題答案。

1 (F)。PK不可以，PK必須符合第一正規化，也就是PK必須為唯一資料識別，才可以讓資料庫找到唯一的資料列，但FK，只是對應到PK上，所以FK不要求唯一。所以索引的對應上，PK必須是一對一（唯一不重複），不會是一對多（tuple）。

2 (F)。Python亦為高階語言。

3 (F)。SQL為資料定義語言。

4 (T)。此題答案有誤。
不正確，2的互補法中，是將正數與負數切一半來使用，但0的表示方式只有1種，其中正數包含0，所以正數實際是從0～32767（最大值為$2^{15}-1$），負數則是-1～-32768（最小值為-2^{15}）。

5 (T)。甲勝甲勝、甲勝甲敗甲勝、甲敗甲勝甲勝
乙勝乙勝、乙勝乙敗乙勝、乙敗乙勝乙勝
共計六種賽程。

6 (T)。如下圖簡易樹狀圖，點（長方形）的個數比邊（直線）的個數多一個。

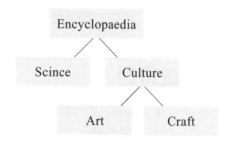

7 (F)。兩台電腦需用不同的IP位址。

8 (F)。IPv6的位址長度為128 bits長；IPv4的位址長度為32 bits長，故IPv6的位址空間(即位址個數)為IPv4位址空間的$2^4=16$倍。

9 (T)。作業系統乃是介於使用者與電腦之間溝通管道。主要協調中央處理器CPU與周邊資源的使用問題。
其功能包括：
(1) 工作管理（程序管理、處理器管理）。
(2) 記憶體管理。
(3) I/O設備管理。
(4) 檔案系統管理（資訊管理）。
(5) 權限管理。

10 (T)。在公開金鑰密碼系統中，除了擁有不相同的加密金鑰和解密金

解答與解析

鑰這個特性之外，在加密金鑰與解密金鑰之間也存在一個複雜的數學關係，而這個關係必須複雜到無法由加密金鑰推導出解密金鑰。

非對稱式密碼系統加密法可分為以下幾種：

(1) RSA加密法：非對稱式密碼系統的一種。利用公開金鑰密碼系統作為資料加密的方式，可達到資料加密及數位簽署的功能。相同明文可得到相同的密文。

(2) E1Gamal Cryptosystem：非對稱式密碼系統的一種。安全性導因於離散對數（Discrete Logarithm）之困難度。相同明文可得到不相同的密文。

參、選擇題

(　　) **1** Internet是一種　(A)區域網路　(B)廣域網路　(C)都會網路　(D)光纖網路。

(　　) **2** 下列何種網路中繼設備會決定傳輸的最佳路徑？　(A)Repeater　(B)Router　(C)Bridge　(D)Hub。

(　　) **3** 在windows中正在使用的word檔案，一般會儲存在何處作運算處理？　(A)ROM　(B)RAM　(C)Switch　(D)Network。

(　　) **4** 磁碟片的基本資料存取單位為何？　(A)磁軌（cylinder）　(B)磁柱（track）　(C)磁區（sector）　(D)讀寫頭（head）。

(　　) **5** 電腦處理速度中，奈秒為　(A)10^{-3}秒　(B)10^{-6}秒　(C)10^{-9}秒　(D)10^{-12}秒。

(　　) **6** 電腦資料儲存的單位中，TB為　(A)10^{-3} Bytes　(B)10^{-6} Bytes　(C)10^{-9} Bytes　(D)10^{-12} Bytes。

(　　) **7** 電腦TCP/IP網路中，提供email的服務是屬於哪一層的通訊協定？　(A)實體層　(B)傳輸層　(C)網路層　(D)應用層。

(　　) **8** 下列哪個項目，不是一般電腦作業系統的主要功能？　(A)防毒管理　(B)程序管理　(C)提供使用者介面　(D)系統資源管理。

( ) **9** 下列各項資料儲存元件中，何者的讀取速度最慢？
(A)硬碟（hard disk）
(B)主記憶體（main memory）
(C)唯讀記憶體（read-only memory）
(D)暫存器（register）。

( ) **10** 在製作流程圖時，if...then...else的判斷式，一般用何種圖形表示？ (A)正方形 (B)長方形 (C)菱形 (D)橢圓形。

▌解答與解析 »»»» 答案標示為#者，表官方曾公告更正該題答案。

1 (B)。Internet是一種廣域網路。

2 (B)。Router（路由器）會決定傳輸的最佳路徑。

3 (B)。正在執行的資料會存在主記憶體（RAM）中。

4 (C)。磁碟片資料單位由大到小為磁柱>磁軌>磁區，故最小資料單位為磁區。

5 (C)。$1(ns) = 10^{-9}(s)$

6 (D)。（此題題目選項有誤）
$1(TB) = 10^{12}(Bytes)$

7 (D)。第七層－應用層：HTTP、HTTPS、FTP、TELNET、SSH、

SMTP、POP3等。E-mail的通訊協定即屬此層。

8 (A)。防毒管理為防毒應用程式的功能，非作業系統的功能。

9 (A)。各種記憶體資料存取速度比較：
Register>Cache>SRAM>DRAM>Hard Disk>CD，故知硬碟的讀取速度最慢。

10 (C)。方塊代表處理步驟、菱形代表邏輯判斷、箭號代表控制流程、圓形代表連接符號、▱ 代表以列表機印出報表；故知if…then…else的判斷式，一般用菱形表示。

107年 桃園捷運新進人員

( )　1　資料轉碼、壓縮、加密等工作是在OSI七層中的哪一層做處理？
(A)呈現層　(B)會議層　(C)資料連結層　(D)網路層。

( )　2　只有在路徑連線狀態有所變更時，尋徑協定才會進行路徑資訊更
新的協定為　(A)靜態尋徑　(B)連線狀態　(C)距離向量　(D)智
慧尋徑。

( )　3　下列何者是將IP位址映射為實體位址的協定？　(A)ARP　(B)
RARP　(C)ICMP　(D)RIP。

( )　4　縣市之間的網路系統屬於　(A)區域網路　(B)都會網路　(C)廣域
網路　(D)Internet。

( )　5　具有終端機的網路拓樸是　(A)星型　(B)直線型　(C)環型　(D)
樹狀。

( )　6　在無線傳輸環境的區域網路方面，主要以何種所規範的無線網路
系統為主　(A)802.2　(B)802.12　(C)802.11　(D)802.3。

( )　7　電視台傳送訊號的方式是採用何種方式？　(A)單工　(B)半雙工
(C)全雙工　(D)多工。

( )　8　在不同之時間可做雙向互相傳送，但某一方處於接收狀況時就不
能傳送資料的是　(A)單工　(B)半雙工　(C)全雙工　(D)多工。

( )　9　雙絞線兩兩相互捲絞在一起的主要原因為何？　(A)抵消電磁干
擾　(B)固定彼此線材　(C)整齊美觀　(D)配對容易。

( )　10　光纖不具下列何項？　(A)中心纖維　(B)周邊材料　(C)網狀導體
(D)塑膠保護層。

( )　11　稱為多埠中繼器的設備為何？　(A)閘道器　(B)路由器　(C)橋接
器　(D)集線器。

( ) **12** 稱為多埠橋接器的設備為何？ (A)交換式集線器 (B)閘道器 (C)中繼器 (D)路由器。

( ) **13** 通常出入口設施與機房室、機房室與機房室、不同建築物間或不同樓層間是使用下列何者來進行連線？ (A)垂直纜線 (B)水平纜線 (C)同軸電纜線 (D)骨幹纜線。

( ) **14** OSI七層是一個？ (A)標準 (B)參考模式 (C)協定 (D)網路。

( ) **15** 乙太網路在不計算訊框前序的情況下，最大與最小的訊框大小分為別 (A)1518 Bytes、56 Bytes (B)1518 Bytes、64 Bytes (C)1718 Bytes、64 Bytes (D)1400 Bytes、60 Bytes。

( ) **16** CSMA/CD中，發生碰撞之後會進入退讓程序、下列針對退讓程序的描述何者為非？
(A)退讓時間為一固定值
(B)重傳次數越多，退讓時間越長
(C)超過15次的重傳次數之後，該訊框會被捨棄
(D)退讓時間是以51.2 μs為單位。

( ) **17** 下列哪種網路設備功能最強，可以在任何網路中使用？ (A)路由器 (B)閘通道 (C)交換式集線器 (D)橋接器。

( ) **18** 在802.11中，也有使用退讓時間來避免碰撞，請問退讓階段中使用亂數產生的值又稱
(A)亂數值 (B)退讓視窗
(C)競爭視窗 (D)亂數視窗。

( ) **19** 在來源端與目的端之間所形成的一條傳輸路徑稱為 (A)Router (B)Route (C)Routing (D)Routing Protocol。

( ) **20** 一個IPv4位址有幾個位元？ (A)4 (B)8 (C)32 (D)128。

( ) **21** 網際網路下一個IP協定的版本是 (A)2 (B)4 (C)5 (D)6。

（　）**22** 關於TCP與UDP比較的敘述，下列何者有誤
(A)TCP協定屬於高可靠度
(B)TCP處理時間較短
(C)有些服務類型的埠編號可以由UDP與TCP共用
(D)TCP傳輸不容許有差錯發生。

（　）**23** 下列何者以TCP為傳輸層協定？　(A)SNMP　(B)BOOTP　(C)POP3　(D)DNS。

（　）**24** TCP協定運用各工作節點各自的內建記憶體，提供做節點執行緩衝儲存使用，使得節點在同一時間內，可以處理超過一個以上的訊息，該緩衝區便稱之為　(A)ARP Table　(B)序列號碼　(C)Window　(D)ACK。

（　）**25** 下列何者一般以UDP為傳輸層協定　(A)FTP　(B)SMTP　(C)telnet　(D)DNS。

▌解答與解析 »»»» 答案標示為#者，表官方曾公告更正該題答案。

1 (A)。第六層－展現層：提供數據和資訊的語法轉換內碼，提供壓縮解壓及加密、解密。

2 (B)。只有在路徑連線狀態有所變更時，尋徑協定才會進行路徑資訊更新的協定稱為連線狀態。

3 (A)。DHCP作用給內部網路或網路服務供應商自動分配IP地址給用戶。SMTP外寄郵件服務。SNMP簡易網路管理協定。ARP地址解析協議。

4 (C)。縣市之間的網路系統屬於廣域網路。

5 (B)。終端機其實就是一種輸入、輸出裝置，相對於電腦主機而言屬於外設，本身並不提供運算處理功能。故知終端機連接到主機為一直線型網路。

終端機示意圖

6 (C)。通常以WiFi做為802.11的暱稱，無線區域網路標準。

7 (A)。依通訊方向分類：

方向	特性	應用實例
單工傳輸 Simplex	資料只能單方向傳輸。	廣播、電視。
半雙工傳輸 Half-Duplex	資料能單方向傳輸。	無線電對講機。
全雙工傳輸 Full-Duplex	資料可以同時雙方向傳輸。	電話。

8 (B)。半雙工定義如上題表格所示。

9 (A)。雙絞線兩兩相互捲絞在一起的主要原因為抵消電磁干擾。

10 (C)。光纖構造如下圖所示，不包含網狀導體：

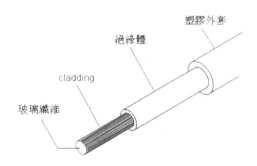

11 (D)。區域網路LAN設備
　(1) 中繼器（Repeater）：又稱信號加強器，主要目的是將原本衰減後不完整的信號，重新整理加強，使信號完整後再傳送，亦稱：轉發器、增訊器。
　(2) 集線器（Hub）：又稱多埠信號加強器、集訊器、多工器、多埠中繼器。主要將頻寬平均分配給各連接埠，屬於分享式頻寬。目的在節省通訊線路成本，及充分有效使用線路。具有多工器的功能。

12 (A)。
　(1) 橋接器（Bridge）：屬於信號過濾器，用來區隔兩個相同通訊協定的區域網路的資料，將訊號傳送給已知位址（MAC資料）的接收端。同時具有管理

交通與解決瓶頸問題的功能。但無法阻隔廣播封包。通常傳送不可路由協定例如：NetBUEI協定。

(2) 交換式集線器（Switching hub）：專屬式頻寬集線器，各連接埠有各自的頻寬，又稱多埠橋接器。

13 (D)。通常出入口設施與機房室、機房室與機房室、不同建築物間或不同樓層間是使用骨幹纜線。

14 (B)。OSI模型（OSI model）是一種概念模型（參考模式）。

15 (B)。乙太網路訊框格式如下：

Ethernet II 訊框格式

Preamble/ SFD	Destination Address	Source Address	Type	Date	FCS
7+1 Bytes	6 Bytes	6 Bytes	2 Bytes	46~1500 Bytes	4 Bytes

訊框前序是Preamble/SFD，此8 bytes不考慮。

根據data段定義最小46的原因是，要符合偵測碰撞信號的定義，所以最小訊框為64 bytes，所以最少的data段為46 = 64 − (6+6+2+4)，最大訊框則是1500+6+6+2+4 = 1518 bytes。

16 (A)。

(A)是錯的。退讓時間都是固定，那大家又在下一個時間同時衝撞了。

(B)有點不對。重傳越多次，會根據最遠距離定義的51.2us時間槽單位，乘以隨機次數倍率0~1023，因為隨機，不一定重傳次數越多就會退讓越久，也是有可能每次都隨機到0（不等待），只是機率很低而已。

(C)正確，15次重傳代表已經傳了16次，CSMA/CD定義傳送次數小於等於16是可以傳送的，失敗16次代表不能再傳送，就會被捨棄訊框，並報告傳送情況。

(D)正確，802.3將時間槽時間訂為51.2us，是根據實體線路最遠距離來回速度計算出來的單位耗時。

17 (B)。

(1) 橋接器（Bridge）：當兩相同類型但使用不同通訊協定（或傳輸媒介）的網路要彼此相連時，必須使用「橋接器」。如有A、B兩乙太網路，A網路使用IPX通訊協定，B網路使用TCP/IP通訊協定，這時就要用「橋接器」將兩網路連通。

(2) 路由器（Router）：當兩個不同類型網路要彼此相連時，必須使用「路由器」。如A網路是Token Ring，B網路是Ethernet，這時可用「路由器」將其連接。

(3) 閘通道（Gateway）：當兩種完全不同架構的網路要彼此相連時，必須使用「閘通道」。如PC-LAN（Ethernet網路）欲與大型電腦主機（IBM SNA網路）相連，這時就可以用「閘通道」將這兩種完全不同架構的網路連接在一起，故知其功能最強。

18 (C)。802.11是使用CSMA／CA，也就是碰撞避免。因為傳遞介質的不同，導致無線技術有遠近問題，無法使用碰撞偵測（CSMA／CD）方式運作，只好使用其他技術來降低碰撞的發生。

802.11中，CSMA/CA定義競爭期間為Contenting Window，當傳遞時發現媒介淨空時，也要亂數等待一段時間才可以傳送，所以當所有設備都發現媒介淨空時，都自己亂數延遲，這個就是(C)競爭視窗。

19 (B)。在來源端與目的端之間所形成的一條傳輸路徑稱為路線（route）。

20 (C)。IPV4的格式為01111111.01111111.01111111.00000010，故知由32位元組成。

21 (D)。現在我們使用的IP協定版本是IPv4；下一個協定版本為IPv6。

22 (B)。傳輸協定可分為TCP與UDP。
相較於TCP，UDP採用的是無連接模式，在這種模式下，發送端送出的封包並不具有順序號碼，接收端也不會有回應產生，在這種情況下可能發生的情形：
(1) 因為選擇路徑了關係，後送的封包可能比先送的封包早一點到達接收端。
(2) 送出去的封包也許在半路丟掉了，但接收端無法檢測這種情形。有可能收到重複的封包。雖然UDP較不可靠，但與TCP比較起來，額外負擔較少（overhead），現今的網路硬體技術進步，使錯誤率降的很低，尤其在短距離的區域網路。
(3) UDP無連接的特性，使UDP可做多點投射（multicasting）或廣播（broadcasting），當一應用程式要與多台電腦進行通訊時，就得使用UDP。
(4) UDP適合在需要大量傳輸資料而容許有少數錯誤的場合，像即時網路視訊會議的應用程式，在這種情況下，由於動畫與音訊產生極為龐大的資料量，如用TCP，會造成極大的延遲。
(B)TCP處理時間較長。

23 (C)。POP3：收信【可一次下載所有信件】，使用TCP傳輸協定。

24 (C)。該緩衝區稱為Window。

25 (D)。DNS的全稱是Domain Name System（或Service），是一套系統軟體，讓大家所使用及管理的電腦網路系統，能夠作領域名稱（Domain name）與位址（IP address）相互之間的轉換；一般使用UDP傳輸協定。

107年 桃園捷運新進人員（資訊類）

( )　**1** 編寫程式的一般流程為何？
(A)編譯（Compile），執行（Execution），連接／載入（Link/Load）
(B)編譯，執行，連結／載入
(C)編譯，連結／載入，執行
(D)連結／載入，編譯，執行。

( )　**2** 下列記憶體儲存裝置中，何者存取速度最慢？　(A)Hard Disk
(B)Cache　(C)Register　(D)Main Memory。

( )　**3** 當我們把主網路網址255.255.255.2和子網路位址255.255.255.16
做AND運算，其結果是　(A)255.255.255.0　(B)255.255.255.2
(C)255.255.255.8　(D)255.255.255.16。

( )　**4** 下列何種機制使得Java能夠完成跨平台（Cross Platform）運作？
(A)物件導向　(B)虛擬機器　(C)多執行緒　(D)例外處理。

( )　**5** 下列通訊網路相關的標準中，何者常被歸類為無線區域網路
（WLAN）？　(A)RS485　(B)IEEE802.1Q　(C)IEEE802.3
(D)IEEE802.11。

( )　**6** 下列何者最適合用來連接LAN（Local Area Network）與Inter-
net，並能根據IP 位址來傳送封包？　(A)路由器（Router）
(B)集線器（Hub）　(C)瀏覽器（Browser）　(D)中繼器（Re-
peater）。

( )　**7** 下列有關電腦處理影像圖形的敘述，何者錯誤？
(A)數位影像的格式主要分為點陣影像與向量影像
(B)PhotoImpact影像處理軟體可以存檔成向量圖
(C)向量影像放大後，邊緣會出現鋸齒狀的現象
(D)向量影像是透過數學運算，來描述影像的大小、位置、方向
及色彩等屬性。

(　　) **8** 下列何者不是私有IP
(A)192.168.1.1　　　　　　　　(B)172.16.15.7
(C)10.1.15.9　　　　　　　　　(D)163.13.1.159。

(　　) **9** 在各種多媒體播放程式下,下列何種檔案非屬可播放的音樂檔案
類型?　(A).wav　(B).mid　(C).mp3　(D).jpg。

(　　) **10** 若要架設區域網路,下列何項設備最不需要?
(A)集線器　　　　　　　　　　(B)終端機
(C)伺服器　　　　　　　　　　(D)撥接用數據機。

(　　) **11** 網際網路的IPV4位址長度係由多少位元所組成?　(A)16　(B)32
(C)64　(D)128。

(　　) **12** 下列敘述何者正確?
(A)Unix是一種單人單工的作業系統
(B)Windows 8是一種多人多工的作業系統
(C)Windows Server 2008是一種專為智慧型手機設計的作業系統
(D)Linux 是一種開放原始碼的作業系統。

(　　) **13** 下列何者是個人電腦自伺服器發送E-mail時所採用的通訊協定?
(A)SMTP　(B)FTP　(C)POP3　(D)HTTP。

(　　) **14** 下列哪一種駭客攻擊方式,是在瞬間發送大量的網路封包,癱瘓
被攻擊者的網站及伺服器?
(A)無線網路盜連　　　　　　　(B)阻斷服務攻擊
(C)電腦蠕蟲攻擊　　　　　　　(D)網路釣魚。

(　　) **15** RS-232C是一種非同步傳輸界面標準,試問其每一次可傳送多少
位元(bit)?　(A)1　(B)2　(C)8　(D)16。

(　　) **16** 下列何者為 L i n u x系統中所預設的管理者帳號?　(A)
administrator　(B)system　(C)root　(D)superuser。

(　　) **17** 下列那一種程式語言屬於物件導向語言?　(A)C　(B)PROLOG
(C)Java　(D)COBOL。

（　）**18** RS-232C界面是屬於　(A)類比信號傳輸　(B)調變設備　(C)串列傳輸　(D)並列傳輸。

（　）**19** 二進制數值1101010轉換為十六進制時，其值為？　(A)39　(B)8A　(C)7A　(D)6A。

（　）**20** 若已知網際網路中A電腦之IP為192.168.127.38，且子網路遮罩（Subnet Mask）為255.255.248.0，下列哪一IP與A電腦不在同一子網路（網段）？
(A)192.168.126.22　　　　　　(B)192.168.125.33
(C)192.168.124.44　　　　　　(D)192.168.128.11。

（　）**21** 在CPU執行到除零（Divided By Zero）的運算時會發生？　(A)內部中斷　(B)直接記憶體存取　(C)外部中斷　(D)輪詢式I/O。

（　）**22** 下列那一項在磁碟機陣列中採RAID技術，其資料須經過同位元檢查後儲存？
(A)RAID1　　　　　　　　　(B)RAID2
(C)RAID3　　　　　　　　　(D)RAID0＋1。

（　）**23** 下列何者為無線區域網路上介質存取控制層（MAC）所使用的通訊協定？　(A)CSMA/CD　(B)CSMA/CA　(C)Token Passing　(D)ALOHA。

（　）**24** 有關IPv4與IPv6的敘述，下列何者錯誤？
(A)IPv4的位址有32位元
(B)IPv6的位址有128位元
(C)IPv4轉化為IPv6時，只要在前方加入96位元的0即可
(D)IPv6的位址表示時，分成八組。

（　）**25** 電腦對於副程式的呼叫通常使用下列何種資料結構？　(A)樹（Tree）　(B)堆疊（Stack）　(C)佇列（Queue）　(D)陣列（Array）。

解答與解析 »»»» **答案標示為#者，表官方曾公告更正該題答案。**

1 (C)。編寫成是一般流程為編譯，連結／載入，執行。

2 (A)。各種記憶體資料存取速度比較：
Register>Cache>SRAM>DRAM>Hard Disk>CD，故知硬碟的讀取速度最慢。

3 (A)。01111111.01111111.01111111.00000010
01111111.01111111.01111111.00001000
AND 01111111.01111111.01111111.00000000→255.255.255.0

4 (B)。Java不同於一般的編譯語言或直譯語言。它首先將原始碼編譯成位元組碼，然後依賴各種不同平台上的虛擬機器來解釋執行位元組碼，從而實現了「一次編寫，到處執行」的跨平台特性。

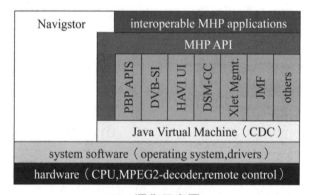

JAVA運作示意圖

5 (D)。IEEE所建立的802專案，乃是於1980年2月2日所建立。目的在於因應不同區域網路需求所建立的裝置標準。以下是標準簡表：

標準	目標
802.1	擴張樹演算法，實體層網路管理標準。
802.2	邏輯鏈結控制LLC標準。
802.3	乙太網路Ethernet及CSMA標準。
802.3u	高速乙太網路標準。

標準	目標
802.4	記號匯流排標準MAP Token-Passing Bus（Withdrawn）。
802.5	記號環網路標準 Token-Passing Ring。
802.6	都會網路DQDB標準MAN（Withdrawn）。
802.7	寬頻區域網路標準。
802.8	光纖網路標準（Draft）。
802.9	語音／數據整合標準（Withdrawn）。
802.10	網路安全標準（Withdrawn）。
802.11	通常以WiFi做為802.11的暱稱，為無線區域網路的標準。
802.12	100VG-AnyLAN標準（Withdrawn）。
802.13	
802.14	電纜數據機CATV。
802.15	無線個人網PAN Personal Area Network。
802.16	WiMAX（802.16e），寬頻無線接入頻寬為75Mbps。
802.17	彈性分組環，可靠個人接入技術Resilient Packet Ring。
802.18	
802.19	
802.20	Standard Air Interface for Mobile Broadband Wireless Access Systems Supporting Vehicular Mobility
802.21	Media Independent Handover Services

6 (A)。路由器主要功能是選擇網路傳輸的最佳路徑，將資料傳送給接收端，但網路限制使用相同的通訊協定，例如均是使用TCP/IP協定，亦可用於阻隔廣播封包。

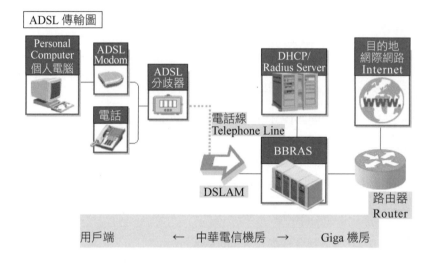

ADSL 傳輸圖

用戶端   ← 中華電信機房 →   Giga 機房

7 (C)。(C)向量影像放大後，邊緣不會出現鋸齒狀的現象。

8 (D)。現在私有IP（Private IP Address）範圍：

CLASS A：定義10.0.0.0/8；有效IP範圍10.0.0.1～10.255.255.254

CLASS B：定義172.16.0.0/12；有效IP範圍172.16.0.1～172.31.255.254

CLASS C：定義192.168.0.0/16；有效IP範圍192.168.0.1～192.168.255.254

故知163.13.1.159非私有IP。

9 (D)。jpg為圖形檔案格式。

10 (D)。區域網路不需撥接用數據機（modem）。

11 (B)。IPV4的格式為01111111.01111111.01111111.00000010，故知由32位元組成。

12 (D)。

(A)UNIX是現行資訊界廣泛使用的多人多工作業系統，適用在工作站級以上的電腦。

(B)Windows 8因一次只能一個使用者登入，是一種單人多工的作業系統。

(C)Android是一種專為智慧型手機設計的作業系統。

13 (A)。SMTP：發信

POP3：收信【可一次下載所有信件】。

IMAP：收信【可直接在主機上編輯郵件】。

14 (B)。此為阻斷服務攻擊。

15 (A)。一次可傳送1個位元。

16 (C)。Linux系統中所預設的管理者帳號為root。

17 (C)。物件導向程式語言包含Common Lisp、Python、C++、Objective-C、Smalltalk、Delphi、Java、Swift、C#、Perl、Ruby 與 PHP等。

18 (C)。RS-232標準中，字元是以一序列的位元串來一個接一個的串列（serial）方式傳輸，優點是傳輸線少，配線簡單，傳送距離可以較遠，其接腳如下圖所示：

```
DE-9 Male（Pin Side）         DE-9 Female（Pin Side）
-------------                -------------
\ 1 2 3 4 5 /                \ 5 4 3 2 1 /
 \ 6 7 8 9 /                  \ 9 8 7 6 /
 ---------                    ---------
```

19 (D)。$(1101010)_2 = (106)_{10} = (6A)_{16}$。

20 (D)。遮罩255.255.248.0 即為

11111111.11111111.11111000.00000000

IP 192.168.127.38中的127為01111111，但遮罩前五碼要與127的前五碼一致（11111000），所以存在於同一子網路上，就代表IP前兩組數值必須為192.168，第三個數值的二進制前五碼必須為01111XXX，第四組則是任意值。

(A)存在同子網路。192.168.126.22，前兩組數一致，第三組二進碼為01111110，在同一子網路。

(B)存在同子網路。192.168.125.33，前兩組數一致，第三組二進碼為01111101，在同一子網路。

(C)存在同子網路。192.168.124.44，前兩組數一致，第三組二進碼為01111100，在同一子網路。

(D)不同子網路。192.168.128.22，前兩組數一致，第三組二進碼為10000000，不在同一子網路。

21 (A)。CPU執行到除零會發生內部中斷。

22 (C)。RAID 3：採用Bit－interleaving（數據交錯儲存）技術，它需要通過編碼再將數據位元分割後分別存在硬碟中，而將同位元檢查後單獨存在一個硬碟中，但由於數據內的位元分散在不同的硬碟上，因此就算要讀取一小段數據資料都可能需要所有的硬碟進行工作，所以這種規格比較適用於讀取大量數據時使用。

解答與解析

23 (B)。無線區域網路通訊協定是採用CSMA/CA。

24 (C)。(A)正確，IPv4是2^32個位址，即32位元表示。

　　　　　(B)正確，IPv6主要是解決v4位址用罄問題，v6提供2^128個位址，即128位元表示。

　　　　　(C)錯誤，IPv4及IPv6是完全不同的網路協定，不僅僅只是改位址就可以使用IPv6，還必須要有設備支援IPv6通訊協定。

　　　　　(D)正確，IPv6定義為八組，每一組為16bit。

25 (B)。電腦對於副程式的呼叫通常使用堆疊結構（後進先出）

堆疊結構圖：（單向進出）

∥（資料）（資料）（資料）（資料）	←→（資料）

107年 經濟部所屬事業機構新進職員（資訊類）

( ) **1** 0100和1100邏輯運算後的結果是1011，請問運算子為下列何者？ (A)AND　(B)NOR　(C)XOR　(D)NAND。

( ) **2** 下列哪一個載入程式（Loader）是在載入階段進行繫結（Binding）工作？　(A)絕對載入程式（Absolute Loader）　(B)重疊載入程式（Overlay）　(C)動態連結載入程式（Dynamic Linking Loader）　(D)直接連結載入程式（Direct Linking Loader）。

( ) **3** 若CPU之工作頻率為2.5GHz，則其時脈週期（Clock Cycle）應是下列何者？　(A)250ps　(B)400ps　(C)2.5ns　(D)4ns。

( ) **4** 將配備2顆具有超執行緒（Hyper-Threading）功能CPU（每顆有6核心），記憶體128GB的實體主機虛擬化做資源共享，有關虛擬伺服器（VM）的資源配置，下列何者有誤？　(A)若可啟用超執行緒，可建立配置20顆虛擬CPU，16GB記憶體的VM1部　(B)若可啟用超執行緒，可建立配置20顆虛擬CPU，256GB記憶體的VM1部　(C)若不啟用超執行緒，可建立配置10顆虛擬CPU，16GB記憶體的VM5部　(D)若不啟用超執行緒，可建立配置4顆虛擬CPU，16GB記憶體的VM10部。

( ) **5** 戴斯卓拉（Dijkstra）提出銀行家演算法（Banker's Algorithm）是解決下列哪一項問題？　(A)Mutual Exclusion　(B)Deadlock Recovery　(C)Deadlock Avoidance　(D)Indefinite Postponement。

( ) **6** 補習班老師要兩位同學「寫作業」，一位寫「數學作業」，另一位則寫「英文作業」，以物件導向程式設計觀點，是運用下列哪一種特性？　(A)封裝（Encapsulation）　(B)繼承（Inheritance）　(C)多型（Polymorphism）　(D)屬性（Property）。

（　）　**7** 下列哪一種螢幕用連接埠，是以類比方式來傳輸訊號？　(A) HDMI　(B)D-Sub　(C)DVI-D　(D)Display Port。

（　）　**8** 資料位元10101010，利用循環冗餘碼（CRC）技術傳送資料，若生成多項式為X^4+X^2+X+1，下列哪一個是產生的CRC code？ (A)1100　(B)1010　(C)0110　(D)0101。

（　）　**9** 一個分頁系統（Paging System）之分頁表（Page Table）儲存在實體記憶體，實體記憶體與TLB（Translation Look-aside Buffer）的存取時間各為200ns及20ns，TLB失誤率（Miss Rate）是20%，若不考慮頁錯失（Page Fault），有效記憶體存取時間為下列哪一個？　(A)56ns　(B)220ns　(C)260ns　(D)380ns。

（　）　**10** 使用雜湊函數h（key）＝1000＋key mod 11的雜湊法（Hash Method）將16、86、134、186、213、315、452、594八個數存入1000開始的11個位置，下列何者有誤？　(A)213存於位置1004　(B)16存於位置1005　(C)315存於位置1007　(D)86存於位置1010。

（　）　**11** 在實體關係圖（ER Diagram）中使用下列哪一種圖形來代表屬性？　(A)橢圓形　(B)菱形　(C)矩形　(D)圓形。

（　）　**12** 下列哪一種匯流排屬於並列傳輸介面？　(A)SAS　(B)SCSI (C)SATA　(D)USB。

（　）　**13** 有關虛擬記憶體之描述，下列何者有誤？
(A)經由作業系統的管理，程式可以不受主記憶體實際大小的限制
(B)不採用虛擬記憶體技術，程式無法在實際記憶體空間比程式小的狀況下執行
(C)採用頁替換法則時，頁框（Frame）個數增加，取頁失敗（Page Fault）次數不增反降，稱為畢雷帝異常現象（Belady's anormaly）
(D)最久未用的頁取代法（LRU），其策略符合局限性理論（Theory of Locality）。

( ) **14** 調低螢幕解析度，對於畫面中字型與視窗的影響，下列何者正確？　(A)字型與視窗都變大　(B)字型與視窗都變小　(C)字型變小、視窗變大　(D)視窗變小、字型變大。

( ) **15** 與迴圈（Loop）相比，下列哪一個不是使用遞迴（Recursive）的優點？　(A)程式可讀性高　(B)程式執行效率較高　(C)區域變數與暫存變數較少　(D)程式碼較短。

( ) **16** 指令之運算元欄的值，其意義在計算機指令集的各種定址模式各有不同，下列何者有誤？　(A)立即（Immediate）定址模式，是所要的資料值　(B)直接（Direct）定址模式，是資料存放於記憶體的實際位址　(C)間接（Indirect）定址模式，是有效位址（Effective Address）的位址值　(D)相對（Relative）定址模式，加上基底暫存器的值，是有效位址的位址值。

( ) **17** 下列哪一個屬於SQL的資料控制語言？　(A)SELECT　(B)ALTER　(C)UPDATE　(D)COMMIT。

( ) **18** 下列哪一個編譯程式（Compiler）的最佳化過程與機器有關？
(A)布林表示式的最佳化（Boolean Expression Optimization）
(B)刪除共同的副式子
　　（Elimination Of Common Subexpression）
(C)窺孔最佳化（Peephole Optimization）
(D)不變計算移至迴圈外面（Loop Optimization）。

( ) **19** 下列以C語言呈現的語句，含有多少個單語（Token）？
If(a1>=a2)b=6；　(A)9　(B)10　(C)11　(D)14。

( ) **20** 索引式配置（Indexed Allocation）是檔案在磁碟上使用之一種方式，下列何者有誤？　(A)每個檔案擁有自己的索引區塊（Index Block），所以不需連續區塊來儲存檔案　(B)索引區塊內含有一些指標（Pointer），藉以指向配置該檔案的區塊　(C)需要額外的空間來儲存索引區塊　(D)檔案大小不會影響索引區塊儲存空間的大小。

（　）**21** 螢幕上同一張照片，分別以解析度600dpi和300dpi的印表機輸出，前者面積是後者多少倍？　(A)1/4　(B)1/2　(C)2　(D)4。

（　）**22** 下列哪一個暫存器是用來紀錄CPU目前的執行狀態？　(A)程式計數器　(B)資料暫存器　(C)旗標暫存器　(D)指令暫存器。

（　）**23** 三個處理單元（Process）A、B、C其執行時間（Burst Time）分別為20、8、2，採先來先服務（FCFS）來排班，進入預備佇列的先後順序為A、B、C，下列何者有誤？
(A)平均等待時間（Waiting Time）＝16
(B)平均返轉時間（Turnaround Time）＝25
(C)FCFS屬於不可搶用（Non-preemptive）排班法
(D)FCFS發生護航效應（Convey Effect）時，會造成CPU與IO設備在某些時段使用率極低。

（　）**24** 在Windows 7作業系統中，下列何者可讓桌上型電腦主機繼續在省電狀態下執行？　(A)睡眠　(B)螢幕鎖定　(C)登出　(D)安全模式。

（　）**25** 有關記憶體DRAM描述，下列何者有誤？　(A)伺服器等級的DRAM具有ECC功能，可對資料做錯誤偵測與校正　(B)DDR3-1600的資料傳輸頻率是1600MHz　(C)將相同標準不同速度的記憶體放在一起使用，實際速度會以最慢的那一條記憶體為準　(D)支援DDR3標準的主機板，不能插DDR4標準的記憶體，但可往前相容DDR2標準的記憶體。

▌解答與解析 »»»» 答案標示為#者，表官方曾公告更正該題答案。

1 (D)。此為先取AND，再取NOT，故選NAND。

2 (D)。載入時會進行外部函式的連結，故選(D)。

3 (B)。週期為頻率的倒數，
$$\frac{1}{2.5 \times 10^9} = 0.4(\text{ns}) = 400(\text{ps})$$。

4 (B)。虛擬機記憶體大小不能大於實體機記憶體大小128MB，故選(B)。

5 (C)。銀行家演算法可避免死結的發生。

6 (C)。此為多型的特性，利用相同函式做不同的行為。

7 (B)。D-Sub以類比的方式來傳輸訊號。

8 (A)。101010100000除以10111，所得餘數為1100。

9 (C)。
$0.8 \times 220 + 0.2 \times 420 = 260(ns)$。

10 (D)。(D)86應存於位置1009。

11 (A)。橢圓形用來代表屬性。

12 (B)。SCSI為並列傳輸介面；其餘為序列傳輸介面。

13 (B)。(B)仍可用動態載入的方式對原程式進行覆蓋。(C)頁框（Frame）個數增加，取頁失敗（Page Fault）次數亦增加，稱為畢雷帝異常現象（Belady's anormaly）。

14 (A)。字體和視窗都會變大。

15 (B)。(B)程式使用迴圈執行效率高。

16 (D)。(D)基底定址模式，加上基底暫存器的值，是有效位址的位址值。

17 (D)。COMMIT屬於SQL的資料控制語言。

18 (C)。窺孔最佳化為一局部優化的方式，刪除冗餘的指令，加入CPU指令集，故與機器有關。

19 (B)。此題共有10個單語（token）。

20 (D)。(D)檔案大小會影響索引區塊儲存空間的大小。

21 (A)。$\dfrac{300 \times 300}{600 \times 600} = \dfrac{1}{4}$。

22 (C)。旗標暫存器中的flag會紀錄CPU目前的執行狀態。

23 (B)。

程序名稱	優先權	所需計算時間
A	1	20
B	2	8
C	3	2

先來先服務排程法是依程序順序執行，如下圖所示。
```
|------A-----|---B----|-C-|
0           20       28
```
平均等待時間＝(0＋20＋28)/3＝16
平均返轉時間（Turnaround Time）
＝26。

24 (A)。睡眠功能可讓桌上型電腦主機繼續在省電狀態下執行。

25 (D)。(D)DDR2與DDR3介面不相容。

107年 台灣中油公司僱用人員

(　　) **1** 要讓電腦能夠儲存與處理資料，必須先將資料轉換成電腦所能識別的0與1符號，請問由這兩種符號組成的程式語言稱為？　(A)組合語言　(B)程序導向語言　(C)機器語言　(D)查詢語言。

(　　) **2** 某日緯澄查詢資料時，搜尋到一個合法登記機構網域名稱的類別為gov，請問該機構的性質為？　(A)教育機構　(B)軍方機構　(C)政府機構　(D)商業機構。

(　　) **3** 公司要求明華寄送新產品型錄給合作廠商，請問他可以利用微軟開發Word軟體中的哪一項功能，以快速製作出大量內容相同，但抬頭、地址不同的文件？　(A)版面設定　(B)合併列印　(C)表格　(D)文繞圖。

(　　) **4** 現在流行一種電子商務模式，就是透過消費者群聚的力量，要求廠商提供優惠價格，讓消費者進行「團購」，請問這是屬於何種類型的電子商務？　(A)B2B　(B)B2C　(C)C2C　(D)C2B。

(　　) **5** 下列何種印表機較適合用來列印多聯式、複寫單據，例如醫院、診所常用來複印藥單、繳費收據等文件？　(A)點矩陣印表機　(B)噴墨式印表機　(C)雷射式印表機　(D)熱昇華印表機。

(　　) **6** 「iTaiwan」是行政院所推行的公共區域免費無線上網服務。請問此一服務最可能提供下列哪一種上網方式？　(A)cable modem　(B)Wi-Fi　(C)ADSL　(D)專線。

(　　) **7** 小威使用微軟所開發Word軟體，若欲將文件內的資料從2004改成200^4，下列哪一種操作方式最簡便？
(A)使用字型格式的上標效果
(B)修改字體大小
(C)使用特殊符號
(D)使用文字藝術師。

(　) 　**8** 小瑛購買一個1TB的硬碟，其容量等於下列何值？
(A)2^{10}Bytes 　　　　　　　(B)2^{20}Bytes
(C)2^{30}Bytes 　　　　　　　(D)2^{40}Bytes。

(　) 　**9** 曉瑩購買一款規格寫著大小是22吋的電腦螢幕，這22吋是指電腦螢幕的：
(A)垂直高度 　　　　　　　(B)水平長度
(C)對角線長度 　　　　　　(D)垂直高度x水平長度。

(　) **10** 如果想把電子郵件寄送給許多人，卻又不想讓收件者彼此之間知道你到底寄給哪些人，可以利用下列那一項功能完成？
(A)密件副本 　　　　　　　(B)副本
(C)正本 　　　　　　　　　(D)加密。

(　) **11** 由任天堂公司、精靈寶可夢公司授權，於2016年7月起在iOS和Android平台上發布《精靈寶可夢GO》（Pokemon GO），是一款基於與現實地理地圖，並結合下列何種技術，讓玩家可以透過手機鏡頭將寶可夢與現實世界拼貼的遊戲？
(A)VR（Virtual Reality） 　　(B)AR（Augmented Reality）
(C)MR（Mixed Reality） 　　(D)CR（Cinematic Reality）。

(　) **12** 湘婷的桌上型電腦CPU規格為AMD FX-9590 4.7GHz，請問其中4.7是表示CPU的何種規格？
(A)內部記憶體容量 　　　　(B)出廠序號
(C)電源電壓 　　　　　　　(D)時脈頻率。

(　) **13** 雅婷看到網路新聞報導OpenOffice軟體是採用GPL授權，根據以上報導，請問下列敘述何者有誤？
(A)OpenOffice可免費下載使用
(B)OpenOffice不具有著作權
(C)OpenOffice有開放原始碼
(D)GPL是一種自由軟體授權聲明。

(　) **14** 鴻海企業資訊部門為避免因地震發生大樓倒塌，導致電腦內所有
硬碟都一起毀壞而流失重要客戶及產品資料，所以使用下列哪一
種裝置或機制對提升資訊安全最有成效？
(A)固態硬碟　　　　　　　(B)GPS
(C)不斷電系統　　　　　　(D)異地備援。

(　) **15** 小樺為學習「電腦輔助製造」課程，在家裡利用網際網路與學校老
師進行視訊會議直接互動、討論問題。這是屬於下列哪一種型態
的資訊應用？
(A)電腦輔助製造　　　　　(B)電子商務
(C)遠距教學　　　　　　　(D)電腦模擬訓練。

(　) **16** 孝全利用iPhone手機內建的32GB儲存容量，來儲存5部高畫質影
片、460首MP3音樂、800張相片，假設每部影片平均佔用2.1GB
的儲存容量、每首MP3音樂平均佔用5MB的空間大小、每張相
片平均佔用1.28MB的空間大小，請問該台iPhone約剩餘多少儲
存空間？
(A)18GB　　　　　　　　 (B)18MB
(C)20GB　　　　　　　　 (D)20MB。

(　) **17** 下列哪一種軟體具有著作權，可以免費下載試用，若使用人認為
適用，則應付費給原著作權人，才可取得完整版並合法使用權？
(A)免費軟體（freeware）
(B)共享軟體（shareware）
(C)公共財軟體（public domain software）
(D)自由軟體（free software）。

▌**解答與解析** »»»»　答案標示為#者，表官方曾公告更正該題答案。

1 (C)。由0與1組成的程式語言稱為
機器語言。

2 (C)。gov的性質為政府機構。

3 (B)。利用微軟開發Word軟體中的
合併列印功能，可快速製作出大量
內容相同，但抬頭、地址不同的文
件。

4 (D)。此屬於C2B的電子商務。

5 (A)。醫院、診所常用來複印藥單、繳費收據等文件使用點矩陣式列表機。

6 (B)。「iTaiwan」為Wi-Fi上網方式。

7 (A)。可使用字型格式的上標效果。

8 (D)。$1TB = 2^{10}\,GB = 2^{20}\,MB$ $= 2^{30}\,KB = 2^{40}\,Bytes$。

9 (C)。22吋是指電腦螢幕的對角線長度。

10 (A)。可使用密件副本。

11 (B)。AR風景與人物使用現場拍攝的照片；VR所有風景與人物均使用3D建模。

12 (D)。4.7是指CPU的時脈頻率。

13 (B)。OpenOffice雖是自由軟體但仍具有著作權。

14 (D)。可使用異地備援，即資料備份的意思。

15 (C)。此為遠距教學的應用。

16 (A)。$FreeSpace = 32 - 5 \times 2.1 - 460$ $\times 5 \times \dfrac{1}{1024} - 800 \times 1.28 \times \dfrac{1}{1024}$。

$= 32 - 10.5 - 2.246 - 1 = 18.254(GB)$。

17 (B)。共享軟體定義為軟體具有著作權，可以免費下載試用，若使用人認為適用，則應付費給原著作權人，才可取得完整版並合法使用權。

107年 台灣自來水公司評價職位人員

壹、單選題

( )　**1** 印表機規格當中的「ppm」，指的是何種規格特性？　(A)列印速度　(B)列印解析度　(C)紙張尺寸　(D)色彩濃度。

( )　**2** 美國國家標準局制定的工業標準碼，稱為美國資訊交換標準碼，它的英文簡稱為何？　(A)EBCDIC　(B)BCD　(C)ASCII　(D)ANSI。

( )　**3** http://www.ntu.edu.tw:80/Chinese/LibResource/index.htm中，"www.ntu.edu.tw"是指定什麼？　(A)通訊埠編號　(B)通訊協定　(C)伺服器名稱　(D)伺服器類型。

( )　**4** 24$(65.2)_8$相當於十進制值為何？　(A)51.25　(B)53.25　(C)53.12　(D)52.12。

( )　**5** 下列何種記憶體的存取速度最快？　(A)RAM　(B)SSD固態硬碟　(C)轉盤式硬碟　(D)CPU內的暫存器。

( )　**6** 下列何者可以用來敘述CPU的計算速度？　(A)RPM　(B)DPI　(C)GB　(D)GHz。

( )　**7** 下列電腦編碼系統何者可以表示出最多的字元符號？　(A)Big5　(B)EBCDIC　(C)Unicode　(D)ASCII。

( )　**8** 下列通訊協定何者可用來解譯網域名稱？　(A)DNS　(B)NAT　(C)SMTP　(D)TCP。

( )　**9** 下列何者為TCP/IP架構中Internet layer之通訊協定？　(A)TCP　(B)IP　(C)UDP　(D)SNMP。

( )　**10** 下列無線通訊標準何者最適合應用於行動支付？　(A)ZigBee　(B)WiMAX　(C)NB-IoT　(D)NFC。

貳、多選題

( ) **1** 下列何者適合用來作為資料量龐大的大數據資料庫工具？ (A)MySQL (B)Neo4j (C)MongoDB (D)Google Cloud Bigtable。

( ) **2** 下列何者提供雲端儲存服務？ (A)Google Drive (B)Dropbox (C)Apple iCloud (D)Microsoft OneDrive。

( ) **3** 關於搜尋引擎優化（SEO）和點閱計費（PPC）的敘述，下列何者正確？ (A)PPC是依照點閱次數計費 (B)PPC的關鍵字愈熱門就愈貴 (C)SEO適合臨時短期的活動 (D)SEO的目標是要提高自然排名。

( ) **4** 數位簽章可以提供哪些安全功能？ (A)訊息完整性 (B)私密性 (C)訊息來源鑑別 (D)不可否認性。

( ) **5** 下列何者具有數位簽章功能？
(A)AES（Advanced Encryption Standard）
(B)DSS（Digital Signature Standard）
(C)RSA
(D)ECDSA（Elliptic Curve Digital Signature Algorithm）。

▌**解答與解析** »»» 答案標示為#者，表官方曾公告更正該題答案。

壹、單選題

1 (A)。ppm指的是列印速度。

2 (C)。美國資訊交換標準碼簡稱為ASCII。

3 (C)。"www.ntu.edu.tw"指的是伺服器名稱。

4 (B)。
$(65.2)_8 = 6 \times 8 + 5 + 2 \times 8^{-1} = (53.25)_{10}$

5 (D)。存取速度：CPU內的暫存器>記憶體>SSD>轉盤式硬碟。

6 (D)。GHz可以用來敘述CPU的計算速度。

7 (C)。ASCII的局限在於只能顯示26個基本拉丁字母、阿拉伯數字和英式標點符號，因此只能用於顯示現代美國英語（且處理naïve、café、élite等外來語時，必須去除附加符號）。雖然EASCII解決了部分西歐

解答與解析

語言的顯示問題，但對更多其他語言依然無能為力。因此，現在的軟體系統大多採用Unicode。

8 (A)。DNS可用來解譯網域名稱。

9 (B)。Internet layer(網路層)所使用的通訊協定為IP。

10 (D)。距離無線通訊（英語：Near-field communication，NFC），又簡稱近距離通訊或近場通訊，是一套通訊協定，讓兩個電子裝置（其中一個通常是行動裝置，例如智慧型手機）在相距幾公分之內進行通訊。NFC如同過去的電子票券智慧卡一般，將允許行動支付取代或支援這類系統。NFC應用於社群網路，分享聯絡方式、相片、影片或檔案。

貳、多選題

1 (BCD)。Neo4j、MongoDB、Google Cloud Bigtable可作為大數據分析工具。

2 (ABCD)。Google Drive、Dropbox、Apple iCloud、Microsoft OneDrive可將資料儲存於網路上（即雲端服務）。

3 (ABD)。(C)SEO適合長期性質的活動。

4 (ACD)。PKI利用交易雙方信任憑證管理中心，搭配金鑰對之產製及數位簽章等功能，即可經由憑證管理中心核發之電子憑證確認彼此的身分，提供資料隱密性、資料來源鑑定、資料完整性、交易不可否認性等四種重要的安全保障。

5 (BCD)。(A)AES，Advanced Encryption Standard為高級加密標準。

108年 桃園捷運新進人員（企劃資訊類）

( )　**1** 電腦對於副程式的呼叫通常使用下列何種資料結構？　(A)樹（Tree）　(B)堆疊（Stack）　(C)佇列（Queue）　(D)陣列（Array）。

( )　**2** 下列哪一個IP是不屬於私有IP？
(A)203.68.32.9　　　　　　　　(B)192.168.1.1
(C)172.16.1.5　　　　　　　　(D)10.1.15.7。

( )　**3** IPv4規格中，IP若為Class A，則HOST ID由幾個位元組所組成？
(A)1　(B)2　(C)3　(D)4。

( )　**4** 對堆疊（Stack）的敘述，下列何者為錯誤？　(A)其具有後進後出的特性　(B)是一個有序串列（Ordered List）　(C)所有的加入（Insertion）和刪除（Deletion）動作均在頂端（Top）進行　(D)通常使用Push及Pop進行資料處理。

( )　**5** 設有一張Bitmap全彩影像，大小為800×600，每個像素以24位元表示，欲透過10Mbps的網路傳輸，下列何者錯誤？
(A)網路傳輸速度每小時為4.5G位元組（Bytes）
(B)網路傳輸速度每分鐘為600M位元組（Bytes）
(C)傳輸時間不超過2秒
(D)整張影像大小不超過1.44M位元組（Bytes）。

( )　**6** 下列何者不是對稱式加密方法？　(A)DES　(B)IDEA　(C)AES　(D)RSA。

( )　**7** 下列何者可正確且及時將資料庫複製於異地的資料庫復原方法？
(A)異動紀錄（Transaction Logging）
(B)電子防護（Electronic Vaulting）
(C)遠端日誌（Remote Journaling）
(D)遠端複本（Remote Mirroring）。

( ) **8** 下列敘述哪些為正確？ (A)UDP為連接導向協定 (B)TCP為連接導向（Connection-oriented）協定 (C)IP為連接導向協定 (D)非連接導向協定為可靠傳輸（Reliable Transmission）。

( ) **9** 下列哪個不是IPv6所具備之傳輸型態？ (A)單播（Unicast） (B)任播（Anycast） (C)群播（Multicast） (D)廣播（Broadcast）。

( ) **10** 下列何者為ADSL所採用的錯誤控制技術？
(A)CRC（Cyclic Redundancy Check）
(B)Hamming Code
(C)FEC（Forward Error Correction）
(D)EC（Echo Cancellation）。

( ) **11** 下列對快取記憶體（Cache Memory）的敘述，何者有誤？
(A)是一種內容定址的記憶體（Content Addressable Memory）
(B)容量較一般主記憶體大
(C)價格較一般主記憶體高
(D)存取資料速度較主記憶體快。

( ) **12** 下列何者是採用半雙工的傳輸模式？ (A)電話 (B)擴音器 (C)收音機 (D)警用對講機。

( ) **13** 下列何種編碼具有錯誤更正的能力？ (A)同位元（Parity Bit） (B)漢明碼（Hamming Code） (C)EBCDIC碼 (D)BCD碼。

( ) **14** 下列何者為NAT（Network Address Translation）的用途？
(A)組織內部私有IP位址與網際網路合法IP位址的轉換
(B)IP位址轉換為實體位址
(C)電腦主機與IP位址的轉換
(D)封包轉送路徑選擇。

( ) **15** LINUX系統中，目錄權限若設定為664，則其他使用者具有何種權力？ (A)列印子目錄內容 (B)新增子目錄 (C)切換子目錄 (D)沒有存取權力。

( ) **16** 下列何種網路應用使用UDP為傳輸層通訊協定？ (A)HTTP (B)SMTP (C)FTP (D)DNS。

( ) **17** 用來加強兩個網路間的存取控制策略的網路安全系統，是下列哪一項？ (A)加密處理 (B)虛擬私有網路 (C)防火牆 (D)存取控制系統。

( ) **18** 在磁碟機陣列中採RAID技術，其資料須經過Hamming Code編碼後儲存的，為下列哪一項？ (A)RAID1 (B)RAID2 (C)RAID5 (D)RAID0＋1。

( ) **19** 用來將名稱轉換為IP位址的是下列哪一項？ (A)Proxy (B)DNS (C)Gateway (D)Mail server。

( ) **20** 掃描器以解析度200dpi的256灰階模式掃描一張5英吋×4英吋的文件，請問掃描後之文件影像共有多少Bytes？ (A)4,000 (B)800,000 (C)1,536,000 (D)460,800,000。

( ) **21** 若資料有1000筆，採用二元搜尋法去搜尋所需最大次數為多少？ (A)10 (B)12 (C)20 (D)1000。

( ) **22** 下列哪種電腦病毒是隱藏於Office軟體的各種文件檔中所夾帶的程式碼？ (A)開機型病毒 (B)電腦蠕蟲 (C)巨集型病毒 (D)特洛伊木馬。

( ) **23** 下列對於電腦系統中所使用到的匯流排（Bus）的敘述，何者錯誤？ (A)資料匯流排（Data Bus）的訊號流向通常是雙向的 (B)一般位址匯流排（Address Bus）可以定址的空間大小就是主記憶體的最大容量 (C)控制匯流排用來讓CPU控制其他單元，訊號流向通常是單向的 (D)位址匯流排（Address Bus）的訊號流向通常是雙向的。

( ) **24** 某網站的網址為「https://www.knuu.com.tw」，這表示該網站使用了何種網路安全機制？ (A)SET（Secure Electronic Transaction） (B)SSL（Secure Socket Layer） (C)防火牆

（Firewall）　(D)SATA（Serial Advanced Technology Attachment）。

(　) **25** 下列哪一個運算式的執行結果與其它三個不同？　(A)NOT(16>15)　(B)(12<=11)OR(150>100)　(C)(12<=11)XOR(120>100)　(D)(16>15)AND(150>100)。

(　) **26** 編寫程式的一般流程為何？　(A)編譯（Compile），執行（Execution），連接/載入（Link/Load）　(B)編譯，執行，連結/載入　(C)編譯，連結/載入，執行　(D)連結/載入，編譯，執行。

(　) **27** 在物件導向的程式設計中，子類別會具備父類別的基本特性（包括屬性和方法），此種特性稱為：　(A)封裝性　(B)抽象性　(C)繼承性　(D)多態性。

(　) **28** 若某支程式必須連結使用相關的副程式，則下列何者是編譯及執行該程式的正確流程？　(A)編譯→載入→執行　(B)連結→執行→翻譯　(C)編譯→連結→載入→執行　(D)編譯→載入→連結→執行。

(　) **29** 下列何者不屬於高階程式語言？　(A)BASIC　(B)C++　(C)COBOL　(D)ssembly。

(　) **30** 在物件導向程式語言中，子類別（subclass）會分享父類別（superclass）所定義的結構與行為，下列何者最能描述此種特性？(A)封裝（encapsulation）　(B)繼承（inheritance）　(C)多型（polymorphism）　(D)委派（delegation）。

(　) **31** 關於物件導向的基本觀念，以下哪一敘述是錯誤的：　(A)繼承（Inheritance）的觀念是類別與物件之間的關係，每個物件會繼承類別的屬性與操作　(B)多型（Polymorphism）的觀念是允許不同的類別去定義相同的操作，等程式執行時再根據訊息的類型來決定執行此操作的物件　(C)封裝（Encapsulation）的觀念是將物件的實作細節隱藏，外界僅能透過訊息傳遞要求該物件的操

作提供服務 (D)分類（Classification）的觀念是類別之間的關係，父類別是子類別的一般化，子類別是父類別的特殊化。

( ) **32** 關於機器語言及組合語言在不同運算晶片的架構中使用時，下列敘述何者正確？ (A)需使用相同的機器語言和相同的組合語言 (B)需使用相同的機器語言和不同的組合語言 (C)需使用不同的機器語言和相同的組合語言 (D)需使用不同的機器語言和不同的組合語言。

( ) **33** 若邏輯運算子的優先順序由高而低依序為NOT，AND與OR，不論運算元X與Y邏輯值為何，運算式NOT(X AND NOT Y)的邏輯值均與下列哪個運算式的邏輯值相同？ (A)NOT X AND Y (B)NOT X AND NOT Y (C)NOT X OR NOT Y (D)NOT X OR Y。

( ) **34** 開發程式的過程中，常會用到(1)編譯程式（compiler），(2)載入程式（loader），(3)連結程式（linker），(4)編輯程式（editor）來處理所開發的程式，這些軟體使用依序為何？ (A)(1)(2)(3)(4) (B)(4)(3)(2)(1) (C)(4)(1)(2)(3) (D)(4)(1)(3)(2)。

( ) **35** 在物件導向設計中，相同性質的物件（Objects）可以集合成為： (A)屬性（Attributes） (B)群集（Aggregation） (C)類別（Classes） (D)訊息（Messages）。

( ) **36** 在Visual Basic敘述中，若a代表關係運算式，b代表邏輯運算式，c代表算術運算式，則此三種運算式執行的優先順序是 (A)cab (B)abc (C)cba (D)bca。

( ) **37** 下列哪一個程式語言具有「物件導向」的相關特性？ (A)COBOL (B)Visual Basic.NET (C)FORTRAN (D)BASIC。

( ) **38** 假設邏輯運算中，1代表真、0代表假，則邏輯式子Not 8 > 12 And 6 < 4＋5的結果為 (A)0 (B)1 (C)0＋1 (D)無法確定。

（　）**39** 若A＝－1：B＝0：C＝1，則下列邏輯運算的結果，何者為真？
(A)A＜B Or C＜B　(B)A＞B And C＞B　(C)(B－C)＝(B－A)
(D)(A－B)＜＞(B－C)。

（　）**40** 下列何者不是直譯程式（Interpreter）的優點？　(A)執行效率高
(B)可即時修正語法錯誤　(C)容易學習　(D)翻譯速度較快。

（　）**41** 在下列的選項中，何者結合副程式與資料，以作為抽象資料型態
的基礎？　(A)封裝　(B)繼承　(C)指標　(D)多型。

（　）**42** 下列有關高階與低階電腦程式語言的比較，何者正確？
(A)高階語言程式撰寫比較困難
(B)低階語言程式執行速度較快
(C)高階語言程式除錯比較困難
(D)低階語言程式維護比較容易。

（　）**43** 當程式設計師以物件導向方式開發一個「校務行政課程管理系
統」時，下列何者通常不會以類別（class）來表示？　(A)學生
(B)教師　(C)課程　(D)姓名。

（　）**44** 下列哪一種程式具有機器依賴的特性，意即電腦機型不同，就無
法執行？　(A)程序性語言　(B)應用軟體語言　(C)物件導向語
言　(D)機器語言。

（　）**45** 以下那一種程式語言不具有可攜性（portability）而且不具有
機器無關性（machine independent）？　(A)BASIC　(B)C++
(C)FORTRAN　(D)Assembly language。

（　）**46** 在下列物件導向語言的特性中，哪一種特性是指每一個物件都
包含許多不同「屬性」及眾多針對不同「事件」而回應的「方
法」？　(A)抽象性　(B)多型性　(C)繼承性　(D)封裝性。

（　）**47** 在Visual Basic的哪一種工作模式下，可佈建控制物件及撰寫程
式碼？　(A)中斷模式　(B)設計模式　(C)執行模式　(D)標準
模式。

( ) **48** 在Visual Basic程式語言中，邏輯運算子NOT，代表何種運算？
(A)或　(B)互斥或　(C)非　(D)且。

( ) **49** 在Visual Basic中，哪一個變數會佔用較多的記憶體空間？　(A)
單精度變數　(B)整數變數　(C)倍精度變數　(D)布林變數。

( ) **50** 使用直譯器（interpreter）將程式翻譯成機器語言的方式，下列
敘述何者正確？　(A)直譯器與編譯器（compiler）翻譯方式一
樣　(B)先將整個程式翻譯成目的碼再執行　(C)在鍵入程式的同
時，立即翻譯並執行　(D)依行號順序，依序翻譯並執行。

┃解答與解析 »»»» 答案標示為#者，表官方曾公告更正該題答案。

1 (B)。堆疊結構圖：（單向進出）

‖（資料）（資料）（資料）（資料）	←→（資料）

對於副程式的呼叫通常使用堆疊。

2 (A)。現在私有IP（Private IP Address）範圍
CLASS A定義10.0.0.0/8 有效IP範圍10.0.0.1~10.255.255.254
CLASS B定義172.16.0.0/12有效IP範圍172.16.0.1~172.31.255.254
CLASS C定義192.168.0.0/16有效IP範圍192.168.0.1~192.168.255.254。

3 (C)。Class A。

實際位元值	0	netid	hostid
佔用位元數	1	7	24

4 (A)。(A)堆疊具有先進後出的特性。

5 (B)。(B)網路傳輸速度每分鐘為 $\frac{10 \times 60}{8} = 75M$ 位元組（Bytes）。

6 (D)。RSA是一種非對稱式加密演算法，其安全性依賴於因素分解，到目前為
此只有短的RSA才可能被強力方式破解。

7 (D)。遠端複本（Remote Mirroring）可正確且及時將資料庫複製於異地的資料
庫復原方法。

8 (B)。TCP/IP通訊協定是目前Internet使用最廣泛的主要通訊協定，其階層架構如下圖所示：

APPLICATION	Telnet	FTP	Gopher	SMTP	HTTP	Finger	POP	DNS	SNMP	RIP	Ping	
TRANSPORT	TCP							UDP			ICMP	OSPF
INTERNET	IP											ARP
NETWORK INTERFACE	Ethernet	Token Ring	FDDI	X.25		Frame Relay	SMDS	ISDN	ATM	SLIP	PPP	

9 (D)。廣播（Broadcast）不是IPv6所具備之傳輸型態。

10 (C)。FEC（Forward Error Correction）為ADSL所採用的錯誤控制技術。

11 (B)。快取記憶體容量較一般主記憶體小。

12 (D)。依通訊方向可分：

方向	特性	應用實例
單工傳輸Simplex	資料只能單方向傳輸	廣播
半雙工傳輸 Half-Duplex	資料能單方向傳輸	無線電對講機
全雙工傳輸 Full-Duplex	資料可以同時雙方向傳輸	電話

13 (B)。(B)在電信領域中，漢明碼（英語：hamming code），也稱為海明碼，是（7,4）漢明碼推廣得到的一種線性錯誤更正碼。

14 (A)。NAT就是用在實體IP對應私有IP，透過NAT，該電腦可於網際網路上顯示為實體IP，其他電腦可透過這個IP與區網內部的私有IP電腦溝通。

15 (A)。其他人可列印子目錄內容。

16 (D)。DNS網路應用使用UDP為傳輸層通訊協定。

17 (C)。用來加強兩個網路間的存取控制策略的網路安全系統稱為防火牆。

18 (B)。RAID 2：這是RAID 0的改良版，以漢明碼（Hamming Code）的方式將數據進行編碼後分割為獨立的位元，並將數據分別寫入硬碟中。因為在數據中加入了錯誤修正碼（ECC，Error Correction Code），所以數據整體的容量會比原始數據大一些，RAID2最少要三台磁碟機方能運作。

19 (B)。用來將名稱轉換為IP位址稱為DNS。

20 (B)。$200 \times 200 \times 5 \times 4 = 800000$(Bytes)。

21 (A)。$\log_2 1000 \approx 10$(次)。

22 (C)。巨集型病毒通常隱藏於各種Office文件中。

23 (D)。匯流排僅有位址匯流排是單向的，主要用於CPU要指定存取哪一個記憶體資源，IO如果要跟CPU溝通，僅使用控制匯流排即可，資料匯流排因為有存取的需要，所以也是雙向的。

24 (B)。(B)安全通訊協定（英語：Secure Sockets Layer，縮寫：SSL）是一種安全協定，目的是為網際網路通訊提供安全及資料完整性保障。

25 (A)。(A)計算結果為False，故與其他三者不同。

26 (C)。編寫程式的一般流程為編譯，連結／載入，執行。

27 (C)。在物件導向的程式設計中，子類別會具備父類別的基本特性（包括屬性和方法），此種特性稱為繼承性。

28 (C)。副程式編譯及執行該程式的正確流程為編譯→連結→載入→執行。

29 (D)。(D)assembly組合語言為低階程式語言。

30 (B)。此特性稱為繼承。

31 (D)。物件導向只有三個特性，封裝、繼承、多型。沒有包含分類。

32 (D)。需使用不同的機器語言和不同的組合語言。

33 (D)。根據笛摩根定律來化簡。
～(X and ～Y)括號去掉～X or Y，答案就是(D)。

34 (D)。編輯程式→編譯程式→連結程式→載入程式。

35 (C)。在物件導向設計中，相同性質的物件（Objects）可以集合成為類別。

36 (A)。優先順序：算術運算式>關係運算式>邏輯運算式。

37 (B)。Visual Basic.NET具有『物件導向』特性。

38 (B)。(True. and True.)＝True.＝1。

39 (A)。A < B Or C < B即－1 <0 Or 1 <0。

40 (A)。(A)直譯程式執行效率較編譯程式低。

解答與解析

41 (A)。封裝的意義,就是將成員變數(資料)與成員方法(副程式)封裝於物件內管理,並對應到現實生活的屬性資料,所以是封裝。

42 (B)。(B)低階語言程式執行速度較快。

43 (D)。姓名通常不以類別來表示。

44 (D)。機器語言具有機器依賴的特性,意即電腦機型不同,就無法執行。

45 (D)。Assembly language(組合語言)不具有可攜性(portability)而且不具有機器無關性(machine independent)。

46 (D)。此稱為物件的封裝性。

47 (B)。Visual Basic的設計模式下,可佈建控制物件及撰寫程式碼。

48 (C)。程式語言中,邏輯運算子NOT,代表非(不是)運算。

49 (C)。倍精度變數會佔用較多的記憶體空間。

50 (D)。直譯器會依行號順序,依序翻譯並執行。

108年 台北捷運新進人員（資訊類）

( ) **1** 下列有關複雜指令集（CISC）架構的描述，何者為非？ (A)指令多且複雜 (B)指令字長度不相等 (C)複雜指令集編譯器效率，較精簡指令集編譯器高 (D)指令可執行若干低階操作。

( ) **2** 下列何者，不是馮·諾伊曼結構（von Neumann architecture）中央處理器運作的階段？ (A)Fetch (B)Encode (C)Decode (D)Execute。

( ) **3** 有關FAT檔案系統的描述，下列何者有誤？ (A)FAT可以透過磁碟重組來保持效率 (B)FAT32單一檔案大小上限為4GB (C)exFAT單一檔案大小上限為4GB (D)SDXC記憶卡規格使用ex-FAT。

( ) **4** 若十六進位數字ED轉成二進位表示為11101101，則十六進位數字BC轉成二進位表示，下列何者為是？ (A)10101011 (B)11011100 (C)01111000 (D)10111100。

( ) **5** 下列哪一種端子，傳輸的是類比訊號？ (A)HDMI (B)D-SUB (C)DVI (D)DisplayPort。

( ) **6** 關於佇列（queue）的描述，下列何者有誤？ (A)Last-In-First-Out (B)可用linked list來完成 (C)在佇列後端插入 (D)在佇列前端進行刪除。

( ) **7** 關於雜湊表（Hash table）的描述，下列何者有誤？ (A)根據鍵值找到存儲位置 (B)開放定址法可以用來處理衝突 (C)降低尋找速度 (D)不同關鍵字可能映射到相同的雜湊地址。

( ) **8** 關於二分搜尋演算法的描述，下列何者有誤？ (A)時間複雜度為O(log2 n) (B)二分搜尋使用二元搜尋樹（binary search tree）結構 (C)當資料夠多時，二分搜尋快過線性搜尋 (D)資料無須事先被排序。

（　）　**9** 在最壞的情況之下，二元搜尋樹的效率是為下列何者？　(A)O(n log$_2$ n)　(B)O(l)　(C)O(n)　(D)O(log$_2$ n)。

（　）　**10** 樹的深度優先搜尋之前序（Pre-order）遍歷，順序為何？　(A)根節點－左子樹－右子樹　(B)左子樹－根節點－右子樹　(C)左子樹－右子樹－根節點　(D)右子樹－根節點－左子樹。

（　）　**11** 下列何者不是物件導向程式語言之主要特性？　(A)繼承　(B)封裝　(C)多型　(D)同步。

（　）　**12** 下列程式語言，何者不是高階程式語言？　(A)Java　(B)x86 assembly　(C)Fortran　(D)Perl。

（　）　**13** 下列程式語言，何者不使用直譯器？　(A)Java　(B)Python　(C)Ruby　(D)Perl。

（　）　**14** 下列何者為C語言函式，傳回字串長度？　(A)strcpy　(B)lencat　(C)strlen　(D)strcmp。

（　）　**15** 下列何者是與動態記憶體配置無關的C語言指令？　(A)malloc　(B)calloc　(C)free　(D)return。

（　）　**16** 下列何者是配置記憶體空間並初始化為0的C語言指令？　(A)malloc　(B)calloc　(C)free　(D)return。

（　）　**17** 下列何者是可以增減調整配置記憶體空間的C語言指令？　(A)malloc　(B)calloc　(C)realloc　(D)memset。

（　）　**18** 有關C++語言的描述，下列何者有誤？　(A)一個子類別無法同時繼承多個父類別　(B)支援運算子多載　(C)支援虛擬函式　(D)支援命名空間。

（　）　**19** 下列何者，不是C++語言的繼承型式？　(A)public　(B)private　(C)protected　(D)relative。

（　）　**20** 以下何者，不可以是C語言函式的回傳型態（return type）？　(A)void　(B)int []　(C)int *　(D)int **。

（　）**21** 下列何者不是C語言的關鍵字（keywords）？　(A)void　(B)switch　(C)station　(D)short。

（　）**22** 下列何者不是物件導向程式語言？　(A)C　(B)C++　(C)Java　(D)JavaScript。

（　）**23** 有關載波偵聽多路存取（CSMA/CD）的描述，下列何者有誤？　(A)使用於乙太網路　(B)碰撞發生時立即停止傳送　(C)傳送前偵聽媒介，確認媒介空閒時才開始傳送。　(D)接收到許可（token）後能開始傳送。

（　）**24** 下列何者，負責取得目的地伺服器網址（IP address）？　(A)應用層　(B)傳輸層　(C)網路層　(D)表達層。

（　）**25** 開放式系統互連通訊模型（Open System Interconnection Model）將網路結構分為七層，不包含下列何者？　(A)Physical Layer　(B)Data Link Layer　(C)Communication Layer　(D)Transport Layer。

（　）**26** 網際網路SSH（Secure Shell）使用下列何者埠號（port number）？　(A)11　(B)22　(C)33　(D)44。

（　）**27** 下列何者不是封包在網路中的傳輸方式？　(A)Unicast　(B)Broadcast　(C)Multicast　(D)Typecast。

（　）**28** 有關開放式系統互連通訊模型（Open System Interconnection Model）資料連結層（Data Link Layer）的描述，下列何者有誤？　(A)位於OSI模型表達層（Presentation Layer）與傳輸層（Transport Layer）之間　(B)是OSI模型第二層　(C)處理傳輸媒介衝突問題　(D)加入檢查碼為本層工作。

（　）**29** 有關開放式系統互連通訊模型（Open System Interconnection Model）網路層（Network Layer）的描述，下列何者有誤？　(A)提供尋址的功能　(B)是OSI模型第三層　(C)依靠IP位址進行通訊　(D)決定最佳路徑。

(　　) **30** 有關公開金鑰加密（Public-key cryptography）的描述，下列何者有誤？　(A)私有密鑰用於解密　(B)公開密鑰用於加密　(C)加密與解密使用同一密鑰　(D)也稱為非對稱加密。

(　　) **31** 有關數位簽章的描述，下列何者有誤？　(A)簽名時使用私鑰　(B)驗證簽名時使用公鑰　(C)完成數位簽章的文件，可以容易被驗證　(D)簽名者必須提供私鑰給驗證者。

(　　) **32** 下列HTML標籤，何者不是屬於區塊級（block level）元素？　(A)<li>　(B)<h1>　(C)<a>　(D)<div>。

(　　) **33** 下列何者不是HTML5所推出的新標籤？　(A)<span>　(B)<svg>　(C)<canvas>　(D)<video>。

(　　) **34** 全球資訊網（WWW）使用下列何者協定？　(A)POP3　(B)FTP　(C)IMAP　(D)HTTP。

(　　) **35** 有關五大碼（Big5）的描述，下列何者有誤？　(A)普遍使用於繁體中文地區　(B)使用雙位元組　(C)屬於中文交換碼　(D)收錄到CNS11643國家中文標準交換碼。

(　　) **36** 有關電腦數值系統的描述，下列何者有誤？
(A)十進位數字0.1（十分之一)，可以被二進位浮點數精確表示
(B)單精度浮點數通常使用4個位元組
(C)雙精度浮點數通常使用8個位元組
(D)整數的運算速度，通常比浮點數的運算速度快。

(　　) **37** 有關USB Type-C的描述，下列何者有誤？　(A)屬於序列匯流排　(B)外觀上下對稱，無須區分正反面　(C)可用於電子產品充電　(D)不可外接螢幕。

(　　) **38** 將位元1001與位元1100做XOR的位元計算，其結果為何？　(A)0000　(B)1000　(C)0101　(D)1101。

(　　) **39** 下列何種資料儲存裝置的資料存取速度最快？　(A)SSD　(B)RAM　(C)Disk　(D)CPU Cache。

( ) **40** 在平均情況之下，快速排序（quicksort）演算法效率為何？
(A)O(n log₂ n)　(B)O(l)　(C)O(n)　(D)O(log₂ n)。

( ) **41** 關於堆疊（stack）的描述，下列何者有誤？　(A)可用一維陣列來完成　(B)可用linked list來完成　(C)基本操作包含push與pop (D)First In First Out。

( ) **42** 下列C語言，何者不是宣告一個指標變數？　(A)int p;　(B)int *p;　(C)int **p;　(D)int ***p;。

( ) **43** 下列C語言函式正規參數（formal parameter）的資料型態，何者使用傳值(call by value)方式？　(A)int　(B)int []　(C)int * (D)int **。

( ) **44** 下列何者，不屬於原始碼到目的碼的編譯工作流程？　(A)直譯程式　(B)編譯程式　(C)組譯程式　(D)預處理器處理。

( ) **45** C語言的break Statement，不能使用在以下何者敘述？　(A)for (B)if　(C)switch　(D)while。

( ) **46** 當前的階層式樣式表第三版CSS3，無法使用下列何者方式指定色彩？　(A)color names　(B)RGB　(C)HEX　(D)CMYK。

( ) **47** 有關JavaScript語言的描述，下列何者有誤？　(A)屬於直譯語言 (B)屬於寬鬆型態　(C)不支援物件導向　(D)包括文件物件模型 DOM。

( ) **48** 下列何者不是HTML網頁使用層疊樣式表（CSS）的方式？　(A) internal　(B)external　(C)inline　(D)citation。

( ) **49** 有關超本文標記語言（HTML），下列何者是超連結（Hyperlinks）？ (A)<a>　(B)<p>　(C)<li>　(D)<ul>。

( ) **50** 有關數位浮水印（Digital Watermarking）的描述，下列何者有誤？　(A)可應用紀錄拍攝光圈資訊於數位影像中　(B)隱藏式浮水印可用於保護版權　(C)浮現式浮水印在檢視數位影像時可被觀察　(D)數位音訊訊號無法被加入數位浮水印。

解答與解析 »»»» 答案標示為#者，表官方曾公告更正該題答案。

1 (C)。CISC為Complex Instruction Set Computing的縮寫，意即複雜的指令及計算，多數出現於多工的個人電腦CPU，如為了多媒體計算所支援的MMX指令集，指令越複雜，硬體工作效率越低，但支援功能眾多。

2 (B)。von Neumann architecture僅使用三個步驟Fetch、Encode及Execute，這是電腦內部最基本的三個步驟。

3 (C)。exFAT單一檔案大小為2的64次方-1位元組，非4GB為2的32次方。

4 (D)。4組一切，B為1011，C為1100，故答案為10111100。

5 (B)。HDMI有數位及類比
D-SUB僅類比
DVI僅數位
DisplayPort僅數位。

6 (A)。如同生活的排隊，先排隊的先刪除，後排隊的後加入，所以是先進先出Fist-In-First-Out。

7 (C)。雜湊的目的就是不需要尋訪所有資料，根據雜湊值就可對應儲存位址，進而加速搜尋資料。

8 (D)。二分搜尋法需要先將資料排序好，並透過二元樹進行對半區分尋找，猜數字遊戲0~1000最差只需要10次便可找到指定的數字（2的10次方就是1024）。

9 (C)。這題有誤，最差的情況就是2的次方數（1024個數字，猜了第10次才猜中，不會猜1024次），也就是$O(\log_2 n)$。

10 (A)。深度優先前序走訪為，由上至下，由左至右，如遇到巢狀子樹，先走深，再往右走，故答案為根節點－左子樹－右子樹。

11 (D)。這題只能死背，物件導向就是封裝、繼承、多型，沒有同步。

12 (B)。組合語言都不是高階語言，高階語言是近似人類語言，會先轉為組合語言後再轉為機械語言。

13 (#)。Java需要編譯成中間碼，並由JVM執行，所以不是直譯語言，本題公告一律給分。

14 (C)。只能死記strlen是指，string length。

15 (D)。
　malloc：memory allocation跟作業系統要求一段記憶體區段，該區段沒有初始
　　　　化狀態。
　calloc：contiguous allocation，跟作業系統要求一段記憶體區段，該區段初始化
　　　　狀態0x00。
　free：釋放malloc及calloc要求的記憶體空間。
　return：是函數控制的終點。

16 (B)。同第15題解析。

17 (C)。死背realloc是可以改變配置記憶體空間的指令。

18 (A)。如同物件導向一樣，無法繼承多個父類別，這會變成基底不明確，導致
　轉型沒有一個統一的依據，如果要繼承多個父類別處理邏輯，可以使用虛擬函
　式執行類似多型之作業。

19 (D)。public、private及protected都是封裝內的修飾字，依序是公開繼承、僅私
　有不繼承及受限的保護繼承，以致不再讓下一個繼承者繼承。

20 (B)。2是陣列，C語言沒辦法回傳陣列。

21 (C)。void是不回傳資料；switch是流程控制；short是資料型別。

22 (A)。C不是，C是很基礎的流程控制而已。

23 (D)。CSMA/CD使用於乙太網路，代表訊號碰撞偵測，一個媒介傳送訊號會因
　為多方同時傳送而失敗，傳輸不需要透過集中管理，所以沒有token設計。

24 (A)。IP為網路層，如果要取得對方的IP位址，要到應用層才可以使用查詢功
　能，如DNS查詢。
　請參考OSI網路七層。

25 (C)。請參考OSI網路七層，要死背沒有(C)。

26 (B)。死記，就是22。

27 (D)。Unicast就是單播，直接對單一端點進行廣播。
　Broadcast就是廣播，直接對網路的所有端點進行廣播。
　Multicast就是群播，針對一定數量的端點進行群組廣播。
　Typecast沒這個東西。

28 (A)。第7層 應用層（Application Layer）
　第6層 表達層（Presentation Layer）

解答與解析

第5層 會議層（Session Layer）
第4層 傳輸層（Transport Layer）
第3層 網路層（Network Layer）
第2層 資料連結層（Data Link Layer）
第1層 實體層（Physical Layer）

29 (#)。尋址功能是DNS伺服器提供，不是協定功能，本題公告一律給分。

30 (C)。公開金鑰就是上鎖與解鎖使用不同鑰匙，目的就是解決金鑰的傳送安全。

31 (D)。同上，傳送金鑰會有被攔截的風險，所以不會提供私鑰。

32 (C)。根據W3的規範，區塊級元素有以下：
<address><article><aside><blockquote><canvas><dd><div><dl><dt><fieldset>
<figcaption><figure><footer><form><h1>-<h6><header><hr><li><main><nav>
<noscript><ol><p><pre><section><table><tfoot><ul><video>
而<a>不包含在裡面，<a>為行內元素。

33 (A)。<span>很早就有了，只能死記。

New Input Types	New Input Attributes
· color	· autocomplete
· date	· autofocus
· datetime	· form
· datetime-local	· formaction
· email	· formenctype
· month	· formmethod
· number	· formnovalidate
· range	· formtarget
· search	· height and width
· tel	· list
· time	· min and max
· url	· multiple
· week	· pattern（regexp）
	· placeholder
	· required
	· step

34 (D)。POP3是郵件使用的協定；FTP是檔案傳輸協定；IMAP也是一種郵件使用的協定，但不是POP3的方式下載，是可以直接線上讀取。
HTTP HyperText Transfer Protocol就是網頁文件協定。

35 (C)。Big5使用兩個位元組來顯示中文（256×256＝65536個中文字），字體為正體中文，且台灣有收錄到國家字集內。

36 (A)。浮點數的計算，需要更多的浮點計算單元，所以整數處理會快很多，根據IEEE規定，單精度有4位元組，倍精度有8位元組，除了精度誤差以外，就像人類無法使用小數表示1/3一樣的意思，電腦用了2進位計算，總是也存在無法表達0.1的困境。

37 (D)。USB就是Universal Serial Bus萬用序列匯流排，C則是沒有正反之分，且支援外接螢幕。

38 (C)。
```
     1001
xor)1100
     0101
```
XOR就是互斥或，不允許兩個一樣的輸入。

39 (D)。CPU快取為register，是計算機架構中最快的儲存單元，依次是RAM、DISK，最慢則是NAND Flash SSD。

40 (A)。Quick Sort是使用Divide and Conquer處理方法，一半一半的去比較，最佳狀況就是第一個基準數剛好切了兩等分，時間複雜度為O(n log n)，最差狀況是資料順序就是小到大或大到小，有沒有分割都差不多，時間複雜度為O(n平方)，平均則是會比最佳慢，比最慢快，但又因為O(n log n)下一級就是O(n平方)，且由數學公式推導，所以還是歸屬於O(n log n)。

41 (D)。堆疊與搭乘電梯一樣，先進後出。

42 (A)。C語言中，*就是指標型別，一個*代表數值型別的地址資料，**代表該指標的地址，***代表又一次的該指標的地址，所以非指標變數就是int p;。

43 (A)。傳值就是把資料本體複製一份後，傳進函式中，int[]為指標，不會複製整個array，其他的則是*，指標型別。

44 (A)。題目已經露餡了，編譯工作，就是把語言轉換為機器語言重新編譯，與直譯不同，直譯是讀一行處理一行，預處理器是編譯前的掃描，包含include文件。

解答與解析

45 (B)。for switch while都屬於流程控制，只要是流程控制都包含break Statement，if雖然也是流程控制，但不需要考慮break Statement，因為已經有else statement。

46 (D)。CMYK為印刷使用之色碼，不是螢幕顯示的光色碼。

47 (C)。JavaScript是可以使用funciotn當作class來使用。

48 (D)。Internal是寫在head內的style
External是link css檔案
Inline是寫在tag屬性內的style。

49 (A)。a就是就是超連結
p是段落
li列表項目
ul是無序列表。

50 (D)。浮水印主要是隱藏在數位內容訊息內，無法被人類察覺的資訊，版權保護可以隱藏肉眼看不到的顏色訊號，透過演算法還原，同理，也可以顯示出來，亦可以隱藏在聲音訊號內，人類耳朵聽不到這樣的細微雜訊（連喇叭都無法產生），但透過演算法將資料還原後，可以還原數位浮水資訊。

108年 中華郵政職階人員甄試（郵儲業務丁）

一、請說明插入排序法（insertion sort）和選擇排序法（selection sort）的運作原理。並以下面陣列資料A為例，由小至大排序，將過程中每個重複性步驟完成時的陣列資料內容寫出來。

$$A = \{ 12, 9, 20, 2, 17 \}$$

例如：運用氣泡排序法為陣列A排序，第一回合兩兩比較，若左邊的數值比右邊的數值大，就兩兩交換，因此第一回合排序結果是：{ 9, 12, 2, 17, 20 }。第二回合再重複同樣動作，……

原始資料：{12,9,20,2,17}

第一回合：{9,12,2,17,20}（比較全部資料，最大數20會被換至最右邊）

第二回合：{9,2,12,17,20}（比較前4筆資料即可，最大數17會被換至最右邊）

第三回合：{2,9,12,17,20}（比較前3筆資料即可，最大數12會被換至最右邊）

第四回合：{2,9,12,17,20}（比較前2筆資料即可，最大數9會被換至最右邊）

→完成排序

答 插入排序法是隨便選一個數值，與現有的數值比較，並插入序列中。

1. { 12,9,20,2,17 } 12無從比較，直接放在第一位。

2. { 9,12,20,2,17 } 9比12還小，所以放在12前一位。

3. { 9,12,20,2,17 } 20比12大，所以放在12後一位。

4. { 2,9,12,20,17 } 2比9還小，所以放在9的前一位。

5. { 2,9,12,17,20 } 17比20還小，所以放在20的前一位。

選擇排序法是尋訪所有數值，挑一個最小的，排在第一位，下一位，依此類推。

1. { 2,12,9,20,17 } 尋找所有的項目2為最小，所以排在第一個。

2. { 2,9,12,20,17 } 尋找剩下的，9是最小，排在第二位。

3. { 2,9,12,20,17 } 尋找剩下的，12最小，排在第三位。

4. { 2,9,12,17,20 } 尋找剩下的，17最小，排在第四位。

5. { 2,9,12,17,20 } 最後一個不必處理，一定是順位。

二、作業系統中常使用堆疊（Stack）和佇列（Queue）作為程式運作時的資料結構，請回答下列問題：

(一) 說明堆疊與佇列的運作原理。

(二) 現有三筆人名資料依序儲存於陣列A中，A＝{Steven, Michael, Jack}。請說明如何利用堆疊的操作，才能依序在螢幕上輸出Michael、Jack、Steven。請完成下表。

步驟	操作命令	堆疊中資料	螢幕輸出內容
1	push A[0]	Steven	無
2			
3			
4			
5			
6		無	Michael Jack Steven

答 (一)堆疊的原理如同生活中的搭乘電梯，先進去的人如果提早要出來，得先請靠近門口的人先出去，裡面的人才可以出去，所以要讓裡面的人出去，得先讓最後進來的人（靠入口）的人先出去，最裡面的人才可以出去，這就是堆疊的概念，先進後出。如果是佇列，就是排隊的意思，買票也好，買飲料也好，買便當也好，諸如此類，這些人先到就是先被服務，不會有最後來的第一個先被服務，那會被全部的人揍，這就是先進先出，先來的先服務。

(二)表如下：

步驟	操作命令	堆疊中資料	螢幕輸出內容
1	push A[0]	Steven	無
2	push A[2]	Steven Jack	無
3	push A[1]	Steven Jack Michael	無
4	pop	Steven Jack	Michael
5	pop	Steven	Michael Jack
6	pop	無	Michael Jack Steven

( )　**1** 機器學習之監督式學習使用資料（含特徵及標籤），透過演算法進行訓練產生模型。下列演算法中，何者非此類監督式學習常用之演算法？　(A)二元分類　(B)多元分類　(C)分群　(D)迴歸分析。

( )　**2** 若要定址32M記憶體，最少需使用幾條位址線？　(A)25　(B)26　(C)27　(D)28。

( )　**3** 記憶體系統相關資料如下：
Cache存取時間為15 ns、Cache容量為C Kbytes、記憶體存取時間為200 ns
Cache Hit Ratio值H與Cache容量值C之關係為$H = 0.5 + 0.1 \times \log_2 C$，其中$2 \leq C \leq 32$
若期望Cache存取時間≤ 35 ns，所需Cache容量值C最小為何？
(A)4　(B)8　(C)16　(D)32。

( )　**4** 有關雲端運算，下列何者正確？　(A)雲端運算等同邊緣運算　(B)分為SaaS、PaaS、IaaS 3種佈署模式　(C)有公有雲、私有雲、混和雲等3種服務模式　(D)具On-Demand Self-Service、Broad Network Access、Resource Pooling、Rapid Elasticity與Measured Service 5個特徵。

( )　**5** DRAM、SRAM、ROM、Flash Memory 4類記憶體，其中屬於非揮發性記憶體共有幾類？　(A)1　(B)2　(C)3　(D)4。

( )　**6** 使用何種軟體可將高階語言轉換成機器碼（Machine Code）？　(A)組譯器（Assembler）　(B)編輯器（Editor）　(C)載入程式（Loader）　(D)編譯器（Compiler）。

( )　**7** 化簡布林函數f(x,y,z)＝x'y'z'＋xy'z'＋xy'z＋xyz＋xyz'，其最簡式為
何？　(A)xy＋z'　(B)x＋y'z'　(C)x'y＋z'　(D)x＋yz'。

( )　**8** 若CPU每秒可執行10,000,000,000個指令，則執行1個指令的時
間？　(A)0.1奈秒（ns）　(B)0.1微秒（μs）　(C)1毫秒（ms）
(D)1微秒（μs）。

( )　**9** 副程式傳參數採傳址方式（call by address or reference），以下
程式執行完最後產出值為何？
```
begin
   A,B:integer;
   procedure P(X,Y,Z:integer);
   begin
      Y＝Y＋1;
      Z＝Z＋X＋2×Z
   begin
      A＝3;
      B＝3;
      P(A＋B,A,A);
      print A;
   end;
end
```
(A)3　(B)6　(C)17　(D)18。

( )　**10** 下列何者可用來保護隱含在產品與技術背後之程式或設計，避免
這些資訊洩漏給競爭對手？　(A)專利法　(B)著作權法　(C)個
人資料保護法　(D)營業秘密法。

( )　**11** 物聯網之架構大致分成3個層次，下列何者有誤？　(A)應用層
(B)可視層　(C)感知層　(D)網路層。

( )　**12** Apache Spark是開放原始碼叢集運算框架，用來建置大數據平
台，下列敘述何者有誤？　(A)運算速度快　(B)GraphY是Spark

上的分散式圖形處理框架 (C)可在雲端運算平台執行 (D)支援多種語言（Python、Java、R…）。

( ) **13** 將十進位678.625，轉為二進位表示，下列何者正確？
(A)1010100111.101 (B)1010100111.110 (C)1010100110.101 (D)1010100110.110。

( ) **14** 二元樹的前序順序為ACDFHBEG及中序順序為FDHCAEGB，其後序順序為何？ (A)FHDCGEBA (B)FHDCGEAB (C)FHDCE GAB (D)FHDCEGBA。

( ) **15** 下列不同類型作業系統之敘述，何者有誤？ (A)多元程式處理（Multi-Programming）系統，可同時服務多個使用者或多個程式 (B)早期批次系統，屬於單工系統，一次只能服務1位使用者 (C)多處理器系統可共用匯流排、時脈或記憶體 (D)分時系統能隨時對輸入訊號立刻回應。

( ) **16** 下列NoSQL資料庫之敘述，何者有誤？ (A)分散式資料庫 (B)資料隨時都一致 (C)支援大量運算 (D)欄位定義有彈性。

( ) **17** 電腦時脈速度為10 GHz，執行10^{12}個指令費時200秒，此電腦執行每個指令需要多少時脈週期（Clock Cycle）？ (A)2 (B)12 (C)20 (D)120。

( ) **18** 插入排序法平均的執行時間複雜度（Time Complexity），下列何者最接近？ (A)O(N) (B)O(N^2) (C)O(N log$_2$ N) (D)O(Nlog$_2$N^2)。

( ) **19** 相同的硬碟數數量，何種磁碟陣列組態可用空間最小？ (A)RAID 0 (B)RAID 1 (C)RAID 5 (D)RAID 6。

( ) **20** 何種搜尋法於搜尋過程中僅運用加減法？ (A)雜湊搜尋法 (B)二元搜尋法 (C)循序搜尋法 (D)費氏搜尋法。

（　）**21** 新軟體模組速度為原軟體模組之5倍，該模組占整體軟體系統20%，新程式碼模組上線後，可改善整體軟體系統速度約多少倍？　(A)1.2　(B)1.8　(C)2　(D)5。

（　）**22** 分時系統CPU採用Round-Robin循環排程，時間片段為4ms，CPU執行下列3行程，P1、P2、P3的處理所需時間如下，請問行程平均等待時間為多少ms？

Process	Burst Time
P1	20 ms
P2	2 ms
P3	2 ms

(A)14/3　(B)16/3　(C)20/3　(D)24/3。

（　）**23** 下列何種資訊系統可將財務、會計、採購等業務整合？　(A)管理資訊系統　(B)專家系統　(C)企業資源規劃　(D)決策支援系統。

（　）**24** SQL指令GROUP BY最常與下列何種功能指令一起使用？(A)SET　(B)ALTER　(C)COMMIT　(D)SUM。

（　）**25** 下列何者不是透過資料庫正規化（Normalization）進行改善？(A)資料表新增資料後產生之異常　(B)資料表查詢效能　(C)資料表資料重複　(D)資料表資料不一致。

（　）**26** 下列何者可將資料於傳輸過程中，進行數位信號與類比信號轉換？　(A)數據機　(B)交換機　(C)多工器　(D)路由器。

（　）**27** 如果目的位址為200.45.34.56，子網路遮罩為255.255.240.0，下列子網路位址何者正確？　(A)200.45.31.0　(B)200.45.32.0　(C)200.45.33.0　(D)200.45.34.0。

（　）**28** 資料於網路傳送時，防範機密資訊外洩的主要方法為何？(A)安裝防毒軟體　(B)將資料壓縮　(C)將資料加密　(D)安裝防火牆。

( ) **29** 以公鑰加密（public-key encryption）時會使用到幾把鑰匙？ (A)1把鑰 (B)2把鑰 (C)3把鑰 (D)4把鑰。

( ) **30** 當網路不通時若想知道網路何處不通，最應該使用下列何種指令來進行追蹤？ (A)ipconfig (B)ping (C)netstat (D)tracert。

( ) **31** 身分證號碼及銀行帳號皆設有檢查碼，其作用為何？ (A)提升資料正確性 (B)增加資料隱密性 (C)使位數對齊較為美觀 (D)加快處理速度。

( ) **32** 有關哈夫曼Huffman encoding之敘述，下列何者有誤？ (A)可以減少資料量 (B)以字元出現頻率為基礎 (C)編碼後每個字元的代碼長度相同 (D)可用tree來編碼。

( ) **33** 下列何者為網路管理之協定？ (A)SMTP (B)OSPF (C)RIP (D)SNMP。

( ) **34** 下列何者非循環冗位檢查（Cyclic Redundancy Check, CRC）之特性？ (A)以二進位除法為基礎 (B)CRC有可能皆為0 (C)可偵測到所有影響到的偶數位元一連串錯誤 (D)很有機會偵測到長度大於多項式的指數次方之連串錯誤。

( ) **35** 一正弦波的頻率是10 Hz，其週期為何？ (A)0.01秒 (B)0.1秒 (C)1秒 (D)10秒。

( ) **36** 有關OSI資料連接層主要功能之敘述，下列何者有誤？ (A)實體定址 (B)邏輯定址 (C)流量控制 (D)將資料流分封成訊框。

( ) **37** 有關TCP錯誤偵測與改正之敘述，下列何者有誤？ (A)檢查和 (B)回應 (C)計時 (D)緩慢啟動。

( ) **38** 何者與CSMA/CD標準無關？ (A)最小訊框長度 (B)資料傳輸率 (C)路徑選擇 (D)碰撞區間。

( ) **39** 有關OSI傳輸層主要功能之敘述，下列何者有誤？ (A)流量控制 (B)連線控制 (C)邏輯定址 (D)錯誤控制。

（　　）**40** 有關TCP壅塞控制，下列何者有誤？　(A)乘法式增加　(B)乘法式減少　(C)緩慢起動　(D)添加式增加。

（　　）**41** 有關ARP網路協定之敘述，下列何者有誤？　(A)使用群播傳送　(B)使用單點位址回應　(C)使用廣播傳送　(D)目的是取得實體位址。

（　　）**42** 有關UDP網路協定敘述，下列何者有誤？　(A)不可靠性傳輸　(B)適合不在乎流量與錯誤控制　(C)完全不提供錯誤偵測　(D)有的埠號UDP可以同時給UDP和TCP用。

（　　）**43** 下列何者為多工？　(A)多條通路和多條頻道　(B)多條通路和1條頻道　(C)1條通路和1條頻道　(D)1條通路和多條頻道。

（　　）**44** 某位址為167.199.170.82/27，其網路位址為何？
(A)167.199.170.32/27　　　　　(B)167.199.170.64/27
(C)167.199.170.128/27　　　　 (D)167.199.170.196/27。

（　　）**45** 下列何者非OSPF所使用之封包？　(A)link state acknowledgement packet　(B)link state request packet　(C)link state update packet　(D)link down packet。

（　　）**46** $(10101010)_2$與$(11101010)_2$的漢明距離，下列何者正確？　(A)1　(B)2　(C)3　(D)4。

（　　）**47** 有關ICMPv4的錯誤訊息報告，下列何者有誤？　(A)來源端放慢　(B)時間超過　(C)參數問題　(D)封包太大。

（　　）**48** 請問IPv6網址長度為多少位元？　(A)32　(B)64　(C)128　(D)256。

（　　）**49** 下列何者非數位簽名可達到之目標？　(A)隱私性　(B)認證　(C)完整性　(D)不可否認性。

（　　）**50** 100Base-T網路將集線器改為交換器，理論上N台設備的整個網路容量將由100Mbps改變成多少？　(A)100Mbps　(B)0.1N×100Mbps　(C)0.5N×100Mbps　(D)N×100Mbps。

解答與解析 »»»» 答案標示為#者，表官方曾公告更正該題答案。

1 (C)。
(1)在人工智慧下的機器學習，分有三種類型，包含「監督式學習」、「非監督式學習」和「強化學習」
(2)「監督式學習」底下又細分三種演算法：二元分類（Binary Classification）、多元分類（Multi Class Classification）及迴歸分析（Regression）

「非監督式學習」	分群（Clustering）
「強化學習」	Q-learning

2 (A)。$32M = 32 * 2^{20}$ 位 元 組 $= 2^5 * 2^{20} = 2^{25}$（需25位元來定址每一個位元組）

3 (C)。Cache本身是存資料在裡面，所以期望存取時間的正確算法是：（Cache命中機率×Cache存取時間）＋Cache沒命中機率×（Cache存取時間＋記憶體存取時間），把題目的數字代進去：$(H \times 15) + (1-H)(15 + 200) \leq 35$，會剛好得到 $H \leq 0.9$，再把H代到關係式可以得知最小容量為C
$35 = 15 + 200 * (1 - H)$ => $0.1 = 1 - H$
=> $0.1 = 1 - (0.5 + 0.1 * \log 2C)$
=> $4 = \log 2C$
=> $C = 16$

4 (D)。
(1)邊緣運算是一種分散式運算的架構，將應用程式、數據資料與服務的運算，由網路中心節點，移往邊緣節點來處理，和雲端運算的集中式架構相反。
(2)雲端運算有4種佈署模式：公有雲、私有雲、社群雲、混和雲。
(3)雲端運算有3種服務模式：Saas、Paas、Iaas。

5 (B)。
(1)動態隨機存取記憶體（DRAM）：主要用於電腦的主記憶體；靜態隨機存取記憶體（SRAM）：用於速度較快的快取記憶體
ROM（Read-only memory，唯讀記憶體）；
Flash memory（快閃記憶體）。
(2)ROM及Flash Memory屬於非揮發性記憶體。

6 (D)。
(1)組譯器（Assembler）：將組合語言轉譯成機器語言的程式；不同的處理器所使用的組合語言及機器語言皆不同。
(2)載入程式（Loader）：載入欲執行的程式。
(3)編輯器（Editor）：文字編輯工具。
(4)編譯器（Compiler）：高階語言透過編譯器對程式碼進行翻

譯,產生執行檔或目的檔後執行,優點是速度快,可以一次找到全部的錯誤。

7 (B)。 卡諾圖

	z	z'
x'y'		1
x'y		
xy	1	1
xy'	1	1

最簡式為x+y'z'

8 (A)。 一個指令為10^{-10},$10^{-9}=1$奈秒(ns),所以一個指令是0.1奈秒(ns)。

9 (D)。 P(X,Y,Z)=
P(A+B,A,A)=P(6,3,3),
Z=4+6+2*4=18。

10 (D)。 營業秘密法是指保護,方法、技術、製程、配方、程式、設計或其他可用於生產、銷售或經營的資訊。

11 (B)。 物聯網架構分為感知層(各種感測器所得到之訊號)、網路層(將得到的訊號或資訊送往雲端做處理)及應用層(與一般人生活所相關的一切應用事務)。

12 (B)。 Apache Spark是開放原始碼叢集運算框架具有運算速度快、在雲端運算平台執行、支援多種語言等功能,而GraphY是Spark上的分散式圖形處理框架與原始碼叢集運算框架是不一樣的框架。

13 (C)。 須將整數及小數點後的數,分開計算,整數部分用2進行短除法,整除為0,不整除為1,

```
2│678
2│339 － 0
2│169 － 1
2│ 84 － 1
2│ 42 － 0
2│ 21 － 0    =>得到整數為
2│ 10 － 1
2│  5 － 0
2│  2 － 1
2│  1 － 0
    0 － 1
```

1010100110,小數的部分乘2之後取整數位,0.625*2=1.25=>取1;0.25*2=0.5=>取0;0.5*2=1=>取1,因此完整2進位為1010100110.101

14 (A)。 根據前序及中序可得這樣的樹圖,因此後序為FHDCGEBA。

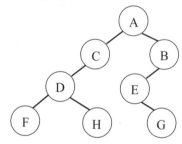

15 (D)。 分時系統是對資源的一種共享方式,利用**多道程式**與**多工處理**使多個用戶可以同時使用一台電腦;電腦處理多個用戶傳送出的指令時,處理的方案即為分時,即電腦把它的執行時間分為多個時間段,並將這些時間段平均分配給用戶們指定的任務。輪流為每一個任務執行一定的時間,如此反覆,直至完成所有任務。

16 (B)。NoSQL資料庫的宗旨是最終資料會相同，但是因為分散式的設計，將資料複製在不同的地方，各地方也會進行資料異動，最後進行同步，過程中會有時間差的狀況產生，因此不是隨時都相同。

17 (A)。時脈週期為$1/(10*10^9)$，指令為$200/10^{12}$，每個指令需要的時脈週期$200/10^{12}*(10*10^9)=>2$。

18 (B)。因為此排序法將一個新資料放入原資料做排序時，需要原資料為已排序好之狀態，如果為混亂狀態則需要先進行排序，排序時間總共需要比較N(N-1)次，因此時間複雜度為$O(N^2)$。

19 (B)。RAID 0為假設兩個相同大小的硬碟當作一整個硬碟在儲存資料，RAID 1為假設兩個相同大小的硬碟，一份資料在A硬碟儲存後，將同份資料再儲存到B硬碟一次，等於只用到一個硬碟的空間，空間使用效率最低。

20 (D)。雜湊搜尋法為將資料中的某一欄位值代入設計好的雜湊函數；二元搜尋法是將已排序好的資料分成兩部分，再進行中間值比較；循序搜尋法直接將資料逐一對比；費氏搜尋法（Fibonacci Search），利用費氏數列作為間隔來搜尋下一個數值，因此會運用到加減法。

21 (A)。全部執行新軟體需要X時間，全部執行舊軟體需要5X時間，$5X*0.8+X*0.2=4.2X$，新舊比較

5X：4.2X，X $=5/4.2=1.1904761$，約等於改善1.2倍。

22 (A)。P1執行四秒，P2等P1四秒後執行兩秒，P3等P1+P2共六秒後執行兩秒，P1等P2+P3執行共四秒，(4+6+4)/3。

23 (C)。其他三個系統，屬於單一業務系統，並沒有財務、會計、採購等業務整合之能力。

24 (D)。SUM為加總指令，GROUP BY為群組，在群組內進行加總為常用之行為。

25 (B)。正規化為改善資料庫內的資料儲存狀況，如：資料是否重複、同資料位置內的資料是否不一致等問題，而資料表查詢的效能無法用正規化來改善。

26 (A)。交換機及路由器皆為網路傳輸與封包有關，多工器為共享設備或資源的使用。

27 (B)。200.45.34.56=11001000.00101101.00100010.00111000，255.255.240.0=1111111.11111111.11110000.00000000，AND後，11001000.00101101.00100000.00000000=200.45.32.0。

28 (C)。防毒軟體及防火牆基本上是對各個終端有防護效果，傳送過程的機密外洩則與是否加密有關。

29 (B)。公開金鑰演算法也稱作非對稱金鑰演算法，透過兩把金鑰進行運作，使用公鑰加密，另一方持有私鑰進行解密。

30 (D)。
　(1) ipconfig為了解IP資訊及更新IP使用
　(2) Ping是指發送ICMP ECHO_REQUEST的封包，檢查連線暢通與否並偵測連線時的延遲時間（round-trip delay time）
　(3) Netstat為查看TCP/IP的網路連線及通訊協定的統計資料
　(4) Tracert此公用程式可用來追蹤「網際網路通訊協定」(IP) 封包傳遞到目的地所經的路徑。

31 (A)。主要是為了檢查資料的真偽性，因此檢查碼不得隨意流出。

32 (C)。為一種用於無失真資料壓縮的編碼，使用變長編碼表的對源符號進行編碼，評估對源符號的出現頻率得出，出現機率高的字母使用較短的編碼，而出現機率低的則使用較長的編碼。

33 (D)。
　(1) SMTP（Simple Mail Transfer Protocol）在網路上傳輸電子郵件的標準。
　(2) OSPF（Open Shortest Path First）開放式最短路徑優先是一種基於IP協定的路由協定。
　(3) RIP（Routing Information Protocol）基於距離向量的路由協議，以路由跳數作為計數單位的路由協議，適用於比較小型的網絡環境。
　(4) SNMP（Simple Network Management Protocol）用以管理網路設備之通訊協定。

主要由3個元件所組成：網路管理系統（Network Management System）；被管理裝置（Managed Device）是指網路中被監控的設備節點；代理者（Agent）為安裝於被管理裝置的軟體。

34 (C)。循環冗位檢查是根據網路資料封包或電腦檔案等資料產生簡短固定位數驗證碼的雜湊函式，用來檢測及校驗資料傳輸或者儲存後可能出現的錯誤，生成的數字在傳輸或儲存之前計算出來並且附加到資料後面，之後接收方進行檢驗確定資料是否一樣。因此奇數位也是可以被檢查出錯誤。

35 (B)。一秒內能振動一次我們稱為1 Hz，週期=1/10=0.1。

36 (B)。邏輯定址在網路層運作，實體定址、流量控制及將資料流分封成訊框都是在資料連接層運作。

37 (D)。緩慢啟動（Slow Start）與網路壅塞有關，檢查和、回應及計時都與TCP的錯誤偵測改正有關。

38 (C)。CSMA/CD（全名：Carrier Sense Multiple Access with Collision Detection），與之相關的要素為碰撞區間、資料傳輸率及訊框長度，而路徑選擇與路由器有關。

39 (C)。邏輯定址在網路層運作，流量控制、連線控制及錯誤控制都在傳輸層（OSI網路七層中的第四層）運作。

40 (A)。TCP壅塞控制有加法增大沒有乘法式增加，乘法增加會造成壅塞問題更加嚴重。

41 (A)。ARP網路協定全名為位址解析通訊協定，功能為使用單點位址回應、要求使用廣播傳送及取得實體位址，ATM網路協定才會使用群播傳送。

42 (C)。UDP會進行簡單的錯誤偵測，不是完全不做錯誤偵測。

43 (D)。多路複用（Multiplexing，又稱「多工」）表示在一個通道上傳輸多路訊號或數據流的過程和技術。

44 (B)。位址數為2^5=32，82的二進位是01010010，起始位址為01000000=64，結尾位址為01011111=95。

45 (D)。OSPF有五種封包，分別是HELLO、Database description packet、link state acknowledgement packet、link state request packet、link state update packet。

46 (A)。漢明距離指兩個字中的不同位元值數目，進行XOR，結果只有左邊數來第二個字元不同。

47 (D)。封包大小不影響ICMPv4的錯誤訊息報告。

48 (C)。IPv4網址長度為32位元，IPv6網址長度為128位元，位址數量為2的128次方。

49 (A)。數位簽章用於資料傳輸的加密，因此須符合資料的完整性及不可否認性，並確保解密方的正確性。

50 (D)。集線器為群體共用100 Mbps，交換器則會確保每一終端都保有100 Mbps的傳輸量。

109年 臺北自來水事業處及所屬工程總隊新進員工甄試

( )　**1** Chrome、Edge、Firefox、iOS、Opera、Safari，上述軟體中，有幾種屬瀏覽器？
(A)3種　　　　　　　　　　(B)4種
(C)5種　　　　　　　　　　(D)6種。

( )　**2** CPU可以下列何者表示執行速度？　(A)CPS　(B)LPM　(C)MHz　(D)DPI。

( )　**3** Basic、C、Java、C#、R、Fortran、Python，上述項目中，有幾種屬於高階程式語言？　(A)7項　(B)6項　(C)5項　(D)4項。

( )　**4** 下列何種伺服器其功能為提供網域名稱的IP位址？
(A)DDNS Server　　　　　　(B)IPS Server
(C)DMZ Server　　　　　　 (D)IDS Server。

( )　**5** 八進位值（123.456）轉換成十六進位值後應為何？
(A)47.47　　　　　　　　　(B)53.97
(C)3D.A6　　　　　　　　　(D)4B.B9。

( )　**6** Bluetooth、NBIot、RFID、ZigBee，上述技術中，有幾種提供無線通訊相關功能？　(A)1項　(B)2項　(C)3項　(D)4項。

( )　**7** 一份電子郵件要同時寄給許多不同人，且不要讓收件者知道有哪些其他人收到相同郵件，可以運用下列何種功能？
(A)加密　　　　　　　　　　(B)副本
(C)密件副本　　　　　　　　(D)沒有電子郵件軟體具此功能。

( )　**8** 下列何者不包含在ETSI定義的物聯網架構中？
(A)應用層　　　　　　　　　(B)硬體層
(C)網路層　　　　　　　　　(D)感知層。

(　)　**9**　目前行動條碼QR Code其編碼的維度為何？
　　　　(A)一維　　　　　　　　(B)二維
　　　　(C)三維　　　　　　　　(D)四維。

(　)　**10**　WWW是採取何種架構？
　　　　(A)Client-Server　　　　(B)File Sharing
　　　　(C)Master-Slave　　　　(D)Peer-to-Peer。

(　)　**11**　下列何種駭客攻擊模式，有時只是讓系統癱瘓無法正常提供服務一段時間，當攻擊結束系統又恢復正常，並未實質竊取資訊、竄改資料或破壞系統使其無法運作？
　　　　(A)APT　　　　　　　　(B)DDoS
　　　　(C)N days attack　　　　(D)Zero day attack。

(　)　**12**　下列何種伺服器負責分配動態IP位址及相關網路設定給用戶端？
　　　　(A)DNS Server　　　　　(B)DHCP Server
　　　　(C)FTP Server　　　　　(D)Web Server。

(　)　**13**　下列何種協定與我們在進行電子郵件的收信或發信時關聯性最低？
　　　　(A)PPP　　　　　　　　(B)IMAP
　　　　(C)POP3　　　　　　　(D)SMTP。

(　)　**14**　下列何種技術可以提供網路上兩節點在已存在多節點共用的實體網路上，建立兩節點間安全連線通道，使得在同樣實體網路上的其他節點無法了解該兩節點通訊內容，宛如建立兩節點私有專線相連？
　　　　(A)SNMP　　　　　　　(B)NAT
　　　　(C)VPN　　　　　　　　(D)PGP。

(　)　**15**　下列網路拓樸中，何者連通的穩定性最高（指部分連線斷線時還能維持局部的連通率）？　(A)Bus　(B)Mesh　(C)Star　(D)Tree。

解答與解析 »»»» 答案標示為#者，表官方曾公告更正該題答案。

1 (C)。Chrome是Google的瀏覽器、Edge是微軟的瀏覽器、Firefox是開放原始碼的瀏覽器、Opera是挪威的軟體公司創建的瀏覽器，之後被中國公司收購、Safari是蘋果電腦的瀏覽器、IOS是蘋果手機的作業系統。

2 (C)。CPS是滑鼠點擊速度、LPM是流量單位、DPI是每英寸的點數量，也可以表示滑鼠的移動距離、MHz是赫茲為CPU的執行速度。

3 (A)。FORTRAN是世界上第一個高階語言、BASIC在FORTRAN語言基礎上創造同屬高階語言、C廣泛用於系統軟體及應用軟體的開發、Java具有跨平台及分散式的處理能力，可使用瀏覽器執行、C#由微軟開發的高階語言、R主要用於統計分析及資料探勘的高階語言、Python是直譯式高階語言。

4 (A)。DDNS Server全名為Dynamic Domain Name System動態網域名稱系統、IPS是Intrusion Prevention Service入侵預防系統、DMZ Server是Demilitarized zone邊界網路、IDS Server是Intrusion-detection system入侵檢測系統。

5 (B)。先將八進位值(123.456)轉成十進位＝$1*8^2+2*8^1+3*8^0+4*8^{-1}+5*8^{-2}$
$+6*8^{-3}=83.58984375$，將十進位再轉成十六進位＝83除16＝5餘3，16進位的個位數是3，5除16＝0餘5，16進位的十位數是5，0.58984375*16=9.4375，16進位小數點後第一位為9，0.4375*16=7，整個十六進位就是53.97。

6 (D)。Bluetooth是藍芽無線傳輸標準、NBIot是物聯網無線標準、RFID是無線射頻辨識技術、ZigBee採用IEEE 802.15.4標準的無線網路。

7 (C)。加密只是對於信件本身加密，不會隔絕接收方資訊、單純副本會讓所有接收方都知道彼此、密件副本會讓接收方以為只有自己收到這封信。

8 (B)。ETSI全名European Telecommunications Standards Institute（歐洲電信標準協會），物聯網架構分為三層，分別是應用層、網路層、感知層。

9 (B)。QR Code全名為快速響應矩陣圖碼，是二維條碼的一種。

10 (A)。WWW是使用主從式架構（Client-Server），File Sharing及Peer-to-Peer都是類似的檔案分享。

11 (B)。APT是進階持續性攻擊、DDoS阻斷服務攻擊，使用大量次數攻擊使服務被癱瘓、Zero day attack及N days attack都是指零時差攻擊。

12 (B)。DNS Server是網域名稱系統，負責IP跟網址之間的對應、

FTP Server是檔案傳輸、Web Server是網頁的伺服器，儲存網頁資料、DHCP Server全名為Dynamic Host Configuration Protocol（動態主機設定協定），負責分配IP。

13 (A)。IMAP是Internet Message Access Protocol（互動郵件存取協定）、POP3是Post Office Protocol（郵件協議）、SMTP是Simple Mail Transfer Protocol（簡單郵件傳輸協定）、PPP是Point-to-Point Protocol（對等協定），主要負責網路撥號連接。

14 (C)。SNMP是Simple Network Management Protocol（簡單網路管理協定）、NAT是Network Address Translation（網路位址轉換）、PGP是Pretty Good Privacy（優良保密協定）只是遵守加解密標準、VPN是Virtual Private Network（虛擬私人網路）利用通道協定達到傳送認證、訊息加密等功能。

15 (B)。Bus是匯流排拓樸使用一條主線串接所有電腦、Star是星型拓樸透過一個網路集中設備連接在一起、Tree是樹狀拓樸結構使用分層結構但任一節點故障，則會影響整條支線的連線、Mesh是網狀網路，能夠保持每個節點的連線完整，有連線故障時此架構允許使用跳躍的方式串接新連線。

解答與解析

109年 身障特考（五等）

( ) **1** 一般個人電腦（非IBM大型或工作站電腦）鍵盤按鍵是對映於下列那一種文字編碼？ (A)ASCII（American Standard Code for Information Interchange） (B)EBCDIC（Extended Binary Coded Decimal Interchange Code） (C)ISO（International Organization for Standardization） (D)Hash function code。

( ) **2** 一般按鍵英文字母H的16進位編碼為48，按鍵字母為依序加1來編碼，則按鍵K的8進位編碼為多少？ (A)75 (B)4B (C)113 (D)51。

( ) **3** 康熙字典收錄了4萬多個漢字，若一個字一個碼，那麼需要幾個位元（bits）才能產生足夠的編碼量以包含這所有的漢字？ (A)13個位元 (B)14個位元 (C)15個位元 (D)16個位元。

( ) **4** 大數據處理資料量已進入PB級容量單位，它等於2的10次方個TB，也等於2的20次方個GB，而1GB大約是10的9次方位元組（Byte），那麼1PB可以概算為10的幾次方位元組？ (A)9 (B)12 (C)15 (D)18。

( ) **5** 於訪談過程中，需要記錄逐字稿，下列那一種處理或裝置無法達成逐字輸入的功能？ (A)鍵盤打字 (B)語音輸入 (C)手寫輸入 (D)揚聲器。

( ) **6** 下列對於光學字元辨識（OCR）的描述，下列何者正確？ (A)它是用來掃瞄認證卡，以作為門禁管制 (B)它用於掃瞄圖形影像，以產生文數字輸出 (C)它用於掃瞄病毒，以掃瞄文件是否存在病毒 (D)它用於掃瞄主機板，以檢視電路是否通暢。

( ) **7** 作業系統工作處理的排程方法中，下列那個方法不會造成飢餓（starvation）現象？ (A)先到先服務（FCFS,First Come First Served） (B)最短工作優先（SJF,Shortest Job First） (C)剩餘

最短工作處理優先（SRTF,Shortest Remaining Time First） (D)
優先權排程法（PS,Priority Scheduling）。

( ) **8** 下列那一個裝置用以衡量解析度或輸出入規格之基準，與其他三
個是不一樣的？ (A)滑鼠 (B)掃瞄器 (C)印表機 (D)磁碟儲
存磁區。

( ) **9** 當鍵盤資料輸入時，系統正處於忙碌的狀態下，應採取下列那一
種機制來達到鍵盤輸入緩衝（buffer）？ (A)先進先出的佇列緩
衝 (B)後進先出的堆疊緩衝 (C)具可搶奪式的資料緩衝 (D)隨
機選擇的雜湊緩衝。

( ) **10** 一般文書編輯軟體（例如：Microsoft Office、OpenOffice及 Li-
breOffice）是屬於電腦系統架構的那一個部分？ (A)電腦硬體
(B)作業系統 (C)系統及應用程式 (D)使用者介面。

( ) **11** 請問檔案的副檔名功能不包括下列那一項？ (A)用以表示對映
可以開啟的應用程式 (B)用以表示檔案屬於那一種執行或操作
類型，例如：執行檔 (C)用以表示檔案存在於硬碟的位置 (D)
用以表示檔案所對映的圖標（icon）。

( ) **12** 下列對於線上文書編輯器（例如：Google Docs）的敘述，下列
何者錯誤？ (A)採用Web技術來產生編輯介面 (B)必須使用可
連網的電腦才能啟動文書編輯器 (C)必須事先在本機電腦上安
裝該編輯器軟體 (D)採用雲端儲存，不需要點選儲存功能即可
定期自動存檔。

( ) **13** 小明為了避免提供給大家使用的文件被他人竊改而不自知，下列
那一種作法較難達到這個目的？ (A)透過對稱式金鑰來加密這
份共享文件 (B)使用小明的私鑰來加密這份共享文件 (C)運用
雜湊函數來產生雜湊值，此雜湊值置於可信賴的第三方主機以
線上驗證共享文件 (D)使用小明的個人憑證來簽核這份共享文
件，依此隨附產生的電子簽章來避免他人竊改。

（　）**14** 對於電腦病毒的敘述，下列何者錯誤？　(A)病毒為不斷自我複製和感染其他檔案的惡意程式　(B)蠕蟲可以透過網路將惡意程式散播到其他台電腦中，再依所散播的程式竊取資料或破壞電腦　(C)殭屍網路為利用數萬個操控的電腦，以發動阻斷服務攻擊（DoS, Denial of Service）　(D)特洛伊木馬程式不斷以密碼字典來猜測帳號和密碼，待猜中登入他人電腦後竊取他人資訊。

（　）**15** 近來勒索病毒總是在無意間即感染電腦，並且在沒有預警之下，將電腦檔案予以加密，因沒有解密金鑰而無法還原檔案，應如何預防這種電腦病毒最為適合？　(A)待不小心中毒後，透過線上支付費用取得解密金鑰　(B)定期做好檔案備份　(C)將現有電腦檔案予以壓縮，並且加上電子簽章認證　(D)租用雲端儲存空間以自動同步檔案。

（　）**16** 智慧城市仰賴大量的數據來進行情境分析，下列那一種資料來源不宜成為開放資料（Open Data），以包含於此大數據分析呢？　(A)裝置在幹道路口偵測車流量的攝影機　(B)裝置在各巷弄的溫度或空氣品質感測器　(C)裝置在居家電冰箱上的智慧感測裝置　(D)大眾自由使用的社群媒體或討論區。

（　）**17** 依時間複雜度來比較，下列那一種排序方法的時間複雜度相較之下是最好的？　(A)氣泡排序法（bubble sort）　(B)插入排序法（insertion sort）　(C)快速排序法（quick sort）　(D)選擇排序法（selection sort）。

（　）**18** 創作於完成時即賦予權利，不須經由任何法定程序或是登記，是屬於那一項權利範圍？　(A)著作權　(B)專利權　(C)商標權　(D)資訊使用權。

（　）**19** 請問對於URL網址https：//www.exam.gov.tw/bin/index.htm描述，下列何者正確？　(A)這個網址執行的協定是一般的HTTP超文本傳輸協定，以產生瀏覽網頁　(B)存取的檔案位在主機根目錄的bin資料匣中，即\root\bin資料夾中　(C)只要下載index.htm

這個檔案即可以顯示圖文並茂的網頁　(D)這個網址存取的主機名稱為www.exam.gov.tw。

(　) **20** 對於自然語言處理的敘述，下列何者錯誤？　(A)自然語言的複雜度較電腦的程式語言來得低　(B)自然語言處理具有機器翻譯功能，可以將一篇英文文章翻譯成中文文章　(C)自然語言通常有四項特徵：字彙、文法、語意及結構　(D)自然語言處理提供人們使用一般語言（例如：華語）來和電腦或機器互動。

(　) **21** 人工智慧產生了第四次工業革命，下列何者不屬於人工智慧的技術？　(A)啟發式搜尋　(B)知識表達　(C)排序演算法　(D)深度學習。

(　) **22** 下列以Web為基礎的應用程式和APP應用程式比較，下列何者錯誤？　(A)以Web為基礎的應用程式具有跨平台特性，在iOS或是Android裝置上都可以開啟使用　(B)以Web為基礎的應用程式，在執行上較APP應用程式來得有效率　(C)APP應用程式開發需要依不同的作業系統來開發程式，較耗費時間與成本　(D)APP應用程式可以與作業系統直接繫結，以獲取本機裝置更緊密結合。

(　) **23** 下列那一個16位元的2補數（2's complement）表示法所表示的整數相當於十進位的-509？
(A)0000000111111101　　　　(B)1000000111111101
(C)1111111000000010　　　　(D)1111111000000011。

(　) **24** 考慮一個二元變數的邏輯運算，若遮罩M=(3FF)$_{16}$且A為一個10位元的二元常數，當~A=A ◎ M，則◎會是下列那一種邏輯運算？（~A代表A的每個位元值都相反）　(A)AND　(B)OR　(C)XOR (D)NOT。

(　) **25** 某計算機有64 GB（Gigabytes）記憶體，若一個word由8個位元組（byte）所構成，則此計算機需要幾位元的位址（address）才能定位記憶體中單一的word？　(A)33　(B)34　(C)35　(D)36。

( ) **26** 若x是一個二元變數，下列何者運算錯誤？ (A)x OR 0 = x (B)x XOR 1 = x (C)x OR 1 = 1 (D)x AND 1 = x。

( ) **27** 在TCP/IP通訊協定中，下列那一層負責提供例如電子郵件、遠端存取、網頁瀏覽等服務？ (A)傳輸層 (B)網路層 (C)應用層 (D)實體層。

( ) **28** 有關物聯網的敘述，下列何者錯誤？ (A)物聯網，簡寫IOT，全名Internet of Things (B)物聯網指的是將物體連接起來所形成的網路 (C)通常是在物體上安裝感測器與通訊晶片，然後經由網際網路連接起來，再透過特定的程序進行遠端控制 (D)物聯網的架構主要分為應用層、傳輸層及網路層三個層次。

( ) **29** 下列那一種記憶體管理方法要求程式執行時，必須將程式完整載入主記憶體且占據連續的記憶體空間？ (A)Partitioning (B)Paging (C)Demand paging (D)Demand segmentation。

( ) **30** 有關作業系統的主要功能，下列何者錯誤？ (A)記憶體管理 (B)檔案系統管理 (C)電子郵件管理 (D)周邊設備管理。

( ) **31** 關於傳輸層（transport layer）使用的通訊協定，下列何者錯誤？ (A)UDP是一種連接導向的通訊協定（connection-oriented protocol） (B)DNS（Domain Name Server）採用UDP通訊協定 (C)TCP通訊協定不適合用於需即時傳送的影音資料 (D)SCTP適用於網路電話與影音串流等的應用。

( ) **32** 考慮一個七位數的十六進位數字N=0567AB0，下列何者為N的16補數？ (A)FA98550 (B)A98550 (C)FA9854F (D)A9854F。

( ) **33** 給定一串整數{130,120,100,90,80,60,50,40,30,20,10}，若使用二元搜尋法，則需要做幾次比較（comparisons）才能找到30？ (A)9 (B)4 (C)3 (D)2。

( ) **34** 給定一個二維陣列A[9][6]且已知陣列的每個元素需要一個位元組
的空間，假設A[1][1]為第一個元素並儲存在記憶體100的位址。
若此陣列以行為主（column major）的方式存放在記憶體，則
A[3][4]的位址為何？　(A)115　(B)116　(C)129　(D)130。

( ) **35** 關於下圖二元搜尋樹（binary search tree、BST），下列何者
正確？

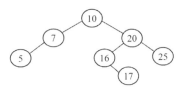

(A)若對BST做中序瀏覽（inorder traversal）可以產生一個依降
冪排列的有序串列　(B)若對BST做廣度優先瀏覽（breadth first
traversal）產生的串列並沒有一定的秩序　(C)若對BST做後序瀏
覽（postorder traversal）可以產生一個依昇冪排列的有序串列
(D)若對BST做前序瀏覽（preorder traversal）可以產生一個依昇
冪排列的有序串列。

( ) **36** 給予一個如下演算法A：
Algorithm A（n）
　　{ if（n=0）return 1;
　　　if（n=1）return 1
else return 2*A（n-1）+A（n-2）}
則A（5）的回傳值何者正確？
(A)29　(B)31　(C)41　(D)49。

( ) **37** 下列何者使用索引色彩（indexed color）來表示或儲存彩色影
像？ (A)MPEG　(B)GIF　(C)MP4　(D)JPEG。

( ) **38** 關於AR（擴增實境虛擬）的敘述，下列何者正確？　(A)將現實
世界與虛擬世界即時結合　(B)創造一個完全虛擬的世界　(C)讓
人在虛擬世界中與虛擬影像互動　(D)人在虛擬世界中與真實影
像互動。

(　　) **39** 一個鏈結串列（linked list）A由6個節點（nodes）構成，每個節點有兩個欄位：data和link。假設這6個節點由前到後的位址依序分別為1200、1000、700、500、2000與1500，而每個節點的data欄位存放的值依序分別為10、20、30、25、27與40。若A、B、C為指標變數（pointers），A=1200、B=(*A).link且C=(*B).link，則(*A).link的值，下列何者正確？　(A)700　(B)1000　(C)1200　(D)2000。

(　　) **40** 承上題，則(*C).data和(*C).link的值，下列何者正確？　(A)10、1000　(B)20、700　(C)25、2000　(D)30、500。

解答與解析 »»»»　答案標示為#者，表官方曾公告更正該題答案。

1 (A)。EBCDIC為IBM於1963年推出的字元編碼表、ISO是國際標準化組織、Hash function code是密碼雜湊函式、ASCII是基於拉丁字母的一套電腦編碼系統，由電報發展而來。

2 (C)。先轉成十進位$(4*16^1)+(8*16^0)=72$，H=72，則K=75，再轉成八進位，75除8=9餘3，個位數是3，9除8=1餘1，十位數是1，1除8=0餘1，百位數是1，可得K的八進位是113。

3 (D)。2的13次方是8192，2的14次方是16384，2的15次方是32768，2的16次方是65536，只有16次方有超過四萬多。

4 (C)。10的9次方是1GB，10的12次方是1TB，10的15次方是1PB，10的18次方是1EB。

5 (D)。鍵盤打字、語音輸入、手寫輸入皆為輸入裝置，可以對裝置進行資料輸入，揚聲器是輸出裝置。

6 (B)。門禁管制使用RFID居多，掃描病毒使用防毒軟體，光學字元辨識是對文字資料的圖像檔案進行分析辨識處理，取得文字及版面資訊。

7 (A)。飢餓（starvation）現象是因長期無法得到CPU的處理服務來完成工作，造成無限停滯的狀況，最容易發生在有優先權的處理的狀況下發生，因為某些工作會永遠無法取得優先權。

8 (D)。DPI是每英寸的點數量，只要牽涉到影像處理的工作都可以使用解析度來衡量，同時也可以表示滑鼠的移動距離。

9 (A)。在電腦的硬體結構中，最常應用於緩衝區上，有時候電腦在執行某一龐大的應用程式時，系統通常會變遲鈍，對於使用者由鍵盤輸入的資料，常常會有「漏接」的情況，因此在電腦的記憶體上，規劃出緩衝區，只要使用者於鍵盤上輸入資料時，便會先儲存在緩衝區上，等CPU不忙碌時，再一個個給記憶體處理，因此就比較不會有資料「漏接」的情況，而緩衝區的結構本身就是一種「先進先出」的佇列結構。

10 (C)。硬體是實際上可以觸摸到的物品，例如：滑鼠、喇叭、作業系統是主管控制電腦操作、運用和執行硬體、軟體資源的系統程式、使用者介面指的是在使用者體驗和互動的指導下對電腦等裝置、軟體或應用以及網站進行的設計。

11 (C)。副檔名主要是提供電腦辨別檔案運作的處理方式，並不能表示檔案在硬碟中的位置，一般使用狀況下都會隱藏副檔名，但由於電腦病毒的猖獗，在執行網路下載而來的檔案前，可以先取消隱藏副檔名了解檔案用途，做為最初步的資安防護。

12 (C)。線上文書編輯器顧名思義是使用網頁的技術進行文書編輯，所以不需要在本機端安裝編輯軟體，因此需要進行連線才可作業，由於運作時資料是回傳儲存在雲端硬碟，不會有沒存到檔案資料的問題，除非網路斷線。

13 (A)。對稱式金鑰如同一個大門使用相同的鑰匙都可以打開及上鎖，而打開後修改重製的動作，只要有相同鑰匙的人都可以做到，因此小明需要使用不對稱金鑰或是具有身分認證的加密方式，才能做到保證提供沒有被修改過的檔案。

14 (D)。特洛伊木馬程式的運作方式，大部分是將後門裝置，植入被感染的電腦，使其他病毒或駭客可由此後門進入竊取資料或是癱瘓運作，而密碼字典來猜測帳號和密碼主要是使用暴力破解法，進行帳密破解。

15 (B)。勒索病毒如果支付費用有可能遇到二次詐騙，勒索病毒的原理是癱瘓資料的可用性，因此使用電子簽章也無法讓資料回復可用，嚴格來說租用雲端空間是可行的方式之一，但使用自動同步中毒後會造成雲端資料暴增，應該是要手動定期備份資料較為安全。

16 (C)。開放資料為一般大眾都可以獲取的資料，因此涉及到個人隱私的資訊或資料都不應該直接成為開放資料，除非經過個人同意公開，因此居家冰箱的感測資料不適合成為開放資料。

17 (C)。氣泡排序法時間複雜度是$O(n^2)$、插入排序法時間複雜度是$O(n^2)$、選擇排序法時間複雜度是$O(n^2)$、快速排序法時間複雜度是$O(n\log n)$。

18 (A)。專利權及商標權皆須要申請後經過認證、資訊使用權只涉及到使用而沒有關於創作的關係。

19 (D)。這個網址執行的協定是https，有SSL，傳輸過程有加密、存取檔案位置沒有一定，沒辦法根據網址斷定檔案的位置、index.htm跟圖文狀態沒有絕對關係。

20 (A)。自然語言為一般人類所使用的語言，程式語言基本上只涉及數據資料幾乎不涉及情感，因此自然語言的複雜度不會比程式語言低。

21 (C)。人工智慧（Artificial Intelligence）：具有類神經網路、模糊邏輯、基因演算法及自然語言的溝通思考等能力。排序演算法是能將一串資料依照特定排序方式進行排列的一種演算法。

22 (B)。APP應用程式是專為手機作業系統而開發，以Web為基礎的應用程式再轉換成APP應用程式時，需要另外做包裝，因此在執行上很難比專為手機開發的APP應用程式有效率。

23 (D)。由於二補數的負值是由一補數加1而得，16個位元的$509 = 0000000111111101_2$，一補數的負數是正數表示法的0變1，1變0，所以先求一補數的$-509 = 1111111000000010_2$，二補數的負值則是一補數的負值加1，所以二補數的$-509 = 1111111000000011_2$。

24 (C)。十六進位的3FF=十進位1023=二進位的1111111111，因為~A跟A是位元值相反，因此只有XOR可以達成(輸入兩個相同值為0，不同值為1)。

25 (A)。8(byte)*X(位元數)=64G，$64G = 64*10^9 = 2^{36}$
$=> 8X = 2^{36}$
$=> X = 2^{33}$

26 (B)。OR是輸入兩個值都是0則輸出0，只要有一個輸入值是1則輸出為1、AND是輸入兩個1則輸出1，只要有一個輸入是0則輸出為0、XOR是輸入兩個相同值為0，不同值為1。

27 (C)。傳輸層主要傳輸協定的控制、網路層提供路由和尋址的功能，使兩終端系統能夠互連且決定最佳路徑、實體層主要是硬體機器，例如：路由器、應用層大部分使用者在使用的系統功能都是應用層負責。

28 (D)。全名為Internet of Things(IOT)，指將一般傳統的實際物體嵌入感測器使之能與網路互通。物聯網架構分為三層，分別是應用層、網路層、感知層。

29 (A)。Paging使用頁框及分頁來區分記憶體的區塊，程式載入後會分布在不同的頁框中且不一定是連續。Demand paging跟Demand segmentation的方式類似，程式都不須全部載入記憶體就能執行，只要記錄有哪些是真的有載入記憶體，而其餘的分頁還在磁碟就好。Partitioning是將記憶體分割成固定大小的區域，一個區域可以載入一個程式執行但因為分割的大小固定，執行的程式大小則不一定，因此需要完整的載入記憶體且要佔據連續的空間。

30 (C)。作業系統是主管並控制電腦內部操作、運用和執行軟硬體資源分配及提供服務來組織用戶互動相互關聯的系統程式，因此不會處理到應用類的事務。

31 (A)。UDP主要缺乏可靠性且屬於無連接協定，所以應用程式通常必須容許一些封包遺失、錯誤或重複的封包傳送。

32 (A)。不同進位的補數求法為少一位數的補數相減後再加1，FFFFFFF-0567AB0=FA9854F，FA9854F+1=FA98550

33 (D)。二元搜尋法是將已順序排列好的數串，給予編號後從中間開始進行搜尋比較，以30為例，首先將中間值60與30相比，30比60小，所以60以上的數串都不用再處理，之後將10、20、30、40、50做比較，則可直接找到30，所以只比較兩次就能找到。

34 (C)。

	0	1	2	3	4	5
0			108	117	126	
1		100	109	118	127	
2		101	110	119	128	
3		102	111	120	(129)	
4		103	112	121		
5		104	113	122		
6		105	114	123		
7		106	115	124		
8		107	116	125		

35 (B)。中序由最左邊先開始，(A)5、7、10、16、17、20、25為昇冪，(C)後序由最下方先開始，5、7、17、16、25、20、10不是昇冪(D)前序由最上方先開始，10、7、5、20、16、17、25不是昇冪，BFS是一種盲目搜尋，目的是系統化的展開並檢查所有的節點。

36 (C)。A(0)=1，A(1)=1，A(2)=2*A(1)+A(0)=3，A(3)=2*A(2)+A(1)=7，
A(4)=2*A(3)+A(2)=17，A(5)=2*A(4)+A(3)=41。

37 (B)。索引色彩是圖片的一種編碼方式，可以透過限制圖片中的色彩總數的方
式，達成有損壓縮，選項中只有GIF限制每個像素只有8位元的方式進行壓縮。

38 (A)。AR是運用手機或其他攝影鏡頭的位置進行圖像分析，將虛擬影像結合現
實場景並與虛擬影像互動的技術。

39 (B)。

A		B		C		D		E		F	
link	data	link	data	link	data	link	data	link	data	link	data
1200	10	1000	20	700	30	500	25	2000	27	1500	40
A	(*A). data	(*A). link	(*B). data	(*B). link	(*C). data	(*C). link	(*D). data	(*D). link	(*E). data	(*E). link	(*F). data

40 (D)。

A		B		C		D		E		F	
link	data	link	data	link	data	link	data	link	data	link	data
1200	10	1000	20	700	30	500	25	2000	27	1500	40
A	(*A). data	(*A). link	(*B). data	(*B). link	(*C). data	(*C). link	(*D). data	(*D). link	(*E). data	(*E). link	(*F). data

109年 關務特考（四等）

( ) **1** 下列有關處理器運作之時脈週期（clock period）敘述，何者錯誤？ (A)時脈週期之長度可用時脈週期的時間或時脈速度（clock rate）來表示 (B)時脈週期的時間與時脈速度，兩者互為倒數 (C)處理器的時脈週期時間越大，代表處理器的處理速度越快 (D)時脈速度通常使用赫茲（hertz）為單位來表示。

( ) **2** 下列有關處理器之指令流與資料流分類的敘述，何者錯誤？
    (A)SIMD（Single Instruction stream,Multiple Data streams）處理器可在一個時脈週期中，利用單一指令來處理多筆不同的資料，因此相對於SISD（Single Instruction stream,Single Data stream）處理器，在處理結構性資料時較有效率
    (B)SIMD（Single Instruction stream,Multiple Data streams）處理器可充分利用資料層級平行性（data- level parallelism），因此當程式中有很多case或是switch敘述時，此類型處理器表現最好
    (C)單一程式多資料（Single Program Multiple Data,SPMD）的程式結構為MIMD（Multiple Instruction streams,Multiple Data streams）處理器上編程的一種方法
    (D)MIMD（Multiple Instruction streams,Multiple Data streams）處理器可在一個時脈週期中處理屬於多個程式之多筆資料，多核心處理器（如Intel Core i7系列處理器）即為此類別的處理器。

( ) **3** 硬體多緒處理（hardware multithreading）允許多個執行緒（threads）有效率地共用一個處理器。要允許上述的共用，處理器必須要支援可以迅速切換執行緒的能力。下列何者為處理器在進行執行緒切換時，所需要保存的個別執行緒的狀態？ (A)快取記憶體的資料 (B)記憶體的資料 (C)暫存器與程式計數器（program counter）的資料 (D)算數運算器的資料。

( )　**4** 有關嵌入式系統（embedded system）的敘述，下列何者正確？
(A)嵌入式系統通常不具有記憶體　(B)嵌入式系統通常具有即時
（real-time）效能的需求　(C)嵌入式系統一定需要安裝作業系
統（operating system）　(D)嵌入式系統一定不具有使用者介面
（user interface）。

( )　**5** 假設單一磁碟的故障前平均時間（Mean Time to Failure,
MTTF）為120,000小時，若系統中有12顆這樣的硬碟，且這些
硬碟發生故障的機率是彼此獨立的，則此系統中有某顆硬碟發生
故障的故障前平均時間為多少小時？　(A)10,000　(B)120,000
(C)132,000　(D)1,440,000。

( )　**6** 當程式被載入記憶體執行時，該程式的全域變數（global vari-
ables）會被存放在那個記憶體區塊？　(A)文字部分（text
segment）　(B)靜態數據（static data）　(C)檔案表頭（file
header）　(D)堆疊部分（stack segment）。

( )　**7** 有一個管道化（Pipelining）處理器，執行一個指令時需要5個步
驟：從記憶體中擷取指令、指令解碼並讀取暫存器的值、算術邏
輯單元運作、存取記憶體中的資料與將結果寫回暫存器，而每
個步驟所需之執行時間分別為200 ps、100 ps、200 ps、200 ps
與100 ps，此處理器的工作時脈最接近下列何者？　(A)1 GHz
(B)5 GHz　(C) 10 GHz　(D)50 GHz。

( )　**8** 下列計算機儲存容量的數值中，何者與其它三者不同？　(A)2
TB　(B)2^{41} B　(C)2,048 GB　(D)2,048×1,024×1,024 MB。

( )　**9** 多數的電腦具有硬體的時鐘（clock）與計時器（timer），而
電腦中的時鐘與計時器所提供的三項基本功能，不包含下列
何者？　(A)提供現在的時間（current time）　(B)提供經過
的時間（elapsed time）　(C)透過網路與其他電腦的時間同步
（synchronization）　(D)設定計時器讓一個操作（operation）
在特定時間點被觸發。

( ) **10** 若將計算機中的主記憶體（main memory）、快閃記憶體（flash memory）、快取記憶體（cache memory）的存取速度由快到慢依序排列，下列何者的順序正確？ (A)主記憶體、快閃記憶體、快取記憶體 (B)快閃記憶體、快取記憶體、主記憶體 (C)快取記憶體、主記憶體、快閃記憶體 (D)快取記憶體、快閃記憶體、主記憶體。

( ) **11** 有關轉譯側查緩衝器（translation-lookaside buffer, TLB）的定義，下列何者正確？ (A)用來檢驗欲存取的資料是否快取命中（cache hit）的硬體機制 (B)用來檢驗是否發生分頁錯失（page fault）的硬體機制 (C)當快取命中（cache hit）發生時，用來記錄資料的緩衝器 (D)處理器中用來記錄最近用過的一些位址轉換資料的特殊緩衝器。

( ) **12** 下列數字系統轉換時，何者無法精確地以有限位數表示？ (A)轉換十進制數0.4成八進制數 (B)轉換十進制數0.375成二進制數 (C)轉換十進制數0.375成十六進制數 (D)轉換十進制數0.4成五進制數。

( ) **13** IEEE 754的單精確度浮點數表示法（single precision floating-point format）共使用幾個位元？ (A)8 (B)16 (C)32 (D)64。

( ) **14** 下列敘述何者錯誤？ (A)任何有限位數的十進位整數都可用有限位數的十六進位形式正確表示 (B)任何有限位數的十進位小數都可用有限位數的十六進位形式正確表示 (C)任何有限位數的十六進位整數都可用有限位數的十進位形式正確表示 (D)任何有限位數的十六進位小數都可用有限位數的十進位形式正確表示。

( ) **15** 在計算機常用的二的補數加法中，下列何種情況代表一定發生了滿溢（overflow）？ (A)一個正數加上一個負數，最左邊的位元相加有進位 (B)兩個負數相加，最左邊的位元相加有進位 (C)兩個負數相加，最左邊的符號位元相加結果變成1 (D)兩個正數相加，最左邊的符號位元相加結果變成1。

(　　) **16** 布林函數A+BC等於：
(A)(A+B)C
(B)AB+AC
(C)AB+AB+ BC
(D)(A+B)(A+C)。

(　　) **17** 若僅允許使用2對1多工器（multiplexer）這種邏輯元件，來實現一個4對1多工器，則至少需要使用幾個2對1多工器？
(A)2　(B)3　(C)4　(D)5。

(　　) **18** 一個1位元比較器輸入為布林變數X與Y，輸出有$F_{X<Y}$（X小於Y，表示X = 0且Y = 1）、$F_{X>Y}$（X大於Y，表示X = 1且Y = 0）與$F_{X=Y}$（X等於Y），下列敘述何者錯誤？
(A)$F_{X<Y}$ = X'Y
(B)$F_{X>Y}$ = XY'
(C)$F_{X=Y}$ + $F_{X>Y}$ = X+Y'
(D)$F_{X=Y}$ + $F_{X<Y}$ = X'+Y'。

(　　) **19** 如圖所示之邏輯電路，其功能相當於：

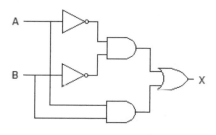

(A)NAND閘
(B)NOR閘
(C)XOR閘
(D)XNOR閘。

(　　) **20** 數字185_{10}用BCD（Binary-Coded Decimal）碼表示共需幾個位元？　(A)7　(B)8　(C)12　(D)16。

(　　) **21** 那一種軟體測試（software testing）方式中，測試者需要知道軟體的內部架構，藉以設計測試內容？
(A)Alpha testing
(B)Beta testing
(C)Black-box testing（黑盒測試）
(D)Glass-box testing（透明盒測試）。

（　　）**22** 下列C程式執行後的輸出為何？

```
#include<stdio.h>
int main(void)
{
    int n=0;
    for(int i=0; i<100; i++)
        for(int j=0; j<=i; j++)
            n++;
    printf("%d",n);
    return 0;
}
```
(A)4851　(B)4950　(C)5050　(D)5151。

（　　）**23** 若執行以下的Java程式碼，則螢幕上的輸出數字依序為何？

```
public class Array3D{
    public static void main(String[] args){
        int[][][] array={
                {{11,12,13},{14,15,16},{17,18,19}},
                {{21,22,23},{24,25,26},{27,28,29}},
                {{31,32,33},{34,35,36},{37,38,39}},
                };
        for(int i=0; i<array.length;i++){
            System.out.println(array[i][1][2]);
        }
    }
}
```
(A)16，26，36　　　　　　(B)18，28，38
(C)23，26，29　　　　　　(D)32，35，38。

（　　）**24** 若一個二元樹（Binary Tree）中序走訪（Inorder Traversal）結果為BCAEDGHF，前序走訪（Preorder Traversal）結果為ABCDEFGH，則節點F的父節點（Parent）為何？　(A)D　(B)E　(C)G　(D)H。

（　　）**25** 將中序運算式（Infix Expression）1+(2－3/4)*5轉換為後序
運算式（Postfix Expression）的結果為何？　(A)12+34/5*－
(B)12+345*/－　(C)123－4/5*+　(D)1234/－5*+。

（　　）**26** 關於一個圖的最小生成樹（minimum spanning tree），下列敘述
何者錯誤？　(A)具有唯一的最小生成樹　(B)最小生成樹的邊
個數是節點個數減1　(C)最小生成樹是一個連通圖（connected
graph）　(D)在最小生成樹中的任兩點之間加入一個邊之後會產
生一個迴路（cycle）。

（　　）**27** 有適當保護機制的作業系統核心所管理的程序，通常可以分成核
心空間（kernel space）下的程序，和使用者空間（user space）
下的程序兩大類。下列敘述何者錯誤？　(A)核心空間的程序
比使用者空間的程序具有較高的權限　(B)驅動程式（device
driver）一定是要從頭到尾在核心空間下執行　(C)應用程式一般
是在使用者空間下執行，只有在使用到作業系統核心提供的服務
時，才可能切換到核心空間執行　(D)中斷處理必須在核心空間
下進行。

（　　）**28** 作業系統核心會用分頁（paging）的技術來使用硬碟做為實體記
憶體空間的延伸。不過，當所有執行中的程序所需要的工作空間
（active working set）遠大於實體記憶體的容量時，作業系統會
不斷產生頁錯失（page faults）把暫存在硬碟中的虛擬記憶體中
的內容搬進搬出實體記憶體中，這現象是稱做什麼？　(A)換進
（swap-in）　(B)猛移（thrashing）　(C)乒乓緩衝（ping-pong
buffering）　(D)遞迴（recursion）。

（　　）**29** 在可移植性作業系統介面（Portable Operating System Inter-
face），也就是POSIX的國際標準規範下，關於程序（process）
和執行緒（thread）的特性，下列何者錯誤？　(A)每個程序有
自己獨立的位址空間（address space）　(B)由同一個程序所產
生的不同執行緒之間共享記憶體內的資料（shared memory）會
比由同一個程序所產生的不同子程序之間共享記憶體內的資料容

易 (C)一個程序可以產生多個執行緒，但是一個執行緒不能產生多個程序 (D)要產生一個新的程序可以使用fork( )和exec( )函式。

( ) **30** 在UNIX或Linux作業系統中，若有一檔案的權限為-rwxr-xr-x，下列敘述何者錯誤？ (A)檔案擁有者可以刪除此檔案 (B)檔案擁有者所在的群組的其他使用者可以讀取此檔案 (C)所有帳號都可以執行此檔案 (D)所有帳號都可以刪除此檔案。

( ) **31** 磁碟陣列（redundant array of inexpensive disks, RAID）中若有一個硬碟故障，下列何種RAID在更換故障硬碟後，能以最簡單且最快的速度重建？ (A)RAID 0 (B)RAID 1 (C)RAID 5 (D)RAID 6。

( ) **32** 臺灣目前的電視廣播是使用下列何種訊號格式？ (A)NTSC （National Television Systems Committee） (B)SECAM（Sequential Couleuravec Memoire） (C)PAL（Phase Alternation Line） (D)HDTV（High Definition Television）。

( ) **33** 在多工作業系統中，有些輸出裝置（例如印表機）一次只能處理一個輸出的工作，為了讓多個程序（processes）能同時使用這個裝置，不用等待其它先佔有這個裝置的程序使用完畢，應該使用下列那一個技術？ (A)記憶體映射的輸入輸出（memory mapped I/O） (B)分時多工（time sharing） (C)排存（spooling） (D)佔先式多工處理（preemptive multitasking）。

( ) **34** 區塊鏈（block chain）是加密虛擬貨幣的關鍵技術之一。關於區塊鏈（block chain）技術的敘述，下列何者錯誤？ (A)它相當於一個大家都可以參與修改的分散式資料庫 (B)要製造一筆虛擬貨幣交易，必須使用大量的電腦運算來解微分方程式 (C)區塊鏈用來保護資料不被竄改的方法是基於修改已經驗證過的交易紀錄所需要的數學計算複雜度極高，目前在實務上不容易辦到

(D)區塊鏈核心技術是要解一個很難求解，但很容易驗證答案的數學問題。

(　　) **35** 一張長3英吋、寬2英吋的圖片，若其解析度為200dpi(dots per inch)，則此圖片內含多少像素（pixel）？　(A)1,200　(B)2,400　(C)120,000　(D)240,000。

(　　) **36** 對於下圖的單位元（1-bit）像素排列而言，虛線顯示的是那種像素鄰接（adjacency）方式？
(A)2-adjacency（2-鄰接）
(B)4-adjacency（4-鄰接）
(C)8-adjacency（8-鄰接）
(D)m-adjacency（m-鄰接）。

```
0    1----1
0    1    0
0    0    1
```

(　　) **37** 一段錄音長度為20秒鐘，取樣頻率是44.1 KHz，取樣大小為16 bits，其資料量總共為：　(A) 14112 Kbytes　(B) 1764 Kbytes　(C) 14112 bytes　(D) 1764 Kbits。

(　　) **38** 下列關於JPEG壓縮的敘述，何者錯誤？　(A)是一種針對影像的壓縮標準　(B)壓縮過程中影像的品質不變　(C)在壓縮前會透過色彩轉換將RGB轉為YUV的色彩空間　(D)壓縮過程會經過縮減取樣（Downsampling）來降低檔案大小。

(　　) **39** 下列那一個標準或格式不包含對音訊處理的規範？　(A)H.264　(B)MP3　(C)MPEG-4　(D)μ-law (mu-law) PCM。

(　　) **40** 使用霍夫曼編碼法壓縮資料，若已知只有100種可能出現的符號，意即字典（alphabet）大小為100，最長的碼（codeword）長度為何？　(A)10　(B)99　(C)100　(D)101。

解答與解析 »»»»　答案標示為#者，表官方曾公告更正該題答案。

1 (C)。因為時脈週期的時間是時脈速度的頻率，所以週期跟速度互為倒數，因此時脈週期時間越大處理速度會越慢。

2 (B)。SIMD是指一個控制器來控制多個處理器，使用同一個指令對不同資料及相對的處理器做個別執行，達成並列性的技術、SISD處理器每次只處理一項指令，且執行時也只提供一份數據資料、MIMD是使用多個控制器不同步控制多個處理器，多筆資料做分別執行，達成空間上的並行性的技術。

3 (C)。要達成多執行緒的運作目標，必須複製程式能辨認的暫存器及處理器暫存器；如程式計數器，執行緒的切換就如同從一個暫存器複製到另一個。

4 (B)。嵌入式系統通常在生活中與一般家電結合，例如：洗衣機、冷氣機等，因此在機器執行時需要記憶體支援且需要使用者介面做操作，但作業系統是在出廠前就必須安裝好。

5 (A)。（12個磁碟*X小時故障）/120000小時=100%
=>12X=120000=>X=10000（小時）。

6 (B)。有些變數在執行的開始就有固定位置，例如全域變數、靜態變數，這些變數在程式碼中有被使用者手動初始化，就會被配置於此區塊。

7 (B)。管道化（Pipelining）處理器是指令處理過程拆分為多個步驟，將多個指令的執行動作重疊，以達到加速程式執行之目的。
使用最長時間為200ps，GHz=10^9、ps=10^{-12}，
$1/(200*10^{-12})=10^{12}/200=10^{10}/2=5*10^9$。

8 (D)。2 TB≒2,048 GB≒2000000MB≒2000000000KB
≒2000000000000B＝$2*10^{12}$，2048*1024*1024MB
＝2147483648MB＝2147TB。

9 (C)。電腦的時間基本上與標準時間同步，方便在運作時不會造成時間錯亂，且會有延遲發生，因此不可能與其他電腦時間同步。

10 (C)。快取記憶體大部分跟處理器結合，因為要跟上處理器的速度，因此最快，主記憶體插在主機板上所以比快取記憶體慢，快閃記憶體大都接於主機外，因此速度最慢。

11 (D)。轉譯側查緩衝器是CPU的一種快取，由記憶體管理單元用於改善虛擬位址到實體位址的轉譯速度，使用的是分頁表的方式進行虛實位址轉換。快取命中是指可由快取記憶體滿足對記憶體讀取資料的請求，而不需用到主記憶體，與轉譯側查緩衝器無關。

12 (A)。0.375的二進位是0.011、0.375的十六進位是0.6、0.4的五進位是0.2、0.4的八進位是0.314631463146無限循環。

解答與解析

13 (C)。IEEE 754規定了四種表示浮點數值的方式：單精確度（32位元）、雙精確度（64位元）、延伸單精確度（43位元以上，很少使用）與延伸雙精確度（79位元以上，通常以80位元實做）。

14 (B)。十進位的小數需要符合十六進位的倍數，否則會無限循環，例如：十進位0.85的十六進位是0.D9999999無限下去，這樣無法正確表示十六進位。

15 (D)。溢位的判斷：兩數以二進位相加，取其最左邊位元的進位做XOR，若運算結果為0表示無溢位，為1則產生溢位，例如：正＋正＝負、負＋負＝正。

16 (D)。根據布林函數的分配律X＋YZ＝(X＋Y)(X＋Z)。

17 (B)。一般4對1多工器需要四個資料輸入及兩個變數，因此先將兩個2對1多工器並排運作後再接一個2對1多工器，即可達到一般4對1多工器的功能。

18 (D)。1位元比較器的圖

(1)X → f_1(X＞Y)、f_2(X＝Y)、Y → f_3(X＜Y)

(2)
X Y	f_1 f_2 f_3
0 0	0 1 0
0 1	0 0 1
1 0	1 0 0
1 1	0 1 0

$f_1 = XY'$

$f_2 = X'Y' + XY = X \odot Y$

$f_3 = X'Y$

19 (D)。反向器(入0出1，入1出0)，及閘(入兩個1才會輸出1)，或閘(入兩個0才會輸出0)，因此將A、B分別輸入0及1得出下表

A	B	X
0	0	1
0	1	0
1	0	0
1	1	1

20 (C)。1=0001，8=1000，5=0101，185_{10}=00110000101BCD碼，需要12個位元。

21 (D)。Alpha testing是指軟體開發公司組織內部人員模擬用戶對軟體產品進行測試、Beta testing是一種驗收測試；所謂驗收測試是軟體開發完成後經過Alpha testing修改後，在發佈之前所進行的測試活動；Black-box testing是軟體測試的方式之一，測試者不了解程式的內部情況，不需具備應用程式的程式碼、內部結構和程式語言的專門知識；Glass-box testing也是軟體測試的方法之一，也稱結構測試、邏輯驅動測試；測試應用程式的內部結構或運作，而不是單純測試程式的功能。

22 (C)。此為C語言的迴圈範例，執行從1加到100的的過程，並輸出結果為5050。

23 (A)。顯示陣列[i][1][2]的值，即可得16、26、36。

24 (A)。根據中序及前序的走訪可以畫出以下圖

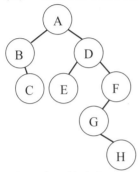

所以F的父節點是D。

25 (D)。運算式中序轉後序的方法有三種，二元樹法、括號法及堆疊法，這邊使用括號法轉後序，先對乘除運算加括號，再將加減補上括號，就會得到(1+((2-(3/4))*5))，再來由右往左依序將運算子取代(離運算子最近的)右括號，(1+((2-(3/4))5*)、(1+((2-(34/)5*)、(1+((2(34/-5*)、(1((2(34/-5*+，最後刪掉所有左括號會得到1234/-5*+。

26 (A)。最小生成樹是一個有n個結點的連通圖的生成樹是原圖的最小路徑，並且有保持連通圖最少的邊，而最小生成樹在一些情況下可能會有多個。例如，當圖的每一條邊的值都相同時，該圖的所有生成樹都是最小生成樹。

27 (B)。驅動程式必須配合著硬體與軟體上相當明確的平台技術支援；大多數的驅動程式執行在核心空間，軟體的錯誤會造成系統的不穩定，例如：藍屏。

28 (B)。
(1) 換進是指當某程序向OS請求主記憶體發現不足時，OS會把主記憶體中暫時不用的數據交換出去，放在SWAP分區中，這個過程稱為SWAP OUT；而當某程序又需要這些數據且OS發現還有主記憶體空間時，又會把SWAP分區中的數據交換回主記憶體中，這個過程稱為SWAP IN（換進）。
(2) 乒乓緩衝是指定義兩個buffer，當有資料進來的時候，負責寫入buffer的指令就尋找第一個沒有被佔用的buffer，進行寫入，寫好後，將佔用flag釋放，同時設置一個flag提示此buffer已經可讀，然後再接下去找另外一個可寫的buffer，寫入新的資料。

解答與解析

(3) 遞迴是在函式中呼叫自身，呼叫者會先置入記憶體堆疊，被呼叫者執行完後，再從堆疊取出被置入的函式繼續執行。

(4) 猛移是指當處理器採用虛擬記憶體，可能發生頁面缺失的次數增加，導致I/O時間增加，為了降低I/O時間而又會需要處理更多程序，造成頁面缺失更嚴重。

29 (C)。可移植性作業系統介面標準是由IEEE發布的文檔；只要開發人員編寫符合此描述的程序，他們的程式便是符合POSIX標準。這個標準並沒有限制執行緒不能使用fork( )和exec( )。

30 (D)。-rwxr-xr-x需要分成三個部分，第一部分-rwx代表檔案擁有者可讀可寫可執行，第二部分r-x為所屬群組為可讀可執行，第三部分r-x為其他人可讀可執行，因此不是所有帳號都可以刪除此檔案。

31 (B)。RAID 0是將磁碟並聯起來成一個大容量的磁碟、RAID 5不是將資料備份，而是將資料的奇偶校驗存到每個磁碟中、RAID 6是比RAID 5再多一個奇偶系統的演算法、RAID 1是將磁碟做鏡像處理，因此重建後等於是將原本就是好的磁碟裡的資料直接複製到新的磁碟。

32 (A)。SECAM由法國開發，採用國家為俄羅斯、法國、埃及等。PAL由西德開發，採用國家有東歐、中東等、HDTV是高解析度電視，以每秒60個畫面更新頻率、NTSC由美國開發，採用國家有台灣、日本、韓國及美洲大部分國家。

33 (C)。記憶體映射的輸入輸出是指處理器（CPU）和外部裝置之間執行輸入輸出操作的兩種方法，因為I/O位址空間和記憶體位址空間相互獨立，所以有時候稱為獨立I/O、分時多工是兩個以上的訊號或資料流可以同時在一條通訊線路上傳輸、佔先式多工處理是作業系統完全決定執行調度方案，作業系統可以剝奪耗時長的執行時間，提供給其它執行、排存是指週邊同時作業：在高速的輸入及輸出裝置上加裝一個暫存區，讓眾多的工作存入暫存區，在暫存區內，工作將會依序的執行。

34 (B)。區塊鏈是藉由密碼學（雜湊函數）串接及保護串聯在一起的資料紀錄，每一個區塊皆包含前一個區塊的加密函數、交易訊息及時間，因此紀錄在區塊中的資料具有難以篡改的特性且紀錄永久皆可查驗，此技術目前主要運用於虛擬貨幣。。

35 (D)。DPI是每英吋的點數量，所以公式為(3英吋*200dpi)*(2英吋*200dpi)=240000。

36 (D)。4-鄰接為左右或是上下鄰接、8-鄰接為左右上下還包括斜對角，但不能同時存在、m-鄰接則包含4-鄰接與8-鄰接（可同時存在左右上下及斜對角）。

37 (B)。1 Byte = 8 Bits，因此公式為20秒*44.1KHz*2bytes=1764 Kbytes。

38 (B)。JPEG是針對影像的失真壓縮標準，壓縮過程會將RGB轉換為另一種YUV的不同色彩空間，在壓縮取樣時會減少U及V的成分，來達成壓縮的效果。

39 (A)。MP3是一種數位音訊編碼和失真壓縮格式、MPEG-4是一套用於音訊的壓縮編碼標準、μ-law (mu-law) PCM是聲音訊號編碼的訊號壓縮法、H.264又稱為MPEG-4第10部分為視訊壓縮標準。

40 (B)。霍夫曼壓縮是一種無損失的壓縮演算法，使用符號出現頻率進行編碼壓縮，因此如果出現頻率都相同，最長的編碼為n-1。

解答與解析

109年 合作金庫新進人員甄試
（資安防護管理人員）

請回答下列問題：

(一) 使用5個位元二補數表示正負整數時，請問10進位數值-5的表示字串為何？

(二) 使用5個位元二補數表示正負整數時，請問能夠表示的最小10進位整數值及其表示字串為何？

(三) 請說明何謂驅動程式（driver）。

(四) 請說明快取記憶體（cache）的作用。

(五) 請問何謂熱插拔（hot swapping）？

答 (一)由於二補數的負值是由一補數加1而得，五個位元的$5=00101_2$，一補數的負數是正數表示法的0變1，1變0，所以先求一補數的$-5=11010_2$，二補數的負值則是一補數的負值加1，所以二補數的$-5=11011_2$。

(二)五個位元的二補數，最大正值表示十進位的數是$31=11111_2$，二補數負值為$-31=00001_2$，所以二補數的最小數值為$-32=00000_2$。

(三)驅動程式是指電腦的周邊硬體設備，將自身的功能與作業系統進行交流，主要功能就是將硬體設備的訊號與作業系統或軟體的指令互相轉譯，使硬體到作業系統之間有一個接口，協調兩者之間的運作。

(四)快取記憶體是指在CPU與主記憶體之間做為讀取資料的緩衝，由於處理器的運算速度極快，導致主記憶體的速度無法跟上，因此需要快取記憶體將資料暫存，處理器在運算時，如果快取記憶體中有需要的資料就會直接使用，反之如果沒有，就需要等待主記憶體的提供，那回傳資料就會需要比較多的時間。

(五)熱插拔就是指帶電插拔，意思就是在不斷電的狀態下進行硬體的置換（接口），其中需要驅動程式及軟體的配合，讓硬體能夠在置換後直接可以使用，有支援熱插拔的硬體都需要對電源及接地線有支援，否則在熱插拔的過程中會導致主機或是周邊硬體的燒毀，因此沒有支援熱插拔的設備，強行熱插拔的話，很大的機率會導致硬體發生故障。

110年 初等考試

( )　**1** 下列那個程式語言相對選項中其他語言是較為低階（最接近機器碼）的程式語言？
(A)組合語言（Assembly Language）
(B)C程式語言（C Language）
(C)Python 語言（Python Language）
(D)結構化查詢語言（Structured Query Language）。

( )　**2** 當電腦的電源關閉之後，請問下列設備何者所儲存的資料也會跟著消失？
(A)基本輸入輸出系統（BIOS）
(B)隨機存取記憶體（RAM）
(C)固態硬碟（SSD）
(D)隨身硬碟（USB Flash Drive）。

( )　**3** 右圖為包含兩個邏輯閘（A以及B）的電路圖，若是A為XOR邏輯閘，B為NAND邏輯閘，而且此電路輸入值由左至右分別為100，則X以及Y的輸出值為何？　(A)X = 0, Y = 0　(B)X = 0, Y = 1 (C)X = 1, Y = 0　(D)X = 1, Y = 1。

( )　**4** 下列幾種常見儲存裝置，根據其存取速度，由快而慢依序為何？
(A)快取記憶體> 隨機存取記憶體> 暫存器> 硬式磁碟記憶體
(B)快取記憶體> 暫存器> 隨機存取記憶體> 硬式磁碟記憶體
(C)隨機存取記憶體> 暫存器> 快取記憶體> 硬式磁碟記憶體
(D)暫存器> 快取記憶體> 隨機存取記憶體> 硬式磁碟記憶體。

( )　**5** 假設x以及y為兩個二進位之四位元2補數格式之整數，其值分別為：
x = 0010以及y = 1100
x-y的十進位數值為何？
(A)2　(B)-2　(C)6　(D)-6。

( )　**6** 一般電腦的浮點數表示方法是以IEEE 754標準為主，下列是單倍精準數（single precision; Excess 127）的浮點數二進位表示式，請問其對應的十進位數值為何？

01000000101110000000000000000000

(A)5.75　　　　　　　　　(B)-5.75

(C)2.875　　　　　　　　　(D)-2.875。

( )　**7** 請問十進位數字-165其所對應的2補數的十六進位格式為何？

(A)FEEB　　　　　　　　　(B)FF5B

(C)FF5A　　　　　　　　　(D)FEEA。

( )　**8** 如果我們要使用HTML的語法在網頁上顯示下列的文字：

I like HTML

請問那一個語法是正確的？

(A)\<b>\</i>I like HTML\<i>\</b>

(B)\<i>\</b>I like HTML\<i>\</b>

(C)\</b>\<i>I like HTML\</i>\<b>

(D)\<i>\<b>I like HTML\</i>\</b>。

( )　**9** 下列那一個是合法的IPv4網路位址？

(A)192.168.256.1　　　　　(B)140. 113.358.76

(C)192.168.0.0　　　　　　(D)140.113.168.35.28。

( )　**10** 依據一般常見的通用程式語言，下列的算術運算式所計算出來的值為何？

3 * 4 % 6 + 4 *5

(A)20　(B)22　(C)12　(D)30。

( )　**11** 演算法常會使用流程圖（flowchart）來呈現問題的解法，在標準流程圖中，那一個形狀表示決策符號（decision symbol）？

(A)圓形　　　　　　　　　(B)矩形

(C)菱形　　　　　　　　　(D)三角形。

( ) **12** 依據下列C語言的程式片段,那一行程式碼可能永遠不會被執行到?

```
while (a < 10)
        a = a + 5;
if (a < 12)
        a = a + 2;
if (a <= 11)
        a = 5;
```

(A)a = a + 5;　　　　　　　(B)a = a + 2;
(C)a = 5;　　　　　　　　　(D)每一行都可能會執行。

( ) **13** 大部分程式語言都是以列為主(row major)的方式儲存陣列。在一個8×4的二維陣列(array)A裡面(A為以列為主的方式儲存陣列),若每個陣列元素需要兩個單位的記憶體大小,且若A[0][0]的記憶體位址為108(十進制表示),則A[1][2]的記憶體位址為何? 　(A)120　(B)124　(C)126　(D)128。

( ) **14** 下列的R()為一個C語言的遞迴函式片段,若R(3, 7)執行後,其回傳值為何?

```
int R (int a, int x){
        if (x == 0)
                return 1;
        else
                return (a * R(a, x – 1));
}
```

(A)128　(B)2187　(C)6561　(D)1024。

( ) **15** 在一個關聯式資料模式中,假設π是投影運算(projection operator),σ是選擇運算(selection operator),R是關聯(relation),那一個關聯式運算可能產生下列的結果?

a	b
1	2
2	3

(A)$\sigma_{a<b}(\pi_{a,b}\ R)$　　　　　　　(B)$\pi_{a<b}(\pi_{a,b}\ R)$

(C)$\pi_{a<2}\ R$　　　　　　　　　　(D)$\pi_{a,b}(\sigma_{a=b}\ R)$。

(　　) **16** 如果一個關聯表格已經完成正規化，使得關聯模式中每一個功能相依（functional dependencies）決定因素都包含候選鍵（candidate keys），則此表格最高已經達到下列那個正規化形式？
(A)第一正規化（1NF）　(B)第二正規化（2NF）　(C)第三正規化（3NF）　(D)Boyce-Codd 正規化（BCNF）。

(　　) **17** 假設有一個資料關聯表（relation）Books，其關聯表綱要（schema）定義如下：
Books（ISBN, Title, CopyrightYear, Author, Publisher, PublisherURL, AuthorEmail）
請問那一個資料屬性（attribute）可以做為該關聯的主鍵（primary key）？　(A)ISBN　(B)Title　(C)Author　(D)PublisherURL。

(　　) **18** 根據網路OSI模型，下列何者是屬於網路層（network layer）的功能？　(A)路由（routing）　(B)錯誤更正（error recovery）　(C)IP對媒體位址的轉換（IP-to-MAC address translation）　(D)流量控制（flow control）。

(　　) **19** 根據金鑰密碼學（public-key cryptography）的理論，下列敘述何者正確？　(A)被公鑰加密的訊息可以被公鑰解密　(B)被私鑰加密的訊息可以被公鑰解密　(C)被私鑰加密的訊息可以被私鑰解密　(D)被公鑰加密的訊息可以作為數位簽章認證（authentication）。

(　　) **20** 下列針對HTTP以及HTTPS之間的差別，何者敘述正確？　(A)HTTP使用IPv4，HTTPS使用IPv6　(B)HTTP使用UDP，HTTPS使用TCP　(C)HTTP使用TCP，HTTPS使用UDP　(D)HTTP沒有加密，HTTPS有加密。

( ) **21** 電腦駭客利用合法網站上的漏洞，在某些網頁上插入惡意的 HTML 與 Script 語法，藉此散布惡意程式或是引發惡意攻擊，此種攻擊手法稱之為：　(A)殭屍網路攻擊（Zombie Network attack）　(B)分散式阻斷服務攻擊（Distributed Denial of service, DDoS）　(C)零時差攻擊（Zero-day attack）　(D)跨站腳本攻擊（Cross-Site Scripting, XSS）。

( ) **22** 下列何者不適合使用在物聯網（IoT）上作為連網的無線傳輸技術？　(A)LoRa　(B)IEEE 802.14　(C)NB-IoT　(D)SigFox。

( ) **23** TCP依靠來源連接埠與目的連接埠的幫助，讓資料可以傳遞正確的應用程式，屬於比UDP較為可靠的傳輸方式，下列何者不屬於TCP的特性？　(A)連線導向　(B)流量控制　(C)適合用在廣播與多點傳播　(D)資料確認與重送。

( ) **24** 根據下列按字母順序（alphabetical order）排列的字元數列，若使用二元搜尋法進行搜尋，至少需要幾次的資料比對才可以找到字元L（包含L本身）？

L, M, N, O, P, Q, R, S, T, U, V, W, X, Y, Z

(A)1　(B)2　(C)3　(D)4。

( ) **25** 現在許多軟體公司會採用UML來協助進行物件導向系統的開發，下列何者不是UML所提供的圖形化工具？　(A)類別圖（class diagram）　(B)使用案例圖（use case diagram）　(C)活動圖（activity diagram）　(D)流程圖（data flow diagram）。

( ) **26** 物件導向開發理論中，類別中的成員（即屬性與方法）都可設定其存取權限，對於存取權限的描述，下列那一項錯誤？　(A)public的成員所有的類別都可以存取　(B)private的成員只有該類別可以存取　(C)protected的成員只有該物件可以存取　(D)protected的成員子類別可以存取。

( ) **27** 給定下列一個C語言程式片段，其中s被宣告為全域變數（global variable），此程式執行後的輸出結果為何？

```
int s = 1; //全域變數
void add (int a){
        int s = 6;
        for( ; a>=0; a=a-1){
                printf("%d,", s);
                s++;
                printf("%d,", s);
        }
}
int main(){
        printf("%d,", s);
        add(s);
        printf("%d,", s);
        s = 9;
        printf("%d", s);
        return 0;
}
```

(A)1,6,7,7,8,8,9　　　　　　　(B)1,6,7,7,8,1,9
(C)1,6,7,8,9,9,9　　　　　　　(D)1,6,7,7,8,9,9。

(　) **28** 軟體測試中的白箱測試（white-box testing）一般會在那一個軟體開發階段開始進行？　(A)軟體安裝上線維護之後　(B)軟體需求規格文件建立之後　(C)軟體程式碼撰寫之後　(D)軟體設計文件完成之後。

(　) **29** 軟體測試中的單元測試（unit testing）一般主要會由那個角色執行測試？　(A)軟體使用者（user）　(B)軟體開發人員（developer）　(C)軟體測試人員（QA tester）　(D)軟體專案管理者（project manager）。

(　) **30** 下列為對同一個問題的四個不同演算法的時間複雜度（time complexity），若N 趨近於無限大，何者執行的速度最快？　(A)$(logN)^4$　(B)$N(logN)^3$　(C)$N^2(logN)^2$　(D)N^3logN。

( ) **31** 由於科技的進步,穿戴式裝置已逐漸出現在我們生活的周遭。下列何種技術比較不會出現在穿戴式裝置上? (A)RFID (B)LiDAR (C)NFC (D)Bluetooth。

( ) **32** 下列何種影像格式是屬於失真(破壞性)壓縮(lossy compression)? (A)TIFF (B)JPEG (C)GIF (D)BMP。

( ) **33** 若輸入整數依序為0, 1, 2, 3, 4, 5, 6, 7, 8, 9,下列C語言程式片段的x[]陣列的元素值依順序為何?

```
int x[10] = {0};
    for (int i=0; i<10; i++){
        scanf("%d", &x[(i+2)%10]);
}
```

(A)0, 1, 2, 3, 4, 5, 6, 7, 8, 9
(B)2, 0, 2, 0, 2, 0, 2, 0, 2, 0
(C)9, 0, 1, 2, 3, 4, 5, 6, 7, 8
(D)8, 9, 0, 1, 2, 3, 4, 5, 6, 7。

( ) **34** 以霍夫曼(Huffman)演算法,假設有4 個外部節點(external nodes)的加權值分別是1、3、6、8,則其加權外部路徑長度(External Path Length, EPL)為何? (A)32 (B)31 (C)30 (D)29。

( ) **35** 求下列C語言遞迴函數值ds(5)=? int ds(int n){if(n<=2)return 1;else return (ds(n-3)+ds(n-2)+ds(n-1)+2);} (A)5 (B)8 (C)16 (D)17。

( ) **36** 若字串aaaaaabbbbbccccdddeef依霍夫曼法編碼(Huffman code),則 'e' 最少需要幾個位元(bits)? (A)1 (B)2 (C)3 (D)4。

( ) **37** 一個二元樹(binary tree)中有14個節點(nodes),若其分支度(degree)為1的節點共有5個,則此二元樹(binary tree)的樹葉(leaf)節點個數為何? (A)4 (B)5 (C)7 (D)9。

( ) **38** 假設CPU的工作頻率為4GHz，平均執行一個指令約需花費2個時脈週期（clock cycle），則該CPU平均執行一個指令約需花用多少時間？ (A)0.25ns (B)0.5ns (C)1ns (D)2ns。

( ) **39** 下列常用的網際網路通訊協定何者錯誤？ (A)FTP的預設通訊埠是21 (B)SMTP的預設通訊埠是25 (C)TELNET的預設通訊埠是80 (D)HTTPS的預設通訊埠是443。

( ) **40** 如果168.48.62.80、168.48.64.81、168.48.66.82這三個IP位址是在同一個子網路，此時使用的子網路遮罩為下列那一個？
(A)255.0.0.0 (B)255.255.0.0
(C)255.255.255.0 (D)255.255.255.255。

( ) **41** 下列何者是計算機所謂的虛擬記憶體（virtual memory）？ (A)暫存器（register） (B)快取記憶體（cache memory） (C)主記憶體（main memory） (D)次記憶體（second memory）。

( ) **42** 下列何者是NoSQL（Not Only SQL）非關聯式資料庫系統？
(A)MariaDB (B)MongoDB (C)Oracle (D)SQL Server。

( ) **43** 大數據數字Exabyte（EB）為： (A)10^{12} byte (B)10^{15} byte (C)10^{18} byte (D)10^{21} byte。

( ) **44** 假設一具有n個位元的電腦系統採用2的補數法來表示負整數，所能表示的最小整數為： (A)-2^{n-1} (B)$-2^{n-1}+1$ (C)-2^{n} (D)$-2^{n}+1$。

( ) **45** TCP/IP中那個協定負責將實體位址映射成相對應的IP位址？
(A)ARP (B)ICMP (C)IGMP (D)RARP。

( ) **46** 「可以將物件使用介面的程式實作部分隱藏起來，不讓使用者看到，同時確保使用者無法任意更改物件內部的重要資料」。以上這段敘述，是在描述物件導向程式設計的那一種特性？ (A)繼承 (B)多型 (C)抽象 (D)封裝。

( ) **47** 針對無類別域間路由（Classless Inter-Domain Routing, CIDR）
而言，某組織被分配位址區塊168.32.48.64/26，如想要分為四個
子網路，且每個子網路有相同數量主機，下列子網路遮罩設定何
者正確？ (A)27 (B)28 (C)29 (D)30。

( ) **48** 針對兩個不同類型的網路，為使不同通訊協定的網路能夠相互
傳送與接收訊息需要下列那種設備？ (A)集線器 (B)橋接器
(C)閘道器 (D)路由器。

( ) **49** 計算機負責CPU與其他低速周邊裝置溝通的是下列何者？ (A)
南橋晶片 (B)北橋晶片 (C)BIOS (D)PCI Express。

( ) **50** 如右圖有一位老師從學校A出發要對
3名學生進行家庭訪問，而一條路只
能經過一次，請問老師最少需多少時
間，才能訪問完3位學生並回到學校？
(A)13 (B)14 (C)15 (D)16。

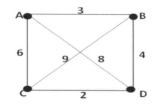

▌解答與解析 »»»» 答案標示為#者，表官方曾公告更正該題答案。

1 (A)。機器語言之後就是組合語言，組合各種機器語言。

2 (B)。隨機記憶體就是要靠充電維持記憶。

3 (B)。B端) 0 AND 0 => 0 取not => Y=1
A端) 1 XOR 1 => X= 0

4 (D)。暫存器是CPU內部最快的，其他就是死記。

5 (C)。2的補數減法需要將【減數】取2的補數(也就是將-1乘入減數的概念)，再
與被減數相加。
1100=>0011+1=>0100
0010+0100=0110=>6

6 (A)。01000000101110000000000000000000

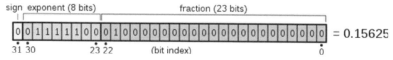

= 0.15625

0=>正數
Exp=>0~126是-127~ -1，127是0，128~255是1~128。
128+1=129=>exp 2，
1+(2^-2+2^-3+2^-4) =1+ 0.25+0.125+0.0625=1.4375
1.4375*2^2=5.75

7 (B)。165=>0000 0000 1010 0101取1的補數
=>1111 1111 0101 1010
=>取2的補數要+1
=>1111 1111 0101 1011
=>FF5B

8 (D)。結束tag符號【 / 】一定是在最後面。

9 (C)。要符合4組都是0~255

10 (A)。%的優先與*/是一樣的，所以由左至右，最後是+-
((3*4)%6)+(4*5)=(12%6)+20=0+20=20

11 (C)。菱形(死記)。

12 (C)。無論while區段的a初值為多少，a勢必大於等於10，所以進入if(a<12)時，a就至少是12或更大，那麼if(a<11)一定不會被執行。

13 (A)。row major就是指有8個row的意思，所以每一row有4個cell，A[1][2]則代表第二列的第三個，所以108+4*2+2*2 = 108+8+4=120

14 (B)。

R(a,0)	1
R(a,1)	a* 1
R(a,2)	a* a*1
R(a,3)	a* a*a*1
R(a,4)	a* a*a*a*1
R(a,5)	a* a*a*a*a*1
R(a,6)	a* a*a*a*a*a*1
R(a,7)	a* a*a*a*a*a*a*1

所以R(3,7)=> 3*3*3*3*3*3*3*1=2187
可以看答案是否為3的倍數來刪去，會剩下(B)跟(C)選項。

15 (A)。有ab欄位，代表π要有ab，這時候剩下(A)(B)(D)；接下來看σ，(A)的條件是a<b正確；(B)沒有條件則刪除；(D)的條件是a=b不相符也刪除，所以一定是(A)。

16 (D)。如果相依欄位都包含候選鍵，那就代表已經做到最高的Boyce-Codd 正規化，這只能死記；同理，如果相依欄位沒有候選鍵，那只會是第三正規化。

17 (A)。主鍵就是最小規模的超鍵，ISBN是全球唯一碼，最適合當主鍵。

18 (A)。路由（routing）屬於網路層，決定封包走哪個IP。

19 (B)。上鎖與解鎖使用不同鑰匙是正確的。

20 (D)。S就是Secure，所以包含加密。

21 (D)。跨站腳本就是在別人的網頁上安插攻擊，攻擊目標電腦的腳本。

22 (B)。IEEE 802.14（這個是撥接數據機，每一個物件都要數據機就完蛋了）。

23 (C)。多播使用UDP才不會造成ACK風暴。

24 (D)。15個有序字符，至少需要2的4次方（可包含16個字符），也就是至少4次可以找完。

25 (D)。流程圖是有別於UML表達方式；UML比較是資料、角色、使用情境的表達。

26 (C)。protected是用在衍伸類別中可以存取，其他不是衍伸類別都不能存取，衍伸類別代表子類別的意思。

27 (B)。

s	add(s);	print
1		,1,6,7,7,8

解答與解析

s	add(s);	print
1	-	,1,6,7,7,8,1
9	-	,1,6,7,7,8,1,9

答案是(B)，但(B)的第一個字符沒有。

28 (C)。就是要真正的打入帳密測試看看所有已知結構，死記。

29 (B)。一定是開發人員，只有開發人員才知道所有內部細節，QA只能以客戶觀點操作測試，死記。

30 (A)。直接代數字最快，假設N=4，(A)=>(2)^4=16，(B)=>4*2^3=32，(C)=>4^2*2^2=64，(D)=>4^3*2=24

31 (B)。這是車用的距離感測器，功率太強了，不可能會有穿戴電池能驅動。

32 (B)。JPEG（傅立葉轉換壓縮）。

33 (D)。

i	input	(i+2)%10	x[10]		
-	-	-	{0,0,0,0,0,0,0,0,0,0}		
0	0	2	{0,0,0,0,0,0,0,0,0,0}		
1	1	3	{0,0,0,1,0,0,0,0,0,0}		
2	2	4	{0,0,0,1,2,0,0,0,0,0}		
3	3	5	{0,0,0,1,2,3,0,0,0,0}		
4	4	6	{0,0,0,1,2,3,4,0,0,0}		
5	5	7	{0,0,0,1,2,3,4,5,0,0}		
6	6	8	{0,0,0,1,2,3,4,5,6,0}		
7	7	9	{0,0,0,1,2,3,4,5,6,7}		
8	8	0	{8,0,0,1,2,3,4,5,6,7}		
9	9	1	{8,9,0,1,2,3,4,5,6,7}		

34 (A)

35 (D)。

n	ds(n)
0	1
1	1
2	1
3	ds(0)+ds(1)+ds(2)+2=1+1+1+2=5
4	ds(1)+ds(2)+ds(3)+2=1+1+5+2=9
5	ds(2)+ds(3)+ds(4)+2=1+5+9+2=17

36 (D)。a=6

b=5

c=4

d=3

e=2，左為0右為1，走訪為0001

f=1

37 (B)。

38 (B)。$4*10^9/2=2*10^9$

$1/2*10^9=1/2*ns=0.5ns$

TGMK對應munp

39 (C)。TELNET的預設通訊埠是80（80是http）

40 (B)。62=>0011 1110

64=>0100 0000

66=>0100 0010

遮罩都要一致的bit，所以是255.255.1000 0000.0=>255.255.128.0

但如果以更大的遮罩也是正確的255.255.0.0

41 (D)。用刪去法，其他都是屬於硬體的部分，這個很有可能就是虛擬的。

42 (B)。MongoDB（這只能死記，芒果DB是常拿來放檔案用）。

43 (C)。死記K3=>M6=>G9=>T12=>P15=>E18

44 (A)。用256來記，正數有127個、0一個、與負數128個，所以最小是-2的N-1次方。

45 (D)。這裡有陷阱，實體位址換成IP是要跟DHCP伺服器索取，用的是RARP（逆向的ARP），一般情況都是用廣播，用IP換實體位置（ARP）。

46 (D)。死記，封起來就看不到了。

47 (B)。不用計算，只要知道目前26bit還要切4個區段，代表增加2個bit，26+2=28

48 (C)。不同通訊協定的網路一定要有閘道，就像家用的ADSL小烏龜。

49 (A)。北橋很快、用於顯示卡及高速PCIE，南橋很慢、用於硬碟及其他介面卡及USB。

50 (C)。無須計算，只需要使用貪婪選擇即可，A出發6與3、選最少的路徑3，B出發4與8、選4，D出發8與2、選2，C出發9與6、選6即可。

110年 台中捷運技術員（電子電機類）

( ) **1** 目前RFID（無線射頻識別）的使用十分普及，請問下列哪一種應用不是使用RFID技術？ (A)台北捷運悠遊卡 (B)高速公路電子收費的eTag (C)高雄捷運一卡通 (D)郵政晶片金融卡。

( ) **2** 有關乙太網路規格100BaseFX的敘述，下列何者有誤？ (A)Base代表寬頻 (B)使用線材為光纖 (C)傳輸速率為100Mbps (D)適用於星狀拓樸。

( ) **3** 請問下列哪一項技術可以用來提高網站上刷卡交易的安全性？
(A)LTE（Long Term Evolution）
(B)WiMax（Worldwide Interoperability for Microwave Access）
(C)SET（Secure Electronic Transaction）
(D)SRAM（Static RAM）。

( ) **4** 流程圖用來描述軟體程序，請問流程圖中方塊、菱形、箭號各代表何種工作？ (A)邏輯狀況、處理步驟、控制流程 (B)控制流程、邏輯狀況、處理步驟 (C)處理步驟、邏輯狀況、控制流程 (D)處理步驟、控制流程、邏輯狀況。

( ) **5** 小美要將20張照片上傳至LINE群相簿，假設每張照片約500KB，若她花用了200秒上傳檔案，請問網路傳輸速率約為多少？ (A)400Kbps (B)512Kbps (C)2Mbps (D)20Mbps。

( ) **6** 有關IP位址的敘述，下列何者錯誤？ (A)IPv6位址的各組數值，是以":"來隔開 (B)192.266.102.10是正確的IPv4位址 (C)ipconfig指令可用來查詢電腦的IP位址 (D)DNS伺服器可將URL轉換成IP位址。

( ) **7** 小新收到一封自稱是公司資訊安全部的Email，宣稱要幫新進員工舉辦安全講習，請他提供過去一個月新進員工的姓名和電話。小新最有可能碰到哪一類型的資安問題？ (A)電腦病毒 (B)阻斷服務 (C)社交工程 (D)網路釣魚。

( )　**8** 哪一種軟體類型有試用期，試用期一過，就必須付費才能繼續
使用？　(A)免費軟體　(B)自由軟體　(C)公共財軟體　(D)共
享軟體。

( )　**9** 若將一個Class C的網路分為16個子網路，則子網路遮罩應設為？
(A)255.255.255.192　　　　　(B)255.255.0.0
(C)255.255.255.128　　　　　(D)255.255.255.240。

( )　**10** 下列哪一種檔案系統最適合Linux作業系統使用？　(A)FAT16
(B)NTFS　(C)FAT32　(D)ext4。

( )　**11** 下列哪一個網路協定使用的預設連接埠（Port）是錯誤的？
(A)HTTP：80　(B)SSH：22　(C)DNS：53　(D)POP3：25。

( )　**12** 下列哪一個網路IP，屬於Class B等級？　(A)100.10.26.50
(B)190.21.3.91　(C)203.64.111.19　(D)192.64.204.38。

( )　**13** 在非對稱式金鑰加解密系統中，甲要將機密資料傳給乙，則乙
應該使用哪一個金鑰來對該機密資料解密？　(A)甲的公開金鑰
(B)乙的公開金鑰　(C)甲的私密金鑰　(D)乙的私密金鑰。

( )　**14** 要讓區域網路內的所有3C設備，透過IP分享器使用同一個真實
IP連上網際網路，則該IP分享器需具備哪一種技術？　(A)QoS
(B)NAT　(C)DoS Protection　(D)WPA2-PSK。

( )　**15** 有四支程式的時間複雜度如下，請問哪一支程式的執行速度最
快？　(A)$O(\log_2 n)$　(B)$O(n\log_2 n)$　(C)$O(n)$　(D)$O(n^2)$。

( )　**16** 在ASCII中使用「41H」表示字元「A」，則字元「K」的ASCII
值為何？　(A)4AH　(B)4BH　(C)4CH　(D)4DH。

( )　**17** 開啟一個大小為800×600像素（Pixel）的全彩影像（每個像素使
用24bits來表示）檔案，其所佔用的記憶體大小最接近何者？
(A)703KB　(B)948KB　(C)1406KB　(D)2108KB。

（　）**18** 下列哪一種介面，使用數位訊號傳輸，且可以同時傳輸影像和
聲音？
(A)DVI
(B)D-SUB
(C)HDMI
(D)RS-232。

（　）**19** 執行下列程式片段後，螢幕會顯示何值？

```
int w[5] = {21, 65, 7, 87, 47};
int t;
for (int i=1; i<5; i++){
    if (w[0]<w[i]){
        t=w[i];
        w[0] = w[i];
        w[i] = t;
    }
}
printf("%d",w[0]);
```

(A)7
(B)65
(C)21
(D)87。

（　）**20** 執行下列程式片段後，螢幕會顯示何值？

```
int data[]={9,51,41,87,46};
int i,p,t;
t=41;
for(i=0;i<5;i++){
    if (data[i]==t){
        p=i;
    }
}
printf("%d,%d", i, p);
```

(A)5,2
(B)4,2
(C)5,41
(D)4,41。

解答與解析 »»» 答案標示為#者，表官方曾公告更正該題答案。

1 (D)。晶片卡不是無線射頻技術，需要接觸讀取晶片。

2 (A)。base代表基頻，是沒有經過調變的數位訊號。

3 (C)。SET（Secure Electronic Transaction）（死記）。

4 (C)。菱形一定是YES/NO區塊。

5 (A)。500KB*20=500K*20*8bits=80,000kbps
80,000kbps/200=400kbps

6 (B)。每一數組都是0~255的區間。

7 (C)。只要是人性詐騙，都屬於社交攻擊。

8 (D)。所有付費客戶共同使用這套軟體，所以稱共享軟體。

9 (D)。16是2的4次方，所以11110000=>240

10 (D)。死記，前三項都是WINDOWS常用的，ext4可以記為第四代延伸檔案系統。

11 (D)。POP3：25（110才對，這只能死記）。

12 (B)。190.21.3.91（10111110=>符合10開頭）。

13 (D)。私鑰不會傳送出去，所以解密一定是用自己的密鑰；加密一定是用對方的公鑰。

14 (B)。死記Network Address Translation

15 (A)。死記，可以實際代數字進去，同樣的N代入後誰的值最小，執行速度就最快。

16 (B)。41+A=4B，H代表HEX

17 (C)。800*600*24/8=1,440,000B，1,440,000B/1024=1406.25KB

18 (C)。就像你家電視看DVD或MOD只要一條HDMI就有影像與聲音，所以影像與聲音訊號可並存。

19 (D)。

i	w[0]<w[i]	t	w[5]
-	-	-	{21, 65, 7, 87, 47}
1	21<65,True	65	{65, 65, 7, 87, 47}
2	65<7,False	65	{65, 65, 7, 87, 47}
3	65<87,True	87	{87, 65, 7, 87, 47}
4	87<47,False	87	{87, 65, 7, 87, 47}
5	-	87	{87, 65, 7, 87, 47}

20 (A)。

i	p	t	data[i]==t	data[]
-	-	41	-	{9,51,41,87,46}
0	-	41	9==41,F	{9,51,41,87,46}
1	-	41	51==41,F	{9,51,41,87,46}
2	2	41	41==41,T	{9,51,41,87,46}
3	2	41	87==41,F	{9,51,41,87,46}
4	2	41	46==41,F	{9,51,41,87,46}
5	2	41	-	{9,51,41,87,46}

110年 全國各級農會第六次聘任職員

壹、是非題

( )　**1** WiFi屬於一種廣域的網路連接技術。

( )　**2** AI影像處理技術是一個電腦作業系統（Operating System）的基本功能。

( )　**3** 一部連網的電腦，移動到不同的地方，都必須用同一個IP位址。

( )　**4** 以2的補數法來表示整數，一個位元組（Byte）可以表示的最大整數為256。

( )　**5** 佇列（Queue）是一種先進先出（FIFO）的資料結構。

( )　**6** 電腦的記憶體大小，一般指的是其隨機記憶體（RAM）的空間。

( )　**7** OSI七層的網路通訊標準，是目前最為廣泛使用的電腦網路架構。

( )　**8** 程式語言中，越高階的程式語言越容易解讀，程式碼也越簡短。

( )　**9** Unicode是一個大型的文字庫，每個字都是以兩個位元組所組成的。

( )　**10** 直接記憶體存取（DMA）處理I/O的動作可以不必經過CPU執行。

貳、單選題

( )　**1** IEEE 802.11規範哪種網路標準？　(A)乙太網路　(B)都會網路　(C)無線網路　(D)光纖網路。

( )　**2** 網路通訊協定中，檢視並填充MAC位址的是屬於哪一層的功能？　(A)實體層　(B)鏈結層　(C)網路層　(D)傳輸層。

( ) **3** 資料儲存單位中1TB表示 (A)2^{15}bytes (B)2^{12}bytes (C)2^{10}bytes (D)2^{9}bytes。

( ) **4** 下列何種資料儲存設備不具直接存取的功能 (A)硬碟 (B)軟式磁碟 (C)RAM (D)磁帶。

( ) **5** 磁碟的基本儲存單位為 (A)磁區（sector） (B)讀寫頭（r/w head） (C)磁軌（track） (D)磁柱（cluster）。

( ) **6** 下列何者不屬於CPU的基本工作 (A)擷取 (B)執行 (C)列印 (D)解碼。

( ) **7** OSI網路模式中，鏈結層（data link layer）屬於第幾層的通訊協定？ (A)5 (B)4 (C)3 (D)2。

( ) **8** 某電腦具有500MHz規格，若Shift指令需使用10週期（clock cycle），則執行此一指令的時間為 (A)2ns (B)2μs (C)20ns (D)20μs。

( ) **9** f(n+1)=f(n)+f(n-1)，若f(0)=0, f(1)=1, 則f(5)的值為 (A)5 (B)6 (C)7 (D)8。

( ) **10** 真值表中，5個輸入變數，最多有幾種不同的變化？ (A)5 (B)32 (C)50 (D)64。

( ) **11** 在有N個節點的二元樹中作搜尋的運算其執行時間跟何者成正比？ (A)N (B)log N (C)N^2 (D)N log N。

( ) **12** 有三個節點的樹，組成二元樹的個數最多為何？ (A)3 (B)4 (C)5 (D)6。

( ) **13** 一個沒方向性的連接圖，節點為N，則其邊的個數不可能為 (A)N-2 (B)N-1 (C)N (D)N+1。

( ) **14** 執行遞迴函數時，使用到的資料結構為 (A)stack (B)tree (C)queue (D)array。

(　　) **15** 下列何種技術讓電腦能執行比RAM更大的空間？
(A)multitasking　　　　　　(B)multiprogramming
(C)time sharing　　　　　　(D)virtual memory。

(　　) **16** 2跟8這兩個整數的幾何平均為何？　(A)3　(B)4　(C)5　(D)6。

(　　) **17** 一個集合A={1,2,3}，請問A有多少個子集合？　(A)3　(B)6
(C)8　(D)12。

(　　) **18** 下列哪個集合是不可以數的（uncountable）？　(A)N　(B)Z
(C)Q　(D)R。

(　　) **19** 二進位的計算中，110跟010作EX-OR的運算，其結果為何？
(A)100　(B)101　(C)010　(D)110。

(　　) **20** 一個以1開頭但不以1結束的位元組（註：8個位元為一位元
組），有多少種可能的組合？
(A)32　　　　　　　　　　(B)64
(C)66　　　　　　　　　　(D)128。

參、複選題

(　　) **1** 有四個節點的二元樹連接圖（connected binary tree）結構中，樹
的高度有可能為　(A)1　(B)2　(C)3　(D)4　(E)5。

(　　) **2** 下列何者是一種資料結構？　(A)樹　(B)佇列　(C)堆疊　(D)連
接串列　(E)資料庫。

(　　) **3** 下列何者可作為電腦網路的拓樸圖？　(A)樹狀　(B)環狀　(C)星
狀　(D)直條狀　(E)網狀。

(　　) **4** 下列何者屬於電腦網路的通訊協定？　(A)SMTP　(B)HTTP
(C)WiFi　(D)IP　(E)TCP。

( ) **5** 以二進位表示非負整數的系統中，下列何者正確？
(A)一個byte可以表示127個整數
(B)一個byte可以表示的最大整數為127
(C)0可以有兩種表示法　(D)位元串"000111"跟"111"表示的
數值是一樣的
(E)位元串"000111"跟"00111"表示的數值是一樣的。

( ) **6** 下列何者是常用的資料量的單位？　(A)ms　(B)ns　(C)MB
(D)TB　(E)HPC。

( ) **7** 下列何者為人工智慧（AI）相關的技術？　(A)VLAN　(B)CNN
(C)ISDN　(D)RNN　(E)ANN。

( ) **8** 下列何種屬於第三代的電腦程式語言？　(A)Machine Language
(B)Assembly　(C)C　(D)Java　(E)Fortran。

( ) **9** 適合線上即時處理作業的資料檔為？　(A)隨機存取檔　(B)循序
存取檔　(C)批次存取檔　(D)索引存取檔　(E)直接存取檔。

( ) **10** 下列哪個英文字母不是合法的十六進位表示的符號？　(A)X
(B)C　(C)Y　(D)F　(E)Z。

( ) **11** 下列何者不是二進位系統的邏輯運算？　(A)XOR　(B)AND
(C)DIV　(D)OR　(E)MOD。

( ) **12** 下列何者為全加法器（full adder）的輸出？　(A)和（sum）
(B)差（difference）　(C)積（product）　(D)前一位元進位
（p-carry）　(E)進位（carry）。

( ) **13** 下列何者屬於TCP/IP網路中，傳輸層的通訊協定？　(A)TCP
(B)ICMP　(C)IP　(D)UDP　(E)CMIP。

( ) **14** 下列何者屬於CPU指令的執行過程？　(A)擷取　(B)解碼　(C)提
取運算元內容　(D)執行　(E)儲存。

(　　) **15** 下列何者為記憶體定址的模式？　(A)隨機定址　(B)暫存器定址　(C)相對定址　(D)直接定址　(E)間接定址。

(　　) **16** 下列何者不屬TCP/IP網路架構中之層次定義的名稱？　(A)應用層　(B)展示層　(C)會議層　(D)傳輸層　(E)實體層。

(　　) **17** 下列何者技術可以解決IPv4位址不足的問題？　(A)SNMP　(B)NAT　(C)DHCP　(D)IPv6　(E)HTTP。

(　　) **18** SQL資料庫語言中，下列何者屬於保留的關鍵字？
(A)SELECT　　　　　　　(B)FROM
(C)WHERE　　　　　　　(D)ORDER BY
(E)GROUP BY。

(　　) **19** 在整數的同餘計算中，假若A與B除以M有相同的餘數，即A ≡ B mod M。若C跟D對M也是同餘的關係，則下列的等式，何者正確？
(A)A mod M + B mod M = (A+B) mod M
(B)A*B mod M = (A mod M) * (B mod M)
(C)A mod M-B mod M = (A-B) mod M
(D)(A + C) ≡ (B+D) mod M
(E)(A*C) ≡ (B*D) mod M。

(　　) **20** 在命題的邏輯中，P→Q跟下列何者命題為等價的關係？
(A)¬¬Q→¬¬P　　　　　(B)¬(Q→P)
(C)¬P ∨ Q　　　　　　　(D)P ∧ ¬Q
(E)P ∨ ¬Q。

解答與解析 »»»» 答案標示為#者，表官方曾公告更正該題答案。

壹、是非題

1 (F)。是區域的，廣域是3G LTE 5G…。

2 (F)。作業系統基本功能僅有硬體與操作整合，運算排程等基本工作。

3 (F)。不需要，即便同一條連線socket亦可重新連接。

4 (F)。-128～0～127。

5 (T)

6 (T)

7 (F)。還有DoD四層或TCP/IP五層。

8 (T)

9 (T)。UTF系列會到4位元組。

10 (T)。DMA就是這樣運作，由代理人方式運作，才不會因為過慢的IO讀取導致電腦當機。

貳、單選題

1 (C)。802.11b g n ax ac就是這個規範。

2 (B)。七層要熟記。

7 Layers of the OSI Model

Application	· End User layer · HTTP, FTP, IRC, SSH, DNS
Presentation	· Syntax layer · SSL, SSH, IMAP, FTP, MPEG, JPEG
Session	· Synch & send to port · API's, Sockets, WinSock
Transport	· End-to end connections · TCP, UDP
Network	· Packets · IP, ICMP, IPSec, IGMP
Data Link	· Frames · Ethernet, PPP, Switch, Bridge
Physical	· Physical structure · Coax, Fiber, Wireless, Hubs, Repeaters

3 (B)。3,6,9,12次方分別為K,M,G,T要熟記。

4 (D)。早期win 98的軟碟機也是PIO，後期才支援DMA。

5 (A)

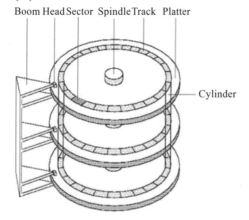

6 (C)。列印是IO的工作。

7 (D)。熟記七層。

7 Layers of the OSI Model

Application	· End User layer · HTTP, FTP, IRC, SSH, DNS
Presentation	· Syntax layer · SSL, SSH, IMAP, FTP, MPEG, JPEG
Session	· Synch & send to port · API's, Sockets, WinSock
Transport	· End-to end connections · TCP, UDP
Network	· Packets · IP, ICMP, IPSec, IGMP
Data Link	· Frames · Ethernet, PPP, Switch, Bridge
Physical	· Physical structure · Coax, Fiber, Wireless, Hubs, Repeaters

8 (C)。先換算成一個指令耗時（K,M,G,T：3,6,9,12）（mung：-3,-6,-9, -12），
$1/(500 \times 10^6)=0.002 \times 10^{-6}=2 \times 10^{-9}=2ns$，10個週期就是$2ns \times 10=20ns$

9 (A)。

n	f(n)
0	0
1	1
2	1
3	2
4	3
5	5

10 (B)。$2^5=32$

11 (B)。二元搜尋的速度是N^2（對半切搜尋），其效率就是logN。但這個題目沒
限定是否為完滿二元樹，若是歪斜二元樹，應為N，而且問法也不對，成正比
的應該為N，是時間複雜度為何才對。

12 (C)。題目有誤，三個節點就是3，但答案為5，代表題目應該是問三層而非三
個，故無答案。

13 (A)。定義連接圖，代表一定要有連接全部的點。

14 (A)。執行過程要將前一個呼叫狀態放入堆疊內，直到計算出第一個值後才一
個一個拿出來加總，其拿出特性就是先進後出。

15 (D)。虛擬空間就是利用硬碟空間當作主記憶體來供程序當作主記憶體使用，
或是將休息中的程序資料推至硬碟，讓其他程序使用RAM。

16 (C)。答案有誤，$(2 \times 8)^{0.5}=4$，5是算術平均數，應選(B)。
$$G = \sqrt[n]{x_1 \cdot x_2 \cdot x_3 \cdot \cdots \cdot x_{n-1} \cdot x_n}$$

17 (C)。$G = \sqrt[n]{x_1 \cdot x_2 \cdot x_3 \cdot \cdots \cdot x_{n-1} \cdot x_n}$

18 (D)。R為實數，實數不可數。

19 (A)。XOR互斥或，兩者不同輸出為1，110 XOR 010=100。

解答與解析

20 (B)。一個位元組有8個位元，前後位元扣掉剩下6個，每個位元有兩種狀態，所以是2^6=64

參、複選題

1 (BC)。答案有誤，二元樹只能有左右各一個節點，應選(C)(D)。

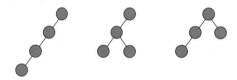

2 (ABCD)。資料庫是系統。

3 (ABCDE)。

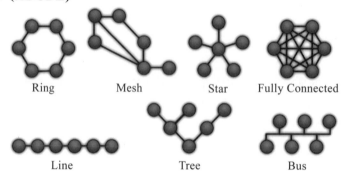

4 (ABCDE)

5 (BDE)。題目問法有誤，非負整數系統包含一般、1補數、2補數，最大整數可為255或127，0有一種或兩種（1補數時），按照答案來看，題目應該限定在2補數系統中，答案應選(D)(E)。

6 (CD)。容量單位為Byte，所以不是B結尾的都不是。

7 (BDE)。用Neural Network來記，NN結尾的ANN、CNN、DNN、RNN都是。

8 (CDE)。第一代為機器語言，第二為組合語言，第三是目前常用的語言，第四是SQL MATLAB。

9 (ADE)。隨機、直接都是即時處理，索引也是直接存取，但用了更高效的查找方式。

10 (ACE)。0～9，A～F。

11 (CE)。DIV跟MOD是組合語言指令。

12 (AE)。

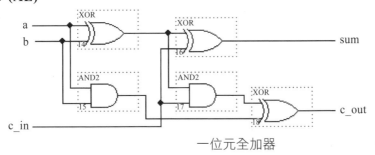

一位元全加器

13 (AD)。傳輸方法有TCP跟UDP。

14 (ABCDE)。提取是包含擷取與解碼。

中央處理單元—CPU
CPU執行一個指令的過程稱為機器週期

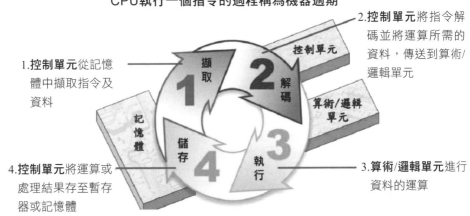

1.**控制單元**從記憶體中擷取指令及資料

2.**控制單元**將指令解碼並將運算所需的資料，傳送到算術/邏輯單元

3.**算術/邏輯單元**進行資料的運算

4.**控制單元**將運算或處理結果存至暫存器或記憶體

‧取得指令：CPU內有程序計數器（PC），它儲存下一個指令的位址
‧解碼指令：將指令暫存器（IR）內的指令譯成機器語言
‧執行指令
‧儲存結果
一共是4步，前兩步稱為提取周期，後兩步為執行周期。

15 (BCDE)。隨機定址是病毒嗎…？不會有隨機定址。

16 (BC)。答案有誤，TCP/IP網路架構沒有實體層，是網路存取層，應選(B)(C)(E)。

解答與解析

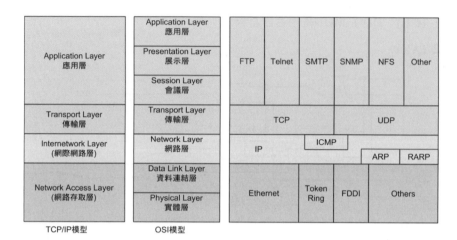

TCP/IP模型　　　　OSI模型

17 (BCD)。 IPv6不要忘記，有陷阱的味道，另外DHCP嚴格來説不能當成可解決 IP不足的技術，它僅有動態配IP，若要使用虛擬IP對應，還是要依賴NAT。

18 (ABCDE)。 要熟記語法。

19 (DE)。 答案有誤

直接帶數字看看就知道了，

A=11、B=5、M=3，mod = 2

C=4、D=7、M=3，mod = 1

(A)2+2=16 Mod 3 ⇒ 4 = 1 (×)

(B)55 mod 3=2×2 ⇒ 1 = 4 (×)

(C)2-2=6 mod 3 ⇒ 0 = 0 (O)

(D)15 mod 3 = 12 mod 3 ⇒ 0 = 0 (O)

(E)44 mod 3 = 35 mod 3 ⇒ 2 = 2 (O)

應選(C)(D)(E)。

20 (AC)。 經典邏輯問題

P	Q	P → Q	~P	∨ Q	~Q	→	~P
T	T	T	F	T	F	T	F
F	T	T	T	T	F	T	T
T	F	F	F	F	T	F	F
F	F	T	T	T	T	T	T
①	①	②	③	④	⑤	⑦	⑥

三行完全相同

110年 經濟部所屬事業機構新進職員（資訊類）

(　) **1** 二進位數A取其1's補數後，於左側添加其「奇同位元檢查碼」成為9個位元的B；二進位數C取其2's補數後，於左側添加其「偶同位元檢查碼」成為9個位元的D。最後B與D計算其漢明距離（Hamming Distance）為E。假設A=(01100111)$_2$，C=(10110110)$_2$，則E為多少？　(A)4　(B)5　(C)6　(D)7。

(　) **2** 下列有關CPU的敘述，何者有誤？　(A)CPU的執行動作含擷取、解碼、執行與儲存　(B)CPU指令週期動作含擷取週期與執行週期　(C)CPU指令週期=時脈頻率的倒數　(D)CPU內頻=外頻×倍頻係數。

(　) **3** 下列有關CPU匯流排的敘述，何者有誤？　(A)一般所謂N位元微處理機（Microprocessor），指其控制匯流排有N條排線　(B)位址匯流排有N條排線時，則最大可定址到2^N個記憶體位址　(C)位址、控制與資料匯流排的傳輸方向，分別為單向、單向與雙向　(D)匯流排頻寬=頻率×匯流排寬度。

(　) **4** 下列有關IEEE 1394連接埠的敘述，何者有誤？　(A)又稱為火線埠　(B)為高速並列匯流排介面　(C)具備熱插拔功能　(D)適用於消費性電子產品。

(　) **5** 下列記憶體中何者的pin腳數最少？　(A)DDR SDRAM　(B)DDR2 SDRAM　(C)DRDRAM　(D)SDRAM。

(　) **6** 下列硬碟陣列中，何者之「至少所需的硬碟數」為最多？　(A)RAID 0　(B)RAID 1　(C)RAID 0+1　(D)RAID 5。

(　) **7** 下列何者為VCD影音光碟格式之光碟片標準規格書？　(A)紅皮書　(B)黃皮書　(C)白皮書　(D)綠皮書。

( )　**8** 下列何者屬「搶奪式」（Preemptive）工作排程？　(A)FCFS (B)PS　(C)SJF　(D)SRTF。

( )　**9** 代數函數$X = \overline{A}\overline{B} + AB$為下列何種邏輯閘(Gate)？　(A)NAND (B)NOR　(C)XNOR　(D)XOR。

( )　**10** 介面AGP、IDE、IEEE 1394、PCI、PS/2、SATA、SCSI中，有幾種為一般的硬碟傳輸介面？　(A)2　(B)3　(C)4　(D)5。

( )　**11** 下列何者為布林函數$ABC + \overline{A}\overline{B}C + AB\overline{C} + \overline{A}B\overline{C} + \overline{B}$簡化之結果？ (A)1　(B)$\overline{A}C + B$　(C)B　(D)C。

( )　**12** 下列有關色彩模式的敘述，何者有誤？　(A)灰階模式為不同層次深淺的灰色變化　(B)CMYK模式係指4種印刷油墨的顏色，分別為青色、洋紅色、黃色與藍色　(C)HSB模式係指色相、飽和度與亮度　(D)RGB模式係指光的三原色，分別為紅色、綠色與藍色。

( )　**13** 圖檔格式BMP、JPEG、PCX、PNG與TIF中，有幾種為「非破壞性壓縮模式」？　(A)1　(B)2　(C)3　(D)4。

( )　**14** 有關作業系統之硬體保護，下列敘述何者有誤？
(A)I/O保護為將所有I/O指令均納入使用者模式
(B)記憶體保護以基底暫存器與限制暫存器來鎖定記憶體之使用範圍
(C)CPU保護採限制CPU之使用時間
(D)保護的對象為I/O系統、記憶體與CPU。

( )　**15** 下列何種儲存架構採用光纖傳輸並建立專用區域網路做資料存取？　(A)DAS　(B)Host Attached Storage　(C)NAS　(D) SAN。

( )　**16** 下列行程狀態（Process State）的轉換中，何者非屬直接轉換？
(A)Running轉為Ready　(B)Running轉為Waiting　(C)Waiting轉為Running　(D)Waiting轉為Ready。

( ) **17** 下列何者非避免輾轉混亂現象（Thrashing）的方法？ (A)
Global Replacement (B)Local Replacement (C)Page Fault
Frequency (D)Working Set Model。

( ) **18** 下列何種匯流排架構屬於高速匯流排連接高速傳輸裝置，低速匯
流排連接低速傳輸裝置？ (A)Daisy Chaining (B)Independent
Requesting (C)Pulling (D)Separating。

( ) **19** 某Hamming Code編碼方式之最小漢明距離為5，則其最大可偵
錯與最大自動更正的位元數分別為多少？ (A)4與3 (B)3與3
(C)4與2 (D)3與2。

( ) **20** 下列何種磁碟排程可能造成餓死（Starvation）的問題？ (A)C-
Look Scheduling (B)C-Scan Scheduling (C)Scan Scheduling
(D)SSTF Scheduling。

( ) **21** 下列何種硬碟陣列採用漢明偵錯碼（Hamming Codes）並在可能
的範圍內自動修補錯誤？ (A)RAID 2 (B)RAID 3 (C)RAID
4 (D)RAID 5。

( ) **22** 有關分散式系統事件執行之先後關係式的偏序（Partial Order）
中，下列何者非其需滿足的條件？
(A)反對稱律（Anti-Symmetric）
(B)反身律（Reflexive）
(C)遞移律（Transitive）
(D)單一律（Unity）。

( ) **23** 分散式系統之時間戳記優先演算法（Timestamp Priority Algo-
rithm）為下列何種死結處理？ (A)Deadlock Detection (B)
Deadlock Distribution (C)Deadlock Prevention (D)Recovery
From Deadlock。

( ) **24** 下列何者不是雲端運算產業的類層？ (A)CaaS (B)IaaS (C)
PaaS (D)SaaS。

( ) **25** 下列何者不是系統呼叫（System Call）之參數傳遞方式？ (A)By Address (B)By Queue (C)By Register (D)By Stack。

( ) **26** 下列有關IPv4及IPv6的差異敘述，何者有誤？
(A)IP位址的長度，IPv4是32位元，IPv6是128位元
(B)和IPv4相同，IPv6的IP表頭（Header）中亦有Checksum欄位
(C)不同於IPv4，IPv6內建加密機制，具有更好的安全與保密性
(D)兩者IP表頭（Header）中，IPv4之欄位Time to Live與IPv6之欄位Hop Limit意義相同。

( ) **27** 下列有關IPv6位址表示法，何者有誤？
(A)2004:1:25A4:886F::1
(B)8293:5:9A:918::586D:99BA
(C)21DA:00D3:0000:2F3B:02AA:00FF:FE28:9C5A
(D)2001:0000:130F::099A::12A

( ) **28** 下列何種傳輸協定在傳輸過程中會將傳輸資料加密保護？ (A)HTTP (B)FTP (C)SSH (D)SMTP。

( ) **29** 外寄郵件伺服器採用下列何種通訊協定？ (A)SNMP (B)SMTP (C)POP3 (D)IMAP。

( ) **30** 下列有關路由器（router）的敘述，何者有誤？
(A)負責轉寄不同網段之間的封包
(B)routing路徑可手動建立或採動態方式決定
(C)屬於TCP/IP協定的網路層
(D)不可連接內部網路（LAN）和外部網路（WAN）。

( ) **31** 路由器透過「動態路由設定」建立路由表，下列何者並非路由（routing）協定？
(A)PPTP（Point to Point Tunneling Protocol）
(B)BGP（Border Gateway Protocol）
(C)OSPF（Open Shortest Path First）
(D)RIP（Routing Information Protocol）。

（　）**32** 下列有關TCP通訊協定之敘述，何者有誤？
(A)在傳送資料前須先建立連線
(B)當發送端未收到確認（ACK）封包將重送封包
(C)使用滑動窗口（Sliding Window）進行流量管控
(D)採用三次交握（Three Way Handshake）機制中斷連線。

（　）**33** 下列何種通訊協定為可動態設定IP組態（含IP位址、子網路遮罩、預設閘道及DNS等）？　(A)SNMP　(B)DHCP　(C)ARP (D)SMTP。

（　）**34** IPv4的網路中，有一主機之IP位址為149.84.63.17，子網路遮罩為255.255.224.0，下列何者之IP位址與該主機不在同一子網路中？　(A)149.84.55.49　(B)149.84.39.59　(C)149.84.30.62 (D)149.84. 42.66。

（　）**35** IPsec網路協定運作於DoD（TCP/IP）網路四層模型中的哪一層？　(A)網路層（Network Layer）　(B)應用層（Application Layer）　(C)實體層（Physical Layer）　(D)傳輸層（Transport Layer）。

（　）**36** ICMP網路協定運作於DoD（TCP/IP）網路四層模型中的網路層，其功能為何？
(A)通知路由器有關路徑改變的訊息
(B)將IP位址轉換成MAC位址
(C)確認IP封包成功遞送
(D)提供IP封包傳送的過程資訊。

（　）**37** Wifi無線網路需採用傳輸加密技術來確保資料傳輸安全，下列何者非屬無線網路加密技術？　(A)WPA2　(B)WPA　(C)WEP (D)WPS。

（　）**38** 下列何者為利用尚未被發現或公開的軟體安全漏洞，進行植入惡意程式的攻擊手法？　(A)網路釣魚　(B)零時差攻擊　(C)入侵網路　(D)殭屍網路。

(　) **39** 有關TCP/IP常用的應用服務所對應之傳輸協定及其預設連接埠
號，下列何者有誤？　(A)SMTP使用TCP連接埠25　(B)SNMP
使用UDP連接埠161　(C)Telnet使用UDP連接埠23　(D)POP3使
用TCP連接埠110。

(　) **40** 企業建置防火牆主要是防護下列何者之安全措施？　(A)網路
(B)實體　(C)原始碼　(D)人員。

(　) **41** 下列有關行動裝置安全的敘述，何者非屬保護之面向？　(A)機
密性　(B)擴充性　(C)完整性　(D)可用性。

(　) **42** 下列有關ＶＬＡＮ的特點敘述，何者有誤？　(A)隔離廣播封包
(B)不受實體限制　(C)提高安全性　(D)提升傳輸速率。

(　) **43** 因應新型冠狀病毒肺炎疫情，有關採取遠距辦公的網路安全，下
列敘述何者有誤？　(A)避免使用公用Wifi連接公司網路　(B)電
子郵件之附件加密　(C)可使用公用電腦登入公司系統　(D)離開
電腦立刻鎖定電腦或切斷連線。

(　) **44** 下列有關加密技術之敘述，何者有誤？　(A)數位簽章是收件者
使用寄件者的公鑰解密　(B)數位簽章是用寄件者的公鑰加密
(C)對稱式加密是雙方都使用同一把金鑰　(D)不可否認性是使用
寄件者的私鑰加密。

(　) **45** 下列有關物聯網層級架構由下而上的順序，何者正確？　(A)感
知層→網路層→應用層　(B)網路層→感知層→應用層　(C)應用
層→網路層→感知層　(D)網路層→應用層→感知層。

(　) **46** 下列有關使用HTTP Cookie的敘述，何者正確？　(A)防禦XSS攻
擊　(B)作為瀏覽器的組態設定檔　(C)在瀏覽器中儲存資訊（如
使用者帳密）　(D)防禦SQL Injection攻擊。

(　) **47** 下列何種指令可用來測試主機是否回應？　(A)ipconfig　(B)
netstat　(C)telnet　(D)ping。

( ) **48** 下列有關1000 Base TX的特性敘述，何者有誤？
(A)傳輸速率為1 Gbps
(B)每對絞線皆可傳送及接收資料
(C)同時使用4對絞線傳輸資料
(D)使用2對絞線專門傳輸資料。

( ) **49** 下列有關TCP與UDP通訊協定的敘述，何者正確？　(A)UDP為可靠式傳輸　(B)TCP為安全式傳輸　(C)TCP為可靠式傳輸　(D)UDP為安全式傳輸。

( ) **50** 下列有關Syn Flooding網路阻斷服務攻擊的敘述，何者有誤？
(A)伺服器端回傳ACK到用戶端
(B)用戶端不發送ACK到伺服器端
(C)伺服器端回傳SYN-ACK到用戶端
(D)用戶端發送SYN到伺服器端。

解答與解析 »»»»» 答案標示為#者，表官方曾公告更正該題答案。

1 (B)。首先要搞懂漢明距離，相同大小的資料寬度，有多少不同的位元數量，就是距離。
01100111 ⇒ 1's ⇒ 10011000 ⇒ 加奇同位 ⇒ 010011000
10110110 ⇒ 2's ⇒ 01001010 ⇒ 加偶同位 ⇒ 101001010
010011000
101001010
距離為5。

2 (C)。(C)指令週期就是時脈頻率，倒數為耗時。

3 (A)。(A)應為運算及資料皆N位。

4 (B)。(B)應為高速序列埠，只要連接針腳越少，基本上都是序列傳輸。

5 (D)。用推出年代來記，越後期推出，腳位一定越多，因為頻寬與資料量的需求。
SD>DDR=DRD>DDR2
DRD要記PS2及DC主機時代為了高效能而推出的特殊記憶體。
所以是(D)。

6 (C)。0跟1都是2顆才可運作
0+1則是2+2顆
5則是至少3顆
所以是(C)。

7 (C)。標準規格書算正式發表的文件，正式文件常以白封面樣式存在，進而習慣以白皮書稱之正式發布的文件。

8 (D)。FCFS是先來先做
PS是權重優先
SJF是短任務優先
SRTF是SJF的改良版，是允許新來的任務評估剩餘的時間進行插隊搶奪。
所以是(D)。

9 (C)。直接代數字去看，不要計算浪費時間

A	B	~A~B	AB	~A~B+AB
0	0	1×1=1	0	1
0	1	1×0=0	0	0
1	0	0×1=0	0	0
1	1	0×0=0	1	1

互斥閘為01與10則輸出1
結果完全數相反那就是一定是not XOR也就是(C)。

10 (B)。AGP是顯示卡、PCI是IO卡、PS/2是早期鍵盤滑鼠輸入設備、IEEE 1394也是外部傳輸埠，硬碟若要使用得使用轉接盒（把這個想像成早期的USB3）。所以是(B)。

11 (A)。$ABC + \overline{A}BC + AB\overline{C} + \overline{A}B\overline{C} + \overline{B}$
⇒整理一下$(ABC + AB\overline{C}) + (\overline{A}BC + \overline{A}B\overline{C}) + \overline{B}$
⇒提出來$AB(C + \overline{C}) + \overline{A}B(C + \overline{C}) + \overline{B}$
⇒化簡$AB×1 + \overline{A}B×1 + \overline{B}$
⇒再提$B(A + \overline{A}) + \overline{B}$
⇒化簡$B + \overline{B}$
⇒化簡1

12 (B)。C青、M洋、Y黃、K黑（屬記憶題）

13 (C)。BMP無壓縮（陷阱）、JPEG傅立葉破壞、PCX有點類似描述指令無損壓縮、PNG無損壓縮、TIF有點類似經典的zip壓縮一樣無損。

14 (A)。IO的管控都是在作業系統上，使用者不能隨意直接操作，就像列印到一半使用者去搶佔，那印表機一定會亂印。

15 (D)。SAN架構就是用光纖交換器的架構，規模才夠大夠快。

16 (C)。只有ready的狀態才可以進入到running，其他都不行。

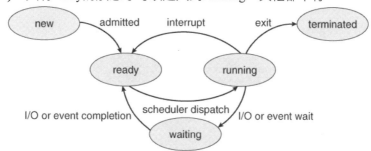

17 (A)。(A)Global Replacement會因為自己的程式忙碌，造成其他程式高機率的發生分頁錯誤，無法改善Thrashing的問題。

(B)Local Replacement侷限在自己的私有Frame內，但這樣會進一步造成記憶體使用效率低落，但會大大降低Thrashing問題。

(C)Page Fault Frequency是當快接近Thrashing狀態時，就把Frame提高，Frame一旦不足就會產生Thrashing；反之當減少錯誤發生的次數時，又會降低Frame分配。

(D)Working Set Model就是避免Thrashing而評估該程式需要多少Frame，Frame一旦不足就會產生Thrashing。

18 (D)。屬記憶題Separating。

19 (C)。d(C)≤k+1
最大偵錯就是5-1=4
d(C)≥2k+1
最大錯誤更正就是(5-1)/2=2

20 (D)。SSTF（short-seek time first），用電梯去想，如果電梯先服務距離電梯很近的乘客，結果大多數的乘客都只移動一個樓層，那距離較遠的乘客，就會等到天荒地老。

21 (A)。屬記憶題就是2。

22 (D)

23 (C)。打破Deadlock prevention的Hold and wait，Timestamp Priority Al-gorithm可由高優先的程式相低優先的程式請求資源。

24 (A)。刪去法Infrastructure、Platform、Software，沒有(C)。

25 (B)。Queue是演算法抽象化結構，在作業系統中沒有對應的處理設備。

26 (B)。IPV6沒有Checksum

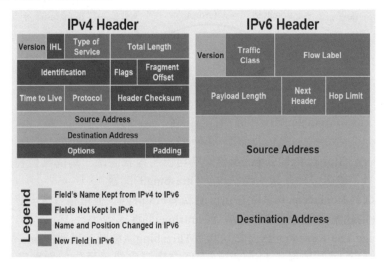

27 (D)。「::」只能使用一次，不能出現兩次，這是規定。

28 (C)。通常是S開頭的，SMTP是郵件協定。

29 (B)。SMTP是外寄，POP3就是早期的outlook使用的協定，郵件popout後就會刪除伺服器資料，IMAP就是現在的網頁郵件，永遠不會遺失。

30 (D)。router就是根據IP定址連接不同網路的對應走法，所以(D)錯。

31 (A)。PPTP是VPN協定，跟路由協定不同。

32 (D)。Three Way Handshake是保證送達的演算法，UDP則沒有這項演算法。

33 (B)。DHCP就是家用的虛擬IP分配的功能，所以會自動設定IP位址、子網路遮罩、預設閘道及DNS等上網必備資料。

34 (C)。224=1110 0000
63=0011 1111，所以大於32的都算同一網域內，所以(C)錯。

35 (A)。IPsec的作用是將目的地IP加密，避免有心人士找到目的地IP來在中間進行攻擊，既然IP被加密，那這件事必須在網路層作業，網路層就是IP位址定義的一層。

36 (D)。ICMP全名為Internet Control Message Protocol，一般用在解析網路路徑的報告產生協定，用來偵錯或排除網路傳遞問題的輔助功能。

37 (#)。WPS是指安全的快速連線設定，一般是家用產品上的快速連接WIFI用途，跟加密無關。本題官方送分。

38 (B)。沒有入侵網路一詞。釣魚是仿冒畫面進行竊取信用卡資料，零時差就是速度極快的漏洞攻擊，利用使用者來不及更新的弱點，殭屍就是透過眾多不知名的電腦進行目的電腦癱瘓連線或請求。

39 (C)。Telnet是TCP23，屬記憶題。

40 (A)。防火牆就是用在網路安全上。

41 (B)。不需要保護額外擴充的資料，只要確保機密、完整、並可使用即可。

42 (D)。VLAN就是模擬公司或住家區域網路內的作業，所以會經一系列的加密與特殊連線，如此一來網路使用效率就會因為資源成本而降低。

43 (C)。公用電腦不應使用高度機密的作業。

44 (B)。(B)資料傳遞時，寄件者就已經使用公鑰加密了，再加密一次沒有任何意義。

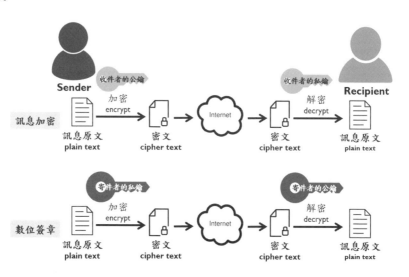

45 (A)。感知層就是眾多sensor裝置，透過網路蒐集後，變成報表來應用，所以是(A)。

46 (C)。儲存帳密是非常非常早期的作法，因太不安全，所以現在是留下一組具有時效性的hash code提供給server識別是誰，以便可重新登入。

47 (D)。屬記憶題，工具人必備指令。

48 (B)。每對絞線只能接收或傳送資料，不能同時，如TXRX。

49 (C)。TCP為可靠傳輸，會使用Three Way Handshake保證傳遞以及Sliding Window流量控制。

50 (A)。ACK是雙掛號概念，收到資料後要告訴發送者接收端已收到，如果不發ACK，伺服器會一直等、一直重送，不停地反覆，如此一來眾多電腦都來這招，伺服器就會耗盡資源，直接當機。

110年　關務特考（四等）

(　　) **1** 下列何種輸入輸出（Input/Output）機制，可藉由一個額外的控制器，協助處理器進行大量資料搬移的動作，進而提升處理速度或降低處理器的工作量？　(A)記憶體映射輸入輸出（Memory-mapped I/O）(B)檔案輸入輸出（File I/O）　(C)輪詢式輸入輸出（Polling I/O）(D)直接記憶體存取（Direct Memory Access）。

(　　) **2** 定址模式（addressing modes）是利用特定的規則解譯指令，並決定指令所包含之運算元的內容。下列何種定址模式，可最快取得運算元之值？　(A)立即定址方法（immediate addressing）(B)虛擬直接定址法（pseudodirect addressing）　(C)基底定址法（base addressing）　(D)PC相對定址法（program counter-relative addressing）。

(　　) **3** 常見用來敘述一個處理器的時脈速率規格為GHz（Gigahertz），如：某個特定處理器最高運作時脈為1GHz，假設一個時脈週期可以執行一個指令，則此1GHz所代表的意義為何？　(A)一個小時最高可處理10^6個指令　(B)一分鐘最高可處理10^6個指令　(C)一分鐘最高可處理10^9個指令　(D)一秒鐘最高可處理10^9個指令。

(　　) **4** 下列何者不屬於虛擬機器管理者（virtual machine manager）所提供之功能？　(A)在實體機器上建立虛擬機器　(B)管理每個虛擬機器能夠使用之計算資源與記憶體資源　(C)提供虛擬實境（virtual reality）應用所必要的功能　(D)支援訪客作業系統（guest operating system）執行。

(　　) **5** 下列何種應用類別以圖形處理器（graphics processing unit, GPU）運算會比中央處理器（central processing unit, CPU）執行時，更有效率？　(A)有大量輸入輸出（input/output operations）的資料庫應用　(B)每一筆資料都可以獨立處理的串流

（stream）資料運算　(C)程式編譯（compilation）　(D)具備許多分支控制指令的程式。

( )　**6** 某個中央處理單元（Central Processing Unit, CPU）的時脈週期（Clock Period）是50皮秒（Picoseconds, ps），則其時脈速度為多少GHz？　(A)20GHz　(B)50GHz　(C)200GHz　(D)500GHz。

( )　**7** 有關反及閘快閃記憶體（NAND flash memory）敘述，下列何者錯誤？　(A)區塊（block）是比頁面（page）小的管理單位　(B)如果重複更新某個位址的內容，則該位址的材質容易永久損壞　(C)一般隨機讀取的時間比硬碟快　(D)移除電源後，資料仍可保留。

( )　**8** 下列有關編譯器（compiler）的敘述，何者正確？　(A)可將高階語言的程式轉換成組合語言的程式　(B)可將組合語言的指令轉換成二進形式的機器碼　(C)可將某個指令集架構的機器碼轉換成另一個指令集架構的機器碼　(D)可管控計算機上各種程式所使用的資源。

( )　**9** 一部計算機中的各主要功能單元的運作時間如下：記憶體存取需300ps、算術邏輯單元運作需100ps、以及暫存器讀寫需250ps。在管道化處理（Pipelining）機制中，執行指令時需要有5個步驟：從記憶體中擷取指令、讀取暫存器的值（同時解碼指令）、算術邏輯單元運作（可能是計算位址）、存取記憶體中的資料、將結果寫回暫存器，此管道化實作計算機的一個時脈週期，應該設定成多少最合適？　(A)100ps　(B)250ps　(C)300ps　(D)1200ps。

( )　**10** 下列何種時間單位，最適合用來敘述硬式磁碟機（hard disk drive）讀取隨機資料所需花費的時間？　(A)奈秒（ns）　(B)微秒（μs）　(C)毫秒（ms）　(D)秒（s）。

（　）**11** 有關冗餘廉價磁碟陣列（redundant arrays of inexpensive disks, RAID）的敘述，下列何者正確？　(A)使用RAID時必須使用特殊的RAID硬體控制器，不能用軟體來實作　(B)RAID可大幅提升儲存裝置的讀寫效能，但都會些微降低儲存裝置的可靠度　(C)RAID 0將資料做條帶化（striping）來提升存取時的平行度，以達到較好的效能　(D)RAID 5將資料做鏡像（mirroring），以達到較高的可靠度。

（　）**12** 下列真值表（Truth Table）對應的布林函式（Boolean function）為何？

X	Y	Z	F
0	0	0	0
0	0	1	1
0	1	0	0
0	1	1	0
1	0	0	1
1	0	1	1
1	1	0	1
1	1	1	1

(A)$F=XY+Z$　　　　　　　　(B)$F=X\overline{Y}+Z$
(C)$F=X+\overline{Y}Z$　　　　　　(D)$F=(X+Y)(Y+Z)$。

（　）**13** 2的補數表示法中，有號二進制數字1111111111111100所代表的十進制數字為何？　(A)-32763　(B)-32764　(C)-3　(D)-4。

（　）**14** 在IEEE 754單精確度浮點數格式中，使用8個位元來儲存浮點數的指數部分，且指數偏移值（exponent bias）為127，若以此表示法來儲存浮點數，則下列那一項是$(59.25)_{10}$指數部分的儲存結果？　(A)10000100　(B)10001000　(C)10000010　(D)10000001。

(　　) **15** 若$(83)_x+(1111)_2=(3A)_{16}$，請問x的值為何？　(A)5　(B)6　(C)7　(D)8。

(　　) **16** 二進制數字10101.01轉換為十進制表示的數字為：
(A)21.01 (B)21.25　(C)85.00　(D)10101.01。

(　　) **17** 由A、B、C、D四個變數構成之函數，若由卡諾圖（Karnaugh Map）中可得到F＝B'D'+B'C'+A'C'D、F'＝AB+CD+BD'。則下列何者代表函數F之和項積（product of sums）？
(A)B'D'+　B'C'+A'C'D　　　　(B)AB+CD+BD'
(C)(B+D)(B+C)(A+C+D')　　(D)(A'+B')(C'+D')(B'+D)。

(　　) **18** 布林函數(B+C)(A+B+C)可化簡為：　(A)B+C　(B)A+B+C　(C)A(B+C)　(D)A+BC。

(　　) **19** 以SR正反器（SR flip-flops）設計移位器（Shifter）時，每一級的SR正反器的輸出Q與Q'要連接到下一級正反器的那個輸入？
(A)Q連接到下一級正反器的S，Q'連接到下一級正反器的R
(B)Q連接到下一級正反器的R，Q'連接到下一級正反器的S
(C)Q連接到下一級正反器的S與R
(D)Q'連接到下一級正反器的S與R。

(　　) **20** 最小漢明距離（minimum Hamming distance）為11_{10}的一組編碼，最多能校正幾個位元（bit）的錯誤？　(A)2　(B)3　(C)4　(D)5。

(　　) **21** 在Java程式語言中，下列資料型態轉換何者可能造成資訊的遺失（Information Loss）？
(A)由char資料型態轉換為float資料型態
(B)由double資料型態轉換為long資料型態
(C)由float資料型態轉換為double資料型態
(D)由int資料型態轉換為long資料型態。

( ) **22** 假設有一個空的堆疊（stack），依序執行下列動作：push(3)、push(10)、push(25)、push(5)、pop()、push(10)、pop()、pop()、pop()，堆疊最上面的一個數字為何？ (A)3 (B)5 (C)10 (D)25。

( ) **23** 關於Dijkstra演算法，下列敘述何者錯誤？
(A)可以用來尋找一個圖中由某一個節點到其他任一節點的最短路徑
(B)若圖中存在權值為負數的邊，此演算法仍可正常運作
(C)若圖中存在權值為無限大的邊，此演算法仍可正常運作
(D)若圖中存在權值為0的邊，此演算法仍可正常運作。

( ) **24** 給予一個加權有向圖（weighted directed graph）G=(V, E)，其中V代表頂點集合，E代表邊集合。若以|V|代表頂點的數量、|E|代表邊的數量且假設邊的權值皆大於0，在最差狀況下使用Bellman-Ford演算法尋找某一個頂點到其他頂點的最短路徑的時間複雜度，則下列何者正確？ (A)O(|E|) (B)O(|V||E|) (C)O($|V|^2$) (D)O($|E|^2$)。

( ) **25** 若一個二元樹（binary tree）有n個節點，使用中序走訪（inorder traversal）的時間複雜度，下列何者正確？ (A)θ(log n) (B)θ(n) (C)θ(n log n) (D)θ(n^2)。

( ) **26** 鍵盤側錄程式（keystroke logger或key logger）會損害下列何者？ (A)可用性（availability） (B)機密性（confidentiality） (C)完整性（integrity） (D)正確性（correctness）。

( ) **27** 下列關於實作一個即時作業系統須考慮的條件，何者錯誤？
(A)將事件潛伏期（event latency，亦即事件的等待時間）最小化 (B)以優先權繼承（Priority Inheritance）解決優先權倒置（Priority Inversion）的問題 (C)對於週期性即時工作，採用頻率單調式排班法（Rate Monotonic Scheduling）是最佳的靜態優先權（Static Priority）排班演算法 (D)若無法以期限最先到達

者優先（Earliest Deadline First, EDF）排班法將一組即時工作均排入其期限內完成，則使用頻率單調式排班法仍有機會來將這組即時工作排入其期限內完成。

(　) **28** 為改善fork()效能，許多UNIX版本提出一種虛擬記憶體fork（virtualmemory fork, vfork），它是fork()系統呼叫的一種變形。下列有關fork()以及vfork()的敘述，何者錯誤？　(A)由於UNIX使用fork()來複製程序，可能耗費大量系統資源，因此UNIX的程序又被稱為重量級程序（Heavyweight Process）　(B)在vfork()中使用了寫入時複製（Copy on Write）機制來減少無用的程序內容複製，並提高程序產生（Process Creation）的效率　(C)通常vfork()是應用在子程序（Child Process）產生後立即執行exec()的場合，是一種高效率的程序產生方法　(D)vfork()子程序產生之後的執行順序是子程序先執行，然後才是父程序（Parent Process）。

(　) **29** UNIX的輸出入裝置一般分為二大類：區塊裝置（Block Device）與字元裝置（Character Device）。下列何者屬於UNIX的區塊裝置？　(A)藍芽（Bluetooth）無線裝置　(B)根檔案系統（root file system）　(C)觸控螢幕（Touchscreen）　(D)音樂數位介面（Music Instrument Digital Interface, MIDI）裝置。

(　) **30** UNIX語意（UNIX Semantics）是一種檔案共享（File Sharing）的一致性語意（Consistency Semantics）。對於UNIX語意，下列敘述何者錯誤？　(A)使用者對一個已開啟的檔案進行寫入時，可被其他也開啟該檔案的使用者立即看見內容的更動　(B)共用檔案的使用者各自擁有一份檔案映像（File Image），並由系統維持各檔案映像間的一致　(C)使用者改變一個檔案指標所指的位址時，會影響所有共用此檔案的使用者　(D)UNIX Semantics適用於專案團隊成員間的即時檔案分享。

(　) **31** 針對C++程式語言，下列敘述何者錯誤？　(A)是一種高階程式語言　(B)是一種物件導向語言　(C)具有可攜性，使用C++編譯

器得到的執行檔案可以直接拿到其他不同作業系統的機器上執行
(D)沒有內建垃圾收集（garbage collection）機制，程式設計者
必須自行負責釋放已配置但已不再需要的記憶體空間。

（　）**32** 下列那一項技術是在多核心電腦的作業系統的排程機制中，負
責平均分配工作給所有核心的方法？　(A)循環分時多工機制
（Round-robin time-sharing）　(B)推拉轉移機制（push and pull
migration）　(C)優先權排程機制（Priority-based scheduling）
(D)本文切換機制（Context switching）。

（　）**33** 若執行下列的Java程式碼，則螢幕上輸出的結果依序為何？
```
public class EqualTest{
        public static void main(String[] args){
                Integer a = new Integer(10);
                String b = "Java";
                String c = new String("Language");
                System.out.println(a = = 10);
                System.out.println(b = = "Java");
                System.out.println(c = = "Language");
        }
}
```
(A)false，false，false　(B)false，true，false　(C)true，true，
false　(D)true，true，true。

（　）**34** Amazon Elastic Compute Cloud（Amazon EC2）是一種服務，
可在雲端提供使用者建立並控制安全、可調整大小的運算能力
與容量。依照美國國家標準暨科技研究院（National Institute of
Standards and Technology）定義，Amazon EC2屬於下列何種
服務提供模型？　(A)資料即服務（Data as a Service）　(B)基
礎建設即服務（Infrastructure as a Service）　(C)平台即服務
（Platform as a Service）　(D)軟體即服務（Software as a Ser-
vice）。

( ) **35** 在類比與數位訊號轉換中的Aliasing（失真）問題，與下列何者最為相關？ (A)取樣頻率不足 (B)過度取樣 (C)原訊號雜訊太高 (D)原訊號無雜訊。

( ) **36** 在3位元灰階影像中，每個像素值僅可為0, 1, 2, 3, 4, 5, 6, 7，其中0代表白色，7代表黑色。若兩像素的灰階值分別為x與y，在64種(x, y)灰階值組合裡，有多少組其x與y的差異小於等於2？ (A)24 (B)32 (C)34 (D)40。

( ) **37** 在數位影像處理中，色彩取樣（Chrominance subsampling）是指在表示圖像時使用較低的解析度來表示色彩資訊。下列何者不是常見的取樣方式？

(A)

Y Cb, Cr	Y	Y	Y
Y Cb, Cr	Y	Y	Y
Y Cb, Cr	Y	Y	Y
Y Cb, Cr	Y	Y	Y

(B)

Y Cb, Cr	Y	Y Cb, Cr	Y
Y	Y	Y	Y
Y Cb, Cr	Y	Y Cb, Cr	Y
Y	Y	Y	Y

(C)

Y Cb, Cr	Y	Y Cb, Cr	Y
Y Cb, Cr	Y	Y Cb, Cr	Y
Y Cb, Cr	Y	Y Cb, Cr	Y
Y Cb, Cr	Y	Y Cb, Cr	Y

(D)

Y	Y	Y	Y
Y	Y Cb, Cr	Y Cb, Cr	Y
Y	Y Cb, Cr	Y Cb, Cr	Y
Y	Y	Y	Y

( ) **38** 根據視訊壓縮標準H.263，圖示裡的方格代表一個巨集區塊（Macroblock），中間方格的移動向量MV（motion vector）是根據由鄰近三個巨集區塊的移動向量進行預測編碼。下列那一個移動向量是上述的三個之一？

MV1	MV2	MV3
MV4	MV	MV5
MV6	MV7	MV8

(A)MV1　(B)MV3　(C)MV6　(D)MV8。

(　) **39** 視訊壓縮標準H.263使用下列那一個轉換方式將像素資料轉換成
DC與AC的係數？
(A)離散餘弦轉換（Discrete cosine transform）
(B)傅立葉轉換（Fourier transform）
(C)類比到數位轉換
(D)小波轉換（Wavelet transform）。

(　) **40** 離散餘弦轉換（Discrete Cosine Transform, DCT）常應用於影
像壓縮。若我們將一張8×8且像素值皆為128的灰階影像進行
二維離散餘弦轉換（2-D DCT），轉換後的64個係數會有下列
何種結果？
(A)全部為零
(B)不變（全部為128）
(C)只有一個係數有非零的值，其餘為零
(D)各係數值的平均為128。

解答與解析 »»»» 答案標示為#者，表官方曾公告更正該題答案。

1 (D)。IO速度過慢，所以會透過IO處理器進行代理處理，其中PIO為輪流慢速
處理，DMA為高速存取。

2 (A)。立即定址是最快的，直接以位址進行實體存取，不需要額外轉換或是
offset推算。

3 (D)。Hz定義就是1秒發生的次數。

4 (C)。跟虛擬實境完全無關，就是在系統中虛擬一台額外的系統，稱之虛擬
主機。

5 (B)。GPU的pipeline是分散在不同的基礎核心內，如CUDA，所以大量的平行資料運算效率最高。

6 (A)。$1/50 \times 10^{-12}$=1/50THz=0.02THz=20GHz。

7 (A)。反了。

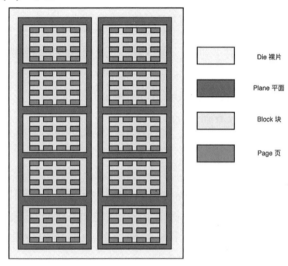

8 (A)。應該是直接轉成機器語言。

9 (C)。CPU速度太快，要以最慢的單位下去設定。

10 (C)。屬記憶題，通常約1ms。

11 (C)。0可以將磁碟儲存空間平均分散striping規劃，所以當檔案讀寫時，每一顆磁碟都會同時作動，具有更好的存取頻寬與效能。

12 (C)。直接一個一個代值就可以驗證了。

13 (D)。第一位為1則為負數，剩餘的作1的補數後+1=000000000000011+1=000000000000100=4，答案為-4。

14 (A)。59.25=59+0.25=0011 1011 + 0.01 = 111011.01 = 1.1101101×2^5
所以127+5 = 0111 1111 + 101 = 10000100。

15 (#)。該題有錯，考選部公告一律給分。

16 (B)。用速算法，整數部分為1+4+16=21，小數部分為$(\frac{1}{2})^2$=0.25，答案為21.25。

17 (D)。由上述F與F'可產生下表，在使用圈選化簡

	C'D'	C'D	CD	CD'
A'B'	1	1	0	1
A'B	0	1	0	0
AB	0	0	0	0
AB'	1	1	0	1

紅色=B'+D'
黃色=B'+C'
綠色=A'+C'+D。

18 (A)。(B+C)(A+B+C)=(B+C)(1+A)=(B+C)1=(B+C)。

19 (A)。屬記憶題。

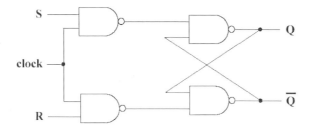

20 (D)。d(C)≥2n+1，11≥2n+1，10≥2n，5≥n。

21 (B)。倍精度資料較大，放到較小的單精度資料型別，會導致資料遺失。

22 (A)。{5、25、10、3}，pop後{25、10、3}，{10、25、10、3}，pop3次{3}。

23 (B)。屬記憶題，如果存在負權重路徑，代表找不到最短路徑。

24 (B)。V個頂點，E個邊，最差為O(|V||E|)，死記。

25 (B)。陷阱，不管用什麼方式走，都要走完全部的節點。

26 (B)。可以側錄密碼就屬於機密。

27 (D)。不一定，如果這個工作週期長，則會排入低優先權。

28 (B)。Copy on Write是使用在fork()上。

解答與解析

29 (B)。屬記憶題。

30 (B)。不會各自擁有，而是共有。

31 (C)。跨平台必須要有類似JVM或CLR中間碼的運作框架。

32 (B)。單顆核心是切來切去Context switching，多核心則是要把整批工作推送或拉回各種核心去運作，避免長時間運作溫度過高，或是有長時間閒置的核心。

33 (C)。在Java內有一個string pool的特性，如果只是字串比較，會進入string pool中尋找文字本身的資料比對，但如果是以string物件比對，則不會經過string pool的比對，應該要使用equals(String s)。

34 (B)。屬記憶題，EC2就是一台虛擬機。

35 (A)。取樣率太少，就會無法還原，如同馬賽克的照片，像素太低。

36 (C)。
<u>0, 1, 2</u>, 3, 4, 5, 6, 7→3種
<u>0, 1, 2, 3</u>, 4, 5, 6, 7→4種
<u>0, 1, 2, 3, 4</u>, 5, 6, 7→5種
0, <u>1, 2, 3, 4, 5</u>, 6, 7→5種
0, 1, <u>2, 3, 4, 5, 6</u>, 7→5種
0, 1, 2, <u>3, 4, 5, 6, 7</u>→5種
0, 1, 2, 3, <u>4, 5, 6, 7</u>→4種
0, 1, 2, 3, 4, <u>5, 6, 7</u>→3種
3+4+5×4+4+3=14+20=34。

37 (D)。A=4:1:1、B=4:2:0、C=4:2:2。

38 (B)。預測塊在右下角，所以1、2、4為鄰近三個區塊。

39 (A)。壓縮方式使用DCT減少多餘資料，屬記憶題。

40 (C)。由於預測框在右下角，所以左上必須要有資料，其餘皆為0。

111年　初等考試

(　) **1** 關於硬碟（Hard Disk）的描述，下列何者錯誤？
(A)磁碟片上的一個同心圓稱為磁軌（Track）
(B)外圈的磁軌比內圈的磁軌可以儲存更多資料
(C)各個磁碟片上相同半徑磁軌的集合稱為磁柱（Cylinder）
(D)轉速越高，存取效率越佳。

(　) **2** 下列何者是CPU的主要元件？
(A)主記憶體（Main Memory）
(B)匯流排（Bus）
(C)控制單元（Control Unit）
(D)北橋晶片（Northbridge）。

(　) **3** 關於CPU的精簡指令集（RISC）與複雜指令集（CISC）之描述，下列何者錯誤？
(A)RISC指令種類較少、CISC指令種類較多
(B)RISC指令格式較無彈性、CISC指令格式較有彈性
(C)RISC指令無明顯最佳化、CISC指令進行最佳化
(D)RISC指令功能較簡單、CISC指令功能較複雜。

(　) **4** 主機板通常內建許多連接埠與擴充槽，下列何者的傳輸速度最慢？
(A)ISA　　　　　　　　(B)PCI
(C)AGP　　　　　　　　(D)IEEE 1394。

(　) **5** 下列何者不屬於作業系統的主要功能？
(A)即時通訊　　　　　　(B)行程管理
(C)記憶體管理　　　　　(D)裝置驅動程式。

(　) **6** 下列那個Linux指令可以用來查看檔案與子目錄？
(A)ls　　　　　　　　　(B)mkdir
(C)pwd　　　　　　　　(D)chmod。

（　　）　**7** 下列何者不屬於嵌入式作業系統？
(A)iOS　　　　　　　　　　(B)Debian
(C)Windows 10 IoT　　　　　(D)Android。

（　　）　**8** 一張1024×768的全彩影像，未壓縮前的檔案大小約為：
(A)393KB　　　　　　　　　(B)786KB
(C)1.6MB　　　　　　　　　(D)2.3MB。

（　　）　**9** 下列那種資訊系統，整合了公司營運所需的各種流程（例如，
生產、配銷、人力資源、研發、財務會計……等）於單一平台
之上？
(A)供應鏈管理（SCM）　　(B)企業資源規劃（ERP）
(C)管理資訊系統（MIS）　　(D)知識管理（KM）。

（　　）　**10** 1 Petabyte（PB）約等於多少Bytes？
(A)10^6　　　　　　　　　(B)10^9
(C)10^{12}　　　　　　　　(D)10^{15}。

（　　）　**11** 下列遞迴函數，當執行FR(51)後，回傳值為何？
```
int FR(int N){
    if(N <= 1)return 1;
    else return N * FR(N/3);
}
```
(A)3375　　　　　　　　　(B)4000
(C)4335　　　　　　　　　(D)5000。

（　　）　**12** 分治法（Divide and Conquer）是將問題拆分為子問題，對子問
題求解、最終合併結果的一種演算法技巧，
下列何種排序法使用分治法的概念？
(A)氣泡排序法（Bubble Sort）
(B)合併排序法（Merge Sort）
(C)選擇排序法（Selection Sort）
(D)插入排序法（Insertion Sort）。

( ) **13** 下列程式片段的時間複雜度為何？

for(i=n; i>0; i/=2)x++;

(A)O(NlogN)　　　　　(B)O(N)

(C)O(logN)　　　　　(D)O(1)。

( ) **14** 下列何種語言主要用來定義網頁的外觀（例如，編排、顯示、格式化、特殊效果……等）？

(A)CSS　　　　　(B)JavaScript

(C)PHP　　　　　(D)XML。

( ) **15** 關於資料庫資料獨立性（Data Independence）的描述，下列何者正確？

(A)資料庫內部儲存結構的改變，不會影響應用程式的存取

(B)資料檔案與資料庫管理系統（DBMS）可以分別在不同的伺服器上運行

(C)資料庫中的資料表可以獨立設計，不受其他資料表內容的影響

(D)資料庫系統與應用程式可以分別獨立設計與實作。

( ) **16** 關於資料庫正規化（Normalization）的描述，下列何者正確？

(A)第一正規式去除多值屬性與複合屬性

(B)第二正規式去除遞依相依

(C)第三正規式去除部分相依

(D)BC正規式去除多值相依。

( ) **17** 資料庫設計通常採用三層式資料架構，下列何者不屬於這三層？

(A)內部層　(B)概念層　(C)外部層　(D)網路層。

( ) **18** 關於資料倉儲（Data Warehouse）的描述，下列何者錯誤？

(A)較小型的資料倉儲稱為資料超市（Data Mart）

(B)資料探勘（Data Mining）是資料倉儲的重要應用之一

(C)具有主題導向、整合性、時間變動性與非揮發性等特點

(D)支援線上交易處理（Online Transaction Processing, OLTP）。

（　）**19** 關於TCP/IP參考模型的描述，下列何者正確？
(A)應用層負責提供網路服務給應用程式，IP為知名通訊協定
(B)傳輸層負責分段排序、錯誤控制、流量控制等工作，UDP為知名通訊協定
(C)網路層負責定址與路由等工作，TCP為知名通訊協定
(D)連結層負責與硬體溝通，HTTP為知名通訊協定。

（　）**20** 行動支付的熱潮來臨，下列何種無線通訊標準適合實作行動支付應用？
(A)5G　　　　　　　　　(B)WiMAX
(C)NFC　　　　　　　　(D)WiFi。

（　）**21** 連結教育部全球資訊網時，僅須在瀏覽器輸入www.edu.tw，而不用去查詢伺服器的真實IP，是因為有什麼服務？
(A)Proxy　　　　　　　(B)ADSL
(C)DNS　　　　　　　　(D)BBS。

（　）**22** 以下那種網路犯罪模式，主要利用假訊息、網站或社交工程，對個人和企業騙取敏感資訊或金錢？
(A)駭客攻擊　　　　　　(B)網路竊聽
(C)勒索軟體　　　　　　(D)網路釣魚。

（　）**23** 電子商務四流中，何者處理產品所有權轉移的方式或過程？
(A)商流　　　　　　　　(B)金流
(C)物流　　　　　　　　(D)資訊流。

（　）**24** 創用CC授權是一種新的著作權分享方式，下列何者不是其授權要素？
(A)非商業性　　　　　　(B)禁止改作
(C)任意分享　　　　　　(D)姓名標示。

（　）**25** 現代的作業系統通常在下列那兩種模式下交互運行？　①使用者模式（user mode）；②實體模式（physical mode）；③特權模式（privileged mode）；④核心模式（kernel mode）

(A)使用者模式與實體模式　　(B)實體模式與特權模式
(C)特權模式與核心模式　　(D)核心模式與使用者模式。

(　) **26** 下列何者被作業系統用來預防使用者的程序因為無窮迴圈占據整個電腦系統，導致其他程序無法獲得CPU執行？
(A)快取控制器（cache controller）
(B)計時器（timer）
(C)程式計數器（program counter）
(D)系統除錯器（system debugger）。

(　) **27** 多程序（process）在作業系統中執行，要預防死結（deadlock prevention），下列敘述何者錯誤？
(A)要求程序執行前，請求所有資源並獲得配置
(B)要求程序未握有資源下，才能請求資源
(C)若程序已握有資源但無法立即獲得請求資源，放棄握有的所有資源
(D)指定各種類別資源的整體循環排序，要求程序依序請求資源。

(　) **28** 關於電腦周邊的常用語，下列敘述何者錯誤？
(A)USB-C是一種電腦與周邊連接的連線接頭規格標準
(B)GPIO是一種遊戲周邊輸出入的專用標準
(C)PCIe是一種電腦周邊元件高速擴充匯流排標準
(D)USB PD是一種充電標準與技術規格。

(　) **29** 10進位-1020表示為16位元2補數，以16進位表示，下列何者正確？
(A)$8C03_{16}$　　　　　　　(B)$FC03_{16}$
(C)$8C04_{16}$　　　　　　　(D)$FC04_{16}$。

(　) **30** 將10進位$(66.375)_{10}$轉換為2、4、8、16進位，下列何者錯誤？
(A)$0100\ 0010.0110_2$　　　(B)1002.12_4
(C)112.3_8　　　　　　　(D)42.61_6。

（　　）**31** 對於N個位元的整數表示方式，下列敘述何者錯誤？
(A)無號（unsigned）格式所能表示的最大整數是2^N-1
(B)符號帶大小（signed-magnitude）格式所能表示的最小整數是$-(2^{N-1}-1)$
(C)1補數（1's complement）格式所能表示的最大整數是$+(2^{N-1}-1)$
(D)2補數（2's complement）格式所能表示的最小整數是$-(2^N-1)$。

（　　）**32** 8位元二進位數$x=1010\ 1100_2$與$y=0011\ 1101_2$進行邏輯運算，下列敘述何者正確？
(A)NOT（x AND y）結果是$1101\ 0101_2$
(B)NOT（x OR y）結果是$0100\ 0100_2$
(C)（x XOR y）結果是$1010\ 0001_2$
(D)（x OR(NOT y)）結果是$1110\ 1110_2$。

（　　）**33** 關於程式語言與執行，下列敘述何者錯誤？
(A)8086組合語言程式經組譯器（assembler）翻譯為機器語言執行
(B)C語言程式經編譯器（compiler）翻譯為機器碼執行
(C)Java語言程式經Java虛擬機器（virtual machine）翻譯為虛擬碼執行
(D)BASIC語言程式經解譯器（interpreter）翻譯後執行。

（　　）**34** 某個以列為主（row-major）儲存的三維陣列A[3][4][5]，若A[0][2][4]的位址是204810，A[1][2][2]的位址是2084_{10}，則A[2][1][2]的位址為何？
(A)2112_{10}　　　　　　　　(B)2114_{10}
(C)2122_{10}　　　　　　　　(D)2124_{10}。

（　　）**35** 對於下列C程式片段執行Cfun(3)的輸出內容，下列敘述何者錯誤？

```
void Cfun(int n)
{
    while(n !=1){
        n =(n%2)? 3*n+1 : n/2 ;
        printf("%d. ", n);
    }
}
```
(A)輸出內容中有整數5　　(B)輸出內容中有整數8
(C)輸出內容中有整數9　　(D)輸出內容中有整數16。

( ) **36** 執行下列C程式片段後，下列敘述何者正確？
```
for(i = j = k = 0; i < 5; i++, j++){
    k++ ;
    if(j%2 ==0)continue ;
    k++;
    if(i%3 ==0)break ;
}
printf("i = %d, j = %d, k = %d", i, j, k);
```
(A)印出 i = 3, j = 3, k = 6　　(B)印出 i = 3, j = 6, k = 10
(C)印出 i = 6, j = 3, k = 6　　(D)印出 i = 6, j = 3, k = 10。

( ) **37** 將後序表示式（postfix expression）abc*+de-*進行轉換，下列敘述何者正確？
(A)中序表示式（infix expression）為a+b*c*d-e
(B)中序表示式（infix expression）為(a+b)*c*(d-e)
(C)中序表示式（infix expression）為(a+b*c)*(d-e)
(D)中序表示式（infix expression）為a+b*(c*d-e)。

( ) **38** 以C、Java與PHP三種程式語言來考慮，就①程序式（procedural）；②物件導向式（object-oriented）；③腳本式（scripting）三種程式語言類別，以及最適合開發；④網路程式；⑤網頁程式；⑥系統程式三種應用需求而言，下列敘述何者正確？

(A)C:①⑥、Java:③④、PHP:②⑤
(B)C:①⑥、Java:②④、PHP:③⑤
(C)C:①⑤、Java:③⑥、PHP:②④
(D)C:①④、Java:②⑤、PHP:③⑥。

(　　) **39** 若關聯綱要（relation schema）R（A, B, C, D, E）已符合1NF
（第一正規式），但具有以下功能相依（functional dependen-
cy）：{B}→{C}以及{D}→{E}。下列敘述何者正確？
(A)將R拆解為R1（A, B, C）與R2（D, E）可以符合2NF（第二
正規式）
(B)將R拆解為R1（A, D, E）與R2（B, C）可以符合2NF（第二
正規式）
(C)將R拆解為R1（A, B, C, D）與R2（D, E）可以符合2NF（第
二正規式）
(D)將R拆解為R1（A, B, D, E）與R2（B, C）可以符合2NF（第
二正規式）。

(　　) **40** 給予以下的設計：①概念設計（conceptual design）；②表格設
計（table design）；③邏輯設計（logical design）；④實體設計
（physical design）。關於資料庫的設計，在需求分析階段完後，
包括那些階段？
(A)①②③
(B)①②④
(C)①③④
(D)②③④。

(　　) **41** 關於網路廣告收費方式，下列敘述何者正確？
(A)點擊率（Click Through Rate, CTR）計價方式：每千次廣告
曝光的成本，廣告曝光是指廣告成功地傳給符合的使用者
(B)引導數（Click Per Lead, CPL）計價方式：依照用戶有效的
訪問數量來收取費用，需要實際填寫表單或產生消費行為才
計費

(C)單次購買成本（Cost Per Purchase, CPP）計價方式：消費者
點選某網路廣告後，連結到另一個廣告網頁或網路廣告主所
設置的網站，以觀看較詳細的廣告內容
(D)單次銷售成本（Click Per Sale, CPS）計價方式：以用戶的每
一個回應計價，也就是以回應成本計價。

( ) **42** 傳送敏感的電子資料時，有必要防止來源端及目的端的否認行
為。下列何者可以達成此不可否認（Non-repudiation）之安全
防護？
(A)對稱式加密法
(B)非對稱式加密法
(C)數位簽章
(D)數位摘要。

( ) **43** 關於加解密，下列敘述何者錯誤？
(A)加密保護的方式可分為對稱式加密法與非對稱式加密法兩種
(B)非對稱式加密法最具代表性的方法是DES，可用來做數位
簽名
(C)非對稱式加密法加密或解密時，使用兩組不同的一對金鑰，
即公開金鑰與私有金鑰
(D)對稱式加密法加密或解密時，必須使用同一把金鑰。

( ) **44** 關於網路攻擊，下列何者不是主動式攻擊（Active attacks）？
(A)窺探（Snooping）攻擊
(B)重送（Replay）攻擊
(C)阻斷服務（DOS）攻擊
(D)篡改（Modify）傳送封包。

( ) **45** 關於「不需要透過作業系統、軟體或其他系統的安裝，只要透過
網路，就可以讓使用者操作應用程式。」下列敘述何者正確？
(A)此為「軟體即服務」之概念
(B)此為「平台即服務」之概念
(C)此為「物聯網」之概念
(D)此為「基礎設施即服務」之概念。

( ) **46** 關於網路設備與OSI網路模型，下列敘述何者正確？
(A)閘道器（gateway）能連接不同的網路並轉換不同通訊協定，通常在OSI的傳輸層（transport layer）與交談層（session layer）
(B)路由器（router）能過濾封包並連接區域網路或廣域網路，通常在OSI的傳輸層（transport layer）
(C)中繼器（repeater）能接收並增強訊號，位於OSI的資料鏈結層（data link layer）
(D)橋接器（bridge）能連結網路不同的區段，位於OSI的網路層（network layer）。

( ) **47** OSI網路模型中，提供網際網路訊息存取協定（Internet Message Access Protocol, IMAP）服務是在下列那一層？
(A)資料鏈結層（data link layer）
(B)傳輸層（transport layer）
(C)應用層（application layer）
(D)網路層（network layer）。

( ) **48** SQL語言對文字欄位查詢是否包含特定字串時，使用下列那個關鍵字？
(A)SIMILAR　　　　　　(B)NEAR
(C)EQUAL　　　　　　 (D)LIKE。

( ) **49** SQL語言中的ALTER指令，可以完成下列那項工作？
(A)更新資料　　　　　　(B)賦予使用者權限
(C)修改資料表綱目　　　(D)建立索引。

( ) **50** 關於物聯網（IoT）的描述，下列何者錯誤？
(A)智慧家庭是主要應用之一
(B)感測技術與連線能力的進步是重要的促成科技
(C)結合人工智慧後稱為AIoT
(D)T是Technology的縮寫。

解答與解析 »»»»» 答案標示為#者，表官方曾公告更正該題答案。

1 (B)。硬碟構造如下圖所示

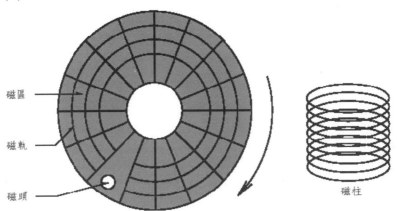

(B)外圈的磁軌與內圈的磁軌儲存相同多資料。

2 (C)。CPU 的主要可分為控制單元及算術與邏輯單元

3 (C)。CISC（complex instruction set computer）是複雜指令集。
RISC（reduced instruction set computer）是精簡指令集。
指令的最佳化是來自編譯器，而非指令本身。

4 (A)。主機板連接埠如下圖所示，ISA之傳輸速度最慢。

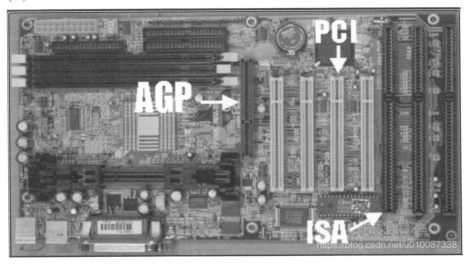

5 (A)。即時通訊為網際網路的功能。

6 (A)。ls就是顯示目錄。

7 (B)。現在嵌入式系統已逐漸由原僅限於工業用電腦普及到家電的領域。這類系統的特性是沒有外接的零配件、具有特定的功能、容積小、穩定性強的特點。系統軟體的設計與規劃須兼顧上述的特性而研發。

8 (D)。$1024 \times 768 \times 24bit = 2304kBytes \approx 2.3MBytes$
以下為色彩示意圖

24-bit全彩

8-bit256色

4-bit16色

9 (B)。跟企業有關的管理，通通稱之為ERP（Enterprise Resource Planning）。

10 (D)。1PB = 10^{15} Bytes

11 (C)。這題很陷阱，int相除會直接捨去小數

N	FR(N)
0	1
1	1
2	2*1
3	3*1
4	4*1
5	5*1
6	6*2*1
7	7*2*1
8	8*2*1

由上述規律來看，不需要繼續往下代，可以直接算

$51 \times 17 \times 5 \times 1 = 4335$

12 (B)。合併排序法：將二筆已排序的資料合併並進行排序，如果讀入的資料尚未排序，可以使用其它排序法排序。

13 (C)。迴圈中，i要降到0才會停止，但i每次降都是多一倍，指數降低就是logN。

14 (A)。跟 HTML 一樣，CSS 既非標準程式語言，也不是標記語言，而是一種風格頁面語言（style sheet language）：它能讓你在 HTML 文件中的元素（element）上套用不同的頁面樣式（style）。

15 (A)。資料庫資料獨立，代表有中間層，也就是Data Access Layer負責移除邏輯層與資料層的互相依賴。

解答與解析

16 (A)。

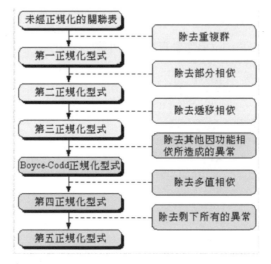

17 (D)。資料庫三層綱要架構

內部綱要：

描述資料庫實際儲存的資料結構，以及如何儲存方式，例如資料庫檔案儲存格式或儲存的實際位置。

概念綱要：

主要描述資料表之間的關聯性，此綱要中也訂定一個資料庫系統中所有使用者共用的資料結構，讓外部視界來存取。

外部視界：

主要目的為面對一般使用者，針對不同使用者所需要資料進像篩選，可避免使用者看到未授權的內容。

18 (D)。OLTP是資料庫本身的功能

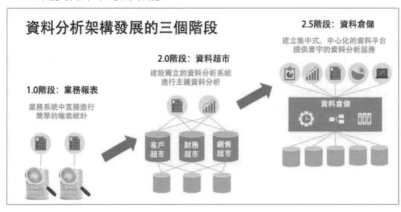

「資料倉儲」這個名詞在西元1990年由Bill Inmon所創造出來的，因此被喻為資料倉儲之父，在「What is a Data Warehouse」書中，他認為資料倉儲的資料收集，有4種特性：主題導向的（subject-oriented）、經過整合的（integrated）、依循時間變動的（time-variant）、不會流失的（non-volatile）。

19 (B)。(A)IP為網路層。

(C)TCP為傳輸層。

(D)HTTP為應用層。

OSI (Open Source Interconnection) 7 Layer Model

Layer	Application/Example		Central Device/ Protocols	DOD4 Model
Application (7) Serves as the window for users and application processes to access the network services.	**End User layer** Program that opens what was sent or creates what is to be sent		**User Applications**	Process
	Resource sharing • Remote file access • Remote printer access • Directory services • Network management		SMTP	
Presentation (6) Formats the data to be presented to the Application layer. It can be viewed as the "Translator" for the network.	**Syntax layer** encrypt & decrypt (if needed)		JPEG/ASCII EBDIC/TIFF/GIF PICT	
	Character code translation • Data conversion • Data compression • Data encryption • **Character Set Translation**			
Session (5) Allows session establishment between processes running on different stations.	**Synch & send to ports** (logical ports)		**Logical Ports**	
	Session establishment, maintenance and termination • Session support - perform security, name recognition, logging, etc.		RPC/SQL/NFS NetBIOS names	
Transport (4) Ensures that messages are delivered error-free, in sequence, and with no losses or duplications.	**TCP** Host to Host, Flow Control	F I L T E R I N G / P A C K E T	TCP/SPX/UDP	Host to Host
	Message segmentation • Message acknowledgement • Message traffic control • Session multiplexing			
Network (3) Controls the operations of the subnet, deciding which physical path the data takes.	**Packets** ("letter", contains IP address)		**Routers**	Internet
	Routing • Subnet traffic control • Frame fragmentation • Logical-physical address mapping • Subnet usage accounting		IP/IPX/ICMP	
Data Link (2) Provides error-free transfer of data frames from one node to another over the Physical layer.	**Frames** ("envelopes", contains MAC address) [NIC card — Switch — NIC card] (end to end) Establishes & terminates the logical link between nodes • Frame traffic control • Frame sequencing • Frame acknowledgement • Frame delimiting • Frame error checking • Media access control		**Switch Bridge WAP** PPP/SLIP	Network
Physical (1) Concerned with the transmission and reception of the unstructured raw bit stream over the physical medium.	**Physical structure** Cables, hubs, etc.		**Hub**	
	Data Encoding • Physical medium attachment • Transmission technique - Baseband or Broadband • Physical medium transmission Bits & Volts			

（GATEWAY Can be used on all layers / Land Based Layers 跨越於右側欄位）

20 (C)。NFC（Near Field Communication）是一種近距離的無線通訊技術，由非接觸式射頻識別（RFID）技術衍生而來。可讓裝置進行非接觸式點對點資料傳輸，也允許裝置讀取包含產品資訊的近距離無線通訊標籤。現已廣泛應用於智慧型手機、電腦、智能家居等設備。

21 (C)。DNS伺服器將名稱請求轉換為IP地址，以控制最終使用者在Web瀏覽器中輸入網域名稱時要連接的伺服器。這些請求稱為查詢。

解答與解析

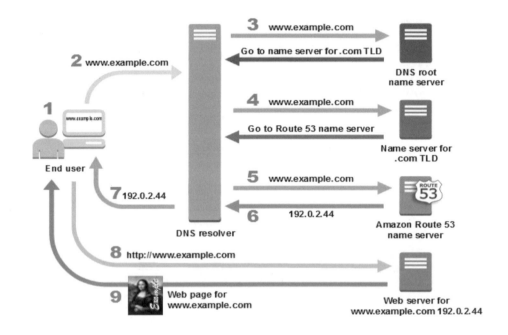

22 (D)。網路釣魚是一種企圖從電子通訊中,透過偽裝成信譽卓著的法人媒體以獲得如使用者名稱、密碼和信用卡明細等個人敏感資訊的犯罪詐騙過程。這些通信都聲稱(自己)來自於風行的社群網站(YouTube、Facebook、MySpace)、拍賣網站(eBay)、網路銀行、電子支付網站(PayPal)、或網路管理者(雅虎、網際網路服務提供者、公司機關),以此來誘騙受害人的輕信。網釣通常是透過e-mail或者即時通訊進行。它常常導引使用者到URL與介面外觀與真正網站幾無二致的假冒網站輸入個人資料。

23 (A)。四流為資訊流、商流、金流、物流,當買賣合約成立的當下,產品所有權就已經轉移了,物流只是將商品收回自己手上。

24 (C)。CC授權四項權利:姓名標示、相同方式分享、非商業性使用、禁止改作。

25 (D)。作業系統簡略架構如下圖所示：

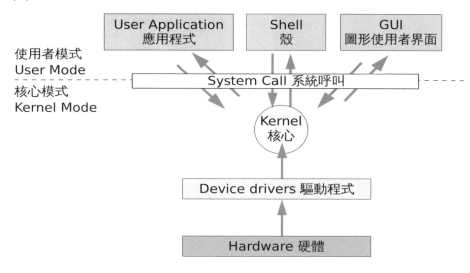

26 (B)。在判斷軟體是否被卡死的方式，是由UI的回應時間來確定程式是否無回應，只要使用計時器偵測軟體本身對於UI的回應時間超時，基本上就可斷言軟體已經當機了。

27 (D)。造成死結的四個條件：
(1)互斥（Mutual Exclusion）。
(2)鎖定並等待（Lock and wait）。
(3)不可以去鎖定已被鎖定的資料（No-Preemption）。
(4)循環等待（Circular wait）。

28 (B)。GPIO（General-purpose input/output）不是遊戲周邊輸入標準，而是單晶片上的輸入輸出腳位（Arduino及8051的PCB常見）

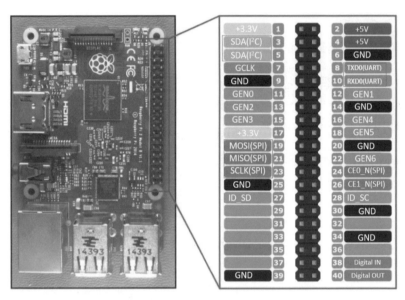

29 (D)。1020 =>0000 0011 1111 1100 => (1') => 1111 1100 0000 0011 => (2')+1 => 1111 1100 0000 0100 =>(HEX) => FC04

30 (C)。$112.3_8 = 64 + 8 + 2 + 3 \times \dfrac{1}{8} = 74.375 \neq 66.375_{10}$

31 (D)。(A)要表示0，所以要-1
(B)要使用一個位元表達負號，所以也要-1
(C)1的補數是有+0跟-0的存在
(D)2的補數 沒有-0 所以是 -(2^n-1)

32 (D)。很簡單，直接帶入算就可以了
NOT y = 1100 0010
x OR 1100 0010 => 1010 1100 OR 1100 0010 => 1110 1110

33 (C)。Java語言程式經Java虛擬機器（virtual machine）翻譯為機器碼執行

The Java Language

34 (B)。$(1 \times 20 - 1 \times 5) \times 2 + 2084 = 2114_{10}$

35 (C)。看不出來輸出有9

N	n !=1	(n%2)	n =(n%2)? 3*n+1 : n/2	printf("%d ", n);
3	T	1	3*3+1 = 10	10
10	T	0	10/2 = 5	5
5	T	1	3*5+1=16	16
16	T	0	16/2=8	8
8	T	0	8/2=4	4
4	T	0	4/2=2	2
2	T	0	2/2=1	1
1	F	-	-	-

36 (A)。

i	J	k	k++	if(j%2 ==0)continue ;	k++	if(i%3 ==0)break ;
0	0	0	1	T	-	-
1	1	1	2	F	3	F
2	2	3	4	T	-	-
3	3	4	5	F	6	T
-	-	-	-	-	-	-

37 (C)。

		stack	中序
1		c b a	-

	stack	中序
2	a	b*c
3	b*c a	-
4	-	(a+b*c)
5	(a+b*c)	-
6	e d (a+b*c)	-
7	(a+b*c)	(d-e)
8	(d-e) (a+b*c)	-
9		(a+b*c)* (d-e)

38 (B)。物件導向是Java所以先選(B)跟(D)，然而網頁是PHP，所以只剩(B)。

39 (D)。2NF要求資料表裡的所有資料都要和該資料表的鍵（主鍵與候選鍵）有完全相依關係，所以AB為主建，那也代表兩個候選鍵，所以R2(B,C)符合2NF。

40 (C)。屬記憶題

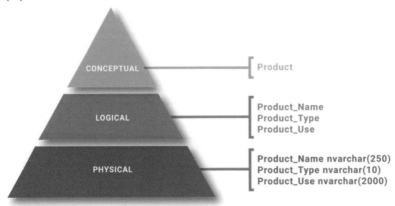

41 (B)。(A)只是僅限於畫面展示，不確定使用者是否看過。
(C)客戶有交易才有廣告費。
(D)是cost per sale (CPS) 不是click。

42 (C)。數位簽章（英語：Digital Signature，又稱公鑰
數位簽章）是一種功能類似寫在紙上的普通簽名、
但是使用了公鑰加密領域的技術，以用於鑑別數位
訊息的方法。一套數位簽章通常會定義兩種互補的
運算，一個用於簽名，另一個用於驗證。而且數位
簽章具有不可抵賴性（即不可否認性），不需要筆
跡專家來驗證。

43 (B)。資料加密標準（英語：Data Encryption
Standard，縮寫為 DES）是一種對稱密鑰加密塊密碼
演算法

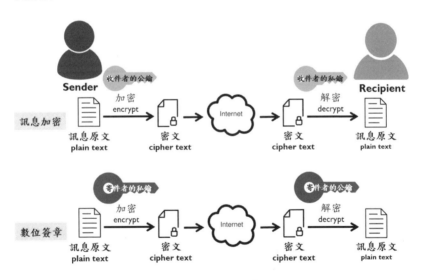

44 (A)。主動攻擊：①篡改訊息、②偽造、③拒絕服務。
被動攻擊：①流量分析、②竊聽。
故選(A)

45 (A)。SaaS 最大的特色在於軟體本身並沒有被下載到使用者的硬碟，而是儲存
在提供商的雲端或者伺服器。相較於傳統軟體需要花錢購買和下載，軟體即服
務只需要使用者租用軟體，線上使用，不但大大減少了使用者購買風險，也無
需下載軟體本身，無裝置要求的限制。

46 (A)。(B)router是要看到IP來轉送,所以是network layer(layer 3)

(C)應該是 physical layer (layer 1)

(D)應該是data link layer (layer 2)

47 (C)。

· 第七層－應用層:HTTP、HTTPS、FTP、TELNET、SSH、SMTP、POP3等。

· 第六層－展現層:提供數據和資訊的語法轉換內碼,提供壓縮解壓及加密解密。

· 第五層－會談層:通訊雙方制定通訊方式,並建立或註銷會話。

· 第四層－傳輸層:控制資料流量並進行偵錯及錯誤處理,傳輸端會為封包加上序號方便接收端重組。包含TCP、UCP等。

· 第三層－網路層:資料傳送的目的地定址。決定網路的管理功能。

· 第二層－資料鏈結層:管理第一層資料,並將正確資料送到路線中,如交換機……。

· 第一層－實體層:定義所有電子及物理設備規範,如電壓、集線器、中繼器、網卡等……。

48 (D)。Like需搭配Where指令使用,當資料型態是文字類的話,一定要用Like來比對符合字元。

49 (C)。Alter可改變資料庫空間大小及增加欄位。

50 (D)。=>IOT三層

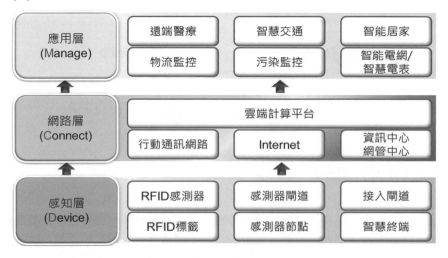

物聯網(英語:Internet of Things,簡稱IoT)

111年 身障特考（五等）

( ) **1** 一台電腦有64MB（megabytes）的記憶體，要定址記憶體內任一位元組（byte）需要多少位元（bits）？
(A)26 　　　　　　　　　　 (B)25
(C)24 　　　　　　　　　　 (D)23。

( ) **2** 對位元串10011001使用循環左移運算（circular left shift operation）1次，其結果為何？
(A)00110011 　　　　　　　 (B)11001100
(C)00110010 　　　　　　　 (D)10011010。

( ) **3** 若數字以8位元二的補數來表示，則$(11000010)_2+(11111111)_2$的結果為何？
(A)$(193)_{10}$ 　　　　　　 (B)$(-63)_{10}$
(C)溢位（overflow） 　　　 (D)$(63)_{10}$。

( ) **4** 請用布林代數（Boolean Algebra）化簡AB+A(B+C)+B(B+C)，其最簡結果為何？
(A)B 　　　　　　　　　　 (B)0
(C)1 　　　　　　　　　　 (D)B+AC。

( ) **5** 化簡標準SOP（Sum of Products）表示式：$A\overline{B}C+\overline{A}BC+\overline{A}\ \overline{B}C+\overline{A}\ \overline{B}\ \overline{C}+A\overline{B}\ \overline{C}$，其最簡結果為何？
(A)$\overline{B}+\overline{A}\ \overline{C}$ 　　　　　　 (B)B+AC
(C)$B+\overline{A}C$ 　　　　　　 (D)$\overline{B}+\overline{A}\ \overline{C}$。

( ) **6** 鏈結串列（linked lists）與陣列（arrays）相比，下列那一個不是鏈結串列的優點？
(A)直接存取任一個串列中的資料 (B)動態記憶體配置
(C)有效率地插入資料 　　　 (D)有效率地刪除資料。

（　）　**7** 有一初始空的堆疊，執行下列命令：push 35，push 27，pop，push 100，push 55，pop，請問堆疊中的內容由頂端（top）向下依序為何？
(A)55 100 27 35　　　　(B)100 35
(C)27 35　　　　　　　(D)55 100。

（　）　**8** 將節點16、3、10、35、6、17、23、4，依順序加到一個沒有資料的二元搜尋樹中，這棵樹的前序追蹤（preorder traversal）的輸出是什麼？
(A)3、4、6、10、16、17、23、35
(B)4、16、10、3、23、17、35、6
(C)4、6、10、3、23、17、35、16
(D)16、3、10、6、4、35、17、23。

（　）　**9** 某一空佇列（queue）接收以下命令（虛擬碼）：insert 9, 1, 6, 4, 5，remove 3個，insert 6, 1, 5, 3之後，佇列由頭（head）往尾巴（tail）數的第2筆資料為何？
(A)1　　　　　　　(B)4
(C)5　　　　　　　(D)3。

（　）　**10** 用堆積排序法（Heap Sort）排序時，要先用BuildMaxHeap（ ）將資料所存放的矩陣調整成Max Heap，再進行排序。現有矩陣：30 41 59 26 53 58 98，經BuildMaxHeap（ ）後，得到結果為何（以矩陣儲存資料的方式排列）？
(A)59 53 58 26 41 30 98　　(B)98 53 59 26 41 58 30
(C)58 53 30 26 41 59 98　　(D)53 41 30 26 58 59 98。

（　）　**11** 對一個存有1999個元素的陣列，進行二進位搜尋（binary search），若搜尋失敗，請問比較的次數為何？
(A)10　　　　　　(B)14
(C)12　　　　　　(D)11。

( ) **12** 請問下列程式執行結果為何？

```
#include <stdio.h>
void main(void){
    int x = 6, y = 6;
    while (x < 9){
        printf("%2d%2d ", x, y);
        x += 2;
        y -= 2;
    }
}
```

(A)6 6　8 4　　　　　　　　(B)6 6　4 8
(C)6 6　10 2　　　　　　　(D)6 6　2 10。

( ) **13** 假設定義int a[2][3] = { {1, 2}, {3, 4, 5} };則下列敘述何者錯誤？
(A)a[0][0] = 1　　　　　　(B)a[0][2] = 5
(C)a[1][1] = 4　　　　　　(D)a[1][2] = 5

( ) **14** 請問下列C程式執行結果為何？

```
#include <stdio.h>
#define MAX 10
void funN(const int a[], size_t i, size_t size)
{
    if (i < size) {
        funN(a, i + 1, size);
        printf("%d ", a[i] * 3);
    }
}
int main(void){
    int p[MAX] = { 8, 6, 3, 4, 0, 1, 2, 0, 7, 5 };
    funN(p, 0, MAX);
}
```

(A)24 18 9 12 0 3 6 0 21 15
(B)15 24 21 18 0 9 6 12 3 0
(C)0 3 12 6 9 0 18 21 24 15
(D)15 21 0 6 3 0 12 9 18 24。

（　） **15** 在三層DBMS結構中，那一層定義資料的邏輯圖（logical view）？
(A)概念（Conceptual）　　　(B)外部（External）
(C)內部（Internal）　　　　(D)實體（Physical）。

（　） **16** 在TCP/IP協定套件（protocol suite）中，那一層（layer）負責主機到主機的訊息（messages）傳遞？
(A)實體層（physical layer）
(B)資料連結層（data link layer）
(C)傳輸層（transport layer）
(D)網路層（network layer）。

（　） **17** 下列那種攻擊不是對完整性（integrity）的威脅？
(A)偽裝（Masquerading）　　(B)窺探（Snooping）
(C)否認（Repudiation）　　　(D)修改（Modification）。

（　） **18** 請問若要儲存一張具有64種不同顏色，長為300像素，寬為400像素之點陣圖形檔案（bitmap image），最少需要多少個位元組（bytes）？
(A)72KB　　　　　　　　　(B)88KB
(C)720KB　　　　　　　　 (D)9KB。

（　） **19** 若(1111)x=(403)8，則x之值為何？（其中x及8表示進位系統）
(A)4　　　　　　　　　　　(B)5
(C)6　　　　　　　　　　　(D)7。

（　） **20** 下列關於數字系統的敘述（小括號右下方的數字表示進位系統），何者錯誤？
(A)$(10010100)_2$的2的補數是$(01101100)_2$
(B)$(10010100)_2$的1的補數是$(01101011)_2$
(C)若負數以2的補數法表示，則$(10010100)2＝(-108)10$
(D)若負數以1的補數法表示，則$(11010110)2＝(-42)10$。

(　) **21** 關於中央處理器（CPU）的描述，下列何者錯誤？
(A)控制單元（CU）主要負責控制電腦執行程式的流程
(B)算術邏輯單元（ALU）只負責加法、減法、乘法以及除法等數學算術運算
(C)程式計數器（Program Counter）是儲存下一個指令的記憶體位置
(D)指令暫存器（Instruction Register）是儲存正在或即將要執行的指令。

(　) **22** 在一個多元程式規劃（multiprogramming）作業系統中，CPU的排程是一個重要的功能。假設在時間0秒時有三個工作（tasks）在大約相同的時間到達，但工作A比工作B稍早到達，而工作B比工作C稍早到達。工作A需要2秒的CPU時間，工作B是8秒，而工作C是7秒，且每次工作可使用的時間配額（time quantum）為1秒。若此CPU採用依序循環排班法（Round Robin Scheduling），並假設排程所耗費的時間可略，請問工作B的回覆時間（turnaround time）為何？
(A)1秒　　　　　　　　(B)4秒
(C)16秒　　　　　　　 (D)17秒。

(　) **23** 請問下列何者不屬於無線網路的標準？
(A)IEEE 802.3標準　　 (B)藍芽（Bluetooth）
(C)無線射頻識別（RFID）(D)近場通訊（NFC）。

(　) **24** 請問IPv6最多可以有多少個不同的IP位址（IP addresses）？
(A)2^{128}　(B)2^{64}　(C)2^{32}　(D)2^{16}。

(　) **25** 針對常見的網路設備敘述，下列何者錯誤？
(A)集線器（Hub）的目的是將網路實體線路連接起來，它是屬於OSI模型的第一層（Layer 1）的網路設備
(B)橋接器（Bridge）的目的是將二個或多個不同的實體網路連接在一起，它是屬於OSI模型的第二層（Layer 2）的網路設備

(C)中繼器（Repeater）的目的是將實體線路延長，它是屬於OSI
模型的第一層（Layer 1）的網路設備

(D)路由器（Router）的目的是依據封包的來源和目的位址來決定
封包如何轉送，它是屬於OSI模型的第四層（Layer 4）的網路
設備。

( ) **26** 請問下列二元樹的中序走訪（inorder traversal）何者正確？

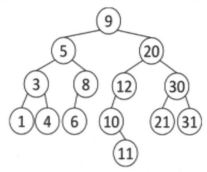

(A)9,5,3,1,4,8,6,20,12,10,11,30,21,31
(B)1,3,4,5,6,8,9,10,11,12,20,21,30,31
(C)1,4,3,6,8,5,11,10,12,21,31,30,20,9
(D)9,5,20,3,8,12,30,1,4,6,10,21,31,11。

( ) **27** 請問若執行foo（6）則會輸出幾個#符號？

```
void foo(int i){
  if(i > 1){
    foo(i/2);
    foo(i/2);
  }
  printf("#");
}
```

(A)3   (B)4
(C)7   (D)8。

( ) **28** 根據下列的C程式碼片段，請問sum++大約會執行幾次（N為大於
1的整數）？

```
for（int k = 1; k < N; k = k*2）
    sum++;
```
(A)N次 　　　　　　　　　　(B)2N次
(C)log2N次 　　　　　　　　(D)Nlog2N次。

（　） **29** 下列是一個C程式碼，請問其輸出結果為何？

```
#include <stdio.h>

int main()
{
    int n=21;
    if (n>16)
    {
        if(n>32)
            printf("%d",n+5);
        else
            printf("%d",n/3);
    }
    else
    {
        if(n<-10)
            printf("%d",a*2);
        else
            printf("%d",a-3);
    }
    return 0;
}
```
(A)7 　　　　　　　　　　　(B)18
(C)26 　　　　　　　　　　　(D)無法執行，因編譯錯誤。

（　） **30** 假設有一個關聯式資料表book儲存書本的資料，內含兩個屬性
title以及author分別表示書本的書名以及作者資料。若想要列出
所有小明撰寫的書名，請問下列的SQL指令何者正確？
(A)select title from book where author='小明';
(B)select title where book from author='小明';
(C)select book from title where author='小明';
(D)select book where title from author='小明';。

（　） **31** 假設一個關聯式資料表的一個屬性（attribute）允許多個重
複值，請問這個資料表至少違反那一種正規化形式（normal
form）？

(A)1NF　　　　　　　　　　(B)2NF

(C)3NF　　　　　　　　　　(D)BCNF。

(　　) **32** 假設有兩個關聯式資料表Discount以及Orders，這兩個資料表的欄位以及內容如下。請問下列那個欄位有可能成為資料表Orders的外來鍵（foreign key）？

Discount

Day/Time	Discount Percent
Week-Day	-20
Weekend-Day	0
Weekend-Evening	20
Week-Evening	10

Orders

Order Number	Person Type	Day/Time	Number
1	Student	Week-Evening	2
2	Retired	Week-Day	1
3	Adult	Weekend-Evening	3
4	Student	Weekend-Evening	3
5	Retired	Week-Day	1
6	Adult	Week-Evening	2

(A)Order Number　　　　　(B)Person Type

(C)Day/Time　　　　　　　(D)Number。

(　　) **33** 近年流行的殭屍網路（botnet）是駭客將遠端遙控的程式大量地安裝到使用者的個人電腦中，然後再透過集中式或是分散式發派指令的方式，讓網路上的惡意程式進行各式各樣的惡意行為。請問上述殭屍網路的概念是屬於下列那種電腦病毒？

(A)巨集型病毒　　　　　　(B)檔案型病毒

(C)蠕蟲　　　　　　　　　(D)特洛伊木馬程式。

( ) **34** 隨著網際網路的普及，電子商務的應用也越來越廣泛。電子商務的分類有很多種，最常見的是根據交易對象來分類。網路上常見的拍賣網站就是一種電子商務模式，讓使用者準備好物品，就可以在網路上當起賣家販賣物品。請問類似拍賣網站這樣的模式，一般會歸類為下列那一種電子商務型態？
(A)C2B（Consumer to Business）
(B)C2C（Consumer to Consumer）
(C)B2B（Business to Business）
(D)B2C（Business to Consumer）。

( ) **35** 假設一個解析度為320×200像素的向量圖形檔（vector graphics image）需要50 bytes的儲存空間，請問將此相同的向量圖形檔放大成為640×400像素時，需要多大的儲存空間？
(A)50bytes (B)100bytes
(C)150bytes (D)200bytes。

( ) **36** 在多程式作業系統（operating system）中，假設可用記憶體為70MB，分為14個框架（frames）。請問一個14MB的程式需要使用多少框架？
(A)1 (B)2
(C)3 (D)4。

( ) **37** 下列那一個標準主要是用來認證軟體公司的軟體開發品質？
(A)CMMI (B)ISO 27001
(C)ISO 27701 (D)AACSB。

( ) **38** 下列何者不屬於第五代（5G）行動通訊網路願景裡的應用情境？
(A)提供大頻寬的資料傳輸能力
(B)提供可靠度及低延遲的連線
(C)提供低成本的通訊
(D)提供高價值的網路設備。

( ) **39** 給定下列兩個關係Y和X

Y:

C	D
t	1
r	2

X:

A	B
7	s
3	z
1	u

執行下列語句將檢索那些值？

SELECT X.A, X.B, Y.C

FROM X, Y

WHERE X.A < Y.D

(A)1, u, 1　(B)1, u, r　(C)1, u, t　(D)3, z, t。

( ) **40** 保護資料完整性最基本的方式就是使用密碼學的雜湊函數。請問下列關於雜湊函數的描述，何者錯誤？

(A)修改輸入中的任一字元都可以得到完全不相干的輸出

(B)雜湊函數是不可逆的函數

(C)不同的輸入一定可以得到不同的輸出

(D)相同的輸入一定可以得到相同的輸出。

解答與解析 »»»» 答案標示為#者，表官方曾公告更正該題答案。

1 (A)。$2^6 \times 2^{20} = 2^{26}$

2 (A)。1001 1001循環左移後 0011 0011

3 (B)。1100 0010為-128+64+2= -62，1111 1111 = -128+64+32+16+8+4+2+1 = -1，-62+(-1) = -63

4 (D)。AB + A(B + C)+ B(B + C) =>
AB+AB+AC+B+BC => 如下卡諾圖

	!C	C
!A!B	0	0
!AB	1	1

	!C	C
AB	1	1
A!B	0	1

=> 化簡後為B+AC

5 (A)。$\overline{A}\overline{B}\overline{C} + \overline{A}B\overline{C} + \overline{A}\overline{B}C + A\overline{B}\overline{C} + A\overline{B}C$ 卡諾圖如下

	!C	C
!A!B	1	1
!AB	0	1
AB	0	0
A!B	1	1

化簡為!B+!AC

6 (A)。Link List是將每一筆資料額外紀錄前一筆或後一筆資料的記憶體位址，與array連續擺放不同，array可以靠offset直接找到目標資料，但Link List要透過每一筆資料的下一筆位址掃描後，才能確定指定資料的位址，所以是間接讀取。

7 (B)。

instruction	stack
push 35	35
push 27	27 35
pop	35
push 100	100 35
push 55	55 100 35

解答與解析

instruction	stack
pop	100 35

8 (D)。考選部公告答案為(D)。有誤，前序走訪應為 16 3 35 4 6 10 17 23

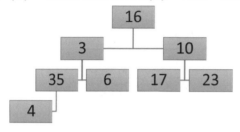

9 (C)。

instruction	queue
insert 9, 1, 6, 4, 5	5,4,6,1,9
remove 3個	5,4
insert 6, 1, 5, 3	(h)3,5,1,6,5,4(t)

10 (B)。

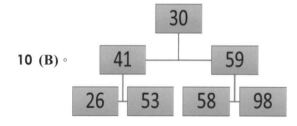

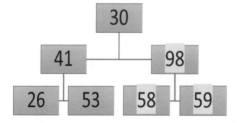

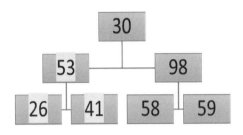

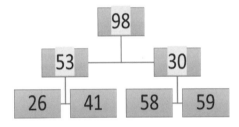

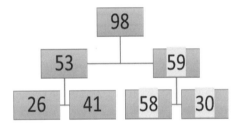

=> 98 53 59 26 41 58 30

11 (D)。考選部公告答案為(D)。有誤，應為(A)。
邏輯問題 2的10次方為1024，2的11次方為2048，最多比較11次一定會找到，
意思就是11次必定成功，所以搜尋失敗代表失敗10次以下，符合的答案是10。

12 (A)。

	x	y	x<9
	6	6	-
while	6	6	T
print	6	6	-

	x	y	x<9
x+=2	8	6	-
y-=2	8	4	-
while	8	4	T
print	8	4	-
x+=2	10	4	-
y-=2	10	2	F

13 (B)。[0][2]未定義，應為預設0。

index	0	1	2
0	1	2	0
1	3	4	5

14 (D)。

	p	i	MAX	size	i<size	a[i]*3
funN(p,0,10)	8,6,3,4,0,1,2,0,7,5	0	10	10	0<10, T	-
funN(p,1,10)	8,6,3,4,0,1,2,0,7,5	1	-	10	1<10,T	-
funN(p,2,10)	8,6,3,4,0,1,2,0,7,5	2	-	10	2<10,T	-
funN(p,3,10)	8,6,3,4,0,1,2,0,7,5	3	-	10	3<10,T	-
funN(p,4,10)	8,6,3,4,0,1,2,0,7,5	4	-	10	4<10,T	-
funN(p,5,10)	8,6,3,4,0,1,2,0,7,5	5	-	10	5<10,T	-
funN(p,6,10)	8,6,3,4,0,1,2,0,7,5	6	-	10	6<10,T	-
funN(p,7,10)	8,6,3,4,0,1,2,0,7,5	7	-	10	7<10,T	-
funN(p,8,10)	8,6,3,4,0,1,2,0,7,5	8	-	10	8<10,T	-

	p	i	MAX	size	i<size	a[i]*3
funN(p,9,10)	8,6,3,4,0,1,2,0,7,5	9	-	10	9<10,T	-
funN(p,10,10)	8,6,3,4,0,1,2,0,7,5	10	-	10	10<10,F	-
print a[9]*3	8,6,3,4,0,1,2,0,7,5	9	-	10	-	15
print a[8]*3	8,6,3,4,0,1,2,0,7,5	9	-	10	-	21
print a[7]*3	8,6,3,4,0,1,2,0,7,5	9	-	10	-	0
print a[6]*3	8,6,3,4,0,1,2,0,7,5	9	-	10	-	6
print a[5]*3	8,6,3,4,0,1,2,0,7,5	9	-	10	-	3
print a[4]*3	8,6,3,4,0,1,2,0,7,5	9	-	10	-	0
print a[3]*3	8,6,3,4,0,1,2,0,7,5	9	-	10	-	12
print a[2]*3	8,6,3,4,0,1,2,0,7,5	9	-	10	-	9
print a[1]*3	8,6,3,4,0,1,2,0,7,5	9	-	10	-	18
print a[0]*3	8,6,3,4,0,1,2,0,7,5	9	-	10	-	24

15 (A)。只能死記，View就是介於資料庫與軟體之間的抽象資料表，通常由SP（stored procedure）當作介面使用，所以在三層內歸屬在概念層。

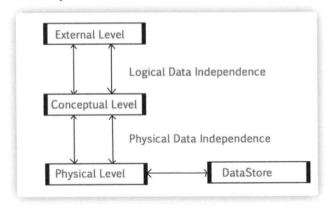

16 (D)。考選部公告答案有誤，應為(C)。

	OSI Model	TCP/IP Model	
7	Application	Process/Application	4
6	Presentation		
5	Session		
4	Transport	Host-to-Host	3
3	Network	Internet	2
2	Data Link	Network Access	1
1	Physical		

17 (B)。完整性威脅應為：修改、偽裝、重放、否認。

18 (B)。$64=>2^6=>6*300*400/8=720000/8=90,000B/8 = 87.89KB$

19 (C)。$(403)_8 => 3+4*64=3+256=259$，
259%4=3
259%5=4
259%6=1
259%7=0

20 (D)。1101 0110 =>1'=>0010 1001=>1+8+32=41=>-41才對

21 (B)。ALU包含算術與邏輯處理。

22 (D)。

		1	2	3	4	5	6	7	8	9	10	11	12	13	14	15	16	17
A	2				V													
B	8																	V
C	7																V	

23 (A)。802.3是有線網路。

24 (A)。屬記憶題，IPV6規定就是128位元。

25 (D)。路由器只要有IP資料，就可以正常運作。

26 (B)。中序走訪為左中右

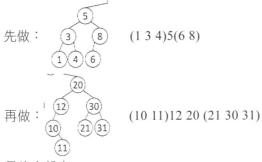

先做：　　　　　　(1 3 4)5(6 8)

再做：　　　　　　(10 11)12 20 (21 30 31)

最後合起來
(1 3 4)5(6 8) 9 (10 11)12 20 (21 30 31)
故選(B)。

27 (C)。

	i	i>1	i/2	print
foo(0)	0	0>1,F	-	#
foo(1)	1	1>1,F	-	#
foo(2)	2	2>1,F	2/2=1	#,#,#
foo(3)	3	2>1,F	3/2=1	#,#,#
foo(4)	4	4>1,F	4/2=1	###,###,#
foo(6)	6	6>1,F	6/2=1	###,###,#

28 (C)。每次計數都是以平方倍成長，代表只會執行LogN次。

29 (D)。printf("%d",a*2);的a變數根本就沒宣告。

30 (A)。from後面一定接table name，where一定是在最後一段。

31 (A)。第一正規化就是不允許重複的屬性，或是複合屬性，必須ROW粒度最小化。

解答與解析

32 (C)。副表的關聯，是來自於Day/Time，於orders內，Day/Time欄位應為外來鍵ID。

33 (D)。特洛伊木馬是可以走後門遙控感染的電腦，其他三種都不行。

34 (B)。這是客戶對客戶的交易，提供交易平台的廠商沒有直接提供販售。

35 (A)。這題很陷阱，SVG就是描述結構的圖像，所以放大縮小不僅不會失真，也不會有容量的變化。

36 (C)。70/14= 5，14/5 := 3

37 (A)。(A)CMMI（Capability Maturity Model Integration）將軟體開發流程視為一種工程（製造）流程，利用控制、量測、改善（control, measure, and improve）等循序漸進的方法，達到軟體流程改善的一個框架。

(B)ISO/IEC 27001其名稱是《資訊科技—安全技術—資訊安全管理系統—要求》是資訊安全管理的國際標準。

(C)ISO 27701是植基於ISO 27001資訊安全管理標準之上的隱私資訊管理標準。

(D)國際商學院促進協會（英語：Association to Advance Collegiate Schools of Business，縮寫作AACSB或稱為AACSB International），是一個於1916年在美國創建、針對世界各管理學學院認證的非政府組織，核心任務是推動全球管理教育品質的認證。

38 (D)。通訊協定不會帶來網路設備的價值。

39 (B)。Y:　　　　　　　　　　X:

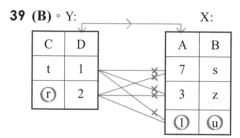

40 (C)。雜湊函數會有碰撞問題，極低的機率產生不同輸入卻有相同輸出，這是必須避免的問題。

111年 鐵路特考（員級）

(　) **1** 各項處理器設計策略，下列何者不是RISC（Reduced Instruction Set Computer）的設計方針？
(A)透過編譯器的指令排程（instruction scheduling）以提升管線式（pipeline）架構的運算效能
(B)讓每個算術運算指令皆可讀寫記憶體運算元，以提升運算效能並降低指令數量
(C)算術運算指令僅可使用暫存器運算元，並透過編譯器的暫存器配置（register allocation）提升運算效率
(D)讓每道指令皆有相同的指令長度，以便於設計超純量（superscalar）處理器架構。

(　) **2** 以存取速度（從快至慢）排列下列記憶體：快取記憶體（Cache Memory）、主記憶體（Main Memory）、暫存器（Register）：
(A)快取記憶體、主記憶體、暫存器
(B)快取記憶體、暫存器、主記憶體
(C)暫存器、快取記憶體、主記憶體
(D)暫存器、主記憶體、快取記憶體。

(　) **3** 64位元有號整數（Signed integer）的2的補數（2's complement）表示法中，所能表示的最大整數和最小整數為何？
(A)最大整數為2^{63}，最小整數為$-2^{63}+1$
(B)最大整數為$2^{63}-1$，最小整數為-2^{63}
(C)最大整數為$2^{63}-1$，最小整數為$-2^{63}+1$
(D)最大整數為2^{63}，最小整數為$-2^{63}-1$。

(　) **4** 在UNIX系統中，當某process執行fork系統呼叫（system call）時，下列屬性何者不會複製到child process中？
(A)virtual memory的內容　　(B)process control block的內容
(C)process ID　　(D)user ID。

(　　)　**5** 若一個字組由兩個位元組（bytes）所組成，則每一字組可以描述
多少種狀態？
(A)16　　　　　　　　　　(B)64
(C)256　　　　　　　　　 (D)65536。

(　　)　**6** 數值-128採2的補數表示法並以1個byte來表示，則應表示為：
(A)10000000　　　　　　 (B)10000001
(C)11111111　　　　　　 (D)無法表示（溢位）。

(　　)　**7** 若一布林（Boolean）代數式XY＋YZ＋X'Z＋YZ'，可化簡為下
列何者？
(A)XY＋X'Z　　　　　　　(B)XY＋YZ
(C)Y＋X'Z　　　　　　　 (D)Z＋X'Z。

(　　)　**8** 下列何者數值最大？
(A)二進位數1011100.101　 (B)八進位數132.6
(C)十進位數92.7　　　　　(D)十六進位數5C.B。

(　　)　**9** 下列何者為HTML實現超鏈結時，所使用之標籤？
(A)<a>　　　　　　　　　 (B)<button>
(C)<html>　　　　　　　　(D)<ul>。

(　　)　**10** CPU在處理下列那一項工作時，不需要做系統呼叫（system
call）？
(A)CPU執行的程式要新建一個資料檔
(B)CPU執行的程式要讀取使用者空間中的一筆資料
(C)CPU執行的程式要求使用者從鍵盤輸入一筆資料，當作某變
數的值
(D)CPU執行的程式要求動態記憶體配置（dynamic memory
allocation）。

(　　)　**11** 假設要對聲音訊號做編碼，取樣頻率（sampling rate）設為3000
Hz，每個取樣點（sample）的值會被量化成1024個階層（即取
樣點的最小值為0、最大值為1023），則編碼一段長度為5秒的
聲音訊號需要多少位元？

(A)30000 bits   (B)150000 bits

(C)3072000 bits   (D)15360000 bits。

(   ) **12** 下列何者並非網際網路應用層常用協定？
(A)FTP   (B)HTML
(C)SMTP   (D)HTTP。

(   ) **13** 下列何項工作，較適合即時處理的作業方式？
(A)電費繳納通知單   (B)薪資發放作業
(C)年度報表的列印   (D)網路訂票作業。

(   ) **14** 已知在使用二分搜尋法（Binary Search）對排序過的n個數字陣列（Array）做搜尋時，前4次比對之陣列數值依序為18.5, 12.5, 7.5, 3.5。從以上結果推導，在1至20之整數範圍中，有多少個數字不可能為搜尋值？
(A)2   (B)8
(C)13   (D)17。

(   ) **15** 下列那一個結構，具有後進先出（Last In, First Out）的特色？
(A)堆疊（Stack）
(B)佇列（Queue）
(C)最大堆積（Max Heap）
(D)二元搜尋樹（Binary Search Tree）。

(   ) **16** 此運算式樹（Expression tree）前置式（Prefix）數學式，應為下列何者？
(A)+a/*bc+de
(B)a+b*c/（d+e）
(C)abc*de+/+
(D)a+/*bc+de。

(   ) **17** 若樹的高度為葉子（Leaf）節點到根（Root）節點最長路徑之長度加1（即，只有一個節點的樹其高度為1），則高度為4的二元樹中，最多有幾個節點？

(A)4　　　　　　　　　　　　(B)8

(C)15　　　　　　　　　　　(D)16。

(　　) **18** 下列何者為一個n個點二元搜尋樹（Binary search tree），使用後序走訪（Post-order traversal）在最差情況下（Worst case）之時間複雜度？

(A)O(n)　　　　　　　　　　(B)O(n log n)

(C)O(n²)　　　　　　　　　(D)O(log n)。

(　　) **19** 在一 n 個節點的連通無向圖（Connected Undirected Graph）中，找出一展開樹（Spanning Tree），則此展開樹中有幾個邊（edge）？

(A)n-1　　　　　　　　　　(B)n

(C)n或n+1　　　　　　　　(D)n-1或n。

(　　) **20** 下列何者是下圖的展開樹（Spanning Tree）？

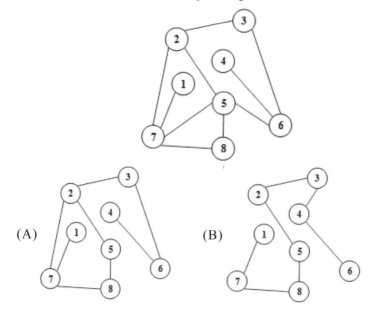

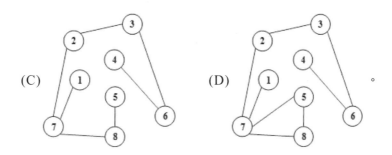

(　　) **21** 將運算式子(a+b)*d+e/(f+a*d)+c轉換為後序（Postfix）運算
式子：
(A)abdefadc+*+/+*+
(B)ab+d*+e/f+a*d+c
(C)cefad*+/+ab+d*+
(D)ab+d*efad*+/+c+。

(　　) **22** 在長度為n的串列中進行循序搜尋法，則成功的搜尋（Successful
search）平均要做多少次的鍵值比較（Key comparisons）？
(A)n/2
(B)(n–1)/2
(C)(n+1)/2
(D)log n，（log以2為底）。

(　　) **23** 關於下列C語言中的有號短整數之處理，將產生何種輸出？
short s = 32768;
printf("%hd　　%hd", s, ~s);
(A)－32768　　32768
(B)32768　　32767
(C)－32768　　32767
(D)32767　　32768。

(　　) **24** 執行下列C語言的程式產生的輸出為何？
```c
int a[6]={1, 3, 5, 2, 4, 6},*p=a, *q=a+5,temp;
while (p < q)
{
  temp = *p;
  *p++ = *q;
  *q-- = temp;
}
for (p=a; p < a+5; p++)
  printf("%d ", *p);
```

(A)1 2 3 4 5 6　　　　　　(B)6 5 4 3 2 1
(C)6 4 2 5 3 1　　　　　　(D)2 4 6 1 3 5。

(　) **25** 相較於組合語言，下列何者不是一般高階程式語言常見的優點？
(A)可讀性高　　　　　　(B)具可攜性
(C)較易於維護　　　　　(D)執行效率大幅度改善。

(　) **26** 以下迴圈指令
```
for (int i = 1; ++i < 10; i += 2)
    printf("%d", i);
```
執行後的輸出為何？
(A)2 5 8　　　　　　(B)2 4 6 8
(C)1 3 5 7 9　　　　(D)1 4 7。

(　) **27** 執行下列C語言的程式，輸出結果為何？
```
#include <stdio.h>
int main(void) {
    int x = 0;
    char s ='b';
    switch (s) {
        case 'a': x += 1;
        case 'b': x += 2;
        case 'c': x += 3;
        default: x += 2;
    }
printf("%d", x);
return 0;}
```
(A)0　(B)2　(C)4　(D)7。

(　) **28** 假設我們現在以動態作用域法則（dynamic scope rule）來決定每個變數對應到那一個宣告。下列以C語言撰寫的虛擬程式碼，程式執行後的輸出為何？
```
#include<stdio.h>
void second(){
```

```
        printf("%d", y);
}
void first() {
        int y=3;
        second();
}
int main() {
        int y=10;
        first ();
}
```
(A)3　(B)10　(C)13　(D)沒有固定的輸出。

（　　）**29** 下列C語言的函式，若執行f(4,6)之呼叫，將會產生什麼輸出？
```
int f(int a,int b)
{
        if (a%b)
            return f(b,a%b);
        else
            return b;
}
```
(A)0　　　　　　　　　(B)2
(C)4　　　　　　　　　(D)6。

（　　）**30** 下列以C語言所撰寫程式的執行結果，應為何者？
```
#include<stdio.h>
int A(int n){
    n = n+1;
    return n+1;
}
int main(){
    printf("%d\n", A(10));
    return 0;
}
```

(A)2　　　　　　　　　　(B)10

(C)11　　　　　　　　　(D)12。

(　　) **31** 下列C++程式其執行結果為何？

```
class gcd {
private:
    int a;
    int b;
    int result;
public:
    gcd(int x, int y){ a = x; b = y; };
    void compute(){
        while (1){
            if (a > b) {
                a = a - b;
                if (a == 0) {
                    result = b;
                    return;
                }
            }
            else {
                b = b - a;
                if (b == 0) {
                    result = a;
                    return;
                }
            }
        }
    }
};
int main(){
    gcd AA(48, 16);
    AA.compute();
```

```
        printf("greatest common divisor=%d\n", AA.result);
    }
```
(A)16　　　　　　　　　　　(B)18
(C)20　　　　　　　　　　　(D)無法列印，編譯過程有問題。

(　) **32** 下列何者是C程式語言，所具有的性質之一？
(A)過載函數（Overloading function）
(B)靜態變數（Static variable）
(C)建構子（Constructor）
(D)this指標（this pointer）。

(　) **33** 整合實體通路和網路通路，透過網路行銷來引導消費者到實體通路，這種模式稱為：
(A)B2B　(B)C2C　(C)O2O　(D)P2P。

(　) **34** IP分享器支援何種功能，可以使得私有IP位址（Private IP）轉換為公共IP位址（Public IP）？
(A)NAT　(B)DHCP　(C)FTP　(D)TFTP。

(　) **35** 下列何者非為路由器（Router）的特色及功能？
(A)連結多個網路，具有轉送IP封包的能力
(B)由於從發送端到目的端的傳輸路徑很多，路由器可計算最佳之路徑
(C)可以轉換實體位址（Physical Address或MAC Address）與IP位址，以達到正確傳輸
(D)屬於網路層（Network Layer）的設備。

(　) **36** 某網際網路服務提供者（ISP），出現10 M/2M的文句，這10 M/2M指的是：
(A)傳輸速度為2～10 Mbps間
(B)可提供10 Mbps的訊息流量，其中2 Mbps免費
(C)傳輸壓縮比為10：2
(D)下載速度10 Mbps，上傳速度2 Mbps。

( ) **37** 當你打開瀏覽器時，主要使用下列何者協定？
(A)HTTP　(B)HTML　(C)ARP　(D)ICMP。

( ) **38** 分級網路定址法（Classful Internet Addressing）依據網路的大
小以及用途的不同，將其分為Class A ~ Class E五種不同的網
路，如果有一IP位址為168.95.42.86，在分級上該位址屬於下
列何者？
(A)Class A　(B)Class B　(C)Class C　(D)Class D。

( ) **39** 勒索軟體，又稱勒索病毒，是一種特殊的惡意軟體，其被歸
類為：
(A)比特幣（Bitcoin）
(B)釣魚（Phishing）
(C)阻斷存取式攻擊（Denial-of-access attack）
(D)阻斷服務式攻擊（Denial-of-service attack）。

( ) **40** 下列何者非防範網路釣魚（Phishing）的方法？
(A)留意連結的網址是否與預期的相同
(B)關閉郵件自動開啟以及預覽功能
(C)使用PGP認證發信者的身分
(D)留意網頁內容是否與預期的相同。

解答與解析 »»»» 答案標示為#者，表官方曾公告更正該題答案。

1 (B)。精簡指令只著重在基本的指令，快速運作，跟讀寫記憶體單元沒有直接
關係。

2 (C)。各記憶體的大約容量：
(1) 暫存器：16~64bit。
(2) 快取記憶體(SRAM)：1~12MB，分 L1、L2、L3三種不同等級。
(3) 主記憶體(DRAM)：1GB~64GB。
(4) 隨身碟：16GB、32GB、64GB。
(5) 光碟分：CD(700MB)、DVD(4.7GB~17GB)、BD(25GB200GB)。
(6) 硬碟：200GB、232GB。

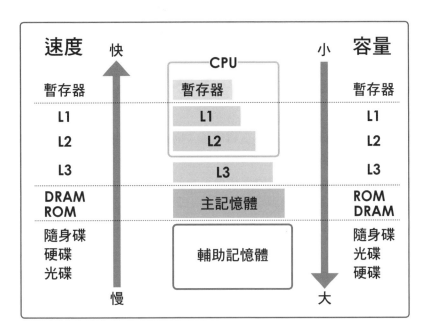

3 (B)。二的補數是將一個正數拿來表示0，負數則是完整的63次方。

4 (C)。fork相當於使用新的thread，其變數與結構不變（規範在proccess內），所以proccess ID 不會變動。

5 (D)。2bytes＝16bits，故可表示2^{16}＝256^2＝65536狀態。

6 (A)。128以二進位表示為10000000
-128 2's補數表示法為01111111+1=10000000，故選(A)。

7 (C)。

	x'y'	x'y	xy	xy'
z'		1	1	
z	1	1	1	

y+x'z

8 (C)。$(1011100.101)_2 = 2^6 + 2^4 + 2^3 + 2^2 + \frac{1}{2} + \frac{1}{8}$
$$= 64 + 16 + 8 + 4 + 0.5 + 0.125 = 92.625$$

$$(132.6)_8 = 64 + 24 + 2 + \frac{6}{8} = 90.75$$

$$(5C.B)_{16} = 80 + 12 + \frac{11}{16} = 92.6875$$

故知數值(C)最大。

9 (A)。HTML <a> tag 就是用來建立超連結（hyperlink）--通往其他頁面、檔案、Email地址、或其他URL的超連結。

10 (B)。SYSTEM CALL是指目前的環境權限為使用者範疇，要動用到其他範疇的動作（非使用者空間）就會請求系統授權，這時候才需要動到系統呼叫。

11 (B)。1024階為10bits，10*3000*5=150,000bits

12 (B)。第七層 應用層HTTP、HTTPS、FTP、TELNET、SSH、SMTP、POP3等。故不包含html。

13 (D)。系統接受到作業需求時，便立即處理些工作。例如電腦訂票作業系統，便可以立即進行作業稱為即時處理。

14 (C)。根據前四次的數值來看，每次取中間，代表：
18.5=>12.5那就是往小於18.5的方向走
12.5=>7.5那就是往小於12.5的方向
7.5=>3.5那就是小於7.5的方向，
根據題目定義的1~20整數，那就有8~20都不可能存在，共13個。

15 (A)。堆疊結構圖：（單向進出）

‖（資料）（資料）（資料）（資料）	←→（資料）

堆疊採用先進後出的方式

16 (A)。前序走訪為中左右
+a/(*bc)(+de)
+a/*bc+de
故選(A)

17 (C)。$2^0=1$，$2^1=2$，$2^2=4$，$2^3=8$，1+2+4+8=15。

18 (A)。二元搜尋無論怎麼走訪，都是LogN，唯一會有問題的就是歪斜樹，最差狀況就是N。

19 (A)。連接所有的點，就像幫大家點餐一樣，別忘記自己；但是這次是配對，自己不會跟自己配對，所以要-1。

20 (C)。展開樹就是只有唯一道路，而且不能無中生有連接線。

21 (D)。將運算子兩旁的運算元依先後順序（由左至右）全部括號起來，然後將所有的右括號取代為左邊最接近的運算子（由最內層括號開始），最後去掉所有的左括號就可以完成後序表示式：

(a+b)*d+e/(f+a*d)+c

=>((a+b)*d)+(e/(f+(a*d)))+(c)

=>a

=>ab

=>ab+

=>ab+d

=>ab+d*

=>ab+d*e

=>ab+d*ef

=>ab+d*efa

=>ab+d*efad

=>ab+d*efad*

=>ab+d*efad*+

=>ab+d*efad*+/

=>ab+d*efad*+/+

=>ab+d*efad*+/+c

=>ab+d*efad*+/+c+

22 (C)。線性搜尋的一半應為/2，但偶數情況下並沒有超過50%平均，所以要+1，（奇數是一定超過了）。

23 (C)。32768的二進位為1000 0000 0000 0000，轉為short會變成-32768，因為第一碼為符號碼，而反向後的-32768為32767正數最大值。

24 (C)。官方公告答案為(C)，但此題答案應有誤，陣列內容印出應為64253，因為for的判斷式不是<=

for (p=a; p < a+5; p++)

printf("%d ", *p);

p<q	*p	q*	temp	a[]	
	1 （陣列第一個）	a+5=6 （陣列第六個）	-	135246	
	1	6	-		
a[0] < a[5] true	3	6	1	635246	
-	3	4	1	635241	
a[1] < a[4]	5	4	3	645241	
-	5	2	3	645231	
a[2] < a[3]	2	2	5	642231	
	2	2	5	642531	
a[3]< a[2] false	-	-	-	-	

25 (D)。組合語言之優點為執行效率大幅度改善。

Language Rank	Types	Spectrum Ranking	
1. Python	⊕ 🖥▮	100.0	
2. C++	☐🖥▮	99.7	
3. Java	⊕☐🖥	97.5	
4. C	☐🖥▮	96.7	
5. C#	⊕☐🖥	89.4	
6. PHP	⊕	84.9	
7. R	🖥	82.9	
8. JavaScript	⊕☐	82.6	
9. Go	⊕ 🖥	76.4	
10. Assembly	▮	74.1	

26 (A)。

	i	++i<10	i+=2
	1	2<10,T	2+2=4

	i	++i<10	i+=2
	4	5<10,T	5+2=7
	7	8<10,T	8+2=10
	10	11<10,F	-

27 (D)。x=0
=>x=0+2 = 2
這裡的switch沒有下break所以後面的指令都要做
2+3+2=7

28 (A)。考選部公告本題答案為(A)，但題目有爭議，因為沒有宣告在外部的y變數，無法印出y，這段code是無法執行的。

29 (B)。

	f(4,6)	a%b	b					
		2,T	6					
	f(6,2)	0,F	2					

30 (D)。A(10)=> 10+1=11=>11+1=12

31 (D)。程式碼中的int result;被宣告為private，所以main中的AA.result是不允許讀取的。

32 (B)。用刪去法，其他三個都是C++才有的特性。

33 (C)。O2O的全文是Online 2 Offline

34 (A)。網路位址轉譯（英語：Network Address Translation，縮寫：NAT；又稱網路掩蔽、IP掩蔽）在計算機網路中是一種在IP封包通過路由器或防火牆時重寫來源IP地址或目的IP位址的技術。

35 (C)。DNS可以轉換實體位址（Physical Address 或MAC Address）與IP 位址，以達到正確傳輸。

36 (D)。下載速度10 Mbps，上傳速度2 Mbps；特別注意是以bits為單位。

37 (A)。通訊協定https：
https://並不屬於網址的一部分，它叫做通訊協定（Protocol），用途在於決定這個頁面的資料是以甚麼樣的約定傳送，可以想像成網路有非常多種溝通方式，這樣雜亂無章的情況下會讓資訊的傳達非常困難，常見的https、http、ftp等等都屬於通訊協定的範疇，前兩者是用來瀏覽網站用，後者用做檔案傳輸。

38 (B)。Class B
(10000000-10111111,128-191)可分支網路多，可接2^{16}部主機，適用企業、大學。

39 (C)。勒索軟體，又稱勒索病毒，是一種特殊的惡意軟體，又被人歸類為「阻斷存取式攻擊」（denial-of-access attack），其與其他病毒最大的不同在於手法以及中毒方式。其中一種勒索軟體僅是單純地將受害者的電腦鎖起來，而另一種則系統性地加密受害者硬碟上的檔案。所有的勒索軟體都會要求受害者繳納贖金以取回對電腦的控制權，或是取回受害者根本無從自行取得的解密金鑰以便解密檔案。

40 (D)。目前網路釣魚主要是指一般的電子郵件攻擊，駭客會盡可能大量散發這類電子郵件，並經常假冒一些常見的服務或機構，如：PayPal 或美國銀行（Bank of America）。
這類電子郵件會謊稱他們懷疑您的帳號遭人盜用，要求你點選郵件內的連結來確認帳號的合法性。這個連結通常有兩種作用：
(1) 將你帶到某個酷似原機構的網站，但其實是個惡意網站，例如將使用者帶到「www.PayPals.com」，但其實真正的PayPal網址是「www.PayPal.com」（請注意第一個網址多了一個「s」）。當你在這個網頁上輸入自己的登入資訊時，駭客就可以蒐集到你的帳號ID跟密碼。接下來，駭客就能進入你的銀行帳號，然後將裡面的存款匯走。不僅如此，駭客還可能獲得另一項好處，那就是駭客或許也取得了進入你其他帳號的密碼，例如：Amazon或eBay（因為你在這些網站上也使用了同樣的帳號密碼）。

(2) 下載惡意程式到你的電腦上，惡意程式一旦安裝到電腦上，就能用於發動後續攻擊。這個惡意程式有時是鍵盤側錄程式，可用來擷取你輸入的登入資訊或信用卡卡號，有時是勒索病毒，會將硬碟上的檔案加密然後向你勒索一筆贖金（通常使用比特幣）。有一種可能的情況是，駭客會下載挖礦程式到電腦上，利用被感染的電腦開挖比特幣。它會趁你沒在用電腦時挖礦，或者隨時占用一定比例的CPU資源來挖礦。當駭客在挖礦時，電腦的速度通常會變得很慢。

這些年來，網路釣魚已經發展出針對各種不同資料的攻擊，除了錢之外，駭客的目標也可能是一些機敏資料或是照片。

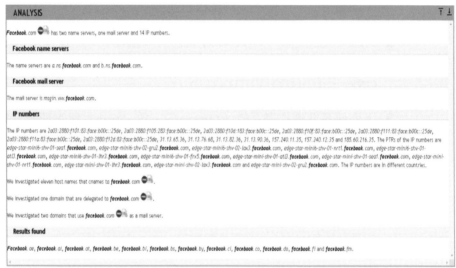

111年 經濟部所屬事業機構新進職員（資訊類）

(   ) **1** 若將CPU匯流排依傳遞內容進行區分，不包含下列哪一項？
(A)流程匯流排（Process Bus）：傳送資料流程訊號　(B)控制匯流排（Control Bus）：傳送控制資料流程訊號　(C)位址匯流排（Address Bus）：傳送資料在記憶體中的位置　(D)資料匯流排（Data Bus）：傳送資料流程訊號。

(   ) **2** 將2個八進位數$(502)_8$與$(325)_8$轉換為二進位數，並逐位元執行OR運算後，所得結果如何以十六進位數表示？　(A)$(157)_{16}$　(B)$(197)_{16}$　(C)$(1D7)_{16}$　(D)$(1F7)_{16}$。

(   ) **3** 下列何者非屬作業系統（Operation System）所管理的對象？
(A)裝置（Device）　(B)快取記憶體（Cash Memory）　(C)檔案（File）　(D)程序（Process）。

(   ) **4** 下列有關雜湊搜尋法（Hashing Search）之敘述，何者有誤？
(A)資料須先進行排序　(B)搜尋速度與資料量大小無關　(C)程式設計比較複雜　(D)保密性較高。

(   ) **5** 使用二分搜尋法（Binary Search）自216個資料中尋找特定的一個資料時，最多要進行多少次比對？　(A)7　(B)8　(C)16　(D)108。

(   ) **6** 作業系統使用最短作業優先（Shortest Job First）的排程方式來選擇執行順序，假設有4個排程P1~P4，P1送達時間為0ms，執行時間為8ms，P2送達時間為1ms，執行時間為3ms，P3送達時間為2ms，執行時間為9ms，P4送達時間為3ms，執行時間為5ms，請問平均等待時間為何？　(A)7ms　(B)7.25ms　(C)7.5ms　(D)8ms。

( ) **7** 依磁碟陣列（RAID）的資料存放安全性，由高到低排列，下列
何者正確？
(A)RAID 1→ RAID 5 → RAID 0
(B)RAID 0→ RAID 5 → RAID 1
(C)RAID 1→ RAID 0 → RAID 5
(D)RAID 0→ RAID 1 → RAID 5。

( ) **8** 某一邏輯電路有2個輸入，分別為data和control，當control為0
時，輸出data的值；當control為1時，輸出data的補數，請問此
電路為下列何者？　(A)AND　(B)NAND　(C)OR　(D)XOR。

( ) **9** $(101100)_2$的2補數（2's complement）為下列哪一項？
(A)010001 　　　　　　　(B)010011
(C)010101 　　　　　　　(D)010100。

( ) **10** 下列哪一種排序演算法，在最差的情況下排序n筆資料，其時間
複雜度為O（n log n）？
(A)氣泡排序法（Bubble Sort）
(B)合併排序法（Merge Sort）
(C)快速排序法（Quick Sort）
(D)基數排序法（Radix Sort）。

( ) **11** 下列Java片段程式碼中的2個add方法是運用了物件導向程式設計
中的何種概念？
Class Sub {
　　int add(){…..}
　　int add(int x,int y){…..}
}
(A)繼承（Inheritance）　　　(B)抽象化（Abstraction）
(C)覆寫（Override）　　　　(D)重載（Overload）。

( ) **12** 將一組陣列（Array）的值由主程式傳遞給副程式，使用哪一種
呼叫方式會使資料的傳遞速度較快？

(A)傳名呼叫（Call by Name）

(B)傳值呼叫（Call by Value）

(C)傳址呼叫（Call by Reference）

(D)一樣快。

(　) **13** 下列C語言片段程式碼之執行結果為何？

int i=0 printf("%d",i++);

printf("%d",++i);

printf("%d",++i);

(A)0 1 2　　　　　　　　(B)0 2 2

(C)0 2 3　　　　　　　　(D)1 2 3。

(　) **14** 下列Java程式語言中共有8種基本資料型態，依位元長度大到小排列，何者正確？

(A)double → short → int → byte

(B)long → int → char → byte

(C)double → float → byte → char

(D)long → char → int → Boolean。

(　) **15** 下列Java片段程式碼，何者正確？

byte a=100; byte b=200;

byte c=(byte)(a+b); system.out.print(c);

(A)執行時顯示300　　　　(B)執行時顯示127

(C)執行時出現錯誤　　　　(D)編譯失敗。

(　) **16** 在堆疊（Stack）結構上，依序存取資料如下： push('A')→ush('B')→op()→op()→ush('C')→ush('D')→op()→op()請問最後1次pop()所得之內容為何？

(A)'A'　　　　　　　　　(B)'B'

(C)'C'　　　　　　　　　(D)'D'。

(　) **17** 將十進位數528.75，轉換為二進位數表示，下列何者正確？

(A)1000011000.101　　　(B)1000010000.101

(C)1000011000.11　　　　(D)1000010000.11。

( ) **18** 請問Amazon EC2是屬於哪一種雲端運算的服務？
(A)IaaS (B)PaaS
(C)SaaS (D)AssS。

( ) **19** 下列在Java語言中，當陣列（Array）的索引值（Index）超過宣告範圍時，何者正確？
(A)編譯器會編譯程式，但程式執行時會產生例外（Exception）
(B)編譯器會編譯程式，但程式執行時結果可能錯誤
(C)編譯器在編譯程式時產生錯誤並停止編譯程式
(D)編譯器在編譯程式時產生警告訊息，但仍會編譯程式。

( ) **20** 在C語言中宣告陣列int arrary[4][2][2]={1,2,3,4,5,6,7,8,9,10,11,12,13,14,15,16}，請問array[2][1][1]的值為何？
(A)8 (B)10
(C)12 (D)14。

( ) **21** 下列Python程式碼執行完成後，產生之值為何？
def calnum(n)
  return 1 if(n==1 or n==0)else n * calnum(n-1);
print(calnum(5))
(A)24 (B)25 (C)120 (D)125。

( ) **22** 關聯式資料庫中之檢視表（View），下列何者有誤？ (A)使用View可以隱藏過濾敏感資料，提高安全性 (B)View是唯讀的，外部使用者無法直接透過View去修改內部資料 (C)View之資料來源可以是其他資料的運算結果 (D)View本身有儲存資料。

( ) **23** 下列C語言程式片段中，若a=36，b=45，執行結果為何？
main()
{
  int a,b,r;
  while(b!=0)
  {

```
    r=a%b;
    a=b;
    b=r;
  }
  Printf("result=%d\n",a);
}
```
(A)6　(B)7　(C)8　(D)9。

(　　) **24** 下列有關編譯式語言與直譯式語言，何者有誤？　(A)直譯式語言在執行時會逐行將程式碼讀取並執行　(B)相同程式邏輯條件下，直譯式語言在執行期的執行速度，比編譯式語言來得快 (C)Python屬於直譯式語言　(D)C++屬於編譯式語言。

(　　) **25** 下列何者非屬精簡指令（RISC）架構？　(A)MIPS　(B)ARM (C)x86　(D)RISC-V。

(　　) **26** 下列哪一種網際網路通訊協定，是以廣播（Broadcast）方式來進行？　(A)ARP　(B)IPv6　(C)DNS　(D)BGP。

(　　) **27** 下列有關IPv6之敘述，何者有誤？　(A)支援自動組態設定　(B) 表頭設計不支援QoS機制　(C)內建加密機制　(D)書寫時各組數字之間以冒號「：」隔開。

(　　) **28** 下列有關乙太網路與光纖網路之敘述，何者有誤？
(A)光纖類型的乙太網路可分為長距離傳輸的多模光纖與短距離傳輸的單模光纖
(B)100Gbps乙太網路目前使用附加標準IEEE 802.3ba
(C)光纖網路主要用於連接網路儲存設備
(D)光纖網路協定大部分邏輯運行於獨立的硬體晶片而不是在作業系統中。

(　　) **29** CIDR（Classless Inter-Domain Routing）是一種用來合併數個C級位址的規劃方式。如分配到的網路是192.168.240.0

到192.168.247.0共8個連續的C級位址，則其子網路遮罩為何？　(A)255.255.192.0　(B)255.255.224.0　(C)255.255.240.0 (D)255.255.248.0。

(　) **30** 依開放網路基金會（Open Networking Foundation）有關軟體定義網路（Software Define Network）的架構說明，不包含下列哪一層？
(A)應用層（Application Layer）
(B)控制層（Control Layer）
(C)基礎設備層（Infrastructure Layer）
(D)網路層（Network Layer）。

(　) **31** 無線通訊技術中，個人化的短距離無線網路（Wireless Personal Area Network）使用下列哪一種通訊標準？　(A)IEEE 802.11 (B)IEEE 802.13　(C)IEEE 802.15　(D)IEEE 802.16。

(　) **32** 下列哪一種設備，可以處理不同格式的資料封包，並進行通訊協定轉換、錯誤偵測及網路路徑控制與位址轉換等？　(A)交換器 (B)橋接器　(C)閘道器　(D)路由器。

(　) **33** 傳輸層安全性協定（TLS）中，下列哪一種金鑰交換方法因易受中間人攻擊，已很少使用？　(A)TLS_DH_ANON　(B)TLS_ DHE　(C)TLS_ECDHE　(D)TLS_RSA。

(　) **34** OSI參考模型中，哪一層提供資料壓縮、加密及解密服務？
(A)應用層（Application Layer）　(B)呈現層（Presentation Layer）　(C)會談層（Session Layer）　(D)傳輸層（Transport Layer）。

(　) **35** 下列哪一個動態路由協定，屬於鏈路狀態（Link-State）路由協定？　(A)邊界閘道通訊協定（BGP）　(B)開放式最短路徑優先（OSPF）協定　(C)路由資訊協定（RIP）　(D)Enhanced 企業網路閘道路由協定（EIGRP）。

(　) **36** 下列哪一種虛擬私人網路（VPN）通信協定，所使用的演算法未採用256-bit加密？　(A)L2TP/IPsec　(B)Openvpn　(C)PPTP (D)SSTP。

(　) **37** IPv4位址在設計時區分為5個等級，其中198.x.y.z屬於哪一個等級？　(A)B級　(B)C級　(C)D級　(D)E級。

(　) **38** 下列有關路由器之敘述，何者有誤？　(A)具備路由表　(B)通常具有兩個以上網路介面　(C)具有解讀IP封包的能力　(D)運作於TCP/IP模型的傳輸層以上。

(　) **39** IP封包之協定欄，主要是記載該封包資料所使用的協定。例如TCP、UDP、IGMP、ICMP，下列哪一項屬於傳輸層的通訊協定？　(A)TCP與UDP　(B)IGMP與UDP　(C)IGMP與TCP　(D)IGMP與ICMP。

(　) **40** 物聯網的發展，使低功耗廣域網路（Low Power Wide Area Network）應用需求大增，下列哪一項技術不屬於長距離通訊？ (A)LoRa　(B)NB-IoT　(C)Sigfox　(D)Zigbee。

(　) **41** 下列有關防火牆（Firewall）之敘述，何者有誤？　(A)無法過濾內部網路封包　(B)可以阻擋病毒攻擊　(C)可以阻擋外界對內部網路所發動的攻擊　(D)主要分為網路層及應用層防火牆。

(　) **42** 下列何者非使用TCP/IP協定中的UDP做為通訊服務的基礎？ (A)簡單網路管理協定（SNMP）　(B)網路時間協定（NTP） (C)網際網路控制訊息協定（ICMP）　(D)動態主機組態協定 （DHCP）。

(　) **43** STRIDE是一種識別弱點與威脅的簡單作法，其名稱來自6個威脅類型的英文字首縮寫，下列何者有誤？
(A)偽冒（Spoofing）
(B)否認（Repudiation）
(C)拒絕存取服務（Denial of Service）
(D)入侵（Intrusion）。

( ) **44** ISO27001：2013版，計有幾個領域與幾個控制目標？ (A)11與35 (B)11與39 (C)14與35 (D)14與39。

( ) **45** 下列有關傳統入侵偵測防禦系統（IDPS）之敘述，何者有誤？
(A)可以防止蠕蟲由外部入侵至組織網路內部
(B)可以使用packet-based做為檢查流量內容
(C)可以破解駭客閃躲（Evasion）手法
(D)可以將防火牆存取控制清單（ACL）之功能包含在內。

( ) **46** 下列常見的電子郵件存取協定，哪一種是送出協定（Push Protocol）？ (A)SMTP (B)HTTP (C)POP (D)IMAP。

( ) **47** 無線區域網路的標準為IEEE 802.11系列，請問俗稱第五代Wi-Fi是哪一個標準？ (A)802.11ac (B)802.11ax (C)802.11g (D)802.11n。

( ) **48** 現行3個主要的無線區域網路安全性機制是：WEP、WPA及WPA2，下列哪一項非其所使用之安全防護技術？ (A)TKIP (B)AES (C)CCMP (D)DES。

( ) **49** 下列哪一項非屬ISO制定7498-4號標準文件中所提到之網路管理功能？ (A)故障管理 (B)組態管理 (C)安全管理 (D)事件管理。

( ) **50** 下列有關加密系統與數位簽章之敘述，何者正確？
(1)對稱性加密法加密速度快，適合長度較長與大量的資料
(2)目前普遍使用的非對稱性加密法為IDEA
(3)非對稱性加密公開金鑰必須由憑證管理中心簽發
(4)數位簽章的運作方式是以公開金鑰與雜湊函數互相搭配使用
(A)(1)(2)(3) (B)(1)(2)(4)
(C)(1)(3)(4) (D)(2)(3)(4)。

解答與解析 »»»» 答案標示為#者，表官方曾公告更正該題答案。

1 (A)。流程匯流排主要傳輸的是資料的傳輸流程，與資料本身沒有，不會影響到資料的內容，故選(A)。

2 (C)。$(502)_8$的2進位＝101000010，$(325)_8$的2進位＝011010101，OR運算後為111010111，轉換16進位＝$(1D7)_{16}$，故選(C)。

3 (B)。快取記憶體在電腦運作時，會自動進行運作，調節CPU和主記憶體之間的速度支援，作業系統不會管理到這部分的韌體運作，故選(B)。

4 (A)。雜湊搜尋法是一種非排序搜尋方法，不需要事先將資料進行排序，故選(A)。

5 (B)。二分搜尋法的最多次數為$\log_2(n)$，因此$\log_2(216)$約等於7.8，故選(B)。

6 (B)。各排成的等待時間P1＝0ms；P2＝7 ms；P3＝14 ms；P4＝8ms；平均為上述等待時間相加/4＝7.25，故選(B)。

7 (A)。
(1) RAID 0：將資料分割成多個區塊，並存放在兩個以上的硬碟上，透過並行存取的方式提高存取速度。但RAID 0 沒有資料備份功能，若其中一個硬碟發生問題，所有資料都會遺失。
(2) RAID 1：將資料複製到兩個以上的硬碟上，若其中一個硬碟發生問題，另一個硬碟仍能夠提供資料存取。RAID 1的安全性較高，但需要使用兩倍的硬碟空間儲存相同的資料。
(3) RAID 5：將資料分割成多個區塊，並分別儲存在多個硬碟上，同時儲存一份檢查碼(Parity)，可用於檢測資料是否有錯誤或恢復資料。RAID 5的容錯能力較高，且不需要像RAID 1一樣使用兩倍的硬碟空間，但當一個硬碟發生問題時，硬碟效能會下降，故選(A)。

8 (D)。因為XOR的輸出值會隨著控制信號的改變而改變，當控制信號為0時，輸出為data的值，當控制信號為1時，輸出為data的補數。而其他選項如AND、NAND、OR的輸出值不會受到控制信號的影響，故選(D)。

9 (D)。1補數是0及1互換＝010011；2補數是1補數的結果再加1＝010100，故選(D)。

10 (B)。氣泡排序法：最好情況為O_n，最壞情況和平均情況都是$O(n^2)$；合併排序法：最壞情況、平均情況和最好情況都是$O(n^{\log n})$；快速排序法(Quick Sort)：最壞情況為$O(n^2)$，平均情況為$O(n^{\log n})$，最好情況為$O(n)$；基數排序法(Radix Sort)：最壞情況、平均情況和最好情況都是$O(dn)$，故選(B)。

11 (D)。定義了兩個方法都是名稱為add，但是參數數量不同，這樣當使用這個方法時，可以依據傳入的參數數量和型別來自動判斷要呼叫哪一個add方法，故選(D)。

12 (C)。傳址呼叫通常比傳值呼叫快，因為傳址呼叫只傳遞參數的記憶體位址，而不是整個參數的值。因此傳址呼叫不需要在記憶體中複製整個參數，而節省時間和空間，故選(C)。

13 (C)。第一行，i的值為0，因此會印出0。接著使用後置遞增運算i++，此時i的值會加1，但i++的結果仍是原來的值0；第二行中，使用前置遞增運算++i，此時i的值會再加1變成2，並印出2；第三行中，再使用前置遞增運算++i，此時i的值會再加1變成3，並印出3，故選(C)。

14 (B)。Java程式語言中共有八種基本資料型態：
(1)byte (1 byte)
(2)short (2 bytes)
(3)int (4 bytes)
(4)long (8 bytes)
(5)float (4 bytes)
(6)double (8 bytes)
(7)char (2 bytes)
(8)boolean (1 byte)
按照位元長度從大到小排列如下：
long>double>float>int>char>short>byte>boolean，故選(B)。

15 (D)。在執行時，c的值會被強制轉換為byte類型，會出現溢出問題，導致編譯出現問題，故選(D)。

16 (C)。堆疊(Stack)的操作如下：
push('A')：堆疊中的元素為 ['A']
push('B')：堆疊中的元素為 ['A', 'B']
pop()：從堆疊中刪除元素 'B'，堆疊中的元素為 ['A']
pop()：從堆疊中刪除元素 'A'，堆疊中的元素為 []
push('C')：堆疊中的元素為 ['C']
push('D')：堆疊中的元素為 ['C', 'D']
pop()：從堆疊中刪除元素 'D'，堆疊中的元素為 ['C']，最後一次會將C，pop()出，故選(C)。

17 (D)。小數點左邊

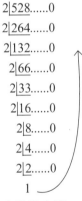

小數點右邊
```
      0.75
  ×      2
1  ...  1.5

       0.5
  ×      2
1  ...   1
```
⇒1000010000.11
故選(D)。

18 (A)。
　(1)軟體即服務（Software as a service，SaaS）：指提供應用軟體的服務內容，透過網路提供軟體的使用，讓使用者隨時都可以執行工作，只要向軟體服務供應商訂購或租賃即可，亦或是由供應商免費提供，例如：Yahoo及Google所提供的電子信箱服務、線上的企劃軟體、YouTube及Facebook等都算是SaaS。
　(2)平台即服務（Platform as a Service，PaaS）：指提供平台為主的服務，讓公司的開發人員，可以在平台上直接進行開發與執行，這樣的好處是提供服務的平台供應商，可以對平台的環境做管控，維持基本該有的品質，例如：Apple Store、Microsoft Azure及Google APP Engine等。
　(3)基礎架構即服務（Infrastructure as a Service，IaaS）：指提供基礎運算資源的服務，將儲存空間、資訊安全、實體資料中心等設備資源整合，提供給一般企業進行軟體開發，例如：中華電信的HiCloud、Amazon的AWS等，Amazon EC2是由Amazon Web Services（AWS）提供雲端的Web服務，故選(A)。

19 (A)。會出現例外，主要是Array Index Out Of Bounds Exception，會在執行時跳出，指出當陣列索引超出範圍時出現問題。如果程式中未處理這個例外，程式執行時會中斷並顯示錯誤訊息，故選(A)。

20 (C)。陣列樣式如下，array[2][1][1]表示第三組二維陣列中的第二列第二行，也就是 12，故選(C)。
[(1,2),(3,4)]
[(5,6),(7,8)]
[(9,10),(11,12)]
[(13,14),(15,16)]

21 (C)。程式碼中定義名為calnum的函式，用來計算 n!，當n的值為1或0時，函式會返回1；否則，會遞迴用自身來計算(n-1)!，並乘上n得到 n! 的值。最後，就是計算calnum(5)的值。
根據上面的函式定義，可以得知calnum(5)的值為 5!＝120，故選(C)。

22 (D)。View 本身不儲存任何資料，只是一個對其他表(View)的運算結果查詢。因此，View的資料來源可以是其他表，並且使用View可以提高資料安全性和方便使用者對資料進行查詢、運算等操作，故選(D)。

23 (D)。程式碼的內容，主要是在求取A及B的最大公因數，因此36與45的最大公因數就是9，故選(D)。

24 (B)。相同程式邏輯下，編譯式語言在執行期的執行速度比直譯式語言快。因為編譯式語言需要先進行編譯，將程式碼轉換成機器碼，再執行機器碼。而直譯式語言則是在執行時將程式碼解釋成機器碼並直

接執行。由於編譯後的機器碼不需
要再次轉換，因此執行速度較快，
故選(B)。

25 (C)。x86是複雜指令集架構
（Complex Instruction Set Computer,
CISC）。在CISC架構中，每個指
令可以執行多個操作，因此可以用
較少的指令來完成複雜的任務，故
選(C)。

26 (A)。當一個主機需要知道某個IP
位址對應的MAC位址時，如直接向
網路上的所有主機傳送封包，可以
節省查找時間，因此ARP使用廣播
的方式來進行；將要查詢的IP位址
封包廣播到網路上的所有主機，網
路上所有主機都會收到這個封包，
但只有符合要求的主機會回應該封
包，將其對應的MAC位址回傳給發
出封包的主機，其他主機則會忽略
該封包。這樣可以大幅減少尋找對
應MAC位址的時間，提高通訊效
率，故選(A)。

27 (B)。IPv6具有支援QoS機制，用於
確保網路服務供應商的網路頻寬、
延遲、丟包率等網路參數，以確保
該網路的可靠性和品質，故選(B)。

28 (A)。多模光纖的光纖芯直徑較
大，可以容納多條光線，而單模光
纖的光纖芯直徑較小，僅能容納單
條光線。因此，多模光纖的光線傳
播徑較短，且光線之間互相干擾
的情況較為嚴重，故不適合長距離
傳輸。而單模光纖的光線傳播路徑

較長，互相干擾的情況較少，因此
適合長距離傳輸，故選(A)。

29 (D)。IP地址範圍為192.168.240.0
~192.168.247.0，總共8個C級位
址，因此需要使用3個二進位來標
記，子網路遮罩的前24位是1，剩
下的8位是0。將前24位轉換為十
進位表示，得到255.255.255.0，
再將後8位轉換為十進位表示，
得到248，因此子網路遮罩為
255.255.248.0，故選(D)。

30 (D)。SDN的標準架構，為以下
三層：
(1)應用層：用於支援應用程序的
接口和應用程序，包括網路管
理應用、安全應用、負載平衡
器和防火牆等。
(2)控制層：負責網路的路由和流量
控制，包括控制器和控制平台。
(3)基礎設施層：實際的網路基礎
設施，包括交換機、路由器、
防火牆等。
故選(D)。

31 (C)。
(1)IEEE 802.11：是無線區域網
路，也就是Wi-Fi，主要用於在
建築物、校園、城市等小範圍
內提供無線網路連接服務。
(2)IEEE 802.13：該標準並不存在。
(3)IEEE 802.15：是個人化的短距
離無線網路的標準，主要用於
設備之間的互連通訊，例如藍
牙（Bluetooth）就是以此為通
訊標準。

(4) IEEE 802.16：是廣域無線網路，也就是WiMAX，主要用於提供行動式的網際網路連接，覆蓋範圍可達到數十公里，可視為長距離無線區域網路，故選(C)。

32 (C)。

(1) 交換器：用於連接網路中的多個裝置，讓裝置之間傳輸數據。能夠識別並記住在其端口上的設備MAC地址，並根據MAC地址將數據發到對應的端口，用以快速轉發數據的目的。

(2) 橋接器：主要用於連接位於同一個網段的兩個子網，將兩個子網段之間的數據流量隔離開來。

(3) 閘道器：是一個連接不同網絡之間的樞紐，可以處理不同網絡之間的數據轉發，實現協議轉換和路由控制等功能。能夠將來自一個網絡的數據封包轉發到另一個網絡，並根據網絡地址和路由表進行路由轉發。

(4) 路由器：是連接多個網絡的設備，用於在不同網絡之間轉發數據，並實現網絡地址轉換和路由控制等功能，故選(C)。

33 (A)。TLS_DH_ANON因易受中間人攻擊，已經被廢棄；TLS_DHE：使用Diffie-Hellman密鑰交換；TLS_ECDHE：使用橢圓曲線Diffie-Hellman密鑰交換，提供較高的安全性；TLS_RSA：使用RSA加密，密鑰交換過程中需要使用憑證進行身份驗證，故選(A)。

34 (B)。呈現層的功能是將應用層的資料轉換為網路上能夠傳輸的格式，同時負責資料的加密和解密、壓縮和解壓縮等工作，故選(B)。

35 (B)。鏈路狀態路由協定有開放式最短路徑優先協定(OSPF)和IS-IS協定。這些協定在大型網路中被廣泛使用，因為能夠提供更好的路徑選擇、更高的容錯性和更快的傳輸時間，故選(B)。

36 (C)。PPTP是較早期的VPN通訊協定，其加密演算法採用的是MPPE，最大加密強度為128-bit，而L2TP/IPsec、OpenVPN、SSTP等VPN通訊協定都提供256-bit加密演算法，故選(C)。

37 (B)。以二進位表示時，第一個位元為1、第二個位元也為1，所以屬於B級位址範圍，故選(B)。

38 (D)。路由器運作於TCP/IP模型的網路層，負責IP封包的轉發和路由選擇。不是運作於傳輸層以上，故選(D)。

39 (A)。IGMP是網路層的通訊協定，而ICMP則是用於網際網路控制的協定，常用於檢查網路連通性、傳輸錯誤，故選(A)。

40 (D)。LoRa：是低功耗、長距離通訊技術。使用次GHz無線電頻段，提供廣域網路連接，具有低功耗、長距離和大容量等特點。

NB-IoT:是指Narrowband IoT，是一種專門為物聯網設計的通訊技術，

使用現有的行動通訊網路基礎設施，提供低功耗、低速率、廣域覆蓋的物聯網連接，目標是實現物聯網設備的長期低成本連接。

Sigfox:是專門為物聯網設計的低速率、低功耗、長距離無線通訊技術，能夠提供全球性的物聯網連接，並具有安全、可靠、低成本等特點，常被用於遠距離傳感器和控制器的應用中。

Zigbee:是低功耗、短距離無線通訊技術，主要用於自動化控制和感測網絡等應用中。基於IEEE 802.15.4標準的無線協議，提供低速率、低功耗、低成本和網絡穩定等特點，故選(D)。

41 (B)。如果是已經存在電腦中的病毒，或人為操作所發生的病毒攻擊，例如使用帶有病毒的隨身碟，則無法透過防火牆進行阻擋，故選(B)。

42 (C)。網際網路控制消息協定（ICMP）不是基於UDP協定，而是基於IP協定，用於在IP網路上傳輸控制訊息；簡單網路管理協議（SNMP）、網路時間協議（NTP）和動態主機組態協議（DHCP）都是基於UDP協定的通訊服務，故選(C)。

43 (D)。STRIDE是由6種威脅類型所組成，分別為：
(1) 偽冒（Spoofing）。
(2) 資料竊聽（Tampering）。
(3) 否認（Repudiation）。

(4) 拒絕服務（Denial of Service）。
(5) 欺騙（Information Disclosure）。
(6) 特權提升（Elevation of Privilege）。
故選(D)。

44 (C)。14個領域：組織的安全政策、組織的資產管理、人員安全管理、存取控制、密碼學、實體和環境安全、通訊和作業管理、系統發展與維護、持續的業務運作、合規性、風險評估、風險治理、監視和審核、安全改進；35個控制目標：資產擁有者的責任、資產分類、資產管理、資產記錄、就業前的背景審查、就業時的條件、資訊安全的知識、意識和訓練、對於工作職責和應變的資訊安全意識、通訊的管理、第三方服務提供者的管理、資源的安全性、存取控制政策、使用者存取權限的分配、系統和應用程式存取控制、存取控制的身份驗證、存取控制的安全性、加密的政策、加密的管理、物理安全的安全性、環境的安全性、物理設施的安全性、作業程序和責任的安全性、程序和設施的管理、通訊的安全性、雜項工具的安全性、安全性的需求、安全性的設計和實施、評價和測試的安全性、系統更新的安全性、資訊系統的安全性、業務持續性的計劃、預防和恢復的措施、業務持續性的安全性、復原力的測試、確認法律和合約要求的合規性，故選(C)。

45 (B)。駭客閃躲（Evasion）手法的攻擊方式就是用來針對繞過傳統入侵偵測防禦系統（IDPS），因此IDPS能否完全防禦駭客閃躲（Evasion）手法，具有存疑性；但就字面上的選項而言，packet-based只可以檢查封包的源頭IP地址、目標IP地址、端口號等資料，但不能檢查封包（流量）的內容，故選(B)。

46 (A)。SMTP是使用在網際網路上用來傳送電子郵件的標準協定，是Push Protocol，意思是郵件伺服器會主動推送郵件到收件者的郵件伺服器，再由收件者主動去郵件伺服器上取回郵件；相較於POP和IMAP這兩種存取協定，都是Pull Protocol，需要使用者主動向郵件伺服器發出請求，才能夠取得郵件；而HTTP則是傳輸網頁資料的協定，與電子郵件無關，故選(A)。

47 (A)。
(1) 802.11ax：是第六代Wi-Fi標準，於2019年發佈。
(2) 802.11g：是第三代Wi-Fi標準，於2003年發佈。
(3) 802.11n：是第四代Wi-Fi標準，於2009年發佈，故選(A)。

48 (D)。TKIP：用於WPA的加密協定；AES：對應的是WPA2的加密協定；CCMP：用於WPA2的加密協定，基於AES加密，提供機密性、完整性和訊息認證的保護；DES是對稱式加密系統，但已被認為加密強度不足，易受到破解，已經被AES所取代，故選(D)。

49 (D)。ISO 7498-4號標準文件中所提到之網路管理功能包括故障管理、配置管理、安全管理、流量管理、計費管理和性能管理，並沒有事件管理，故選(D)。

50 (C)。目前普遍使用的非對稱性加密法是RSA、DSA，而非IDEA，故選(C)。

112年 初等考試

( )　**1** 對於關聯式資料庫的闡述，下列何者正確？　(A)資料會被儲存成類似JSON的文件　(B)是最早出現的資料庫結構　(C)資料表間可透過主鍵與外鍵建立關係　(D)是以物件導向的方式來設計資料庫。

( )　**2** 某顆CPU其系統匯流排傳輸頻率為1333 MHz，資料寬度為64位元，因此其資料頻寬應為：　(A)10.664 GigaBytes/Sec　(B)1333 MegaBits/Sec　(C)85312 MegaBytes/Sec　(D)10664 MegaBits/Sec。

( )　**3** 下列何者為可直接在電腦內直接重寫，不須特別設備才能寫入資料的非揮發性記憶體？　(A)RAM　(B)EPROM　(C)PROM　(D)EEPROM。

( )　**4** 若將10進位數字90.375轉為8進位數字，其結果應該為下列何者？　(A)$(132.3)_8$　(B)$(721.3)_8$　(C)$(273.1)_8$　(D)$(731.2)_8$。

( )　**5** 在物件導向程式設計中，有關抽象類別的描述下列何者錯誤？　(A)抽象類別可定義抽象方法　(B)抽象類別可被一般類別直接繼承　(C)可生成抽象類別的物件　(D)抽象類別可實作一般方法。

( )　**6** 下列SQL指令何者只能傳回不同值的結果？
(A)SELECT DIFFERENCE　　(B)SELECT UNIQUE
(C)SELECT FIRST　　　　　(D)SELECT DISTINCT。

( )　**7** 下列何者是正確的HTML超連結寫法？　(A)<a url=http://www.google.com>Google</a>　(B)<a name=Google>http://www.google.com></a　(C)<a href=http://www.google.com>Google</a>　(D)<a address=http://www.google.com>Google</a>。

( )　**8** 將員工資料表中，部門欄位為"財會"的所有員工"姓名"搜尋出來，其正確的SQL指令為：　(A)SELECT姓名FROM員工

WHERE部門='財會'; (B)SELECT員工.姓名WHERE部門='財會'; (C)FROM員工WHERE部門='財會'EXTRACT姓名; (D)EXTRACT姓名FROM員工WHERE部門='財會';。

( ) **9** 下列指令何者屬於SQL指令中的資料操作語言（Data Manipulation Language, DML）？ (A)ALTER (B)ADD (C)MODIFY (D)UPDATE。

( ) **10** 下列那個SQL的關鍵詞是用來對查詢的結果進行排序？ (A)SORT BY (B)SORT (C)HAVING (D)ORDER BY。

( ) **11** MVC是軟體工程中的一種軟體架構模式，用來簡化應用程式開發並增加程式的可維護性。請問MVC指的是： (A)Module, Verification, Consistent (B)Model, View, Controller (C)Module, View, Container (D)Model, View, Container。

( ) **12** 有關資料編碼的說明下列何者正確？ (A)ASCII原始編碼一開始就是用8個位元來編碼 (B)BCDIC編碼是由ASCII編碼擴充而來 (C)EBCDIC編碼利用6個位元來編碼，且前2個位元為區域位元 (D)BCD編碼以4個位元為一組，僅能用於表達數字。

( ) **13** 一般電腦主機板中負責CPU、RAM與顯示卡等主要高速裝置溝通的晶片為： (A)北橋晶片 (B)南橋晶片 (C)顯示晶片 (D)數位類比轉換器。

( ) **14** 比特幣是一種被廣泛使用的電子貨幣，請問下列對比特幣的特性描述何者錯誤？ (A)沒有類似銀行的發行單位 (B)比特幣交易中，交易送出被確認後交易就算完成，而完成後的交易仍可被取消 (C)比特幣的數量不會無限制成長 (D)不具匿名性。

( ) **15** 二元搜尋樹是建立在樹節點鍵值的大小上。左子樹的所有鍵值均小於樹根的鍵值，右子樹所有鍵值均大於樹根的鍵值。而高度平衡二元搜尋樹則又定義某一個節點右子樹跟左子樹的高度，高度差的絕對值要小於等於1，否則需要做調整，但調整的方法，最

後必須維持二元搜尋樹的特質。在建立二元搜尋樹時，如果鍵值分別是50、40、60、30、45。此時若再加入20，此二元搜尋樹的高度平衡原則就會被破壞。請問根據高度平衡的原則去調整後，最後的二元搜尋樹的前序走訪的結果為何？　(A)20 30 40 50 45 60　(B)40 30 20 45 50 60　(C)50 40 30 60 20 45　(D)40 30 20 50 45 60。

(　) **16** 下列Java程式執行後的輸出為何？

```java
public class Test
{
        public static void main（String[] args）
        {
                int a= 0;
                int b= 0;
                for(int c = 0; c < 4; c++)
                {
                    if((++a > 2))
                    {
                        a++;
                    }
                }
                System.out.println(a);
        }
}
```

(A)4　　　　　　　　　　　(B)5
(C)6　　　　　　　　　　　(D)7。

(　) **17** 下列圖形檔案格式何者屬於向量圖型？　(A)SVG　(B)PNG　(C)GIF　(D)JPEG。

(　) **18** 於HTML中，那個標籤可直接在網頁中產生一個獨立區域用來嵌入來自另一個網站的內容？　(A)<script>　(B)<style>　(C)<span>　(D)<iframe>。

（　）**19** 下列對於常見的數位聲音格式說明何者錯誤？
(A)WMA是微軟公司所推出的聲音格式
(B)MP3會將聲音用MPEG壓縮法壓縮
(C)RealAudio是一種不壓縮的音樂格式
(D)WAV檔會因為取樣頻率愈高，所產生的資料量愈大。

（　）**20** 下列有關TCP與UDP協定的說明何者正確？　(A)TCP與UDP都具有建立連線的功能　(B)TCP與UDP都具有控制流量的功能　(C)TCP與UDP都具有確認與傳送的功能　(D)UDP的傳輸方式是送出後不理。

（　）**21** 有一個關聯表，它的所有非主鍵欄位值都必須由整個主鍵才能決定，則這個關聯表至少達到第幾正規化？　(A)第一正規化　(B)第二正規化　(C)第三正規化　(D)第五正規化。

（　）**22** 有關虛擬記憶體的描述下列何者錯誤？　(A)可使得程式在實體記憶體不足的狀況下也可執行　(B)作法是讓作業系統將目前正使用的程式頁放在主記憶體中，其他的則存放在磁碟中　(C)分段（Segmentation）模式是常用的一種設計方式　(D)分頁（Paging）模式中邏輯記憶體會被分割成大小不等的分段。

（　）**23** 下列有關程式語言的描述何者正確？　(A)C語言可對記憶體直接處理，UNIX作業系統就是利用C語言開發完成　(B)C++語言是一種結構化程式設計語言　(C)ADA是一種早期的標記語言(D)JAVA是由微軟公司開發的物件導向程式語言。

（　）**24** 橋接器可用於連接兩個相同類型但通訊協定不同的子網路，並可藉由MAC位址表判斷與過濾是否要傳送到另一子網路。請問橋接器是屬於OSI參考模型中那一層運作的裝置？　(A)應用層(B)傳輸層　(C)資料連結層　(D)網路層。

（　）**25** 下列資料加密系統何者屬於非對稱加密法？　(A)DES　(B)AES(C)MD5　(D)RSA。

( ) **26** 藍牙（Bluetooth）網路是屬於下列那一種無線網路類型？ (A)無線區域網路WLAN (B)無線個人網路WPAN (C)無線都會網路WMAN (D)無線廣域網路WWAN。

( ) **27** 下列有關軟體使用授權的描述何者正確？ (A)Freeware可任意使用不須付費，因為開發者已放棄對產品的所有權利 (B)對於Shareware使用者可無限期免費使用 (C)不須版權擁有者的授權，我們可對Open source軟體進行使用、修改及再分發 (D)Freeware都是屬於Open source的軟體。

( ) **28** 在一個網頁上有一個按鈕，當使用者按了這個按鈕後會執行某段程式，使得頁面文字動態逐漸變大且顏色也隨著改變。請問這段程式最可能使用的技術為何？ (A)CSS (B)Javascript (C)HTML (D)XML。

( ) **29** 一首4分鐘的音樂，若以取樣頻率為44.1 KHz，取樣樣本為2個8 bits（立體聲）的數字儲存，則所需的儲存空間大小約略等於：(A)21.17 Mbytes (B)169.34 Mbytes (C)13.2 Mbytes (D)132 Kbytes。

( ) **30** 下列有關網際網路的描述何者正確？ (A)相同網路區段內的電腦，不可以直接傳遞IP封包，需要路由器協助 (B)要判斷兩台網路上電腦是否在相同網路區段，可分別將其IP位址與子網路遮罩做XOR運算，看結果是否相同 (C)DNS伺服器主要功能為正向名稱解析（Forward Name Resolution），也就是將輸入網址轉為對應的IP位址 (D)網址的格式為"主機名稱.網域名稱"，其中的主機名稱使用長度沒有任何限制。

( ) **31** 由多個遠端主機在同一時段傳送許多訊息給目標主機，使目標主機在短時間內因接收過多訊息而癱瘓，這種網路攻擊稱為：(A)分散式阻斷攻擊（Distributed DoS） (B)回覆氾濫攻擊（Smurf Flooding Attack） (C)死亡偵測攻擊（Ping-of-Death Attack） (D)分割重組攻擊（Teardrop Attack）。

(　　) **32** 自駕車是傳統汽車運輸能力加上整合感知器、電腦視覺、高速運算及全球定位系統等技術而有的現代高科技產物。請問根據美國國家公路交通安全管理局（NHTSA）所定義的自駕車等級（Level），其中「駕駛人可以在某些有限服務區域內讓車輛自動駕駛，車內所有人僅充當乘客無需參與駕駛工作」，是屬於下列那一個等級？　(A)等級2　(B)等級3　(C)等級4　(D)等級5。

(　　) **33** 所謂智慧物聯網AIoT（Artificial Intelligence of Things）是指人工智慧（AI）結合物聯網（IoT）的科技。這項技術採用了一種特殊的分散式網路計算，將運算資源直接嵌入端點設備，能夠有效降低網路寬頻的使用量，同時加速及時運算。請問這項特殊的計算方式，稱為：　(A)邊緣運算Edge Computing　(B)高效能運算High Performance Computing　(C)雲端運算Cloud Computing　(D)數位計算Digital Computing。

(　　) **34** 電子商務交易機制的安全是電子商務可以推動很主要的原因。以前當信用卡遺失，陌生人就有可能拿到信用卡卡號、到期年限及信用卡背面末三碼，也就可以在電子商務上進行消費。為了改善這個問題，有一個新的安全機制產生。當消費者在網路上進行刷卡消費時，系統會自動跳出驗證視窗，消費者須輸入認證密碼才能進行刷卡付款，而驗證碼通常是由系統發簡訊送到持卡者的手機上。請問這樣的安全機制，是下列那一種：　(A)3D認證機制（3D Secure）　(B)網路銀行憑證　(C)金融XML憑證（Financial eXtensible Markup Language）　(D)代理人伺服器（Proxy Server）。

(　　) **35** 電腦中的2進位系統對整數的表示法，有帶符號大小（Signed-magnitude），1's補數（1's Complement），2's補數（2's Complement）。假設使用8位元來儲存整數，請問下列何者正確？　(A)96的帶符號大小表示法為11000000　(B)-96的1's補數表示法為10011111　(C)96的2's補數表示法為01110000　(D)-96的2's補數表示法為10011111。

( ) **36** 電腦常見的一些數碼系統可以用來表示10進位數字，請問下列何者正確？　(A)9的BCD碼為1001　(B)3的2421碼為0100　(C)8的84-2-1碼為1001　(D)4的超三碼為0100。

( ) **37** 電腦的數字系統用來儲存浮點數可以根據IEEE 754的規範，IEEE 754定義了Single、Double、Extended及Quadruple等四種浮點數格式。若要表示10進位的-22.5，根據IEEE 754的single格式，請問$b_{31}b_{30}b_{29}\cdots b_{23}$（第31~23位元）的值為何？　(A)010000011　(B)110010011　(C)011000011　(D)110000011。

( ) **38** 視訊（Video）指的是同步播放的畫面與聲音，最常見的就是電視的影像。由於面板製作技術的進步，市場上除了有LED的電視，現在也已經有大尺寸的OLED或Mini LED面板的數位電視。我國在2012年進入數位電視時代，電視畫面的播出、傳送與接收均使用數位系統。請問下列何者不是數位視訊標準？　(A)HDTV　(B)NTSC　(C)SDTV　(D)UHDTV。

( ) **39** 邏輯閘（Logic Gate）是用來進行二元邏輯運算與布林函數的數位邏輯電路（通常以兩個輸入訊號，一個結果訊號為輸出）。請問有關XNOR閘，下列何者正確？
(A)運算符號是⊗
(B)只有兩個輸入訊號均為0的情況，輸出訊號才會是1，其他不同的輸入情況，輸出訊號都是0
(C)運算符號是⊕
(D)只有兩個輸入訊號其中一個是1的情況，輸出訊號才會是0，其他不同的輸入情況，其輸出訊號都是1。

( ) **40** 利用一把會議金鑰（Session Key）使用對稱式密碼機制對所要傳遞的訊息進行加密。另外再利用接收方的公開金鑰，使用公開金鑰加密演算法將會議金鑰作加密與密文同時傳給接收方。這種機制稱之為：　(A)數位簽章　(B)數位金鑰　(C)數位信封　(D)數位稽核。

( ) **41** 由於手機、平板電腦的普及，網路的頻寬也大幅的改善。電子商務也進步到所謂的行動商務。消費者可以由行動終端設備透過無線通訊的方式，進行線上購物、訂票、金融付款或行動銀行等商業行為。而相關的國際行動支付也非常的普及（如Apple Pay、Google Pay）。這些國際行動支付裝在手機上，手機若有提供一項特別功能，就可以讓裝置進行非接觸式點對點資料傳輸。例如將手機靠近相關感應裝置，不需要實際的接觸，即可完成刷卡付款的動作。請問這項功能是什麼？

(A)藍芽（Bluetooth）

(B)近場通訊（NFC Near Field Communication）

(C)紅外線傳輸（infrared communication）

(D)無線網路（Wi-Fi）。

( ) **42** 電子商務/行動商務越來越普及，許多銀行實體的交易，如轉帳或匯款，很多也可以在網路上進行。線上銀行為了防止詐騙橫行，也提出許多的方法來防止。其中有一種是由臺灣網路認證公司（TWCA）所簽發，使用於銀行、證券、保險等金融領域之電子憑證。通常適用於大量、大筆金額的金融交易，一般企業往來的金融交易或員工薪資匯款，都會使用這種憑證來進行交易，這樣的方法也可使用於查詢下載所得資料及進行網路報稅作業。請問這種方法是什麼？

(A)電子安全交易SET（Secure Electronic Transactions）

(B)電子晶片卡交易

(C)自然人憑證

(D)金融XML憑證（Financial eXtensible Markup Language）。

( ) **43** 因為陣列的資料在記憶體存放的位置是連續的，所以若是知道陣列第一個元素的位址及該陣列每一個元素資料儲存位址的大小（占幾個byte），就可以根據排放的方式，算出某一個特定元素在記憶體中的位址。假設有一個三維陣列A[-3:5, -4:2, 1:5]，且其起始位置為A[-3, -4, 1]=100，陣列每一元素占記憶體大小2

bytes，以列為主排列（Row Major），請計算A[1, 1, 3]所在的位置？　(A)1345　(B)2826　(C)267　(D)434。

(　) **44** 有一種矩陣（Matrix）稱為上三角或是下三角矩陣，裡面每一個元素可用$a_{i,j}$（i=1..n, j=1..n）表示。因為這種2維的矩陣，在對角線以上或以下的元素都是零（考題沒有暗示上三角或下三角到底是對角線以上或以下是零）。若有一個下三角矩陣，如果零的元素不想浪費記憶體的位置來儲存，我們可以用一個一維的陣列來儲存這些非零的元素，也就是D[1: n（n+1）/2]=[$a_{1,1}$, …, $a_{n,n}$]。若n=6，且是以列為主（Row Major）的排列方式，請問D[14]=？　(A)$a_{5,4}$　(B)$a_{6,2}$　(C)$a_{4,2}$　(D)$a_{6,5}$。

(　) **45** 資料結構的表示法中，運算元及運算子的位置會形成所謂前序或後序的表示法。若有兩個後序表示法，第一個是10　8　+　6　5　* -而第二個後序表示法是6　3　5　*　-　2　4　-　+　2　-。請問這兩個後序表示法若用堆疊法運算後，將個別的答案加起來，結果是多少？　(A)-30　(B)-25　(C)27　(D)-8。

(　) **46** 二元樹的走訪有前序追蹤（Pre-order）、中序追蹤（In-order）及後序追蹤（Post-order）三種。下列的二元樹，請問若用前序追蹤結果其第三個輸出的節點，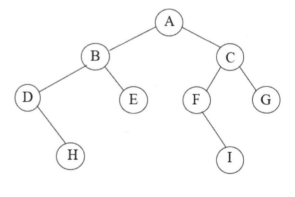中序追蹤結果其第五個輸出的節點，及後序追蹤結果其第八個輸出的節點，各分別是什麼？

(A)(B, E, G)　　　　　　　(B)(D, A, C)

(C)(H, F, G)　　　　　　　(D)(H, E, G)。

( ) **47** 一個有n個節點的二元樹，共有2n個Link，但實際上有很多鏈結（Link）是浪費掉。為了改善這個問題，就有引線二元樹（Thread Binary Tree）的出現。每一個節點都會有左引線跟右引線分別指到其他合適的節點，並且有額外的欄位來辨識是引線還是正常的指標。若把下圖二元樹的引線畫出來，請問節點I的右引線及節點G的左引線分別指
(A)節點E跟節點F
(B)節點B跟節點F
(C)節點B跟節點C
(D)節點E跟節點C。

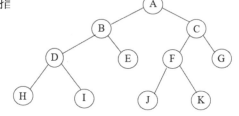

( ) **48** 在圖形理論（Graph Theory）中，有一個理論叫做尤拉循環（Eulerian Cycle）。該理論表示，每一個圖（Graph）的頂點（Vertex）有邊（Edge）來連接頂點，若從其中某一個頂點出發，經過所有的邊，然後又回到原先出發的頂點，請問需要具備什麼條件？ (A)連接到每一個頂點的邊數必須是奇數 (B)該圖中所有的邊數總和必須可以讓頂點數總和整除 (C)該圖中所有的邊數總和必須是頂點數總和的偶數倍數 (D)連接到每一個頂點的邊數必須是偶數。

( ) **49** 擴展樹（Spanning Tree）是圖形理論（Graph Theory）中的一種運用。擴展樹是以最少的邊數來連接圖形中所有的頂點，若圖形中的每一個邊加上一些數值當作權重（Weight），這樣的權重可以是成本（Cost）或距離（Distance）。雖然一個圖形可能會有許多的擴張樹，但若考慮每個邊上的權重（或成本），我們可以找到一個最小成本的

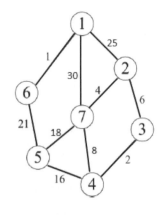

擴張樹（Minimum Cost Spanning Tree）。以下的圖形，G=（V，E），V是頂點，V={1, 2, 3, ..., n}，E 是連接兩個頂點的邊，邊上的數值代表權重（或成本）。請問下圖中，關於這個圖形的最

小成本擴張樹（從頂點1開始出發），下列何者正確？ (A)頂點4跟頂點7的邊包含在這個最小成本擴張樹中 (B)最小成本擴張樹所有權重總和為50 (C)頂點5跟頂點7的邊包含在這個最小成本擴張樹中 (D)最小成本擴張樹所有權重總和為48。

( ) **50** 最小成本的擴張樹（Minimum Cost Spanning Tree）上的權重若是距離，就可以求從某一個起始節點到終止節點的最小路徑。這可以運用到現今的物流運輸。兩個節點間的箭頭表示行進的方向。如下圖，請問從起始節點1到終止節點7，最短的路徑，下列何者正確？

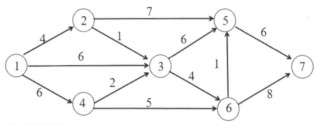

(A)最短路徑距離總和19
(B)節點4到節點3是路徑的一部分
(C)節點3到節點5是路徑的一部分
(D)包含起始節點跟終止節點，共經過6個節點。

▌解答與解析 »»»» 答案標示為#者，表官方曾公告更正該題答案。

1 (C)。JSON文件是由鍵值成對組成，關聯式資料庫是表格形式；最早出現的資料庫結構是樹狀的層次結構；物件導向式的資料庫才是使用物件導向設計，故選(C)。

2 (A)。資料頻寬的計算 = 系統匯流排傳輸頻率×資料寬度/8，因此為1333MHz×64位元/8=10664MB/S=10.664 GB/S，故選(A)。

3 (D)。RAM屬於揮發性記憶體
(1) 可程式化唯讀記憶體（Programmable ROM／PROM）：出廠時為空白，由使用者將資料寫入，寫入之後便只能讀取資料，無法再次寫入及更改。
(2) 可清除式程式化唯讀記憶體（Erasable PROM／EPROM）：可重複寫入，但舊有資料需照

射紫外線進行清除，之後才能再進行寫入資料。

(3)電子清除式可程式化唯讀記憶體（Electrically EPROM／EEPROM）：使用電力即可清除舊有資料，之後即可重複進行寫入，相較EPROM較省時。

故選(D)。

4 (A)。小數點左邊用短除法，餘數的順序用反向表示就是答案，小數點右邊直接乘8就可以得到結果，如下圖，故選(A)。

```
左邊            右邊
8|90...2         0.375
8|11...3       ×     8
8|8            3.000
  1
```

⇒132.3

5 (C)。物件導向程式設計中，抽象類別是一個不能實例化的類別（無法生成物件），可以被繼承和實現。抽象類別包含抽象方法和非抽象方法，在抽象方法中是沒有實現的方法，需要在子類中實現，而非抽象方法則有實現的方法，可以在抽象類別中直接使用，故選(C)。

6 (D)。DIFFERENCE及UNIQUE不是正確的SQL指令，FIRST用於得到集中資料的第一行，DISTINCT用於刪除重複的行，保留不同的值，故選(D)。

7 (C)。HTML語法中，使用超連結的語法，是a href；a name是用來定

義元素的名稱，a url及a address都不是正確的語法，故選(C)。

8 (A)。SELECT用來指定要返回哪些欄位的資料，這裡只需要"姓名"欄位；FROM用來指定從哪個資料表中查詢資料，這裡是"員工"的資料表；WHERE用來設定搜尋的條件，這裡是要"部門"欄位的值＝"財會"，故選(A)。

9 (D)。ALTER、ADD、MODIFY都是資料定義語言的指令，ALTER用來修改表格結構，ADD用來增加欄位，MODIFY可以用來修改現有欄位的資料型態或大小，故選(D)。

10 (D)。ORDER BY指令可以用來對查詢結果進行排序，SORT BY指令不是SQL中的指令，SORT指令有排序功能但不是使用在關聯式資料庫，而HAVING指令則用於過濾聚合資料，故選(D)。

11 (B)。MVC代表模型-視圖-控制器（Model-View-Controller），Model負責處理資料和邏輯，View負責處理介面和資料呈現，Controller負責接收使用者輸入的訊息來選擇適當的模型和視圖，故選(B)。

12 (D)。ASCII 原始編碼是使用7 個位元來編碼；BCDIC編碼是二進制及十進制互換碼；EBCDIC 編碼由BCDIC擴展而來，採用8 個位元來編碼，故選(D)。

13 (A)。北橋晶片的功能主要控制和協調CPU和RAM之間的數據傳輸、

提供高速傳送溝通，管理PCI和 AGP插槽，以及控制顯示卡等外設裝置的操作，故選(A)。

14 (B)。比特幣在區塊鏈中，交易被確認並被寫入區塊後，就不能被取消或修改。因為比特幣的區塊鏈是一個去中心化、不可篡改的公共平台，所有交易都會被記錄在區塊鏈上，故選(B)。

15 (D)。如下圖原始的二元搜尋樹及加入20後並加以平衡的二元搜尋樹的樣子，故選(D)。

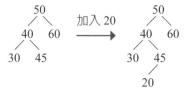

16 (C)。
(1) 程式定義了兩個整數變數a及b，在for迴圈定義了一個計數器c。在for迴圈中，先進行c的遞增操作，然後進行判斷：如果a的值加1後大於2，則將a再加1，否則不做操作。
(2) 執行的狀況是，a的初始值為0。第一次執行時，c的值為0，此時a加1後的值為1，小於2，因此a的值不變。第二次執行時，c的值為1，此時a加1後的值為2，不大於2，因此a的值依然不變。第三次執行時，c的值為2，此時a加1後的值為3，大於2，因此a還要再加1，變成4。最後一次執行時，c的值為3，此時a加1後

的值為5，大於2，因此a的值還要再加1，最終a的值成為6，故選(C)。

17 (A)。向量圖一般常見的格式有SVG、AI及EPS；PNG、GIF及JPEG都是點陣圖格式，故選(A)。

18 (D)。<script>：用於執行JavaScript代碼的標籤。可以將JavaScript的代碼直接嵌入HTML頁面中；<style>：用於定義網頁樣式的標籤。可以將CSS代碼直接嵌入HTML頁面中；<span>：用於定義行內元素的標籤；<iframe>可以在網頁中嵌入一個獨立的框架，並且可以將其他網站的內容顯示在該框架中，而不會影響到主頁面的內容，故選(D)。

19 (C)。RealAudio可以被壓縮，壓縮的方式與MP3等格式不同，是使用一種名為「專用音訊編碼器」（RealAudio Codec）的專有壓縮技術，故選(C)。

20 (D)。TCP可以確保在傳輸兩端建立可靠的連接，讓數據能順利在兩端傳輸。具有可靠的傳輸、錯誤檢測和恢復機制，確保資料在傳輸過程中不會丟失或重複；UDP是無連接的協定，沒有建立可靠的連接，也沒有任何錯誤檢測和恢復機制。通常用於需要快速傳輸的應用，由於沒有錯誤檢測和恢復機制，數據容易丟失或重複，因此不適用要求高可靠性和完整性的傳輸，故選(D)。

21 (B)。第二正規化中，非主鍵欄位必須完全依賴於主鍵，而不是只依賴於主鍵的一部分，故選(B)。

22 (D)。在虛擬記憶體中，分頁的管理技術，是將主記憶體和硬碟空間分為固定大小的區塊，稱為頁框（Page Frame）和頁（Page），故選(D)。

23 (A)。C++是物件導向程式語言；ADA是結構化程式設計語言；JAVA是由Sun Microsystems公司開發，故選(A)。

24 (C)。橋接器是OSI模型中的第二層裝置，主要負責在網路中傳送和接收數據。OSI參考模型中，第二層是在實體層之上；應用層、傳輸層及網路層，屬於軟體及協定的規範，故選(C)。

25 (D)。DES是對稱加密演算法；AES也是對稱加密演算法；MD5是散列函數（Hash Function），故選(D)。

26 (B)。區域網路、都會網路及廣域網路，都是屬於多台機器可以共同使用的範圍性網路，故選(B)。

27 (C)。Freeware可免費使用但使用權會受到部分限制，如不得轉售、不得進行商業使用等，且不是每個Freeware軟體都是Open source的軟體；Shareware的軟體，免費的使用時間是有一定限制，可在時間到期後購買完整的軟體進行使用，故選(C)。

28 (B)。JavaScript可以用來實現按鈕點擊後觸發的事件，並控制頁面中的元素，如改變文字大小和顏色等，CSS比較偏向非按鍵觸發的固有設定動畫，故選(B)。

29 (A)。44.1 KHz等於每秒取樣44100次，每秒的資料量就是$44100 \times 2 \times 8$ bits=705600 bits，4分鐘的音樂就會是240*705600 bits=169344000 bits，169344000 bits/8＝21168000bytes=21168KB=21.168MB，故選(A)。

30 (C)。相同網路區段內的電腦，可以直接傳遞IP封包，不需要路由器協助；判斷兩台網路上電腦是否在相同網路區段，需要將其IP位址與子網路遮罩做AND運算；主機名稱使用的長度具有限制，最長不能超過63個字元，故選(C)。

31 (A)。分散式阻斷攻擊：攻擊者透過多台被感染的電腦，對一個或多個目標網站或伺服器發起大量的請求，導致網站或伺服器過載無法正常運作，而造成服務中斷的情況；回覆氾濫攻擊：攻擊者偽造自己的IP位址為受害者的IP位址，而向網路上所有的廣播位址發送大量的ICMP回應訊息，回應訊息將會被轉發到網路上的所有電腦，進而導致網路擁擠，無法正常運作；死亡偵測攻擊：攻擊者發送異常大小的ICMP封包到目標網路上的電腦，異常大小的封包會造成接收端的緩衝區溢出，讓目標網路上的電腦或伺

服器當機；分割重組攻擊：攻擊者發送分割的IP封包到目標網路上的電腦或伺服器，這些分割的IP封包被設計成無法正確重組，導致接收端的緩衝區溢出，而造成目標網路上的電腦或伺服器當機，故選(A)。

32 (C)。Level 0（無自動化）：傳統的人駕駛汽車，車輛不具備自動化功能。

Level 1（司機輔助）：自駕車可在特定情況下進行部分自動化操作，例如巡航控制和車道保持等，駕駛員仍需負責監控和控制車輛。

Level 2（部分自動化）：這類自駕車可以在特定情況，實現車輛的自主控制，包括加速、減速、轉向和車道保持等，但駕駛員仍需在車輛行駛期間保持對駕駛的監控，並準備隨時接管駕駛。

Level 3（有條件自動化）：這類自駕車可以在特定情況下實現車輛的自主控制，駕駛員可以將駕駛任務交由系統處理，但需要能夠在需要時接管駕駛，因此駕駛員需要保持對駕駛環境的監控。

Level 4（高度自動化）：這類自駕車可以在特定情況下實現車輛的自主控制，且在特定的使用情境中不需要駕駛員介入，駕駛員只需在需要時接管駕駛。

Level 5（完全自動化）：這類自駕車可以在任何情況下實現車輛的自主控制，駕駛員不需要參與駕駛任務，車輛可以完全自主操作，無需人類干預，故選(C)。

33 (A)。(A)邊緣運算：指在靠近數據源頭的地方，將資料處理和分析的能力下放到靠近數據源頭的設備中，減少數據在傳輸過程中的延遲和時間，提高資料處理和分析的效率及速度；(B)高效能運算：指使用高速計算機、網路和軟體等技術，解決需要大量計算、存儲和分析的複雜問題；(C)雲端運算：指通過網路將資料、應用和服務存儲、管理和處理的一種計算模式；(D)數位計算：指利用電子設備進行數學運算的過程，主要利用數字電路和邏輯閘，實現對數學運算的高速處理和大量運算，故選(A)。

34 (A)。(A)3D認證機制：是用於信用卡網路交易的安全驗證機制，由Visa和Mastercard所制定；(B)網路銀行憑證：是由銀行發行的數位證書，用於網路銀行交易的安全認證；(C)金融XML憑證：用於金融機構之間進行電子商務交易的安全憑證；(D)代理人伺服器：用於代理網路上的其他伺服器或用戶端的伺服器，故選(A)。

35 (B)。96的2進位=01100000；正整數基本不需要做補數，-96的2進位1's補數=10011111，-96的2進位2's補數=10100000；1's補數為正數的0及1轉換，2's補數則為1's補數加1，故選(B)。

36 (A)。3的2421碼是0011；8的84-2-1碼是1000；4的超三碼是0111，故選(A)。

解答與解析

37 (D)。
(1)先將-22.5的絕對值轉換為二進制。-22的二進制表示為-10110，0.5的二進制表示為0.1，0.25的二進制表示為0.01，因此-22.5的二進制表示為-10110.1。
(2)正規化二進制表示法，將小數點左移或右移，直到只有一個非零數字位。因此將小數點左移4位，得到-1.01101 × 2^4。
(3)確定符號位元，因為-22.5是負數，所以符號位元為1。
(4)將指數值進行偏移，對於IEEE 754 Single精度浮點數，指數位元有8個位元。IEEE 754定義的偏移值為127，即將指數值加上127。指數值是4，因此加上127得到131，即為10000011。
(5)將指數位元和尾數位元組合成一個32位元的二進制數字。指數位元是10000011，尾數位元是0110100000000000000000000，因此32位元的二進制數字表示為1 10000011 0110100000000000000000000。而b31b30b29…b23的值為110000011，故選(D)。

38 (B)。HDTV目前主要有兩種解析度，分別是1920 x 1080（1080p）和1280 x 720（720p）；SDTV畫質是指影像的解析度為720 x 480（480i）；UHDTV主要有兩種解析度，分別是3840 x 2160（4K UHD）和7680 x 4320（8K UHD）；NTSC是類比視訊標準，不屬於數位視訊標準，故選(B)。

39 (D)。只有兩個輸入訊號其中一個是1 的情況，輸出訊號才會是0，其他不同的輸入情況，其輸出訊號都是1。XNOR閘是一種"相等比較閘"，當兩個輸入相等時，輸出為1；否則，輸出為0。其符號通常為⊙或者⊕上方加一個小圈表示"not"，故選(D)。

40 (C)。數位簽章是用來驗證數位檔案真實性和完整性的技術。利用公開密鑰加密，將檔案的摘要與私密金鑰進行加密，生成數位簽章。當接收方收到檔案時，可以使用發送方的公開金鑰進行解密，並與檔案的摘要進行比對，來確認檔案的完整性和真實性；數位金鑰是指用於數位簽章、加密、解密等用途的金鑰，分為公開金鑰和私密金鑰；數位信封是用於將數位檔案進行加密的技術；數位稽核是用於確認數位檔案是否被篡改的技術。它利用對稱式密鑰加密技術，將檔案的摘要進行加密，生成數位稽核碼。當檔案被讀取時，會重新計算摘要，再與之前生成的數位稽核碼進行比對，如果不一致，則表示檔案已經被篡改，故選(C)。

41 (B)。由於信用卡在使用方面需要具有安全及保密性，因此如果提供長距離的無線通訊對信用卡的使用方面會具有資訊安全的疑慮，因此

近場通訊是較為穩妥的技術應用，故選(B)。

42 (D)。電子安全交易使用於信用卡交易；電子晶片卡交易使用時體的晶片卡；自然人憑證用於身分的證明；金融XML憑證用於企業之間的金融交易，故選(D)。

43 (D)。依據Row Major的排列，陣列A中的每個元素所佔的空間都是2 bytes，因此A[1, 1, 3] 的位置可以計算為：
起始位置+[1 - (-3)]×(2×7×5)+[1 - (-4)]×(2×5) + (3 - 1)×2，其中，起始位置是A[-3, -4, 1] = 100。
將上式代入可得：100 +（4×70）+（5×10）+4 = 434，故選(D)。

44 (A)。在以列為主的排列方式下，D[14]代表第14個非零元素，也就是下三角矩陣中第5列、第4行的元素a5,4，故選(A)。

45 (B)。10 8 + 6 5 * -=（10+8)-(6*5)=-12；6 3 5 * - 2 4 - + 2 -=6-(3*5)+(2-4)-2=-13；-12+(-13)=-25，故選(B)。

46 (B)。前序為ABDHECFIG，中序為DBHEAFCIG，後序為HDEBIFGCA，故選(B)。

47 (C)。二元樹的引線需要以中序走法進行劃記，即為DHIBEJFKACG，I的右引線及節點G的左引線，即為B、C，故選(C)。

48 (D)。尤拉循環需要兩個條件取其中一個成立，分別為圖必須是連通的，即從任意一個頂點出發都可以到達其他所有頂點，以及每個頂點的邊數都必須是偶數，故選(D)。

49 (B)。此圖最小成本擴張樹的走法為1654327，權重總和為50，故選(B)。

50 (D)。此圖最小路徑走法為123657，最短路徑距離總和為16，故選(D)。

112年 中央存款保險公司進用正式職員

( )　**1** 一般個人電腦未開機前，Window 10相關的執行檔，儲存在何處？　(A)cache　(B)hard disk　(C)RAM　(D)ROM。

( )　**2** 何者為UPS的主要功能？　(A)消除靜電　(B)防止雷擊　(C)備份資料　(D)防止電源突然中斷。

( )　**3** 下列編碼何者具錯誤更正的能力？　(A)ASCII　(B)EBCDIC　(C)Hamming code　(D)parity bit。

( )　**4** 下列運算式執行結果，何者與其他不同？　(A)8<7 XOR 9>6　(B)88 <= 86 OR 98 >78　(C)NOT (88 <=66)　(D)99>66 AND 77<55。

( )　**5** 下列何種程式語言採Interpreter？　(A)C/C++　(B)C#　(C)Java　(D)Python。

( )　**6** 下列何者在電腦中扮演資源分配者角色？　(A)compiler　(B)linker　(C)loader　(D)window 10。

( )　**7** 某機構有150位員工、120部個人電腦、12部網路雷射印表機，若均使用window 10，則應購買幾套window 10授權既合法又為最低成本？　(A)12　(B)120　(C)132　(D)150。

( )　**8** 無線網路WiFi支援的協定何者安全性最佳？　(A)TKIP　(B)WEP　(C)WPA　(D)WPA2。

( )　**9** 下列IP何者可代表電腦本機（local host）？　(A)0.0.0.1　(B)127.0.0.1　(C)127.1.1.1　(D)255.0.0.1。

( )　**10** 下列何者在Internet提供跨平台、跨程式的資料交換格式，並作為描述WSDL的基礎語言？　(A)DHTML　(B)HTML　(C)VRML　(D)XML。

（　）**11** 程式在電腦中執行，處理呼叫副程式時需暫存當時的一些參數與狀態值，通常會採何種資料結構較有效率？　(A)Queue　(B)Graph　(C)Stack　(D)Tree。

（　）**12** 對一已建構完成的binary search tree，執行何種程序可以將tree中節點的值由小到大排列出來？　(A)level order traversal　(B)in-order traversal　(C)preorder traversal　(D)postorder traversal。

（　）**13** 有關演算法時間複雜度的關係，下列何者正確？　(A)O(nlog n) < O(n^2) < O(log n)　(B)O(log n) < O(n) < O(nlog n)　(C)O(n^2) < O(n) < O(log n)　(D)O(n^2) < O(n) < O(nlog n)。

（　）**14** 程式語言採Static Storage Allocation是指記憶體配置時機為：(A)程式編譯前　(B)程式執行前　(C)程式執行中　(D)程式執行後。

（　）**15** 程式在電腦中執行過程，程式的變數值存放在何處？　(A)匯流排　(B)硬碟　(C)輸出入裝置　(D)記憶體。

（　）**16** 程式的編譯程式可以檢視出哪種錯誤？　(A)邏輯錯誤　(B)語意錯誤　(C)語法錯誤　(D)僅編譯成執行碼，無解析錯誤能力。

（　）**17** 下列何種檔案系統有較好的檔案存取權限管理機制，在電腦有連接網路時，為微軟建議採取的較佳做法？　(A)ACL　(B)FAT　(C)LDAP　(D)NTFS。

（　）**18** 下列何者非屬作業系統採行的動態記憶體配置策略？　(A)best fit　(B)first fit　(C)last fit　(D)worst fit。

（　）**19** 下列何者防範與IP相關攻擊類型的能力最弱？　(A)WAF　(B)Packet filter firewall　(C)Stateful inspection firewall　(D)三者均無防範與IP相關之攻擊類型的能力。

（　）**20** 機構對外開放存取的網頁伺服器，兼顧其功能與安全考量最適合放在哪一區？　(A)收保護的內網　(B)邊界路由器之外　(C)內部DMZ　(D)外部DMZ。

( ) **21** 下列何者適合用來監控內網是否有未授權的活動？ (A)Firewall (B)Host-based IDS (C)Network-based IDS (D)VPN。

( ) **22** 下列何者用來動態分配機構內連結網路的電腦IP位址？ (A)ARC (B)DHCP (C)TCP (D)SMTP。

( ) **23** 機構購買電腦機房火災意外險屬於下列何種風險處置方法？ (A)accept (B)avoid (C)reduce (D)transfer。

( ) **24** 下列何者在居家遠端上班時不宜開啟或運作？ (A)網路芳鄰 (B)SSH (C)TLS (D)VPN。

( ) **25** 程式在電腦執行過程，何者為發生變數值溢位的因素？ (A)程式宣告太多變數且電腦之主記憶體容量太小 (B)執行的程式與電腦作業系統不相容 (C)電腦作業系統有漏洞 (D)儲存變數值的位元數都是有限。

( ) **26** 下列何者不屬於網路攻擊的工具或手法？ (A)Honeypot (B)Botnet (C)APT (D)Injection。

( ) **27** 雜湊函數（hash function）是網路資訊安全中不可少的應用工具。請問下列何者不是資訊安全中使用雜湊函數所需具備的特性？ (A)有加解密功能以保障資訊機密性 (B)有抗碰撞的功能使雜湊輸出具有唯一性 (C)具單向性，也就是無法透過逆向演算找回原本的輸入資訊 (D)具壓縮性，也就是無論輸入資料的大小為何，其輸出的資料量大小皆固定的，不受輸入值與大小的影響。

( ) **28** 下列何者非數位簽章（digital signature）的特性？ (A)真實性：確認簽章者確實為簽章者本人 (B)完整性：內容在經過數位簽章之後，沒有經過變更或遭到竄改 (C)不可否認性：向各方證明所簽署內容的來源。否認性是指簽章者否認與簽署的內容有任何關聯 (D)對稱性：簽章鑰匙與驗證鑰匙必須完全相同，以確認簽章者確實擁有簽章鑰匙。

（　　）**29** 下列何者屬於釣魚攻擊（phishing）？　(A)破解密碼　(B)假冒網站　(C)發送垃圾郵件　(D)安裝防毒軟體。

（　　）**30** 何謂雙因素認證？　(A)使用兩種不同的身份驗證方式來確認使用者身份　(B)將資料備份到兩個不同的位置，以防止資料丟失　(C)使用兩種不同的網路連接方式來確保網路可用性　(D)將資料加密並保存在兩個不同的伺服器上。

（　　）**31** 下列哪種攻擊方式可以通過在網路傳輸過程中竊聽數據來實現？　(A)社交工程　(B)雞尾酒攻擊　(C)中間人攻擊　(D)暴力攻擊。

（　　）**32** 依據資安事件報告數據統計顯示，資安事件的發生通常和下列何者的關聯性最高？　(A)人員疏失　(B)系統漏洞　(C)病毒感染　(D)駭客攻擊。

（　　）**33** 下列何種技術可用來確保通訊雙方能獲得對方正確的公鑰？　(A)Kerberous認證系統　(B)SET安全電子交易協定　(C)PKI公開金鑰基礎架構　(D)Diffie-Hellman金鑰交換協定。

（　　）**34** 對稱式密碼系統如AES等無法確保下列何種功能？　(A)資料完整性　(B)不可否認性　(C)影音多媒體資訊的機密性　(D)身分鑑別性。

（　　）**35** 一種用於保護網路安全的硬體或軟體，它可以監控和控制進出網路的流量，以防止未經授權的訪問。請問下列何者符合上述的說明？　(A)無線分享器　(B)防火牆　(C)防毒軟體　(D)硬體加密器。

（　　）**36** 建立資訊系統資料備份機制與下列何者的關連性最高？　(A)不可否認性　(B)完整性　(C)可用性　(D)可規責性。

（　　）**37** 下列附檔名的檔案類型，何者最有可能攜帶巨集型病毒？　(A).exe　(B).xlsx　(C).txt　(D).pdf。

( ) **38** 下列哪一種方法可以防止網路釣魚攻擊？ (A)不點擊不明來源的連接或附件 (B)安裝防毒軟體 (C)安裝防火牆 (D)定期更新作業系統。

( ) **39** 關於零信任的敘述，下列何者正確？ (A)它不是一種網路協定，而是一種網路安全模型或定義 (B)它除了用戶設備是可以信任的之外，其他包含應用程式，網路環境等等都是不可以信任的 (C)它的目標是希望能在最高限度提高網路的效能 (D)它是一種去中心化與分散式的架構。

( ) **40** 關於資訊安全中常用的密碼學演算法之敘述，下列何者錯誤？ (A)AES是目前主流的對稱式加解密系統 (B)RSA是著名的非對稱式密碼系統 (C)訊息鑑別碼（Message Authentication Code）可用來保證資料的完整性，同時可以用來確認某個訊息的來源端，也就是可以進行來源端的身分驗證 (D)SHA1雜湊函數是一種具有不可否認性的數位簽章演算法。

( ) **41** 區域網路中的封包竊聽技術有很多種，此種攻擊可讓攻擊者取得區域網路上的資料封包甚至可篡改封包，且可讓網路上特定電腦或所有電腦無法正常連線。下列何種攻擊可以達到封包竊聽的目的？ (A)Heartbleed attack（心臟出血攻擊） (B)ARP spoofing（ARP欺騙） (C)DDoS Attack（分散式阻斷服務攻擊） (D)Logic Bomb（邏輯炸彈）。

( ) **42** 下列何者不是資訊安全管理系統（ISMS）的目標？ (A)確保資訊安全 (B)確保資訊完整性 (C)確保資訊可用性 (D)確保資訊可追蹤性。

( ) **43** 下列何者是透過自動化掃描軟體工具偵測作業系統與軟體系統的弱點？ (A)滲透測試 (B)白箱測試 (C)黑箱測試 (D)弱點掃描。

( ) **44** 下列何者不是防火牆的功能？ (A)封鎖未經授權的網路連線 (B)防止入侵 (C)確保訊息的機密性 (D)可以自訂規則來封鎖或允許某些特定連線。

( ) **45** 近期某集團旗下子公司發生個資外洩事件。經過調查是資料庫沒有密碼保護，任何人只要知道IP位址都可以查看客戶的資料。根據ISO/IEC 27002定義，此為下列何者出現問題？　(A)安全政策　(B)資產管理　(C)存取控制　(D)事業營運計畫。

( ) **46** 依據行政院國家資通安全技服中心會報資料，資訊資產風險管理程序包含九大程序。請問下列哪一項非屬風險管理程序？　(A)弱點及威脅分析　(B)決定異地備援的方式　(C)評估風險處理計畫執行成效　(D)決定可接受風險等級。

( ) **47** intitle：index of指令常出現在何種攻擊當中？　(A)OpenSSL漏洞分析　(B)social engineering社交工程　(C)google hacking搜尋引擎攻擊　(D)APT進階持續性攻擊。

( ) **48** IPsec提供哪些安全服務？　A.認證　B.加密　C.授權　(A)僅AB　(B)僅AC　(C)僅BC　(D)ABC。

( ) **49** 某企業的資訊安全小組發現系統遭受入侵，攻擊者正嘗試利用漏洞入侵更多系統。根據事故管理（Incident Management）系統，請問該小組接下來最應該進行哪個流程？　(A)準備（preparation）　(B)遏制（containment）　(C)恢復（recovery）　(D)從錯誤中學習（lessons learned）。

( ) **50** TLS是一種安全傳輸協定，它建立在TCP協定之上，提供了數據傳輸的安全保障。在TLS的架構中，會執行以下四個步驟：A.客戶端向服務器端發送Client Hello消息　B.客戶端和服務器端通過密碼學方法確定對稱加密算法和密鑰　C.客戶端和服務器端交換數據，使用對稱加密算法進行加密傳輸　D.客戶端和服務器端互相驗證身份，確定通信的安全性。請問此四個步驟由先到後的執行順序依序為下列何者？　(A)ABCD　(B)DABC　(C)DBCA　(D)ADBC。

解答與解析 »»»»　答案標示為#者，表官方曾公告更正該題答案。

1 (B)。(A)Cache（快取）：高速、臨時性的存儲工具，位於CPU和主記憶體之間；目的是存儲即將被使用的數據，提供更快的訪問反應。(B)Hard Disk（硬碟）：用於永久性數據存儲的設備；使用磁性材料將數據存儲在旋轉的磁盤上，硬碟具有較大的存儲容量，用於保存操作系統、應用程式和用戶數據，故選(B)。(C)RAM（隨機存取記憶體）：用於臨時存儲數據的隨機存取記憶體；運行應用程式和操作系統，以及暫存處理器當前需要的數據；RAM是一種揮發性儲存設備，也就是說在關閉電源後數據會遺失。(D)ROM：ROM常被用來存儲引導程序（BIOS）、嵌入式系統的固件、以及其他需要在電源關閉後保持不變的數據和程式碼。

2 (D)。UPS用於提供臨時電源，當主要電源失效或不穩定時，防止設備因電源中斷而關機或遺失數據；UPS包含一個內建的電池，當檢測到主要電源故障時，會自動切換到電池供電，確保連續電力供應，以便用戶有足夠的時間保存資料並關閉設備，有助於避免數據損失，並保護設備免受突然斷電的傷害，故選(D)。

3 (C)。(A)ASCII：一種字符編碼標準，用於表示文字字符，使用7位元或8位元的二進位數字來表示128個不同的字符，包括字母、數字、標點符號和控制字符。(B)EBCDIC：字符編碼標準，主要用於IBM的大型主機和大型計算機系統，與ASCII不同，EBCDIC使用8位元二進位數字，並以十進制碼表示字符。(C)Hamming Code（漢明碼）：一種錯誤檢測和更正的二進位數據編碼方式，能夠檢測並更正在傳輸過程中可能出現的位元錯誤，故選(C)。(D)Parity Bit（奇偶校驗）：奇偶校驗是在二進位數據中添加的一個額外位元，用於檢測錯誤，奇偶校驗使得數據位的總和（包括校驗位）為奇數或偶數；當數據在傳輸過程中改變時，可以通過檢查奇偶校驗位的變化來檢測錯誤，但奇偶校驗位無法更正錯誤。

4 (D)。$8<7\oplus9>6$：$8<7$為False，$9>6$為True，XOR的結果為True。
$88\leq86$ OR $98>78$：$88\leq86$為False，$98>78$為True，OR的結果為True。
$NOT(88\leq66)$：$88\leq66$為False，NOT的結果為True。
$99>66$ AND $77<55$：$99>66$為True，$77<55$為False，AND的結果為False。
只有$99>66$ AND $77<55$與其他不同，結果是False，故選(D)。

5 (D)。(A)C/C++：被歸類為編譯型
語言，需要在執行之前經過編譯
器的編譯過程，並生成機器碼。
(B)C#：需要經過編譯的語言，
在.NET平台上運行，並且C#代碼
首先被編譯為中間語言（IL），然
後在執行時由Common Language
Runtime（CLR）進行解釋和執
行。(C)Java：Java使用Java虛擬機
（JVM）來解釋和執行Java代碼。
(D)Python：一種解釋型語言，使用
Python解釋器來直接執行源代碼；
Python的特點之一就是其解釋型的
性質，使得程式可以直接執行而無
需先編譯為機器碼，故選(D)。

6 (D)。(A)Compiler（編譯器）：
編譯器將高級語言的程式碼轉換
為目標語言，通常是機器碼或中
間碼；編譯器檢查並編譯整個程
式碼，生成可執行的文件。(B)
Linker（連結器）：用於將不同
的目標文件結合成一個單獨可
執行的文件。(C)Loader（載入
器）：載入器是操作系統的一部
分，負責將可執行文件載入到主
記憶體中並執行。故選(D)。

7 (B)。Windows 10的授權是按照每
台個人電腦來計算，而不是按照員
工人數，每台個人電腦皆需要安裝
Windows 10授權，故選(B)。

8 (D)。(A)TKIP（Temporal Key
Integrity Protocol）：用於保護
Wi-Fi無線網路的加密協定，被
設計為WEP（Wired Equivalent

Privacy）的改進版本，提高無線
網路的安全性。(B)WEP（Wired
Equivalent Privacy）：最早用於
保護Wi-Fi無線網路的加密協定之
一，然而，由於漏洞和安全性問
題，現在已經被視為不安全，不建
議使用。(C)WPA（Wi-Fi Protected
Access）：WEP的改進版本，用
於提高Wi-Fi網路的安全性；WPA
使用更強大的加密標準和更複雜
的密鑰管理，使其比WEP更難破
解，是在WPA2推出之前提供的
較好安全性加密工具。(D)WPA2
（Wi-Fi Protected Access 2）：
WPA2是目前Wi-Fi網路的標準加密
協定，使用強大的AES（Advanced
Encryption Standard）加密演算
法，提供更高的安全性；WPA2是
推薦使用的協定，特別是需要更高
安全性的狀況下，故選(D)。

9 (B)。在IPv4中，127.0.0.1被保留作
為loopback位址，用於本機測試，
在此位址的通信只在本地機器上發
生，不會在外網上進行，故選(B)。

10 (D)。XML是可擴展標記語言，用
於結構化數據的描述和交換，被廣
泛應用在網際網路應用程式中，作
為跨平台和跨程式的標準數據交換
格式，同時XML也作為WSDL的
基礎語言，用於描述Web服務的介
面，故選(D)。

11 (C)。Stack是後進先出（Last In,
First Out，LIFO）的資料結構，也
就是最後一個放入的元素會最先被

取出；在執行函數或副程式時，局部變數、函數返回和其他相關的狀態值會被壓入堆疊，當函數執行結束後，這些值會被彈出，恢復調用的狀態；Stack的特性使其非常適合用於追蹤函數的呼叫和返回，以及處理遞迴，故選(C)。

12 (B)。Inorder Traversal是深度優先搜索（DFS）的方法，其順序為「左子樹-當前節點-右子樹」；在二元搜尋樹中，進行Inorder Traversal可以確保得到的結果是按升序排列的節點值，故選(B)。

13 (B)。這表示演算法的時間複雜度；O(log n)表示對數時間複雜度，O(n)表示線性時間複雜度，O(nlog n)表示線性對數時間複雜度，基本上O(n²)為指數時間複雜度，是選項中最大的時間複雜度，故選(B)。

14 (B)。Static Storage Allocation（靜態記憶體配置）是指在程式執行之前，在編譯階段就已確定變數的記憶體空間分配，故選(B)。

15 (D)。記憶體是電腦中用於存儲程式運行時所需資料的地方；當程式運作時，變數、物件和其他數據都存儲在記憶體中，以便CPU能夠快速訪問和處理這些資料；硬碟通常用於長期存儲，而輸出入裝置則用於與外部設備進行數據交換，因此記憶體是程式執行時暫存資料的主要場所，故選(D)。

16 (C)。語法錯誤表示程式碼不符合程式語言的語法規則，因此編譯器無法正確解析和轉換成機器碼；編譯器也可能檢測到一些語義錯誤，但通常需要更高層次的分析，並不是編譯過程的主要目的；邏輯錯誤通常在執行時才會表現出來，編譯器無法在編譯階段檢測這種類型的錯誤，故選(C)。

17 (D)。NTFS是檔案系統，而ACL是一種權限控制的機制；NTFS提供更強大的檔案存取權限管理機制，其中包含ACL，使管理和控制檔案和目錄的存取權限變得更靈活，這種權限控制機制可以細緻的設定對檔案和目錄的存取權限，確保只有授權的用戶或群組能夠進行相應的操作，故選(D)。

18 (C)。" Last Fit "通常不被單獨提及，而是視為是" Worst Fit "策略的一種特例，故選(C)。

19 (A)。相較於Packet filter firewall和Stateful inspection firewall，WAF的設計只專注在應用層的安全性，特別是針對網站應用程式的攻擊，例如SQL注入、跨站腳本攻擊等，而Packet filter firewall是在網路層進行流量過濾，Stateful inspection firewall則在網路層和傳輸層進行過濾，故選(A)。

20 (D)。DMZ是一個處於內部網路和外部網路之間的中立區域，用於放置需要對外提供服務但同時需要保護的伺服器，在此區域，安全性配

置可以更嚴格，同時也能提供必要的功能；將對外提供服務的伺服器放置在外部DMZ中，可以隔離內部網路，以減少潛在的安全風險，這樣配置可以保護內部網路免受直接攻擊，同時允許對外提供服務運作順暢，故選(D)。

21 (C)。Network-based IDS通常部署在內部網路上，監控流向網路的數據流量，並檢測可能的入侵行為，藉由分析網路上的流量，識別異常模式或攻擊特徵，以提前發現可能的安全風險。

相比之下，Host-based IDS（基於主機的入侵檢測系統）通常部署在個別主機上，監控主機的活動；而Firewall用於控制網路流量，並根據設定的規則允許或阻止特定類型的封包；VPN（虛擬私人網路）則是用於安全遠程訪問的技術，不直接用於監控內網是否有未授權的活動，故選(C)。

22 (B)。DHCP是動態網路協定，使在網路上的電腦或其他設備動態地獲取IP位址和其他網路配置資訊，使用DHCP可以簡化管理，並使得在網路上新增或更改設備更加容易；ARC、TCP和SMTP均不是用於動態分配IP位址的協定，故選(B)。

23 (D)。購買保險是將風險轉移給保險公司的一種方式，機構支付一定的保費，以換取在發生火災等意外事件時，由保險公司承擔相應的損失，此種方式有效的將機構面臨的財務風險轉移給了保險公司，故選(D)。

24 (A)。網路芳鄰是指在Windows環境中的網路上鄰近資源和設備的檢視，包括其他電腦、共用資料夾等，在居家遠端上班時，出於資安考量，不建議開啟或分享網路芳鄰，以防止未經授權的查詢；SSH、TLS、VPN則是一些安全的遠端連接方式，通常在居家遠端上班時是安全可行的，故選(A)。

25 (D)。變數值溢位指的是當變數的值超過其能夠存儲的範圍時發生的情況，如果變數的儲存空間是有限的狀況，當值超出這個範圍時，可能導致溢位，這可能發生在整數或浮點數變數上，具體取決於變數的型態和儲存的位元數，故選(D)。

26 (A)。(A)Honeypot（蜜罐）：是一種安全機制，被設計成看起來像一個弱點或價值很高的系統，用以吸引攻擊者，其目的是收集攻擊者的資訊、模擬攻擊行為，以便提高對抗攻擊的能力，故選(A)。(B)Botnet（殭屍網絡）：由多個受感染的主機（稱為殭屍）組成的網絡，這些主機被遠程控制，通常被用來執行惡意活動，例如分散式阻斷服務攻擊（DDoS攻擊）或垃圾郵件發送，攻擊者通常使用惡意軟體來感染並控制這些主機，形成一個大規模的網絡殭屍群。(C)APT（Advanced Persistent Threat，高度持續性威脅）：指由高度資源的

攻擊者使用複雜和精心策劃的方法來持續入侵和控制目標系統的攻擊，這類攻擊通常具有目的性，且攻擊者有長期的計畫；APT攻擊可能包括多個階段，如：入侵、權限提升、持久性建立和敏感資訊竊取等。(D)Injection（注碼）：Injection通常指的是程式碼注入攻擊，例如：SQL Injection或Code Injection，攻擊者通過在應用程式中注入惡意程式碼，試圖取得或修改應用程式的數據，這是常見的攻擊方式，特別針對沒有適當防護的應用程式。

27 **(A)**。雜湊函數是一種單向函數，沒有加解密功能，主要目的是將輸入資料轉換為固定長度的雜湊值，這使雜湊函數不可逆，無法透過逆向演算找回原本的輸入資料；其他選項中的特性(B)、(C)、(D)都是雜湊函數需要具備的特性，故選(A)。

28 **(D)**。數位簽章使用非對稱性加密演算法，有一對密鑰：一個是私鑰（用於簽署），另一個是公鑰（用於驗證），而對稱性則是指使用相同的金鑰進行加密和解密，而非對稱性使用不同的金鑰進行簽署和驗證；因此，對稱性不是數位簽章的特性，故選(D)。

29 **(B)**。釣魚攻擊是指攻擊者嘗試通過偽裝成合法實體（信任的實體）以欺騙受害者提供私人資訊，例如：身分證號、密碼、信用卡號等，其中，假冒網站是常見的釣魚手法，攻擊者會創建看起來很像合法網站的偽裝網站，引誘使用者輸入機密資訊；其他選項中的破解密碼、發送垃圾郵件、安裝防毒軟體與釣魚攻擊的概念無直接相關，故選(B)。

30 **(A)**。雙因素認證（2FA）包含兩個獨立的身份驗證元素，一般是：
(1) 知識因素（Something you know）：如密碼、PIN碼等只有使用者知道的資訊。
(2) 擁有因素（Something you have）：如智能卡、手機等使用者實際擁有的物件。
透過結合這兩種元素，雙因素認證提高身份驗證的安全性，因為攻擊者需要同時取得兩種不同的資訊或裝置來冒充使用者身份較為困難，故選(A)。

31 **(C)**。中間人攻擊是指攻擊者介入通訊流量，竊聽或修改傳輸的數據，攻擊者通常位於通信雙方之間，將其位置視為通信的「中間人」，並能夠攔截、查看或修改在通信過程中傳輸的資訊，這種攻擊威脅資料的機密性和完整性；社交工程、雞尾酒攻擊和暴力攻擊屬於其他類型的攻擊，與在網路傳輸中竊聽數據沒有關聯，故選(C)。

32 **(A)**。人員疏失（Human Error）通常被認為是導致資安事件的主要原因之一，這包括員工的不小心或操作不慎，違反安全政策，或是對安全風險缺乏警覺，雖然系統漏洞、

病毒感染和駭客攻擊也是導致資安事件的原因，但人員疏失常常是第一個關鍵因素，因為即使有完善的技術措施，人為的錯誤操作仍然可能成為潛在的風險，故選(A)。

33 (C)。PKI（Public Key Infrastructure）是密碼學的框架，用於確保通訊雙方能夠獲得對方正確的公鑰，PKI包含標準、協定和技術，用於在數字通訊中確保身份驗證、數據的保密性和完整性。

Kerberos認證系統主要用於網路身份驗證；SET（Secure Electronic Transaction，）是用於保護電子支付交易的協定；Diffie-Hellman金鑰交換協定是密碼學協定，但主要用於雙方協商共享密鑰，而不是確保通訊雙方能夠獲得對方正確的公鑰，故選(C)。

34 (B)。對稱式密碼系統強調的是機密性，就是確保資料的保密性，不可否認性通常與數位簽章等機制有關，能夠確保一方在進行某個動作（例如：發送訊息）後無法否認進行過該動作，但對稱式密碼系統本身不提供不可否認性，因此需要額外的機制來做到此功能；資料完整性：對稱式密碼系統可以確保資料在傳輸過程中的完整性，通常透過使用訊息摘要（Message Digest）或HMAC（Hash-based Message Authentication Code）等機制；影音多媒體資訊的機密性：對稱式密碼系統可以應用在多媒體資訊的機密性，例如：使用加密演算法對音訊或影片進行加密；身分鑑別性：對稱式密碼系統通常不涉及直接的身分鑑別性，通常由其他功能（例如：使用者名稱與密碼的組合）負責，故選(B)。

35 (B)。防火牆是用於保護網路安全的硬體，有可以是軟體，可以監控和控制進出網路的流量，防止未經授權的訪查，防火牆可以根據預先定義的規則或策略過濾或封鎖特定的網路流量，從而提高網路的安全性；無線分享器：提供無線網路連接，但不是專門用於監控和控制進出網路流量的安全裝置；防毒軟體：用於檢測和防止電腦病毒、惡意軟體等，不同於防火牆是用過濾的方式；硬體加密器：用於加密儲存或傳輸的硬體裝置，透過主動加密作為防護的功用，故選(B)。

36 (C)。資料備份主要為了在必要的時機，所需要用的資料是可以完善被使用，所以跟可用性的關聯性最高，雖然跟完整性也有些關係，但如果完整的檔案是不可被使用的狀況，那這份資料也視同於無用，故選(C)。

37 (B)。.xlsx是Microsoft Excel的檔案格式，支援巨集（Macro）功能，巨集是包含一連串指令的自動化腳本，可以在應用程式中執行，巨集的檔案類型容易成為攜帶巨集型病毒的目標，因為攻擊者可以將惡意巨集嵌入文件，並透過用戶開啟

解答與解析

文件時觸發該巨集，導致病毒感染；.exe：可執行檔，不能攜帶巨集型病毒；.txt：純文字檔，不支援巨集，一般不攜帶巨集型病毒；pdf：Adobe PDF檔案，不支援巨集，但也可能包含其他類型的安全風險，故選(B)。

38 (A)。防止網路釣魚攻擊的最有效方法，就是教育使用者避免點擊來路不明的連結或附件，網路釣魚通常以欺詐性的電子郵件或網站為手段，要求使用者提供機密訊息，因此，警惕並避免點擊不明來源的連結或附件是降低釣魚攻擊風險的最佳解方；安裝防毒軟體：雖然防毒軟體可以檢測和防止某些攻擊，但不能完全避免所有釣魚攻擊；安裝防火牆：防火牆主要用於監控和控制網路流量，不直接針對釣魚攻擊，只有助於整體網路安全；定期更新作業系統：雖然定期更新作業系統是重要的安全措施，但沒辦法直接防止網路釣魚攻擊的手法，故選(A)。

39 (A)。零信任（Zero Trust）是一種網路安全模型，其核心概念是不信任任何內部或外部網路中的實體，無論是在組織的內部或外部，傳統的網路安全模型通常是信任內部網路，一旦內部網路被入侵，攻擊者就能夠自由地移動並存取內部資源，而零信任模型的目標是最大程度地減少或消除內部和外部的信任，故選(A)。

40 (D)。SHA-1（Secure Hash Algorithm 1）是雜湊函數，而非數位簽章演算法；雜湊函數是將輸入資料轉換成固定長度的雜湊值，用於確保資料的完整性。
不可否認性通常是與數位簽章相關的目的，而SHA-1本身不具有數位簽章的功能，故選(D)。

41 (B)。ARP（Address Resolution Protocol）欺騙攻擊是區域網路攻擊方式，攻擊者試圖將其MAC位址偽裝成網路中其他裝置的MAC地址，從而將流量引導到攻擊者控制的位置，這會導致封包被竊聽、資料篡改或中斷正常的網路連線，攻擊者可能使用ARP欺騙攻擊來試探區域網路上的封包，並取得機密資訊；Heartbleed attack（心臟出血攻擊）：是一種OpenSSL出現漏洞的情況，而非封包竊聽攻擊。
DDoS Attack（分散式阻斷服務攻擊）：用意在使網站或服務無法正常運作，算是用封包杜塞的攻擊。
Logic Bomb（邏輯炸彈）：邏輯炸彈通常是一種惡意軟體，在特定條件下執行惡意操作，但與封包竊聽無直接關聯，故選(B)。

42 (D)。資訊安全管理系統主要確保資訊的機密性、完整性和可用性，以及相關的風險管理，可追蹤性通常是指能夠追蹤和識別資訊的使用者、存取、修改等操作，雖是資訊安全中的重要概念，但不是ISMS的核心動點，ISMS更著重在建立一個

系統性的框架，以確保整體資訊安全的體系和流程。(A)確保資訊安全：確保資訊受到適當的保護，防止未經授權的存取、損壞或洩漏。(B)確保資訊完整性：確保資訊未受到非法的篡改，以維護資訊的正確性和完整性。(C)確保資訊可用性：確保資訊在需要時可用，防止服務中斷或資訊不可用的情況。故選(D)。

43 **(D)**。(A)滲透測試（Penetration Testing）：一種模擬真實攻擊情境的測試方法，目的是評估系統的安全性，測試者會利用各種攻擊手法，包括漏洞利用、社交工程、惡意軟體等，以確定系統的漏洞和弱點。(B)白箱測試（White Box Testing）：測試的方法，測試人員有關於被測試系統的詳細資訊，測試者通常具有對程式碼、系統結構和內部運作的完整資料，這種測試方法通常用於驗證系統的內部邏輯、程式碼完整性和結構。(C)黑箱測試（Black Box Testing）：一種測試方法，測試人員對被測試系統的內部結構或運作一無所知，測試者只透過輸入和觀察輸出來測試系統的功能，這種測試方法等於模擬外部攻擊者的角色，以確保系統對於未經授權的訪問具有適當的防禦機制。(D)弱點掃描（Vulnerability Scanning）：一種自動化的測試方法，用於檢測網路、系統或應用程式中的已知弱點和漏洞，弱點掃描

工具會掃描目標系統，檢查是否存在已知的安全漏洞，並生成檢測報告，這種方法通常用於定期檢查系統的安全狀態，以確保及時修補漏洞，故選(D)。

44 **(C)**。防火牆的功能主要封鎖未經授權的網路連線、防止入侵以及可以自訂規則來封鎖或允許某些特定連線；傳送出去的資訊，防火牆沒辦法確保，對方所接收到的訊息，在傳輸過程中是否有被篡改過的狀況，因此防火牆無法確保訊息的機密性，故選(C)。

45 **(C)**。存取控制是指確保只有授權的個體（使用者、程序、系統等）才能存取資訊系統或其中的特定資訊，並確保未經授權的實體無法存查機密資訊；在此案例中，因為資料庫沒有密碼保護，任何人只要知道IP位址就能夠查看客戶的資料，這顯示存取控制的缺失，故選(C)。

46 **(B)**。從選項可知跟風險管理有關的是(A)、(C)、(D)，決定異地備援的方式不屬於風險管理的程序，故選(B)。

47 **(C)**。這個指令用在搜索引擎上查找未經授權公開的目錄列表，使攻擊者能夠獲取未經保護的文件和資料，攻擊者可以使用這種方法來查找暴露在網路上的機密資訊，如：配置文件、敏感文件、日誌等，從而進行資料的竊取，故選(C)。

解答與解析

48 (A)。IP協定是透過對封包進行加密和認證來保護IP協定的網路傳輸協定，故選(A)。

49 (B)。在資訊安全事故管理中，當發現系統遭受入侵時，接下來的步驟通常是採取措斷，阻止攻擊的擴散，這個流程稱為「遏制」（containment），故選(B)。

50 (D)。TLS的運作原理是，當客戶端與伺服器端進行TLS協議交涉時，客戶端會多送出目前想要存取的伺服器網域資訊，當伺服器收到這個訊息後，可以選擇重新送出相對應的SSL憑證，確認雙方憑證後，就會將傳送的資料進行加密及密鑰確定，完成後將資料進行加密傳送，故選(D)。

112年 桃園機場新進從業人員（行政管理）

壹、選擇題

( )　**1** 下列哪個選項正確描述關於TCP和UDP協議？　(A)TCP是一種連接導向的協議，而UDP是一種無連接的協議　(B)TCP比UDP更快速　(C)UDP比TCP更可靠　(D)TCP和UDP都是無連接的協議。

( )　**2** 下列哪個選項正確描述關於IP位址？　(A)IPv6位址長度比IPv4長　(B)IPv4位址長度比IPv6長　(C)IPv4位址由64個位元組組成　(D)IPv6位址由32個位元組組成。

( )　**3** OSI七層中，那一層的主要功能是資料加密、資料壓縮和編碼轉換？　(A)展現層　(B)應用層　(C)網路層　(D)資料鏈路控制層。

( )　**4** FEC編碼主要的功能為何？　(A)錯誤偵測與更正　(B)資料安全保護　(C)自動重複請求　(D)資料壓縮。

( )　**5** 以下哪一種加密方式屬於對稱式加密？　(A)RSA　(B)AES　(C)SSL　(D)HTTPS。

( )　**6** 下列何者為類比訊號轉換為數位訊號的步驟？　(A)編碼、量化、取樣　(B)取樣、量化、編碼　(C)量化、取樣、編碼　(D)取樣、編碼、量化。

( )　**7** 網際網路的路由器和交換機的主要區別在於：　(A)路由器能夠決定最佳路徑，交換機不能　(B)交換機能夠決定最佳路徑，路由器不能　(C)路由器只能用於區域網路，交換機用於廣域網路　(D)交換機只能用於區域網路，路由器用於廣域網路。

( )　**8** 在行動通訊系統中可同時改變載波的幅度及相角的調變技術是以下哪一種?　(A)PAM　(B)FSK　(C)PSK　(D)QAM。

( ) **9** 下列哪一種網路拓撲可以提供最好的容錯能力？ (A)環狀網路 (B)星型網路 (C)樹型網路 (D)網狀網路。

( ) **10** 數據機的傳輸速率單位為何？ (A)bps (B)baud (C)bit (D) rpm。

( ) **11** 5G技術中，針對低功耗IoT設備設計的通訊協議是什麼？ (A) NB-IoT (B)LoRa (C)Sigfox (D)Z-Wave。

( ) **12** 下列設備何者於OSI參考模型的層次最低？ (A)DNS server (B)路由器 (C)橋接器 (D)中繼器。

( ) **13** 行動通訊中的「VoLTE」是什麼意思？ (A)Voice over Long-Term Evolution (B)Video over Long-Term Evolution (C)Voice over Local Terminal Equipment (D)Video over Local Terminal Equipment。

( ) **14** 無線網路的網路卡都會有一個實體位址，這個實體位址包含多少 個位元組？ (A)4 (B)6 (C)8 (D)10。

( ) **15** 將(1)可見光 (2)AM無線電 (3)紅外線 (4)微波 (5)X光 (6) FM無線電依照頻率由低至高排列？ (A)624315 (B)264315 (C)263415 (D)462315。

( ) **16** 下列哪種安全漏洞可能會讓駭客執行惡意程式碼？ (A)暴力破 解密碼 (B)SQL注入攻擊 (C)跨站腳本攻擊 (D)MAC spoof-ing。

( ) **17** 下列哪個通訊協定負責傳送電子郵件？ (A)SMTP (B)SNMP (C)POP (D)FTP。

( ) **18** 下列何者不是雲端計算的主要技術分層？ (A)SaaS（Soft-ware as a Service） (B)PaaS（Platform as a Service） (C) IaaS（Infrastructure as a Service） (D)DaaS（Data as a Ser-vice）。

( ) **19** 下列對於ARP（Address Resolution Protocol）的描述，何者正確？ (A)它是將實體位址對應到一個邏輯位址 (B)它是在TCP/IP協定中屬於傳輸層的協定 (C)ARP協定的要求是以單點的方式來傳送詢問封包 (D)它是將一個IP位址關聯到它的實體位址。

( ) **20** TTL（Time To Live）是IP協定中標頭欄位內用來表示該封包可以存活多久的欄位，一般它是8個位元，當一個封包經過一個路由器時，這個值會被減1，當它的值為何時，表示該封包應該要被丟棄？ (A)0 (B)32 (C)64 (D)128。

解答與解析 »»»» 答案標示為#者，表官方曾公告更正該題答案。

1 (A)。TCP比UDP是更穩定跟保障資料的正確性，因此不會更快速；UDP比TCP更快速，但沒有保證資料的可靠性；TCP是有連接的協定，故選(A)。

2 (A)。IPv4（Internet Protocol version 4）和IPv6（Internet Protocol version 6）是標識和定位網路上裝置的協議，IPv4使用32位元組（32 bits）的位址，而IPv6則使用128位元組（128 bits）的位址；因此，IPv6的位址長度比IPv4長，IPv6的位址長度提供更大的位址空間，IPv6的位址由冒號分隔的8組16進位數字組成，相較於IPv4的點分別的十進位數字，使其更為有擴展性，故選(A)。

3 (A)。(A)展現層（Presentation Layer）：負責資料的格式轉換、編碼和解碼，以確保資料在不同系統之間的正確傳輸，並且提供

資料的加密和解密，以確保資料的安全性，故選(A)。(B)應用層（Application Layer）：提供應用程式和網路服務之間的通信，包含各種應用程式，如：電子郵件、檔案傳輸和網頁瀏覽。(C)網路層（Network Layer）：負責處理在不同網路上的路由和轉發，提供資料的分段和重新組裝，以確保能在網路上準確傳輸。(D)資料鏈路控制層（Data Link Layer）：提供對物理媒介的存取和管理，負責將資料轉換為資料框架，以便在實體層上進行傳輸。

4 (A)。FEC（Forward Error Correction）編碼的主要功能是在傳輸過程中檢測和更正資料傳輸中的錯誤，這種編碼技術允許接收方在接收到一些損壞或丟失的資料時，仍能夠正確還原原始資料，而無需重新發送請求；FEC通常用於提高通信系統的

可靠性，特別是在無線通信和不穩定的環境中，故選(A)。

5 (B)。(A)RSA：非對稱式加密演算法，由三位密碼學家（Rivest、Shamir、Adleman）於1977年提出；在RSA中，有一對公開金鑰和私有金鑰，公開金鑰用於加密，私有金鑰用於解密，常用於數位簽章、金融交易等場景，並被廣泛應用在網路安全中。(B)AES：Advanced Encryption Standard是對稱式加密演算法，用於保護私密資料的機密性；AES支援不同的金鑰長度，包括128位、192位和256位，被視為目前最安全且廣泛使用的對稱式加密演算法，故選(B)。(C)SSL（Secure Sockets Layer）：是網路安全協定，用於在網路上保護數據傳輸的安全性；SSL使用對稱式和非對稱式加密，確保資訊在網路上的傳輸過程中是加密的形式。(D)HTTPS：Hypertext Transfer Protocol Secure是透過SSL或TLS加密的HTTP通信協定；在網站和瀏覽器之間提供安全的數據傳輸，當使用者訪查一個使用HTTPS的網站時，瀏覽器與網站之間的數據傳輸是加密的形式，這有助於保護用戶的隱私和資料安全。

6 (B)。取樣（Sampling）：類比訊號是連續的形式，取樣是將連續的類比信號在時間上離散化，就是在固定的時間間隔內，對連續的信號進行取樣，獲得一串離散的數位值。

量化（Quantization）：取樣後的數位值是連續的狀態，而計算機需要使用有限的位元數來表示這些值，因此量化是將這些連續的數位值映射到有限的離散值的過程，使用二進位表示。

編碼（Encoding）：編碼是將經過取樣和量化後的離散數位值轉換為數位信號的二進位表示形式，就是將量化後的數位值映射到二進位碼的過程，通常使用不同的編碼方式，例如二進位、格雷碼等。

整體來說，這三個步驟通常按照「取樣、量化、編碼」的順序進行，將連續的類比信號轉換為數位信號，故選(B)。

7 (A)。路由器（Router）：用於在不同的網路之間轉發數據包，通常根據目的地IP位址來決定最佳路徑，將數據包從源頭網路轉發到目的地網路。

交換機（Switch）：用於在相同網路中連接多個設備，通常使用MAC位址來學習和轉發數據封包，從而直接將數據封包從源頭設備轉發到目的地設備；因此路由器是直接定位終點找出最佳路徑，交換機是在傳輸過程中找尋最佳路徑，而此二設備皆可用於區域及廣域網路，故選(A)。

8 (D)。(A)PAM（Pulse Amplitude Modulation）：PAM是脈衝振幅調變技術，用於數位通信，在PAM中，數位訊號會被轉換為不同振幅的脈衝信號。(B)FSK（Frequency

Shift Keying）：一種頻率鍵控技術，其中數位訊號被轉換為不同頻率的載波信號，一般應用包括調製調變解調器和數據調變解調器。(C)PSK（Phase Shift Keying）：PSK是相位鍵控技術，其中數位訊號被轉換為不同相位的載波信號，PSK在無線通信和數據調變中廣泛應用。(D)QAM（Quadrature Amplitude Modulation）：QAM是一種正交振幅調變技術，結合PAM和PSK的元素，同時調變信號的振幅和相角，提供更高的數據傳輸效率，故選(D)。

9 **(D)**。(A)環狀網路（Ring Network）：環狀網路的其中每個節點都與其兩側的節點相連，形成一個閉環；數據在環狀網路上以固定的方向傳遞，每個節點都需要轉發數據。(B)星型網路（Star Network）：星型網路的所有節點都連接到一個中央節點，中央節點通常是一個集線器、交換機或路由器，如果節點失效，會導致整個網路中斷。(C)樹型網路（Tree Network）：樹型網路是層次結構的網路，其中節點通常以樹的形式連接，樹型網路包括一個根節點，其他節點分層次連接，這種結構有助於提供更好的組織和管理。(D)網狀網路（Mesh Network）：網狀網路是分散式網路拓撲，其中每個節點都與其他節點直接相連，形成一個網狀結構，這樣的結構雖然使得網路具有重複性，但即使某些節點失效，數據仍然可以在其他路徑上傳輸，故選(D)。

10 **(A)**。(A)bps：每秒位元數（bits per second），是指在一秒內傳輸的位元數量，一般用於描述數據傳輸速率，故選(A)。(B)baud：每秒傳輸的信號變換數，用來描述調製解調器的速率，一個baud代表多個位元的狀態變換。(C)bit：位元，是二進位制中的最小數據單位，表示數字0或1。(D)rpm：每分鐘轉數（revolutions per minute），用於描述旋轉物體每分鐘的轉動次數。

11 **(A)**。(A)NB-IoT（Narrowband Internet of Things）：一種低功耗、窄頻的物聯網通信技術，通常使用在行業和城市的物聯網應用中，故選(A)。(B)LoRa（Long Range）：低功耗、長距離的無線通信技術，具有遠距離通信和低功耗的特點。(C)Sigfox：一種窄頻、低功耗的無線通信技術，適用於物聯網設備的簡單、低成本應用。(D)Z-Wave：針對家庭自動化應用的低功耗無線通信技術，用於連接和控制家庭中的各種智能設備。

12 **(D)**。(A)中繼器（Repeater）：位於實體層（Layer 1）。(B)橋接器（Bridge）：位於數據鏈結層（Layer 2）。(C)路由器（Router）：位於網路層（Layer 3）。(D)DNS伺服器（DNS Server）：一般屬於應用層（Layer 7），故選(D)。

13 (A)。一種通訊技術，將語音通話傳輸在LTE（Long-Term Evolution）行動通訊網路之上；在傳統行動通訊網路中，語音通話是透過2G或3G網路進行，而LTE則提供更快數據速率的網路技術，故選(A)。

14 (B)。無線網路卡的實體位址是由6個位元組（共48個位元）組成，故選(B)。

15 (B)。
(1) 可見光：約 4.3×10^{14} Hz~7.5×10^{14} Hz。
(2) AM無線電：535 kHz~1605 kHz（頻率最低）。
(3) 紅外線：約 3×10^{11} Hz~4×10^{14} Hz。
(4) 微波：約 3×10^{9} Hz~3×10^{12} Hz。
(5) X光：約 3×10^{16} Hz~3×10^{19}Hz（頻率最高）。
(6) FM無線電：88 MHz~108 MHz（8.8×10^{7} Hz~10.8×10^{7} Hz），故選(B)。

16 (C)。(A)暴力破解密碼：攻擊者試圖通過嘗試所有可能的密碼組合，嘗試找到正確的密碼為止，這種攻擊方式通常針對帳戶、伺服器或應用程式的登錄頁面，透過使用不同的用戶名和密碼進行破解。(B)SQL注入攻擊：是利用應用程式對使用者輸入的SQL語法進行不當防禦的攻擊漏洞，攻擊者透過在輸入語法中插入惡意的SQL編碼，從而干擾或竄改應用程式的SQL查詢邏輯，導致數據庫外泄、資料破壞或未授權的訪問。(C)跨站腳本攻擊：Cross-Site Scripting，簡稱XSS，一種攻擊手法，攻擊者將惡意腳本嵌入到網站中，當用戶訪問包含這些腳本的網頁時，攻擊者可以竊取用戶敏感信息、修改頁面內容或執行其他惡意操作，故選(C)。(D)MAC spoofing：指攻擊者修改或偽裝裝置的網路介面卡（MAC）位址，以假冒其他裝置的身份，這種攻擊用於網路欺騙，使攻擊者的裝置看起來像合法的網路，從而繞過某些網路安全措施。

17 (A)。(A)SMTP（Simple Mail Transfer Protocol）：用於在網路上傳送電子郵件的標準協定，主要用於發送郵件，故選(A)。(B)SNMP（Simple Network Management Protocol）：用於管理和監視網路設備的協定，例如：路由器、交換機、伺服器等。(C)POP（Post Office Protocol）：是用於檢索電子郵件的協定，通常用於電子郵件客戶端連接到郵件伺服器以下載郵件。(D)FTP（File Transfer Protocol）：在網路上傳輸文件的標準協定，允許客戶端和伺服器之間進行文件傳輸，支援上傳和下載文件。

18 (D)。雲端計算技術分層有以下三項，SaaS（Software as a Service）：提供軟體應用程式作為服務，只需透過網路即可存取。

PaaS（Platform as a Service）：提供應用程式開發和執行的平台，包括開發工具、執行環境等，使開發者可以專注於應用程式的開發。

IaaS（Infrastructure as a Service）：提供基礎設施的虛擬化，包括虛擬機器、儲存、網路等，用戶可以根據需要配置和管理這些基礎設施，故選(D)。

19 (D)。ARP是將邏輯位址（IP位址）對應到一個實體位址（MAC位址）的協定。

ARP協定實際上是在網路層（不是在傳輸層），用來解析邏輯位址（IP地址）到實體位址（MAC地址）。

ARP封包是以廣播形式發送，不是單點的方式；ARP尋找機器的方法是向本地網路上的所有主機廣播ARP請求，故選(D)。

20 (A)。當TTL（Time To Live）欄位的值減為0時，表示封包已經在路由器中被轉發過多的次數，應該被丟棄，故選(A)。

貳、非選擇題

一、解釋下列名詞：

(一)Block chain

(二)Software Defined Network

(三)Digital Convergence

(四)Deep learning

答 (一)區塊鏈（Blockchain）：區塊鏈是一種分散式資料庫技術，用於記錄交易資料或其他形式的資訊。

基本概念是將資料以塊狀（Block）的形式連結在一起，形成一個鏈，每個塊包含了前一個塊的資訊、時間戳記和交易資料。

區塊鏈技術的主要特點是去中心化、安全、透明，且不可篡改；最初是為了比特幣而設計，但現在已廣泛應用於多種領域，如：金融、供應鏈管理、醫療等。

(二)軟體定義網路（Software Defined Network，SDN）：SDN是一種網路架構，其核心思想是將網路控制平面（Control Plane）和資料轉

發平面（Data Plane）分離，通過中央控制器來集中管理和配置網路設備。

SDN的目標是提高網路靈活性、可程式設計性和自動化程度，使網路更容易適應不斷變化的需求。

SDN技術被廣泛用於雲計算環境和大規模資料中心，以提高網路管理效率。

(三)數位融合（Digital Convergence）：數位融合是指不同媒體、技術和平臺之間的融合，使其能夠共同工作，創造出新的更全面體驗。

在數位融合中，資訊、通信、媒體等領域的邊界逐漸消失，不同的數位技術相互交流和融合，為使用者提供更一體化的服務和體驗。

數位融合包括多個方面，如：數位化媒體、物聯網、雲端應用等，旨在為用戶創造更便捷、智慧、個性化的生活和工作環境。

(四)深度學習（Deep Learning）：深度學習是機器學習的一種方式，模仿人類大腦的神經網路結構，通過多層次的神經網路學習來表示學習結果及特徵。

深度學習在處理大規模資料集和複雜任務方面表現傑出，特別在圖像識別、語音辨識、自然語言處理等領域取得顯著成果。

深度學習的主要特點是層次化的特徵學習，通過多層神經網路來逐級提取資料的抽象特徵，從而實現對複雜問題的學習和理解。

二、(一) 物聯網的通訊技術有哪些？它們各有什麼優缺點？

(二) 請說明MQTT（Message Queuing Telemetry Transport）是什麼？它的特點有哪些？

答 (一)1. Wi-Fi（無線網路）：

優點：高頻寬，適用於數據傳輸較大的場景，常用於家庭和辦公環境。

缺點：相對較高的功耗，不適合一些電池供電或功耗較強的物聯網設備。

2. 藍牙（Bluetooth）：

　優點：低功耗，適用於短距離通信，常用於連接耳機、鍵盤等。

　缺點：頻寬相對較小，不適合大規模數據傳輸。

3. Zigbee：

　優點：低功耗，適用於大規模設備連接的場景，如：智能家居。

　缺點：較低的頻寬，適用於較少頻寬使用的產品。

4. LoRa（Long Range）：

　優點：遠距離通信，適用於低功耗、低數據率的物聯網設備，如：農業領域。

　缺點：頻寬相對較小，不適合需要高頻寬產品的使用。

(二)MQTT（Message Queuing Telemetry Transport）

　MQTT是一種輕量級、開放標準的通信協議，專門設計用於受限環境中的設備之間的通信。其特點包括：

　輕量級和簡單：MQTT協議設計簡單，通信開銷小，適用於低頻寬、高延遲或不穩定網絡環境。

　發布/訂閱模式：采用發布/訂閱的通信模式，使得設備之間能夠鬆散地耦合，提高了靈活性和可擴展性。

　支持持久會話：允許設備在斷線後重新連接，並保持之前的會話狀態。

112年 桃園機場新進從業人員（身心障礙）

( ) **1** 電腦中儲存二進位資料的0與1單位稱為： (A)字組（word）位 (B)位元組（byte） (C)位元（bit） (D)像素（pixel）。

( ) **2** 下列何者不是瀏覽器軟體？ (A)IE (B)Firefox (C)iTunes (D)Chrome。

( ) **3** 下列何種設備兼具輸入及輸出功能? (A)滑鼠 (B)磁碟機 (C)鍵盤 (D)光學閱讀機。

( ) **4** 超大型積體電路（VLSI）是指？ (A)運算特別快 (B)晶片特別大 (C)單位面積所含電子元件數目特別多 (D)電路板金屬特別導電。

( ) **5** 網際網路可以使用的資源有那些? (A)WWW (B)FTP (C)E-MAIL (D)以上皆是。

( ) **6** 使電腦能模擬人類的思考行為，這是屬於下列哪一項？ (A)人工智慧 (B)影像處理 (C)語音辨識 (D)電腦駭客。

( ) **7** 在電腦的世界裡，是採用何種數字系統？ (A)二進位數字系統 (B)八進位數字系統 (C)十進位數字系統 (D)十六進位數字系統。

( ) **8** 目前國內最大的學術性Internet服務機構是： (A)SeedNet (B)HiNet (C)TANet (D)BitNet。

( ) **9** 一部電腦內有多種不同記憶功能的硬體，何者速度最快？ (A)快取記憶體 (B)光碟 (C)主記憶體 (D)硬碟。

( ) **10** 十進位數值19可轉換成下列何者？ (A)二進位數值10001 (B)十六進位數值13 (C)二進位數值1011 (D)十六進位數值111。

（　）**11** 檔案的副檔名經常用來作為檔案型態的區別，下列何者錯誤？ (A).gif是圖形檔　(B).exe是執行檔　(C).zip是壓縮檔　(D).mp3 是影片檔。

（　）**12** 二進位1001101的十進位值為何？　(A)76　(B)77　(C)78 (D)79。

（　）**13** Windows 10是屬於下列哪一類型的作業系統？　(A)單人多工 (B)多人多工　(C)多人單工　(D)單人單工。

（　）**14** 下列何者為資料庫軟體？　(A)SQL Server　(B)Base　(C) MySQL　(D)以上皆是。

（　）**15** 下面何者技術是利用電腦模擬真實或幻想的環境，然後用三度空 間(3D)的方式呈現。　(A)Bitcoin　(B)POP　(C)VR　(D)TCP/ IP。

（　）**16** 電腦中哪種元件負責解讀和執行電腦運作的基本指令。　(A)控 制單元　(B)二元裝置　(C)CPU　(D)I/O設備。

（　）**17** 下列哪一個伺服器的功能可將網域名稱（如：www.mcu.edu.tw） 轉換成IP位址（例如：211.75.157.173）？　(A)DNS　(B)POS (C)FTP　(D)http。

（　）**18** 在OSI模型的七層架構中，哪一層決定封包傳送的路徑？　(A)實 體層　(B)資料連結層　(C)網路層　(D)傳輸層。

（　）**19** 下列何者不是影像的副檔名：　(A)BMP　(B)WAV　(C)JPG (D)TIF。

（　）**20** 用來監督管理一部電腦中所有軟、硬體資源的系統稱為？　(A) 資料庫系統　(B)作業系統　(C)檔案系統　(D)I/O系統。

（　）**21** 在RGB色彩模式中，下列何者是白色？　(A)R=255，G=255， B=255　(B)R=0，G=0，B=0　(C)R=128，G=128，B=128 (D)R=255，G=0，B=255。

(　　) **22** 堆疊（Stack）資料型態的基本特性是：　(A)只進不出　(B)先進先出　(C)只出不進　(D)先進後出。

(　　) **23** 下列數值何者最大？　(A)二進位11100111　(B)十六進位23　(C)八進位231　(D)十進位143。

(　　) **24** 每種伺服器都會各自對應一個通訊埠，請問下列配對何者不正確？　(A)http：83　(B)SMTP：25　(C)Telnet：23　(D)FTP：21。

(　　) **25** 以二的補數表示法，4個位元來表示十進位數-5，其值為多少？　(A)1010　(B)1101　(C)1100　(D)1011。

(　　) **26** 處理器內建有小型且高速的儲存空間，用來暫時存放資料和指令，稱為：　(A)索引　(B)交換器　(C)電容器　(D)暫存器。

(　　) **27** 下面何者是最常見的一種揮發性記憶體。　(A)RAM　(B)快閃記憶體　(C)CMOS　(D)ROM。

(　　) **28** 資訊安全中最重要的三項目標為CIA，其中C是隱密性（Confidentiality）、I是完整性（Integrity），請問A代表什麼？　(A)單元性(Atomicity)　　(B)匿名性（Anonymity）　(C)可用性（Availability）　　(D)可完成性（Achievability）。

(　　) **29** IP位址通常是由四組數字所組成的，每組數字範圍是：　(A)0~999　(B)0~127　(C)0~512　(D)0~255。

(　　) **30** 下列何者不屬於「三方交握」協定的一部分？　(A)SYN　(B)SYN+ACK　(C)ACK　(D)RST。

(　　) **31** 若要驗證資料是由指定對象送出，我們應要求指定對象進行何種操作？　(A)對稱式加密　(B)非對稱式加密　(C)數位簽章　(D)雜湊。

(　　) **32** 下面哪一項資料型態，是處理一序列具有相同型態的資料：　(A)字元　(B)陣列　(C)結構　(D)浮點數。

（　）**33** 將一串數列逐一搜尋直到找到想要的元素，通常使用在資料量較小的情況下，這是下列那一種搜尋法： (A)循序搜尋法　(B)合併搜尋法　(C)快速搜尋法　(D)二分搜尋法。

（　）**34** 就CPU存取資料而言，下列那種儲存的速度最快？ (A)硬式磁碟　(B)主記憶體　(C)快取記憶體　(D)暫存器。

（　）**35** 張三收到某網站寄來的電子郵件，上面跟張三說他的帳號疑似遭受到駭客破解，要求張三點擊郵件中所提供的連結至該網站變更密碼，張三至該網站變更密碼後，不久發現自己的帳號遭人盜用，請問張三是遭受到以下哪一種攻擊？
(A)網路釣魚攻擊　　　　　(B)阻斷服務攻擊
(C)殭屍病毒攻擊　　　　　(D)零時差攻擊。

（　）**36** 悠遊卡是應用哪一種通訊技術？ (A)RFID　(B)GPS　(C)WiMAX　(D)Wi-Fi。

（　）**37** 下列四個暫存器中，哪一個用來負責記錄CPU下一個所要執行之指令在主記憶體中的位址？
(A)堆疊指標（Stack Pointer）
(B)指令暫存器（Instruction Register）
(C)累加器（Accumulator）
(D)程式計數器（Program Counter）。

（　）**38** N個資料作氣泡排序時，須經過幾次比較？ (A)N(N-1)/2　(B)N/2　(C)N　(D)N(N+1)/2。

（　）**39** 下列哪種電腦病毒是隱藏於Office軟體的各種文件檔中所夾帶的程式碼？ (A)電腦蠕蟲　(B)開機型病毒　(C)巨集型病毒　(D)特洛伊木馬。

（　）**40** 下列哪種加解密演算法不屬於「非對稱式演算法」？ (A)RSA　(B)DSA　(C)ElGamal　(D)AES。

解答與解析 »»»　答案標示為#者，表官方曾公告更正該題答案。

1 (C)。(A)字組（word）：指一次處理的基本單位，通常包含多個位元。可以為16位元、32位元或其他值，視資料處理系統而定。(B)位元組（byte）：資料儲存的基本單位，由8個連續的二進位位元組成；每個位元組可儲存一個字符或8個二進位位元。(C)位元（bit）：二進位制的基本單位，只會是0或1；是數字的最小單位，用來表示數據的最基本狀態，故選(C)。(D)像素（pixel）：圖像的最小單位，圖片中可以獨立控制的最小元素；一個像素可以包含不同的顏色資訊，並在顯示器上組成圖片。

2 (C)。(A)IE（Internet Explorer）：Microsoft開發的網頁瀏覽器，曾經是Windows作業系統的預設瀏覽器；而目前已停止支援，推薦使用Microsoft Edge作為之後的瀏覽器。(B)Firefox：由Mozilla基金會及其子公司Mozilla公司開發，免費的網頁瀏覽器，能安裝各種附加元件，提供多樣化的個人功能。(C)iTunes：蘋果公司開發的多媒體應用程式，起初應用在管理播放音樂，隨時間推移，iTunes的功能不斷擴展，也用於購買下載音樂、電影、電視節目、應用程式，以及同步資料到蘋果設備等；不過目前蘋果已放棄iTunes，將其拆分為不同的應用程式，如：Apple Music、Apple TV及Apple Podcastsx，故

選(C)。(D)Chrome：由Google開發的快速、簡單且功能強大的網頁瀏覽器，被廣泛使用並支援多種作業系統，如：Windows、macOS和Linu。

3 (B)。(A)滑鼠：手持輸入裝置，用於操控電腦中的游標；通常有左右按鈕和中間滾輪，如是電競類滑鼠還會有左側的拇指雙側鍵。(B)磁碟機：一種數據存儲裝置，使用磁性方式記錄和讀取資料；既可寫入資料，也可將資料輸出，故選(B)。(C)鍵盤：一種輸入裝置，以按鍵的形式提供使用者輸入文字和指令的功能。(D)光學閱讀機：使用光學技術來讀取並轉換數據的設備，可將印刷品或圖像轉換為數位資料。

4 (C)。超大型積體電路（VLSI）是指在一個芯片上集成大量的電子元件；VLSI技術允許在一個微小的芯片上放入數百萬、甚至數十億電子元件的複雜電路，故選(C)。

5 (D)。(A)WWW（World Wide Web）：在互聯網上檢索和檢視文檔的系統；通過超文本標記語言（HTML）創建的文檔，可以包含指向其他文檔的超連結，從而形成一個連接的全球資訊網。(B)FTP（File Transfer Protocol）：檔案傳輸協定，用於在電腦之間傳輸檔案的標準網絡協定；透過FTP，用戶可以從一台電腦上傳資料到另一台

電腦，也可以從伺服器下載檔案到本機端。(C)E-MAIL：通過電子方式在電腦網絡上使用文字進行通訊的方式；電子郵件需要用戶擁有一個電子郵箱地址才可發送和接收電子郵件，故選(D)。

6 (A)。 人工智慧涵蓋多個領域的學科，目標是開發機器能夠執行需要思考的任務；AI的目標之一是模仿人類的思考過程，使機器能夠自主學習和做出良好的決策，故選(A)。

7 (A)。 電腦是以二進位表示，就是0和1兩個數字組成；這種表示即為電子元件在電腦中的兩種狀態（通電和斷電），因此使用二進位數字系統最為妥適；其他進位數字系統（八進位、十進位、十六進位）也會在電腦中使用，但基本的運算和儲存依然是以二進位為主，故選(A)。

8 (C)。 (A)SeedNet：由中華電信提供的企業級網路服務，主要用於企業、政府機構等機關，提供穩定且高效的網路連線服務。(B)HiNet：也是中華電信所提供的互聯網服務，主要使用於一般消費者和小型企業提供寬頻上網、固定電話、數位電視等通訊服務。(C)TANet：臺灣的學術研究機構所擁有的網路基礎設施，提供高教學研機構、學術機構及研究單位使用，故選(C)。(D)BitNet：一個早期的學術網路，但已經在1990年代初期逐漸被更先進的網路基礎設施所取代。

9 (A)。 (A)快取記憶體（Cache Memory）：高速且容量較小的記憶體，位於處理器和主記憶體之間；目的是為了臨時存儲處理器頻繁使用的數據和指令，提高處理器對這些資料的存取速度；通常分為多個層次（如L1、L2、L3快取），每一層次的快取容量和處理器的距離都有所不同，故選(A)。(B)光碟：光碟是一種光學儲存媒體，包括CD、DVD、藍光光碟等；讀取光碟的速度相對較慢，且需要轉動碟片。(C)主記憶體（RAM，Random Access Memory）：用於臨時存儲正在運行的程式和數據的隨機存取記憶體；讀寫速度比硬碟快，但距離處理器較遠所以傳輸效率有所折損，另外需通電才具備資料記憶性，即在斷電時資料會清除。(D)硬碟（Hard Disk）：硬碟是一種機械式的儲存裝置，使用磁性碟片來讀寫數據；相對於主記憶體和快取記憶體，硬碟的讀寫速度最慢。

10 (B)。 $19_{(10)}$

$$\Rightarrow \begin{array}{r} 2\underline{|19}......1 \\ 2\underline{|9}......1 \\ 2\underline{|4}......0 \\ 2\underline{|2}......0 \\ 1 \end{array} \Rightarrow 10011_{(2)}$$

$$\Rightarrow \begin{array}{r} 16\underline{|19}......3 \\ 1 \end{array} \Rightarrow 13_{(16)}$$

故選(B)。

11 (D)。 .mp3（MPEG Audio Layer III）是一種流行的音訊檔格式，一

般用於儲存音樂和其他聲音訊號；MP3使用壓縮演算法以縮減檔案大小，同時保持相對高的音質，因此.mp3是音訊檔，而非影片檔，故選(D)。

12 (B)。1001101 $(1 \times 2^6) + (0 \times 2^5) + (0 \times 2^4) + (1 \times 2^3) + (1 \times 2^2) + (0 \times 2^1) + (1 \times 2^0) = 64 + 0 + 0 + 8 + 4 + 0 + 1 = 77$，故選(B)。

13 (A)。(A)單人多工（Single User Multitasking）：表示單一作業系統同時可讓單一使用者執行多個應用程式；雖然只有一個使用者在系統上操作，但他們可以在同一時間內切換不同的應用程式。Windows 10是支援單人多工的作業系統，故選(A)。(B)多人多工（Multiuser Multitasking）：多人多工表示一個作業系統同時允許多個使用者在同時間使用系統，並且每個使用者都可同時執行多個應用程式；通常出現在伺服器和主機系統上，多個使用者可通過網絡遠端登入並使用系統。(C)多人單工（Multiuser Single Tasking）：多人單工表示作業系統允許多個使用者同時使用系統，但每個使用者同一時間僅能執行單一程式；這種情況在特殊的環境中可能存在，但較為少見。(D)單人單工（Single User Single Tasking）：單人單工表示單一作業系統同時間只允許單一使用者執行單一應用程式；在這種情況下，使用者無法同時執行多個應用程式。

14 (D)。(A)SQL Server：由Microsoft提供的關聯式資料庫管理系統（RDBMS）；支援Transact-SQL（T-SQL），用於管理和查詢資料的SQL語言。(B)Base：Apache OpenOffice（以前稱為OpenOffice.org）和LibreOffice的資料庫管理應用程式；用於創建、管理和操作資料庫的工具，支援多種資料庫引擎，包括HSQLDB、Firebird和MySQL。(C)MySQL：開源的關聯式資料庫管理系統（RDBMS），由Oracle Corporation開發及營運；支援多用戶、多行程，並具有高性能及可靠性；常用於網頁應用程式的後端資料庫，故選(D)。

15 (C)。(A)Bitcoin：一種加密貨幣，也是去中心化的數位支付系統；使用區塊鏈技術來記錄和驗證所有交易，並通過挖礦（使用計算資源解決數學問題）來發行新的比特幣。(B)POP（Post Office Protocol）：用於電子郵件服務的通信協定，通常用於下載郵件到本地客戶端。(C)VR（Virtual Reality）：模擬環境的技術，通常是通過戴上虛擬現實頭戴式顯示器和感應器，讓使用者感覺彷彿身處於一個虛擬的三維環境中，故選(C)。(D)TCP/IP（Transmission Control Protocol/Internet Protocol）：TCP/IP是通信協定，用於連接網際網路上的設備和網路，其中TCP負責確保數據的可靠傳輸，而IP則負責定位和路由數據包。

16 (C)。(A)控制單元：是中央處理器（CPU）的一部分，負責協調和控制整個處理器的操作。(C)CPU（Central Processing Unit）：電腦系統中的中央處理器，通常被視為電腦的大腦；負責執行基本機器語言指令，處理和操作資料，並控制其他硬體，故選(C)。(D)I/O設備（Input/Output Devices）：指用於將資訊輸入到電腦系統或將電腦處理結果輸出的裝置。

17 (A)。(A)DNS（Domain Name System）：用於將人類可讀的網域名稱轉換為電腦可理解的IP位址的分散式系統，故選(A)。(B)POS（Point of Sale）：指銷售系統，用於在商業環境中處理銷售事務的功能；POS系統通常包括電子收銀機、條碼掃描器及銷售資料庫。(C)FTP（File Transfer Protocol）：網路傳輸協定，用在電腦之間進行檔案傳輸；允許用戶上傳或下載檔案到遠端伺服器。(D)HTTP（Hypertext Transfer Protocol）：用於在網路上傳輸超文本的協定；網站的基本通信協定，在客戶端和伺服器之間傳輸HTML頁面和相關資源。

18 (C)。(A)實體層（Physical Layer）：OSI模型的最底層，負責處理與物理傳輸媒介（例如電纜、光纖、無線信道）有關的事務。(B)資料連結層（Data Link Layer）：OSI模型的第二層，主

要處理端點之間的直接通信，確保可靠的點對點傳輸。(C)網路層（Network Layer）：OSI模型的第三層，負責處理不同網路之間的路由和轉發；定義數據在不同網路上的路徑選擇，並用IP協定來完成傳輸，故選(C)。(D)傳輸層（Transport Layer）：OSI模型的第四層，提供兩端的通信和數據流；傳輸層負責分割、重組、流量控制、錯誤檢測和錯誤修復。

19 (B)。(A)BMP（Bitmap）：無壓縮的點陣圖像檔案格式，以點陣圖的形式儲存圖像資料；BMP的數據量通常較大，因為沒有任何壓縮，保留每個像素的資料。(B)WAV（Waveform Audio File Format）：用於存放音檔文件的標準；無損壓縮的音訊格式，支援多種音訊編碼格式，故選(B)。(C)JPG（Joint Photographic Experts Group）：也稱為JPEG，用於儲存壓縮圖像的標準；使用有損壓縮，以減小文件大小，但會導致一些細節的失真。(D)TIF（Tagged Image File Format）：常用的圖像檔案格式，支援無損壓縮；TIF文件可以儲存高畫質的圖像，由於其無損特性，TIF文件通常用於需要大圖像輸出品質的需求，如印刷和圖形設計。

20 (B)。(A)資料庫系統：用於組織、存儲和管理大量結構化和非結構化數據的系統。(B)作業系統：電腦的工作系統，負責管理硬體和提供

基本的系統服務；處理資源分配、任務調度、檔案系統、記憶體管理等，以確保計算機的順利運作，故選(B)。(C)檔案系統：用於組織和存儲檔案的系統，通常由作業系統提供。(D)I/O系統：管理輸入和輸出（I/O）操作的系統組件；負責處理與外部設備的通信，例如硬碟、網絡卡、顯示器等。

21 (A)。在RGB模式中，每個原色（紅、綠、藍）的數值範圍是從0到255，255表示最大亮度或飽和度，而白色則是所有原色均設定為最大值的組合，故選(A)。

22 (D)。「先進後出」的特性表示最後進入資料結構的元素會最先被移除，而最早進入的元素則會最後被移除；常用於堆疊（Stack）資料結構，類似於將物品堆疊在一起，後放上去的物品先被取出，故選(D)。

23 (A)。
(A)$11100111_{(2)}=(1\times2^7)+(1\times2^6)+(1\times2^5)+(0\times2^4)+(0\times2^3)+(1\times2^2)+(1\times2^1)+(1\times2^0)=128+64+32+0+0+4+2+1=231_{(10)}$
(B)$23_{(16)}=16+16+3=35_{(10)}$
(C)$231_{(8)}=(2\times8^2)+(3\times8^1)+(1\times8^0)=128+24+1=153$
故選(A)。

24 (A)。http使用通訊埠是80，故選(A)。

25 (D)。$5_{(10)}=0101_{(2)}$ $1010_{(1's)}$ $1011_{(2's)}$。二補數需要從一補數來計算，

一補數表示負數是正數取負號，所以二進位表示正數後，取負數就是0跟1相反，而二補數的表示就是一補數的結果加一，故選(D)。

26 (D)。(A)索引（Index）：在不同的上下文中，「索引」可以表示用於快速查找或定位資料的數值、標籤或指標。(B)交換器（Switch）：用於建立或斷開電路中的連接裝置；在網路領域，交換器用於轉發數據封包，根據目的位址將數據封包從一個端轉發到另一端，用以實現傳輸。(C)電容器（Capacitor）：一種電子元件，能夠儲存和釋放電荷。(D)暫存器（Register）：用於在電腦中儲存數據的元件，通常是位元組或字的大小；暫存器用於臨時存儲運算過程中的中間數據，是處理器中高速存儲的一部分，用於執行指令和數據的快速存取，故選(D)。

27 (A)。揮發性記憶體是指當電源關閉時，儲存在其中的資料會被刪除；RAM主要用於暫存資料和運行程式，因此提供了快速的讀寫速度，但缺點是斷電後資料會消失；其他選項，快閃記憶體、CMOS及ROM都是非揮發性記憶體，可以保留資料，故選(A)。

28 (C)。資訊安全中，CIA是三個重要的安全目標，C（Confidentiality）：隱密性，確保資訊只能被授權的人或系統訪查，防止未經授權的存取。

I（Integrity）：完整性，確保資訊在傳輸或處理過程中不被意外或隨意改變，保持原始和正確的資料。A（Availability）：可用性，確保資訊和資源在需要時正確並及時提供給授權的使用者，防止服務中斷或無法使用，故選(C)。

29 (D)。每個數字都被稱為一個「位元組」（byte），提取範圍從0到255；IPv4位址的格式是以四個數字為一組，用點分別十進制表示，如：192.168.1.1；每組數字使用8個位元表示，因此範圍是0到255，故選(D)。

30 (D)。「三方交握」是在建立TCP連接時的過程，包含三個步驟：發送SYN（同步），接收SYN+ACK（同步＋確認），發送ACK（確認）；而RST（重置）不屬於「三方交握」的過程，故選(D)。

31 (C)。(A)對稱式加密（Symmetric Encryption）：使用相同的密鑰來加密和解密資料；就是發送方和接收方都擁有相同的密鑰。(B)非對稱式加密（Asymmetric Encryption）：使用一對密鑰，一個公鑰，一個私鑰；公鑰用於加密，私鑰用於解密。(C)數位簽章（Digital Signature）：使用私鑰對資料進行加密的過程，確保資料來源和完整性；收件人使用對應的公鑰來驗證數位簽章，用於確保資料的發送驗證及防止資料被篡改，故選(C)。(D)雜湊（Hash）：將數據轉換為固定長度數字串的過程；雜湊通常是單向性功能，所以無法從雜湊值恢復成原始數據，通常用於驗證數據的完整性，但不適用在加密上。

32 (B)。(A)字元（Character）：最基本的資料型態之一，用來表示單個字母、數字、標點符號或其他可輸出的符號。(B)陣列（Array）：資料結構的一種，可以容納一系列相同型態的元素；這些元素通過索引或位置來探查，並且以連續儲存的狀態呈現在記憶體中，故選(B)。(C)結構（Structure）：複合資料型態，允許將不同型態的數據整合在一起，形成一個結構體。(D)浮點數（Floating-Point）：浮點數是用來表示實數（包括小數）的資料型態；浮點數通常使用IEEE754的標準進行表示，故選(B)。

33 (A)。(A)循序搜尋法（Sequential Search）：一種簡單的搜尋方法，從數列的起點開始，逐一檢查所有元素，一直找到目標元素或搜尋完整數列；這是線性搜尋方式，時間複雜度為$O(n)$，其中n是數列的元素個數，故選(A)。(B)合併搜尋法（Merge Sort）：一種分治法排序演算法，將一個未排序的數列分成兩個子類，分別排序後再合併成一個有序的數列；合併搜尋法的時間複雜度為$O(n \log n)$。(C)快速搜尋法（Quick Sort）：一種分治法排

序演算法,通過選擇一個基準元素,將數列分為比基準元素小和比基準元素大的兩部分,再對這兩類分別進行排序;快速搜尋法的平均時間複雜度為O(n log n)。(D)二分搜尋法(Binary Search):用於已排序數列的搜尋方法,透過比較目標值與數列中間元素的大小,可以將搜尋範圍縮小一半,逐漸逼近目標值;二分搜尋法的時間複雜度為O(log n),其中n是數列的元素個數。

34 (D)。暫存器是位於中央處理器(CPU)內部的一種高速記憶體,用於暫時存儲和處理數據,存取速度遠快於其他儲存設備,例如主記憶體、快取記憶體和硬式磁碟;因此,暫存器是CPU內部用於執行指令和操作的最快速度的儲存裝置,故選(D)。

35 (A)。(A)網路釣魚攻擊(Phishing Attack):一種欺騙手法,攻擊者偽裝成可信任的單位,例如:銀行、政府機構或其他知名企業,以試圖誘導用戶提供私密資訊,如:密碼、信用卡帳號等;通常這類攻擊透過偽造的網站或詐騙郵件進行,故選(A)。(B)阻斷服務攻擊(Denial-of-Service Attack,DoS Attack):旨在使目標系統或網路無法提供正常的服務,通常是通過洪水攻擊,指向目標系統發送大量封包,使其超出正常處理能力而導致服務中斷,而分散式阻斷服務攻擊(DDoS Attack)則涉及多個來源,更難防範。(C)殭屍病毒攻擊(Zombie Attack):指攻擊者通過將大量受感染的電腦(殭屍)組成網路,並使用這些受感染的電腦進行共同攻擊,攻擊者可以透過殭屍網路發起大規模的阻斷服務攻擊或其他攻擊。(D)零時差攻擊(Zero-Day Attack):零時差攻擊是指利用軟體漏洞,攻擊者在廠商發現漏洞之前,或是已發現漏洞而在準備進行修復漏洞之前的這段時間,就已經進行攻擊,攻擊者利用這個漏洞進行入侵,而防禦方在漏洞被廠商修補前可能無法提前偵測或阻止。

36 (A)。(A)RFID(Radio-Frequency Identification):一種通過無線電波識別和追蹤物體的技術;包含一個標籤(或晶片)和一個讀取器,標籤上儲存進數據,而讀取器使用無線電波與標籤通信,用以讀取或寫入數據,故選(A)。(B)GPS(Global Positioning System):GPS是衛星導航系統,通過一組全球定位衛星發射信號,允許接收器確定其精確的地理位置。(C)WiMAX(Worldwide Interoperability for Microwave Access):無線寬頻通信技術,能夠提供長距離的高速無線網路連接;特點包括高傳輸速率、大覆蓋範圍,被用於提供固定和移動的無線寬頻接入服務。(D)Wi-Fi

（Wireless Fidelity）：Wi-Fi局域網路無線通信技術，基於IEEE 802.11標準；Wi-Fi設備通過無線方式連接到區域網絡（LAN）和網際網路，常用於家庭、辦公室、公共區域等場所。

37 (D)。(A)堆疊指標（Stack Pointer）：用來指示堆疊中特定位置的指標，堆疊後進先出（Last In, First Out, LIFO）的資料結構，用於處理子程序呼叫、暫存資料等。(B)指令暫存器（Instruction Register）：用來儲存當前執行的機器指令的暫存器，在CPU中執行程序時，會從記憶體中讀取指令，並將該指令存儲在指令暫存器中，以進行執行。(C)累加器（Accumulator）：累加器是用來存儲算術和邏輯運算結果的特殊暫存器，特別用於累加運算，如加法和減法；累加器通常是一個通用暫存器，可以用於不同的算術操作。(D)程式計數器（Program Counter）：用來指示CPU當前執行的指令位置的暫存器，包含程序內存位置的地址，指導CPU的下一步應該執行哪條指令，故選(D)。

38 (A)。氣泡排序是簡單的排序演算法，其比較次數與資料的排列順序有關；最壞情況下，當資料是降序排列時，需要進行最多的比較次數，氣泡排序的比較次數可以表示為N(N-1)/2，故選(A)。

39 (C)。(A)電腦蠕蟲（Computer Worm）：一種能夠自主複製並在網路中傳播的惡意程式；蠕蟲通常不需要依附在其他程式上，並且可以自動傳播到其他系統，可能造成網路擁塞和資源消耗。(B)開機型病毒（Boot Sector Virus）：感染電腦開機區域（啟動區或引導區）的病毒；意味著當受感染的系統啟動時，病毒會被載入並執行，並可能損壞啟動區域，影響系統的正常啟動。(C)巨集型病毒（Macro Virus）：感染應用程式的巨集（通常是文書處理軟體中的巨集）的病毒；這種病毒透過應用程式的巨集語言來感染文檔，並在打開感染文件時執行惡意操作，故選(C)。(D)特洛伊木馬（Trojan Horse）：一種偽裝成有用或合法軟體的惡意軟體；使用者會被欺騙將特洛伊木馬下載或執行，實際操作上包含惡意功能，例如：竊取敏感資料、開啟系統後門等。

40 (D)。(A)RSA（Rivest–Shamir–Adleman）：公開金鑰加密演算法，使用一對密鑰，包含一個公開金鑰和一個私密金鑰；RSA廣泛用於數位簽章、金融交易、安全通信等應用。(B)DSA（Digital Signature Algorithm）：數位簽章演算法，用於確保消息的完整性和認證發送者的身份；主要用於數位簽名的應用，需要一對公私密鑰，並使用特殊的數學離散對

數函數。(C)ElGamal：公開金鑰加密演算法，用於數據加密和密鑰交換，與RSA相似，ElGamal同樣使用一對公私密鑰，常用於安全通信、數據隱私保護等場景。(D)AES（Advanced Encryption Standard）：對稱金鑰加密演算法，被廣泛應用於數位加密；支持不同的密鑰長度，包括128位、192位和256位元，被認為是高效且安全的加密演算法，用於數據的加密和解密，故選(D)。

112年 經濟部所屬事業機構新進職員（資訊類）

( ) **1** 將八進制數值$(2345.67)_8$轉換成十六進制數值，請問其結果為何？　(A)$(95.13)_{16}$　(B)$(59.13)_{16}$　(C)$(4E5.DC)_{16}$　(D)$(45E.DC)_{16}$。

( ) **2** 下列何種定址模式（Addressing Modes）無須記憶體的存取動作，運算元擷取速度最快？　(A)立即定址　(B)直接定址　(C)相對定址　(D)間接定址。

( ) **3** 當快取記憶體（Cache）已滿，需要刪除一些元素（Element）為新元素釋放空間時，下列何種策略在性能上表現較佳？　(A)刪除在Cache內停留次數最少的元素　(B)刪除自進入Cache以來未被使用時間最長的元素　(C)刪除在Cache內停留時間最長的元素　(D)替換在Cache內停留時間最短的元素。

( ) **4** 下列分數何者無法以二進制精確表示(或存入電腦會有誤差)？　(A)3/24　(B)7/16　(C)5/12　(D)13/32。

( ) **5** 有關BCD編碼，下列何者有誤？　
(A)100110000111　　　　　(B)000110000000　
(C)01110100　　　　　　　(D)010100101100。

( ) **6** USB 3.2 Gen 2×1的傳輸速度最高每秒可達多少？　(A)5 GB　(B)10 GB　(C)20 GB　(D)40 GB。

( ) **7** 有關匯流排（Bus）之敘述，下列何者有誤？　(A)CPU主要是靠匯流排傳輸資料、位址及控制訊號　(B)資料匯流排（Data Bus）的排線數，決定每次能同時傳送資料的位元數　(C)位址匯流排（Address Bus）的排線數，決定可定址的最大記憶體空間　(D)資料匯流排（Data Bus）與控制匯流排（Control Bus）的傳輸方向，同為雙向。

( ) **8** 有關資料儲存單位的大小排列，下列何者正確？ (A)ZB > EB > PB > TB (B)ZB > TB > PB > EB (C)TB > EB > PB > ZB (D)PB > EB > ZB > TB。

( ) **9** 有關邏輯運算式，下列何者有誤？ (A)X•X=X (B)Y+1=Y (C)Y•0=0 (D)X+XY=X。

( ) **10** 有關最小成本擴張樹演算法，下列何者可以任意挑選起始節點？ (A)Prim (B)Bellman-Ford (C)Dijkstra (D)Kruskal。

( ) **11** 在單一處理器中執行一個程式，其執行時間25%是循序的，75%可用多核心平行處理，若欲以多個同樣的處理器加速執行，將總執行時間減至原本的一半，依據阿姆達爾定律（Amdahl's Law）至少需要使用多少個處理器？ (A)2 (B)3 (C)4 (D)5。

( ) **12** 有關作業系統對於記憶體管理之方式，包括7種分頁替換演算法（Page Replacement Algorithm），分別為FIFO（First In First Out）、OPT（Optimal）、LRU（Least Recently Used）、LFU（Least Frequently Used）、MFU（Most Frequently Used）、Second Chance及Enhanced Second Chance，請問前述有幾種會遭遇布雷第異常現象（Belady's Anomaly）？ (A)3 (B)4 (C)5 (D)6。

( ) **13** 有關排序演算法，下列何者在最差情況下的時間複雜度相對最佳？ (A)選擇排序 (B)快速排序 (C)合併排序 (D)插入排序。

( ) **14** 下列7項中有幾項非屬程式控制區塊PCB（Process Control Block）組成內容？
(1)CPU Register
(2)Memory Management Information
(3)Programming Counter
(4)Bit Map
(5)Process State

(6)CPU Scheduling Information

(7)I/O Device Queue

(A)1　(B)2　(C)3　(D)4。

( ) **15** 下列何種程式語言有垃圾收集（Garbage Collection）之機制？ (A)Java　(B)Pascal　(C)C　(D)C++。

( ) **16** 有關雜湊（Hash）函數之敘述，下列何者有誤？　(A)固定長度 (B)正常情況下雜湊結果為唯一值　(C)常用於驗證資料的完整性 (D)可以解密。

( ) **17** 有關人工智慧之敘述，下列何者有誤？　(A)主成分分析是一種 降維手段，需要標籤資訊進行運算　(B)在訓練樣本不足時，增 加模型的複雜度仍舊可能得到更高的訓練準確度　(C)循環神經 網路常會出現梯度消失或梯度爆炸的現象，是因為參數與層數較 多　(D)LISP為早期人工智慧專案常使用的程式語言。

( ) **18** 有關資料庫正規化（Normalization）之敘述，下列何者正確？ (1)正規化的程度越高，資料的重複性會降低 (2)正規化的程度越高，資料存取效能亦會越高 (3)正規化的程度越高，資料表格的數量亦會增多 (4)正規化程式可避免更新異常 (A)(1)(2)(3)　(B)(1)(2)(4)　(C)(1)(3)(4)　(D)(2)(3)(4)。

( ) **19** 有關虛擬記憶體的設計，下列何者屬於用來儲存尚未執行完之程 式碼的磁碟空間？　(A)Page Table　(B)Task Looking Forward Table　(C)Swap Space　(D)Virtual Cache。

( ) **20** 阿華在設計一個程式，需要一種資料結構，可以一邊新增資料， 一邊取出資料，且每次取出的資料都是現有資料中的最大值。您 建議阿華使用下列何種資料結構？　(A)Array　(B)Linked List (C)Queue　(D)Heap。

( ) **21** 下列何種磁碟陣列不具有容錯能力？　(A)RAID 1　(B)RAID 3 (C)RAID 5　(D)RAID 1+0。

（　）**22** 將一組陣列的值由主程式傳遞給副程式時，使用下列何種呼叫方法使資料傳遞速度最快？　(A)傳址呼叫　(B)傳名呼叫　(C)傳值呼叫　(D)傳結果呼叫。

（　）**23** 現有資料碼1010111及0011001，若採用奇同位元（Odd Parity）檢查，其同位元值分別為何？　(A)0及0　(B)0及1　(C)1及0　(D)1及1。

（　）**24** 有關自然語言處理之敘述，下列何者有誤？　(A)自然語言處理中越來越多使用機器自動學習的方法來獲取語言知識　(B)自然語言處理可以將英文文章翻譯成中文文章　(C)自然語言處理以單詞出現的次數來衡量單詞重要性　(D)自然語言處理需要將文字轉化成向量以進行後續處理及篩選。

（　）**25** 下列何種影像格式可將顏色儲存為透明？　(A)BMP　(B)TIFF　(C)JPG　(D)GIF。

（　）**26** 有關OSI模型（Open System Interconnection Model）中傳輸層之協議數據單元（Protocol Data Unit, PDU），下列何者正確？　(A)Frame　(B)Packet　(C)Segment　(D)Bit。

（　）**27** 如果您採取手動設定方式想讓個人電腦能經由區域網路正確連上網際網路，除了IP位址外，下列何者非屬必要設定？　(A)子網路遮罩　(B)預設閘道器　(C)名稱伺服器　(D)防火牆。

（　）**28** 針對IPv4位址不足的問題，下列何者非屬解決之技術？　(A)SNMP　(B)DHCP　(C)IPv6　(D)NAT。

（　）**29** 依據OWASP（Open Web Application Security Project）提出之10大安全漏洞（最新版本為2021版），下列何者非屬前3名？　(A)Injection　(B)Broken Authentication　(C)Cryptographic Failures　(D)Broken Access Control。

（　）**30** 下列何者為員工居家上班時可以透過Internet安全連線到公司內網的技術？　(A)VLAN　(B)NAT　(C)PPP　(D)VPN。

（　）**31** 有關IPv4的表頭欄位值，下列何者會隨著路由器的轉送而變動？
(A)封包總長（TL）　(B)存活時間（TTL）　(C)標頭檢驗值
（HC）　(D)標頭長度（IHL）。

（　）**32** 有關網路設備之敘述，下列何者正確？　(A)路由器可分割碰撞
網域　(B)集線器可用來加強纜線上的訊號　(C)橋接器可分割廣
播網域　(D)交換器可將數位轉換為類比訊號。

（　）**33** 有關物聯網（Internet of Things）網路層主要功能之敘述，下列
何者正確？　(A)負責監控感測器的網路狀態　(B)負責上傳感
知層收集到的資料至應用層　(C)負責感測與辨識感測器的信號
(D)負責將感測及辨識後的資料進行分類。

（　）**34** 有關OSI模型（Open System Interconnection Model）中各層之敘
述，下列何者有誤？　(A)網路層：ARP及FTP均屬於網路層的
協定　(B)實體層：負責將資料轉成電子訊號後再傳送出去　(C)
應用層：負責規範各項網路服務的使用者介面　(D)傳輸層：
UDP屬於傳輸層的協定。

（　）**35** 有關對稱式加密與非對稱式加密之敘述，下列何者有誤？　(A)
對稱式代表加密與解密均為相同密鑰，非對稱式則需公、私鑰各
一把　(B)對稱式使用上解密較快速，非對稱式使用上則較為安
全　(C)DES、3DES及AES均為對稱式加密演算法　(D)DSA、
IDEA及RSA均為非對稱式加密演算法。

（　）**36** 為預防遭受勒索軟體（Ransomware）之攻擊，定期備份重要檔
案並採用「3-2-1原則」備份方案是防護措施之一，有關「3-2-1
原則」之敘述，下列何者正確？　(A)3：以3種不同形式媒體儲
存備份　(B)2：重要資料至少備份2份　(C)1：其中1份備份要存
放異地　(D)3：每月至少進行3次備份。

（　）**37** 有關網際網路通訊協定第4版（IPv4）和第6版（IPv6）之比較敘
述，下列何者有誤？　(A)IPv6位址格式設有省略規則，IPv4則
無　(B)IPv6位址數量比IPv4多　(C)IPv6表頭長度可以變動，
IPv4則為固定　(D)IPv6表頭欄位比IPv4少。

（　）**38** 下列哪一個IP位址與172.16.28.252／20非屬同一個子網路中？　(A)172.16.33.18　(B)172.16.29.166　(C)172.16.27.39　(D)172.16.17.122。

（　）**39** SSL和TLS都是基於加密的網路安全協定，下列何者有誤？　(A)SSL交握程式的步驟比TLS程式多　(B)SSL使用雜湊訊息驗證碼（HMAC）　(C)TLS是SSL的升級版本　(D)TLS提醒訊息已加密。

（　）**40** 有關入侵偵測系統（Intrusion-Detection System, IDS）之敘述，下列何者有誤？　(A)可監控網絡或系統中的異常或可疑行為　(B)異常行為偵測需先定義正常行為　(C)具有主動防禦的能力　(D)網路型IDS可安裝於任何地方，屬獨立系統。

（　）**41** 有關TCP協定之流量控制（Flow Control）功能之敘述，下列何者正確？　(A)避免流量超過發送端傳送的能力　(B)避免流量超過接收端接收的能力　(C)避免流量超過路由器轉送的能力　(D)避免流量超過交換器轉址的能力。

（　）**42** 下列何者非針對OSI模型（Open System Interconnection Model）中應用層的攻擊手法？　(A)DNS Cache Poisoning　(B)HTTP Flood　(C)SYN Flood　(D)SQL Injection。

（　）**43** 有關FTP傳輸時使用2個連接埠來建立連線通道之敘述，下列何者正確？　(A)控制連線用TCP連接埠20　(B)控制連線用UDP連接埠20　(C)資料連線用TCP連接埠20　(D)資料連線用UDP連接埠20。

（　）**44** 檢測系統安全與否一般會採用弱點掃描（簡稱弱掃）和滲透測試（簡稱滲透），有關兩者差異比較之敘述，下列何者有誤？　(A)弱掃較滲透更能發現未知漏洞　(B)弱掃採自動化工具，滲透採人工檢測　(C)執行弱掃之成本通常較滲透低　(D)執行弱掃之時機通常較滲透頻繁。

( ) **45** 有關Distance Vector（簡稱DV）與Link State（簡稱LS）路由演算法兩者差異之敘述，下列何者有誤？
(A)DV定期更新路由資訊，但LS則否
(B)RIPv2路由協定採取DV，OSPF則採取LS
(C)LS之路由資訊收斂較DV快
(D)DV運行較LS需更大頻寬。

( ) **46** 有關路由器和第3層交換器（簡稱L3SW）之差異敘述，下列何者有誤？
(A)路由器的路由表規模較L3SW大
(B)兩者都支援NAT and Tunneling
(C)路由器支援VPN，L3 Switch則不支援
(D)路由器由軟體執行路由，L3SW則由硬體執行。

( ) **47** CIDR（Classless Inter-Domain Routing）是一種IP位址分配方法，下列敘述何者有誤？
(A)CIDR標記172.16.0.0 / 12是IPv4 Class B的私有IP範圍
(B)CIDR可提高網際網路上的資料路由效率
(C)CIDR標記192.168.1.1 / 25的子網路遮罩是255.255.255.192
(D)CIDR可減少IP位址浪費。

( ) **48** 下列何者為輕量型目錄存取通訊協定（LDAP）預設使用之連接埠？　(A)290　(B)289　(C)390　(D)389。

( ) **49** tracert或traceroute指令常利用於網路診斷，下列何者為前述指令採用之協定？　(A)ICMP　(B)SNMP　(C)SMTP　(D)DHCP。

( ) **50** ZigBee與Bluetooth皆屬近距離的無線網路技術，下列敘述何者正確？
(A)兩者都是基於IEEE 802.15.4標準
(B)ZigBee的傳輸速率較Bluetooth快
(C)ZigBee的成本較Bluetooth高
(D)ZigBee的功耗較Bluetooth低。

▌解答與解析 »»»» 答案標示為#者,表官方曾公告更正該題答案。

1 (C)。8進位轉10進位

$2345 \Rightarrow (2 \times 8^3) + (3 \times 8^2) + (4 \times 8^1) + (5 \times 8^0) = 1024 + 192 + 32 + 5 = 1253$

$0.67 \Rightarrow (6 \times 8^{-1}) + (7 \times 8^{-2}) = (6 \times \dfrac{1}{8}) + (7 \times \dfrac{1}{64}) = \dfrac{48}{64} + \dfrac{7}{64} = \dfrac{55}{64} = 0.859375$

$\Rightarrow (1253.859375)_{10}$

10進位轉16進位

$$
\begin{array}{ll}
16\underline{|1253}......5 \\
\quad 16\underline{|78}......14=E \\
\qquad 4
\end{array}
\qquad
\begin{array}{c}
0.859375 \\
\times \quad 16 \\
\hline
13.75 \Rightarrow D
\end{array}
\qquad
\begin{array}{c}
0.75 \\
\times \quad 16 \\
\hline
12 \Rightarrow C
\end{array}
$$

$\Rightarrow 4E5.DC$,故選(C)。

2 (A)。由於立即定址模式無須記憶體的存取動作,運算元直接嵌入指令中,因此運算元擷取速度最快,故選(A)。

3 (B)。Least Recently Used(LRU),此策略的目標是保留最近被使用的元素,以確保之後可能再次使用到的命中率,意思是越長時間未被使用的元素,未來會再次被使用的機率越低,故選(B)。

4 (C)。因為5除12得出的答案是0.4166666的無限循環,使用二進位表示會出現錯誤跟誤差,故選(C)。

5 (D)。由於BCD編碼在十進位中表示不能超過9,而010100101100當中的1100以十進位表示為10,因此錯誤,故選(D)。

6 (B)。(A)5 Gbps:USB 3.0 / USB 3.1 Gen 1。(B)10 Gbps:USB 3. Gen 2x1。(C)20 Gbps:USB 3.2 Gen 2x2。(D)40 Gbps:USB4,故選(B)。

7 (D)。資料匯流排和控制匯流排在傳輸方向上是不同的,資料匯流排是雙向的,而控制匯流排通常是單向的,故選(D)。

8 (A)。TB(Terabyte):1 TB為1,024 GB。
PB(Petabyte):1 PB為1,024 TB。
EB(Exabyte):1 EB為1,024 PB。
ZB(Zettabyte):1 ZB為1,024 EB,故選(A)。

9 (B)。在邏輯運算中,Y+1不等於Y;在布林代數中,Y+1的結果為1,表示邏輯" OR "運算中,只要Y或1有一個為真,結果即為真,故選(B)。

10 (D)。(A)Prim：用於解決最小生成樹問題的演算法，從一個初始節點開始，逐步擴展生成樹，每次選擇與當前生成樹相連的邊中權重最小的邊，直到生成樹包含所有的節點。(B)Bellman-Ford：用於計算單元最短路徑，處理帶有權重的有向圖，並能處理有負向邊的情況。(C)Dijkstra：用於計算單元最短路徑，與Bellman-Ford不同，Dijkstra不能處理有負向邊的圖，但在正向多的情況下，通常比Bellman-Ford更有效率。(D)Kruskal：此演算法不需要指定起始節點，是一種基於邊的演算法，通過按權重昇冪排列邊，然後逐步選擇最小權重的邊，只要該邊不成環，就加入生成樹；因此，Kruskal演算法可以從任意節點開始擴展生成樹，故選(D)。

11 (B)。根據阿姆達爾定律，公式為 $x = \dfrac{1}{(1-f)+\dfrac{f}{n}}$ ，帶入後為1/[(1-0.75)+(0.75/n)]=0.5，因此n>2，所以至少需要三個處理器，故選(B)。

12 (C)。LRU及OPT（Optimal）都是stack algorithms，因此不會出現Belady's Anomaly，故選(C)。

13 (C)。四個選項的最差情況時間複雜度，選擇排序：$O(n^2)$、快速排序：$O(n^2)$、合併排序：(C)。$O(n\ \log\ n)$、插入排序：$O(n^2)$，相對來說，合併排序是四個當中比較好的時間複雜度，故選(C)。

14 (B)。其中Bit Map及I/O Device Queue不屬於程式控制區塊，故選(B)。

15 (A)。Java是具有垃圾收集機制的程式語言，在Java中，工程師不需要轉寫程式做手動釋放記憶體，而是由垃圾收集器負責定期檢測不再使用的物件並將其回收，故選(A)。

16 (D)。雜湊（Hash）函數的基本特性，具有資料校驗與完整性檢查、密碼儲存、數據結構、數據分區、一致性（輸入相同資料結果相同）、不可逆性（無法解密）、抗碰撞（輸入資料不同結果不可能重複），故選(D)。

17 (A)。主成分分析（Principal Component Analysis，PCA）是無監督的降維方法，將原始數據投影到新的坐標系統中，以保留最大方差的方式來減少數據的維度，因為不需要標籤資訊進行運算，所以PCA不要求標籤資訊，故選(A)。

18 (C)。正規化的主要目的是減少資料的重複性，可以提高資料的一致性和減少存儲需求；正規化通常將一個大的、包含多值屬性的表格拆分成多個表格，每個表格包含特定的屬性，這樣可以減少冗餘數據，因此程度越高，存取時所需的效能越低，故選(C)。

19 (C)。(A)Page Table：用來管理虛擬記憶體的資料結構，紀錄每個虛擬頁面與實體記憶體之間的對應關係。(C)Swap Space：用來暫時存放被置換出來的頁面或程式區段的磁碟區域，當系統需要更多實體記憶體空間時，可以將目前不活動的資料或程式碼儲存到Swap Space中，用以釋放實體記憶體，故選(C)。(D)Virtual Cache：虛擬快取通常是在虛擬記憶體中的暫存區，用來存放最近或頻繁存取的資料，幫助提高系統的效能，可以允許快速地檢索常用的資料，而不必每次都從較慢的主記憶體或儲存裝置中讀取。

20 (D)。(A)Array：是固定大小的資料結構，不適合在動態新增或移除元素的情況。(B)Linked List：雖然支援動態新增和移除元素，但尋找最大值可能需要訪問整個資料鏈表，效能較差。(C)Queue：是先進先出（FIFO）的資料結構，不太適合每次都取得最大值的狀況。(D)Heap：是二元樹結構，有最大堆和最小堆兩種形式，最大堆的根節點的值大於或等於其子節點的值，因此能夠方便快速地尋找最大值，故選(D)。

21 (B)。(A)RAID 1：鏡像備份，RAID 1透過將數據完全複製到兩個磁碟來提供容錯能力，如果其中一個磁碟故障，另一個磁碟仍有完整的資料。(B)RAID 3：使用奇偶校驗盤來提供容錯能力，RAID 3將數據分成字節並將其分別寫入不同的磁碟，其中一個磁碟用於存儲奇偶校驗，以便在任一個磁碟失效時重建數據，但如果儲存奇偶校驗的硬碟失效，則整個數據陣列就無法正確運作，故選(B)。(C)RAID 5：也是使用奇偶校驗，但是將奇偶校驗數據分佈在所有磁碟上，這提供相對應的容錯能力，因為如果單個磁碟失效，可以通過其他磁碟的數據和奇偶校驗數據來重建。(D)RAID 1+0 (RAID 10)：這是RAID 1和RAID 0的組合，RAID 10將磁碟分為兩個鏡像的子集，然後將這些鏡像的數據進行帶狀分佈，使之發揮RAID 1的容錯能力和RAID 0的效能優勢。

22 (A)。傳址呼叫（pass by reference）被認為是資料傳遞速度最快的方式之一，在這方法中，實際上傳遞的是記憶體位置或指標，而不是數據的副本，當資料量大時，可以節省時間和內存空間，因為不需要複製整個數據。
傳值呼叫（pass by value）需要將數據的副本傳遞給副程式，這需要額外的時間與空間。
其他呼叫方法，例如：傳名呼叫及傳結果呼叫相對較少使用，在一些特定情況下可能會有特殊需求，故選(A)。

23 (A)。以奇同位元來說，如果給定一組資料位中1的個數是奇數，需補一個bit為0，使得總個1的個數是奇數，因此兩個資料碼都是基數個1，所以都要補一個0，故選(A)。

24 (C)。在自然語言處理中，單純以單詞出現的次數來衡量單詞的重要性可能忽略了上下文和語境的影響，故選(C)。

25 (D)。GIF（Graphics Interchange Format）是支援透明度的影像格式，允許其中的某個顏色被指定為透明色，當圖片中某個圖元的顏色與設定的透明色相符時，該圖元會變為透明，讓背景顯示出來，其他格式如BMP、TIFF、JPG不直接支援透明度，但某些變種格式或透過其他方式，則可以達成透明的成效，故選(D)。

26 (C)。在傳輸層，資料被分割成段以進行傳輸，並且傳輸層的協議主要負責管理這些片段的傳輸，在其他層中，資料單元的術語可能不同，例如：在網路層是Packet，在資料連結層是Frame，故選(C)。

27 (D)。使用網路所需的必要設定：(A)子網路遮罩：用來劃分IP地址，確定網路範圍。(B)預設閘道器（Default Gateway）：指定要將資料發送到預設路由器的IP地址。(C)名稱伺服器（Name Server）：也就是DNS（Domain Name System），用於解析主機名稱到IP地址。(D)防火牆（Firewall）：雖然防火牆是網絡的一部分，但對於基本的Internet連接，不是手動設定的必需項目，故選(D)。

28 (A)。(A)SNMP（Simple Network Management Protocol）是管理網路設備的協議，用於監控和管理網路中的各種設備，並非針對IPv4位址不足的問題的解決技術，故選(A)。(B)DHCP（Dynamic Host Configuration Protocol）：可動態主機配置協議，用於自動分配IP位址和其他網路配置資訊，用以解決位元址不足的問題。(C)IPv6：是IPv4的後繼版本，擁有更大的地址空間，解決了IPv4位址不足的問題。(D)NAT（Network Address Translation）：網路位址轉換，用於將私有網路中多個設備映射到單一的公共IP位址，解決了IPv4位址不足的問題。

29 (B)。OWASP Top 2021十大安全漏洞排名，依序為Broken Access Control、Broken Access Control、Injection、Insecure Design、Security Misconfiguration、Vulnerable and Outdated Components、Identification and Authentication Failures、Software and Data Integrity Failures、Security Logging and Monitoring Failures、Server-Side Request Forgery，故選(B)。

30 (D)。(A)VLAN（Virtual Local Area Network）：用於在物理網路邏輯上將設備分組的技術，不涉及遠端訪問。(B)NAT（Network Address Translation）：用於將私有網路中的內部IP地址轉換為公共IP地址，通常用於路由器上，不提供遠端訪問的功能。(C)PPP（Point-to-Point Protocol）：是用於在點對點連接上進行數據傳輸的通信協議，通常不用於遠端訪問公司內部網路。(D)VPN是允

許個人聯網裝置，透過網路安全連接到公司的內部網路的解決方案；VPN提供加密和安全的通道，通過這個通道，員工可以在網上傳輸敏感資料，同時保持通信的機密性和完整性，故選(D)。

31 **(B)**。TTL（Time To Live）是IPv4標頭中的一個欄位，表示該封包在網路上能夠傳輸存在的時間，每當封包經過一個路由器時，TTL的值會減少，如果TTL的值減少到0，封包就會被丟掉；這個機制幫助防止封包在網路上無限循環，也用於檢測路由循環或封包遲滯的問題。
封包總長（Total Length）：標示整個IP封包的長度。
標頭檢驗值（Header Checksum）：用於檢查IP標頭的完整性。
標頭長度（IHL - Internet Header Length）：標示IP標頭的長度，但這通常在封包發送過程中保持不變，故選(B)。

32 **(A)**。(A)路由器（Router）：路由器工作在OSI模型的第三層（網路層），可以分割碰撞網域，因為能夠隔離不同的子網，將不同子網之間的通信透過路由器進行，從而減少碰撞網域的範圍，故選(A)。(B)集線器（Hub）：集線器是一種物理層的設備，將收到的訊號放大後傳送給所有連接的裝置，無法分割碰撞網域。(C)橋接器（Bridge）：橋接器工作在OSI模型的第二層（數據鏈結層），透過橋接器可以將網路區分為多個碰撞網域。(D)交換器（Switch）：交換器工作在OSI模型的第二層或第三層，能夠根據MAC地址學習和轉發數據，但無法將數位訊號轉換為類比訊號。

33 **(B)**。負責監控感測器的網路狀態：通常是屬於感知層的功能，而不是網路層。
負責感測與辨識感測器的信號：這涉及到感知層的工作，網路層通常不直接處理感測器的信號辨識。
負責將感測及辨識後的資料進行分類：這是應用層的功能，網路層通常不涉及對資料的具體分類，故選(B)。

34 **(A)**。ARP（Address Resolution Protocol）是工作在資料連結層的協議，用於將IP位址解析為MAC地址，而FTP（File Transfer Protocol）是工作在應用層的協定，用於在網路上傳輸檔；因此，這兩者不屬於同一個OSI模型的層次，ARP屬於資料連結層，而FTP屬於應用層，故選(A)。

35 **(D)**。DSA（Digital Signature Algorithm）是非對稱式的數位簽章演算法，主要用於數位簽章的生成和驗證。
RSA是非對稱式的加密和數位簽章演算法，可用於數據的加密和數位簽章。
IDEA（International Data Encryption Algorithm）則是對稱式的區塊加密演算法，不屬於非對稱式加密，故選(D)。

36 (C)。「3-2-1原則」是常見的備份策略，其說明如下：

3：至少要有3個備份，以增加備份的多樣性和穩定性。

2：至少有2個不同的媒體類型用來儲存備份，例如：硬碟和磁帶、雲端和外部硬碟等；即使某一種媒體失效，仍然有另一種可以使用。

1：至少要有1份備份存儲在不同的地理位置，以防止因地區性災害（例如：火災、水災等）導致的資料損失，故選(C)。

37 (C)。IPv6和IPv4在這方向是相同，都有固定的表頭長度，IPv6表頭的長度是40個字元，而IPv4表頭的長度是20個字元，故選(C)。

38 (A)。IP位址172.16.28.252 / 20表示該IP位址屬於一個以172.16.16.0作為網路地址、子網路遮罩為255.255.240.0（/20的CIDR標記法）的子網。

172.16.33.18則不屬於同一個子網，故選(A)。

39 (B)。SSL中使用的是MAC（Message Authentication Code）而非HMAC（Hash-based Message Authentication Code）。

HMAC是基於雜湊函數和密鑰的一種驗證碼，而SSL在一些版本中使用的是MAC，但並非HMAC；TLS則引入對HMAC的支援，以增加安全性，故選(B)。

40 (C)。入侵偵測系統（IDS）通常是被動的監控系統，其主要功能是檢測網絡或系統中的異常行為或潛在的入侵，並發出警報，但並不直接採取主動防禦措施，故選(C)。

41 (B)。避免流量超過發送端傳送的能力：這是擁塞控制，而不是流量控制；擁塞控制是為了防止網路擁塞而調整發送端的速率。

避免流量超過路由器轉送的能力：路由器的能力與TCP流量控制不直接相關。

避免流量超過交換器轉址的能力：與TCP流量控制不直接相關，描述更接近於網路設備的處理能力，故選(B)。

42 (C)。(A)DNS Cache Poisoning（DNS快取污染）：是一種攻擊手法，攻擊者試圖將惡意的DNS記錄注入到DNS快取中，使得解析特定網功能變數名稱稱的請求被導向惡意的IP位址。(B)HTTP Flood（HTTP洪水）：是一種DoS（Denial of Service）攻擊，攻擊者通過發送大量的HTTP請求，用意在超出目標網站或網路的處理能力，從而使其無法正常提供服務。(C)SYN Flood（SYN洪水）：SYN Flood也是一種DoS攻擊，但是利用TCP三向握手過程中的SYN階段，攻擊者發送大量的偽造的TCP SYN請求給目標伺服器，使其耗盡資源以處理這些未完成的握手請求，從而阻礙合法的連線；TCP是運作在傳輸層，故選(C)。(D)SQL Injection（SQL注入）：一種攻擊手法，通常針對應用程式的資料庫，

攻擊者透過在應用程式的輸入欄位中插入惡意的SQL語句，從而繞過應用程式的驗證機制，並可能獲取、修改或刪除資料庫中的數據。

43 (C)。FTP（File Transfer Protocol）在傳輸檔時，通常使用兩個連接埠，分為控制連線和資料連線；控制連線使用TCP連接埠21，而資料連線使用TCP連接埠20，故選(C)。

44 (A)。滲透測試（Penetration Testing）是模擬攻擊的測試方法，其目的是模擬攻擊者的行為以發現和利用系統的弱點，滲透測試涉及模擬攻擊場景，使用各種手法尋找漏洞，並評估對系統的影響。
弱點掃描（Vulnerability Scanning）則是以自動化的方式，用來檢測已知漏洞，通常是被動執行，僅僅掃描系統中已知的漏洞，雖然弱點掃描可以有效地檢測已知漏洞，但對於未知漏洞的發現能力相對有限，故選(A)。

45 (D)。通常是Link State（LS）協定需要更多的頻寬，Distance Vector（DV）和Link State（LS）是兩種主要的路由演算法，而其特性不僅只與頻寬有關，還受到其他因素的影響，不過一般來說LS運行可能需要更多的頻寬，故選(D)。

46 (B)。路由器（Router）通常支援NAT（Network Address Translation）和Tunneling（隧道技術），而第3層交換機（Layer 3 Switch）通常只支援路由功能，但對於NAT和Tunneling的支援有限，故選(B)。

47 (C)。在CIDR中，子網路遮罩的標記法是使用斜線符號後接的數字，這個數字表示該網段中用於主機的位元數，這種標記法中，/25表示有25位被用於網路遮罩，因此剩餘的7位可用於主機，也就是說子網路遮罩是由左邊起的前25位為1，其餘為0，因此對應的子網路遮罩是255.255.255.128，故選(C)。

48 (D)。290：此埠並非LDAP的埠；在網路中，埠290通常用於"Jasmine"遠端建模工具。
289：此埠也不是LDAP的埠；在網路中，埠289通常用於HTTP網頁瀏覽器。
390：此埠也不是LDAP的埠；在網路中，埠390通常用於UIS（使用者介面服務）或Unisys UIS庫，故選(D)。

49 (A)。(A)ICMP（Internet Control Message Protocol）：網路層協定，用於在IP網路上傳遞錯誤消息和操作狀態。tracert和ping等網路診斷工具通常使用ICMP來測試主機的可用性和測量往返時間，故選(A)。(B)SNMP（Simple Network Management Protocol）：用於網路設備（如路由器、交換機）監控和管理的應用層協定；允許管理者通過網路從設備中檢索資訊，或者向設備發送控制命令。(C)SMTP（Simple Mail Transfer Protocol）：用於電子郵件傳輸的協定，

屬於應用層協定；負責將郵件從發送者的郵件伺服器傳遞到接收者的郵件伺服器。(D)DHCP（Dynamic Host Configuration Protocol）：DHCP是網路通訊協定，用於動態分配IP位址和其他網路配置資訊給連線主機；DHCP允許電腦在連接到網路時自動獲取所需的網路設置。

50 (D)。ZigBee是基於IEEE 802.15.4標準，但藍芽是IEEE 802.15.1。

ZigBee的傳輸速率較Bluetooth快：一般情況下並不正確，雖然傳輸速率的取決於實際的運用狀況，但一般來說，Bluetooth提供更高的傳輸速率

ZigBee的成本較Bluetooth高：ZigBee是一種近距離、低複雜度、低功耗、低數據速率、低成本的雙向無線通信技術，整體建置成本比藍芽低。

ZigBee的功耗較Bluetooth低：一般情況下是正確，ZigBee被設計用於低功耗的感測器和控制設備，因此通常功耗較低；Bluetooth則不強求於低功號的使用，故選(D)。

112年 彰化銀行第二次新進人員

( ) **1** 下列何種記憶體的存取速度最快？ (A)暫存器 (B)光碟機 (C)快取記憶體 (D)動態隨機存取記憶體。

( ) **2** 有關Linux，下列敘述何者正確？ (A)是個單人單工的系統 (B)是個單人多工的系統 (C)是個多人單工的系統 (D)是個多人多工的系統。

( ) **3** 有關MS-DOS的命令，下列何組指令代表兩個截然不同的動作？ (A)ren或rename (B)cd或chdir (C)del或erase (D)cls或copy。

( ) **4** 銀行每半年計息一次，下列何種作業系統的處理方式最適合？ (A)即時系統（real time system）處理 (B)分時處理（time-sharing）作業 (C)批次處理（batch processing）作業 (D)平行處理（parallel processing）作業。

( ) **5** 已知大寫英文字母E的ASCII code為01000101，大寫英文字母G的ASCII code為何？ (A)01000111 (B)01001100 (C)01001111 (D)01000110。

( ) **6** 透過DNS（Domain Name System）就可以將網域名稱和IP位址互相對應，所以網域名稱有命名的規範。以「6000.gov.tw」為例，下列何者代表國家或區域之網域？ (A)6000 (B)gov (C)tw (D)gov.tw。

( ) **7** 下列何者是Internet採用的通訊協定？ (A)X.25 (B)802.1x (C)TCP/IP (D)ISO的OSI。

( ) **8** IP位址通常是由四個十進位數字所組成，例如：140.112.30.22，每個數字的範圍為何？ (A)0～255 (B)1～255 (C)0～999 (D)1～999。

( ) **9** 根據美國國家標準與技術研究院(NIST)的定義，雲端運算有三種服務模式。根據使用者需求付費的概念，使用者可挑選使用到的網路、儲存容量、伺服器進行付費，不須支出維護與購買硬體的費用，例如：Amazon EC2，這是屬於下列何項服務？ (A)IaaS, Infrastructure as a Service (B)MaaS, Machine as a Service (C)PaaS, Platform as a Service (D)SaaS, Software as a Service。

( ) **10** 網路傳輸媒介中的無導向媒介(undirected media)不需要實體媒介，而是透過開放空間以電磁波的形式傳送訊號。其中，下列何種媒介適合群播（一對多通訊），其優點是收訊端無須對準發訊端、能夠穿透障礙物，缺點則是容易洩密及受到干擾？ (A)紅外線 (B)無線電 (C)地面微波 (D)衛星微波。

( ) **11** 下列何者不是Linux的關機命令？ (A)halt (B)quit (C)poweroff (D)shutdown。

( ) **12** 有關布林代數定理，下列何者是所謂的狄摩根定理(De Morgan's Law)？ (A)X+X'Y=X+Y (B)(X*Y)'=X'+Y' (C)X*(X'+Y)=X*Y (D)X+(Y*Z)=(X+Y)*(X+Z)。

( ) **13** 布林函數F(X,Y)=X'Y+XY'，可以下列哪一個邏輯閘表示？ (A)XOR (B)NOR (C)NAND (D)XNOR。

( ) **14** 如果CPU中的位址匯流排(Address Bus)有32位元，在一個記憶體位址佔據一個位元組的前提下，可定址出之實體記憶體空間為何？ (A)2GB (B)4GB (C)8GB (D)16GB。

( ) **15** IP位址「11000011110100110111100101110011」可以表示為下列何者？ (A)195.211.120.116 (B)195.211.121.115 (C)195.210.120.113 (D)195.209.120.114。

( ) **16** 將01001100和10001111進行XOR運算，下列何者為其運算後的結果？ (A)11000011 (B)11001111 (C)11110011 (D)00001100。

(　　) **17** 如欲將一個Class B網路劃分為六個子網路，下列何者為其子網路遮罩設定？　(A)255.255.0.0　(B)255.255.7.0　(C)255.255.224.0　(D)255.255.248.0。

(　　) **18** 下列何者不是網路通訊協定？　(A)HTTP　(B)FTP　(C)SMTP　(D)HTML。

(　　) **19** SQL查詢語法最主要由三部分構成，不包含下列何者？　(A)SELECT　(B)FIND　(C)FROM　(D)WHERE。

(　　) **20** 在物件導向（object-orientation）程式設計中，將程式碼切割成許多模組（Module），使各模組之間的關連性降到最低，並將資料和函式（物件行為）放在一起，直接定義在物件上的特性稱為何？
(A)繼承（inheritance）　　　(B)多行（polymorphism）
(C)封裝（encapsulation）　　(D)類別（class）。

(　　) **21** IPv6使用多少位元作為定址的空間？　(A)32位元　(B)64位元　(C)128位元　(D)256位元。

(　　) **22** 下列哪一項資料型態，是用來處理一序列具有相同型態的資料？
(A)字元（char）　(B)陣列（array）　(C)結構（structure）
(D)指標（pointer）。

(　　) **23** 當你透過網頁瀏覽器如Chrome或Edge造訪網站如yahoo.com或google.com時，通常背後會觸發一些網路通訊協定以協助你能順利連上該網站。觸發的通訊協定通常不會包含下列何者？　(A)SMTP　(B)ARP　(C)DNS　(D)SSL/TLS。

(　　) **24** 連結導向服務的TCP與非連結導向的UDP兩種通訊協定是位於OSI網路架構標準中的哪一層？
(A)應用層（Application Layer）
(B)會議層（Session Layer）
(C)傳輸層（Transport Layer）
(D)網路層（Network Layer）。

( ) **25** 悠遊卡利用下列哪一種通訊技術進行資料傳輸？
(A)Bluetooth (B)Wi-Fi
(C)LTE (D)RFID。

( ) **26** 考慮一個空的stack，執行指令如附表，最終Stack
的內容為何？ (A)10,7,16,12,3 (B)10,7,12
(C)10,12 (D)10,3。

```
push 10
push 7
push 16
pop
pop
push 12
push 3
pop
```

( ) **27** 宣告一個2D陣列X[1…10][1…100]。如果X[1][1]
在記憶體中的位址(address)是1200，並且每個陣
列的元素大小都是4。X[3][2]的位址是多少（使
用row-major storage）？ (A)1232 (B)1248
(C)1401 (D)2004。

( ) **28** 在堆疊（stack）、佇列（queue）兩種資料結構下，兩者的資料
存取特性各為何？（FIFO：先進先出；LIFO：後進先出） (A)
堆疊FIFO、佇列FIFO (B)堆疊FIFO、佇列LIFO (C)堆疊
LIFO、佇列FIFO (D)堆疊LIFO、佇列LIFO。

( ) **29** 假設每張照片其像素值為100*100像素，也就是每行、每列皆為
100像素。如果你有一台容量為256MB硬碟，此硬碟最多可存多
少張灰階模式的照片？ (A)8,800張 (B)9,076張 (C)12,800張
(D)25,600張。

( ) **30** 在OSI模型下，下列四個傳輸協定中，何者所處的層與其他不
同？ (A)FTP (B)SMTP (C)UDP (D)SSH。

■ **解答與解析** »»»» 答案標示為#者，表官方曾公告更正該題答案。

1 (A)。(A)暫存器（Register）：位於中央處理器（CPU）內部的最快速的
儲存裝置；暫存器用於臨時存儲和處理指令、數據等，由於接近CPU，暫
存器的存取速度最快，但容量有限，僅能容納少量的資料，故選(A)。(B)
光碟機（Optical Drive）：用於讀取和寫入光學媒體的裝置，例如：CD、
DVD、藍光DVD等，光碟機通常用於儲存和讀取大量數據，如：音樂、影

片、軟體等。(C)快取記憶體（Cache Memory）：位於CPU和主記憶體之間高速緩存，用於臨時存儲CPU常用的指令和數據。(D)動態隨機存取記憶體（Dynamic Random Access Memory，DRAM）：一種用於主記憶體的半導體記憶體類型；DRAM需要定期刷新保持存儲的數據，並且存取速度相對較慢，但提供較大的儲存容量。

2 (D)。Linux是一種多人多工的作業系統，可以同時支援多個使用者進行不同的任務；多工能力允許多個程序同時運行，每個使用者可以在同一時間內執行多個任務，而不會互相影響；這使Linux成為適用於伺服器和桌面系統的多任務作業系統，故選(D)。

3 (D)。" cls "用於清空頁面上的內容，就是清除有顯示出的內容；"copy"用於複製文件，故選(D)。

4 (C)。(A)即時系統（Real-Time System）處理：需要在特定時間內完成任務的系統；系統要求對外界的狀況作出即時反應，無法接受長時間的延遲，例如：飛行控制系統、醫療設備等都需要使用即時系統，確保在特定時間內完成關鍵的任務。(B)分時處理（Time-Sharing）作業：一種多工操作的方式，允許多個用戶共同使用計算機系統；每個用戶被分配一小段時間，在這時間內可以執行他們的任務；這使多個用戶能夠在同一台計算機上交替進行作業，呈現上好像同時在運行。(C)批次處理（Batch Processing）作業：將一組相似的任務一次性收集起來，然後共同處理的方式；這種方式適合需要週期性執行的大量工作，例如：數位資料處理、批量報表生成等；一般狀況下，在批次處理中，用戶不需要即時作互動，故選(C)。(D)平行處理（Parallel Processing）作業：指同一個任務被切分多個子任務，這些子任務可以同時執行，用以提高系統的整體效能；平行處理通常用於處理需要大量計算的任務，例如：科學計算、圖形處理等。

5 (A)。

0100 0001	A	0100 0010	B	0100 0011	C	0100 0100	D	0100 0101	E	0100 0110	F	0100 0111	G
0100 1000	H	0100 1001	I	0100 1010	J	0100 1011	K	0100 1100	L	0100 1101	M	0100 1110	N
0100 1111	O	0101 0000	P	0101 0001	Q	0101 0010	R	0101 0011	S	0101 0100	T	0101 0101	U
0101 0110	V	0101 0111	W	0101 1000	X	0101 1001	Y	0101 1010	Z				

故選(A)。

6 (C)。一般DNS的對應方式，代表國家或區域的部分，通常是網域名稱的最右側；這題的情況是，「tw」代表台灣，表明這是一個台灣的網域，故選(C)。

7 (C)。(A)X.25：由國際電信聯盟（ITU）定義的網路協定；在廣域網路（WAN）中用於連接分散式終端的協定，X.25定義了在數據網路上進行連接、設置、維護和拆除連接的程序，並提供錯誤檢測和重發功能。(B)802.1x：一個IEEE標準，用於網路訪問控制，定義一個用於提供網路設備驗證身份的框架；一般用於Wi-Fi網絡，802.1x提供一種標準的方法，使設備需要通過身份驗證才能連接到受保護的網路。(C)TCP/IP：網際網路協定套件，包括傳輸控制協定（TCP）和網際網路協定（IP）；目前Internet網路上使用的主要協定，負責在不同網路之間傳輸數據，故選(C)。(D)ISO的OSI：由國際標準組織（ISO）定義的網路協定模型；OSI模型將網路通信分為七個不同的層次，每一層都有特定的功能；OSI模型提供一個框架，描述網路通信中每個階段的功能。

8 (A)。每個數字都被稱為一個「位元組」（byte），提取範圍從0到255；IPv4位址的格式是以四個數字為一組，用點分別十進制表示，如：192.168.1.1；每組數字使用8個位元表示，因此範圍是0到255，故選(A)。

9 (A)。IaaS（基礎設施即服務）模式中，使用者可以根據需要選擇並支付使用的基礎設施元件，如：網路、儲存容量及伺服器，而不需要擔心硬體的維護和購買；Amazon EC2是提供虛擬伺服器IaaS服務的供應功能，讓使用者能夠按配置和管理虛擬伺服器，故選(A)。

10 (B)。無線電最適合群播（一對多通訊），優點是不需要明確的直線視線，因此接收端無需對準發射端，使得群播通信更方便；相對於紅外線等波段，能夠較好穿透障礙物，如：牆壁或建築物，使得在複雜環境中的通信更具可行性；缺點是容易洩密，由於無線電波可在開放空間傳播，信號容易受到竊聽；無線電波容易受到其他無線設備、電磁干擾，可能導致通信品質下降，故選(B)。

11 (B)。quit不是Linux在使用的命令；正確的Linux關機命令包括：halt、poweroff和shutdown，故選(B)。

12 (B)。根據狄摩根定理有兩項(X+Y)'=X'·Y'及(X·Y)'=X'+Y'，故選(B)。

13 (A)。布林函數F(X,Y)=X'Y+XY'，我們可以進行化簡：
F(X,Y)=X'Y+XY'使用狄摩根定理XY+X'Y'=X+Y=>
F(X,Y)=X'Y+XY'=(X'+Y)(X+Y')
因此，該布林函數等於F(X,Y)=(X'+Y)(X+Y')；
這與XOR邏輯閘的定義相同。
XOR的輸出為FXOR(X,Y)=(X'·Y)+(X·Y')，故選(A)。

14 (B)。位址匯流排有32位元=2^{32}，就是2^{32}bytes=4294967296bytes＝約4294967KB＝約4294MB＝約4GB，故選(B)。

15 (B)。將二進位IP位址「11000011110100110111100101110011」轉換為十進位，按照每八位元一組進行分組：195.211.121.115，故選(B)。

16 (A)。XOR運算的規則是相對應的兩個位元相同則結果為0，不同則結果為1。
01001100
10001111
進行XOR運算：11000011，故選(A)。

17 (C)。六個子網路需要3個位元（因為2*3=8，可以表示8個不同的數字，其中0到7），所以需要在子網路遮罩中保留3個位元。
因此以下選項：(A)255.255.0.0：這是Class B的預設遮罩，不夠劃分六個子網路。(B)255.255.7.0：不正確的表示，因為並不是有效的子網路遮罩；有效的子網路遮罩應是由連續的1組成，而不是在中間有插入0。(C)255.255.224.0：正確的表示；在二進位中，表示為11111111.11111111.11100000.00000000，其中有3個位元被保留，足夠表示6個子網路，故選(C)。(D)255.255.248.0：不正確的表示；在二進制中，這表示為11111111.11111111.11111000.00000000，變成有5個位元被保留。

18 (D)。HTML（超文本標記語言）不是網路通訊協定，HTML是網路標記語言，用於描述網頁的結構和內容，而不是用在網路上進行通訊的協定；HTTP（超文本傳輸協定）、FTP（檔案傳輸協定）和SMTP（簡單郵件傳輸協定）都是網路通訊協定，用於在計算機網路上進行數據傳輸和通訊，這些協定用來定義數據的格式、傳輸方式和相對應的規則，確保不同電腦之間的正確通訊，故選(D)。

19 (B)。在SQL查詢語法中，SELECT：用於選擇要檢索的欄位；FROM：指定要檢索資料的表格；WHERE：用於指定條件，過濾檢索的資料；"FIND"不是SQL查詢語法的一部分，故選(B)。

20 (C)。(A)繼承（Inheritance）：允許一個類別（子類別）使用另一個類別（父類別）的屬性和方法，子類別繼承父類別的特性，並且可以擴展或修改這些特性。(B)多型（Polymorphism）：表示一個實體（例如：一個物件、方法或運算子）可以在不同的上下文中具有多種形式；在物件導向程式設計中，多型主要有兩種類型：編譯時期多型（靜態多型）和運行時期多型（動態多型）。(C)封裝（Encapsulation）：將資料和相關方法（函式）包裝在單一的單元中的概念，可以隱藏內部實現，僅公開必要的介面，封裝提供了控制外部代碼訪問內部的方式，同時提高了代碼的可維護性和安全性，故選(C)。(D)類別（Class）：用於定義物件的特性和行為，一個類別可以看作是一個對象的藍圖

或模板，描述對象的屬性（資料成員）和方法（函式成員），在物件導向程式中，通常通過實例化類別來創建對象。

21 (C)。IPv6（Internet Protocol version 6）是IPv4的後續版本，設計用來擴展IPv4位址空間，因為IPv4僅用32位元，而IPv6則使用更大的128位元（8組16位元，共128位元），提供了更廣泛的位址空間，解決了IPv4位址不夠的問題，故選(C)。

22 (B)。(A)字元（char）：一種基本的資料型別，用來表示單一的字符，例如：字母、數字、符號等；大多數程式語言中，char通常占據一個位元組的記憶體空間；字元用於存儲和處理文本數據。(B)陣列（array）：一種資料結構，可以存儲相同數據型態的元素，這些元素被存儲在相鄰的記憶體位置中；陣列通常使用索引（或下標）來訪問元素，索引從0開始，故選(B)。(C)結構（structure）：一種自定義的資料型別，允許將不同數據型別的元素組合在一起，形成一個單一的實體。(D)指標（pointer）：一種特殊的變數，存儲的是記憶體地址，可以指向其他變數的地址，使得可以透過指標直接訪問和修改該變數的內容。

23 (A)。(A)SMTP是用於電子郵件的協定，用於發送和傳輸電子郵件；在瀏覽網站的過程中，SMTP不直接參與，因為主要是與電子郵件的發送相關，故選(A)。(B)ARP（地址解析協定）：用於將網路層的IP地址解析為物理層的MAC地址。(C)DNS（域名系統）：將網址轉換為IP地址，使瀏覽器能夠找到目標網站的伺服器。(D)SSL/TLS（安全套層/傳輸層安全）：用於加密瀏覽器和伺服器之間的通信，以確保敏感信息的安全性。

24 (C)。TCP（傳輸控制協定）是提供連結導向和可靠的通信，而UDP（用戶資料報協定）則是一個非連結導向的協定，提供更輕量級但不可靠的通信方式；這兩個協定都運行於傳輸層中，負責在通信實體之間建立、維護和終止通信連接，故選(C)。

25 (D)。(A)Bluetooth（藍牙）：短距離通信技術，用於在各種設備之間進行數據和音頻傳輸，通常用於連接手機、耳機、音箱、鍵盤等設備，用以達成無線通信；藍牙的範圍通常在幾米到數十米之間。(B)Wi-Fi（無線網絡）：Wi-Fi是一種用於在設備之間建立無線區域網絡（WLAN）的技術，允許設備通過無線信號在一定範圍內連接到區網及外網。(C)LTE：LTE是第四代（4G）行動通信技術的一種標準，提供高速數據傳輸，主要用於行動通信，允許用戶通過手機或其他行動設備訪問網路。(D)RFID（無線射頻偵測）：無線通信技術，用於識別和追蹤物體，通常包括一個包含訊息的晶片或卡片，以及用於讀取信息的讀取器；RFID常被用於物流、供應鏈管理、門禁卡系統等領域，故選(D)。

26 (C)。堆疊（Stack）遵循後進先出（Last In, First Out，LIFO）的原則，一開始是推進依序是10、7、16，然後依序彈出16、7，再依序推進12、3，再彈出3，最終剩下10,12，故選(C)。

27 (D)。使用row-major storage的方式中，2D陣列的元素在記憶體中按照行來存儲，對於二維陣列X[1…10][1…100]，每行有100個元素，每個元素大小為4。為了計算X[3][2]的位址，需要考慮前兩行的元素數；每行100個元素，前兩行共有2×100=200個元素。

因此，位址可以計算為：

位址=基址+(列數-1)×每行元素數×元素大小＋(行數-1)×元素大小

根據提供的資訊，基址是1200，列數是3，每行元素數是100，元素大小是4。

位址=1200+(3-1)×100×4+（2-1）×4

=>位址=1200+2×100×4+4

=1200+800+4=2004，故選(D)。

28 (C)。堆疊（Stack）：存取特性是後進先出（Last In, First Out，LIFO），最後進入堆疊的元素首先被取出，類似於將物品堆疊在一起，取出時從最上面開始取出物品。

佇列（Queue）：存取特性是先進先出（First In, First Out，FIFO），最早進入佇列的元素首先被取出，類似於排隊等候，先到先服務，故選(C)。

29 (D)。因為灰階模式中1 pixel相當於1 byte的大小，因此100*100像素=10000 bytes=10KB/每張照片，256MB＝256000KB，所以256000/10=25600張，故選(D)。

30 (C)。(A)FTP（檔案傳輸協定）運行在OSI模型的應用層，用於在客戶端和伺服器之間傳輸檔案。(B)SMTP（簡單郵件傳輸協定）運行在OSI模型的應用層，用於在電子郵件伺服器之間傳送郵件。(C)UDP（用戶資料報協定）位於OSI模型的傳輸層，是一種無連接、不可靠的傳輸協定，用於快速傳送數據，但不保證可靠性或順序性，故選(C)。(D)SSH（安全外殼協定）通常運行在OSI模型的應用層，用於安全遠程連接到伺服器。

一試就中，升任各大

國民營企業機構

高分必備，推薦用書

共同科目

2B811121	國文	高朋·尚榜	590元
2B821131	英文	劉似蓉	650元
2B331131	國文(論文寫作)	黃淑真·陳麗玲	470元

專業科目

2B031131	經濟學	王志成	620元
2B041121	大眾捷運概論（含捷運系統概論、大眾運輸規劃及管理、大眾捷運法 👑 榮登博客來、金石堂暢銷榜	陳金城	560元
2B061131	機械力學(含應用力學及材料力學)重點統整＋高分題庫	林柏超	430元
2B071111	國際貿易實務重點整理+試題演練二合一奪分寶典 👑 榮登金石堂暢銷榜	吳怡萱	560元
2B081131	絕對高分! 企業管理(含企業概論、管理學)	高芬	650元
2B111081	台電新進雇員配電線路類超強4合1	千華名師群	650元
2B121081	財務管理	周良、卓凡	390元
2B131121	機械常識	林柏超	630元
2B161131	計算機概論(含網路概論) 👑 榮登博客來、金石堂暢銷榜	蔡穎、茆政吉	630元
2B171121	主題式電工原理精選題庫	陸冠奇	530元
2B181131	電腦常識(含概論)　　👑 榮登金石堂暢銷榜	蔡穎	590元
2B191121	電子學	陳震	650元
2B201121	數理邏輯(邏輯推理)	千華編委會	530元
2B211101	計算機概論(含網路概論)重點整理+試題演練	哥爾	460元

2B251121	捷運法規及常識(含捷運系統概述) 👑榮登博客來暢銷榜	白崑成	560元
2B321131	人力資源管理(含概要)	陳月娥、周毓敏	690元
2B351131	行銷學(適用行銷管理、行銷管理學) 👑榮登金石堂暢銷榜	陳金城	590元
2B421121	流體力學（機械）‧工程力學（材料）精要解析	邱寬厚	650元
2B491121	基本電學致勝攻略 👑榮登金石堂暢銷榜	陳新	690元
2B501131	工程力學(含應用力學、材料力學) 👑榮登金石堂暢銷榜	祝裕	630元
2B581111	機械設計(含概要) 👑榮登金石堂暢銷榜	祝裕	580元
2B661121	機械原理(含概要與大意)奪分寶典	祝裕	630元
2B671101	機械製造學(含概要、大意)	張千易、陳正棋	570元
2B691131	電工機械(電機機械)致勝攻略	鄭祥瑞	590元
2B701111	一書搞定機械力學概要	祝裕	630元
2B741091	機械原理(含概要、大意)實力養成	周家輔	570元
2B751131	會計學(包含國際會計準則IFRS) 👑榮登金石堂暢銷榜	歐欣亞、陳智音	590元
2B831081	企業管理(適用管理概論)	陳金城	610元
2B841131	政府採購法10日速成👑榮登博客來、金石堂暢銷榜	王俊英	630元
2B851121	8堂政府採購法必修課：法規+實務一本go！ 👑榮登博客來、金石堂暢銷榜	李昀	500元
2B871091	企業概論與管理學	陳金城	610元
2B881131	法學緒論大全(包括法律常識)	成宜	690元
2B911131	普通物理實力養成 👑榮登金石堂暢銷榜	曾禹童	650元
2B921101	普通化學實力養成	陳名	530元
2B951131	企業管理(適用管理概論)滿分必殺絕技 👑榮登金石堂暢銷榜	楊均	630元

以上定價，以正式出版書籍封底之標價為準

歡迎至千華網路書店選購
服務電話(02)2228-9070

千華網路書店

更多網路書店及實體書店

博客來網路書店　　PChome 24hr書店　　三民網路書店
MOMO 購物網　　金石堂網路書店　　誠品網路書店

查詢實體書店

一試就中，升任各大
國民營企業機構
高分必備，推薦用書

題庫系列

2B021111	論文高分題庫	高朋 尚榜	360元
2B061131	機械力學(含應用力學及材料力學)重點統整＋高分題庫	林柏超	430元
2B091111	台電新進雇員綜合行政類超強5合1題庫	千華 名師群	650元
2B171121	主題式電工原理精選題庫	陸冠奇	530元
2B261121	國文高分題庫	千華	530元
2B271131	英文高分題庫 👑榮登金石堂暢銷榜	德芬	630元
2B281091	機械設計焦點速成＋高分題庫	司馬易	360元
2B291131	物理高分題庫	千華	590元
2B301131	計算機概論高分題庫	千華	550元
2B341091	電工機械(電機機械)歷年試題解析	李俊毅	450元
2B361061	經濟學高分題庫	王志成	350元
2B371101	會計學高分題庫	歐欣亞	390元
2B391131	主題式基本電學高分題庫	陸冠奇	近期出版
2B511121	主題式電子學(含概要)高分題庫	甄家灝	550元
2B521131	主題式機械製造(含識圖)高分題庫 👑榮登金石堂暢銷榜	何曜辰	近期出版

2B541131	主題式土木施工學概要高分題庫 👑榮登金石堂暢銷榜	林志憲	630元
2B551081	主題式結構學(含概要)高分題庫	劉非凡	360元
2B591121	主題式機械原理(含概論、常識)高分題庫 👑榮登金石堂暢銷榜	何曜辰	590元
2B611131	主題式測量學(含概要)高分題庫 👑榮登金石堂暢銷榜	林志憲	450元
2B681131	主題式電路學高分題庫	甄家灝	550元
2B731101	工程力學焦點速成＋高分題庫 👑榮登金石堂暢銷榜	良運	560元
2B791121	主題式電工機械(電機機械)高分題庫	鄭祥瑞	560元
2B801081	主題式行銷學(含行銷管理學)高分題庫	張恆	450元
2B891131	法學緒論(法律常識)高分題庫	羅格思 章庠	570元
2B901131	企業管理頂尖高分題庫(適用管理學、管理概論)	陳金城	410元
2B941131	熱力學重點統整＋高分題庫 👑榮登金石堂暢銷榜	林柏超	470元
2B951131	企業管理(適用管理概論)滿分必殺絕技	楊均	630元
2B961121	流體力學與流體機械重點統整＋高分題庫	林柏超	470元
2B971131	自動控制重點統整＋高分題庫	翔霖	近期出版
2B991101	電力系統重點統整＋高分題庫	廖翔霖	570元

以上定價，以正式出版書籍封底之標價為準

歡迎至千華網路書店選購
服務電話 (02)2228-9070

千華網路書店

更多網路書店及實體書店

博客來網路書店　　PChome 24hr書店　　三民網路書店
MOMO 購物網　　金石堂網路書店　　誠品網路書店

查詢實體書店

國家圖書館出版品預行編目(CIP)資料

電腦常識(含概論)/蔡穎編著. -- 第十五版. -- 新北市：

千華數位文化股份有限公司, 2024.04

　　面；　公分

ISBN 978-626-380-395-4 (平裝)

1.CST: 電腦

312　　　　　　　　　　　113004709

[國民營事業] **電腦常識(含概論)**

編　著　者：蔡　穎

發　行　人：廖　雪　鳳
登　記　證：行政院新聞局局版台業字第 3388 號
出　版　者：千華數位文化股份有限公司
　　　　　　地址：新北市中和區中山路三段 136 巷 10 弄 17 號
　　　　　　電話：(02)2228-9070　　傳真：(02)2228-9076
　　　　　　網路客服信箱：chienhua@chienhua.com.tw

法律顧問：永然聯合法律事務所
編輯經理：甯開遠
主　　編：甯開遠
執行編輯：廖信凱
校　　對：千華資深編輯群
設計主任：陳春花
編排設計：蕭韻秀

千華官網
／購書　　　　千華蝦皮

出版日期：2024 年 4 月 15 日　　　第十五版／第一刷

本書如有勘誤或其他補充資料，
將刊於千華官網，歡迎前往下載。